U0287800

中文版

Premiere Pro 2021 入门教程

时代印象 编著

人 民 邮 电 出 版 社
北 京

图书在版编目（CIP）数据

中文版Premiere Pro 2021入门教程 / 时代印象编著
. -- 北京 : 人民邮电出版社, 2021.8（2022.7重印）
ISBN 978-7-115-56784-0

Ⅰ. ①中… Ⅱ. ①时… Ⅲ. ①视频编辑软件—教材
Ⅳ. ①TP317.53

中国版本图书馆CIP数据核字(2021)第126302号

内 容 提 要

这是一本讲解 Premiere Pro 2021 重点技法及实际运用的书。Premiere 是一款强大的视频编辑工具，在视频编辑领域的应用极为广泛，是从事视频编辑工作必备的利器。

本书内容分为 10 章，对 Premiere Pro 2021 中的功能进行了由浅入深的讲解。第 1～9 章除了对相关的软件功能进行讲解外，每章都配有课堂案例和课后习题，供读者边学边练。第 10 章是综合案例，以实际案例来讲解利用 Premiere 编辑视频的思路和方法，帮助读者做到学以致用。每个案例都有详细的制作流程，图文并茂，一目了然。案例基本按照从简单功能到复杂功能的顺序安排，使读者能轻松学习。

本书附带学习资源，内容包含课堂案例、课后习题和综合案例的素材文件、实例工程文件和教学视频，以及 PPT 教学课件，供读者学习、使用。

本书适合 Premiere 初学者阅读，同时也可以作为教育培训机构 Premiere 或影视制作类相关课程的教材。

◆ 编　　著　时代印象
　责任编辑　张丹丹
　责任印制　马振武
◆ 人民邮电出版社出版发行　　北京市丰台区成寿寺路 11 号
　邮编　100164　　电子邮件　315@ptpress.com.cn
　网址　https://www.ptpress.com.cn
　北京捷迅佳彩印刷有限公司印刷
◆ 开本：700×1000　1/16
　印张：13.5　　　　　　2021 年 8 月第 1 版
　字数：318 千字　　　　2022 年 7 月北京第 9 次印刷

定价：59.80 元

读者服务热线：(010)81055410　印装质量热线：(010)81055316
反盗版热线：(010)81055315
广告经营许可证：京东市监广登字 20170147 号

前言

Premiere 是一款优秀的视频编辑软件，它功能强大，应用广泛，编辑得到的画面质量好，有较好的兼容性，可以与 Adobe 公司推出的其他软件相互协作。目前这款软件广泛应用于各类视频制作领域。

为了满足越来越多的人对 Premiere 技能的学习需求，我们特别编写了本书。作为一本简洁、实用的 Premiere 入门教程，本书立足于 Premiere 常用、实用的软件功能，力求为读者提供一套门槛低、易上手、能提升的 Premiere 学习方案，同时也能够满足教学、培训等方面的使用需求。

下面就本书的一些具体情况做详细介绍。

内容特色

入门轻松：本书从 Premiere 最基础的知识入手，逐一讲解设计制作中常用的工具，力求让零基础或基础薄弱的读者轻松入门。

由浅入深：根据读者学习新技能的认知规律，本书按照由浅入深的顺序对软件功能进行讲解，合理地安排学习顺序，并配合操作练习，让读者的学习更加轻松。

主次分明：即使是专业的视频剪辑师，对 Premiere 的掌握也不用面面俱到，而是掌握设计工作中常用的工具和命令即可。本书针对软件的各种常用工具进行讲解，让读者能够深入掌握这些工具的使用方法。

随学随练：重要知识点的前面会添加相应的操作练习，以让读者掌握工具的具体使用方法。每一章结尾都会有课后习题，以让读者在学完本章内容后能够强化所学内容，加深对本章内容的理解和掌握。

版面结构

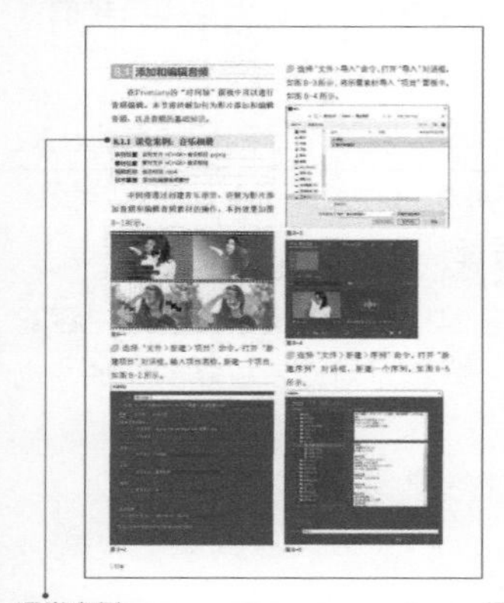

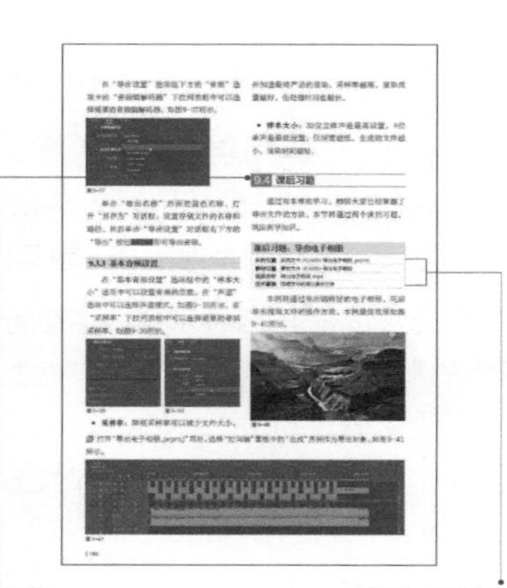

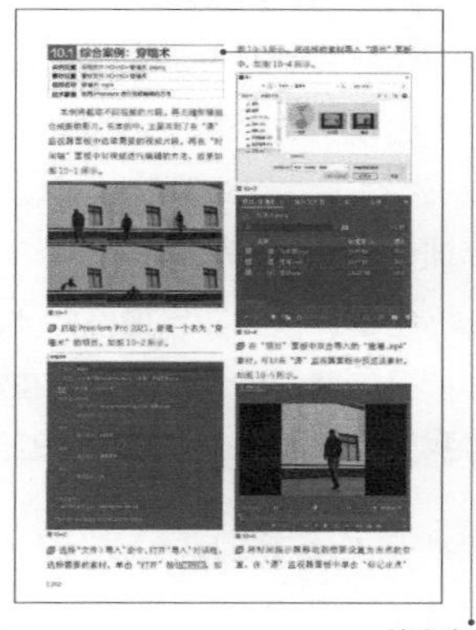

课堂案例

主要是针对操作性较强又比较重要的知识点的实际操作小练习，便于读者快速掌握软件的相关功能。

课后习题

针对该章某些重要内容进行巩固练习，加强读者独立完成剪辑的能力。

实例、素材及视频

列出了该练习的素材和实例文件在学习资源中的位置及视频的名称。

综合案例

针对本书内容做综合性的操作练习，案例内容相比“课堂案例”更加完整，操作步骤也略复杂。

由于作者水平有限，书中难免有一些疏漏，希望读者能够谅解，并欢迎读者批评指正。

资源与支持

本书由“数艺设”出品，“数艺设”社区平台（www.shuyishe.com）为您提供后续服务。

学习资源

- 实例源文件：书中所有案例的源文件。
- 素材文件：书中所有案例的素材文件。
- 视频教程：书中所有案例的制作过程和细节讲解。
- PPT 教学课件：10 章配套教学课件。

资源获取请扫码

“数艺设”社区平台，为艺术设计从业者提供专业的教育产品。

与我们联系

我们的联系邮箱是 szys@ptpress.com.cn。如果您对本书有任何疑问或建议，请您发邮件给我们，并请在邮件标题中注明本书书名及 ISBN，以便我们更高效地做出反馈。

如果您有兴趣出版图书、录制教学课程，或者参与技术审校等工作，可以发邮件给我们；有意出版图书的作者也可以到“数艺设”社区平台在线投稿（直接访问 www.shuyishe.com 即可）。如果学校、培训机构或企业想批量购买本书或“数艺设”出版的其他图书，也可以发邮件联系我们。

如果您在网上发现针对“数艺设”出品图书的各种形式的盗版行为，包括对图书全部或部分内容的非授权传播，请您将怀疑有侵权行为的链接通过邮件发给我们。您的这一举动是对作者权益的保护，也是我们持续为您提供有价值的内容的动力之源。

关于“数艺设”

人民邮电出版社有限公司旗下品牌“数艺设”，专注于专业艺术设计类图书出版，为艺术设计从业者提供专业的图书、U 书、课程等教育产品。出版领域涉及平面、三维、影视、摄影与后期等数字艺术门类，字体设计、品牌设计、色彩设计等设计理论与应用门类，UI 设计、电商设计、新媒体设计、游戏设计、交互设计、原型设计等互联网设计门类，环艺设计手绘、插画设计手绘、工业设计手绘等设计手绘门类。更多服务请访问“数艺设”社区平台 www.shuyishe.com。我们将提供及时、准确、专业的学习服务。

目录

第 4 章
添加运动效果 069

第 5 章
添加视频过渡 087

第 6 章
添加视频效果 119

第1章

Premiere 快速入门

本章导读

Premiere 是一款强大的视频编辑软件，也是目前流行的非线性视频编辑软件之一。本章主要介绍 Premiere Pro 2021 的基础知识，包括视频编辑基本概念、常见视频格式、常见音频格式、Premiere Pro 2021 的工作界面、首选项设置、Premiere 文件操作，以及 Premiere 视频编辑的基本流程等内容。

本章主要内容

Premiere Pro 2021 的基础知识

Premiere 视频编辑的基本流程

Premiere

1.1 Premiere Pro 2021的基础知识

Premiere基本上拥有创建动态视频作品所需的所有工具。无论是剪辑一段简单的视频，还是创建复杂的影片，Premiere都是很好的工具。在学习使用Premiere进行视频编辑之前，首先需要了解Premiere的基础知识。

1.1.1 课堂案例：倒计时片头

实例位置	实例文件 >CH01> 倒计时片头 .prproj
素材位置	无
视频名称	倒计时片头 .mp4
技术掌握	了解 Premiere 的基本操作

在Premiere中可以创建预设的影片项目，快速获取需要的素材，本例创建的“倒计时片头”效果如图1-1所示。

图1-1

01 单击计算机屏幕左下角的“开始”菜单按钮田，找到并选择“Adobe Premiere Pro 2021”命令，启动Premiere Pro 2021，在出现的“主页”对话框中单击“新建项目”按钮，如图1-2所示。

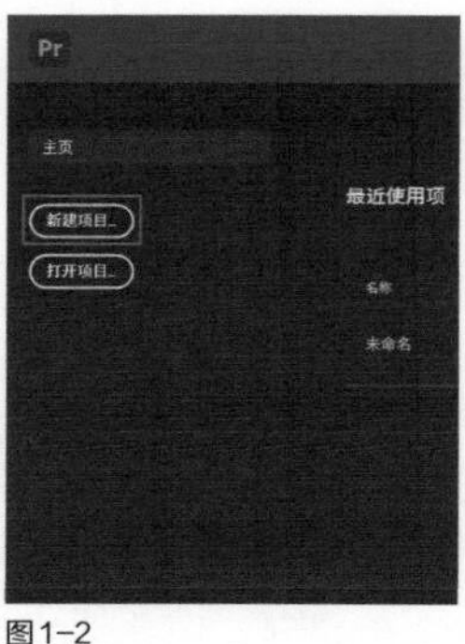

图1-2

小提示

进入 Premiere Pro 2021 的工作界面后，可以选择“文件 > 新建 > 项目”命令创建新项目。

02 在打开的“新建项目”对话框中输入项目的名称，如图1-3所示，然后单击“确定”按钮新建一个项目。

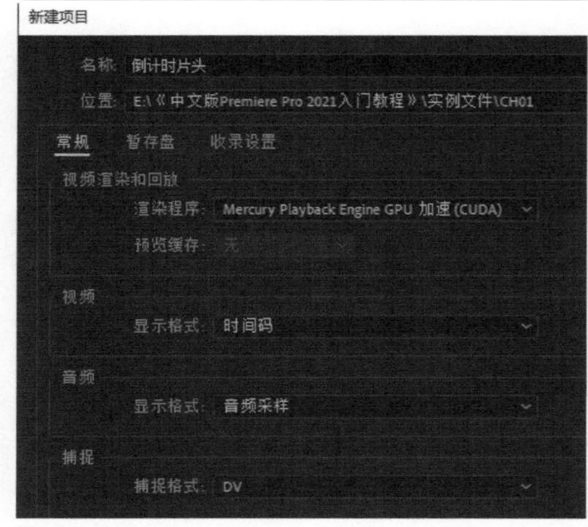

图1-3

03 进入工作界面后，选择“文件 > 新建 > 通用倒计时片头”命令，如图 1-4 所示。

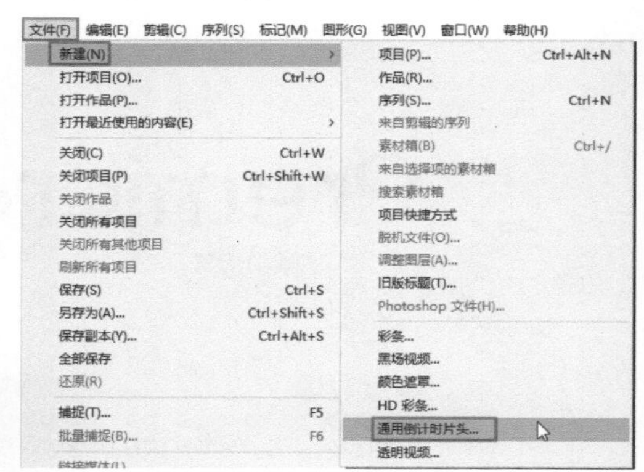

图1-4

04 在打开的“新建通用倒计时片头”对话框中设置视频的宽度和高度，如图 1-5 所示，然后单击“确定”按钮。

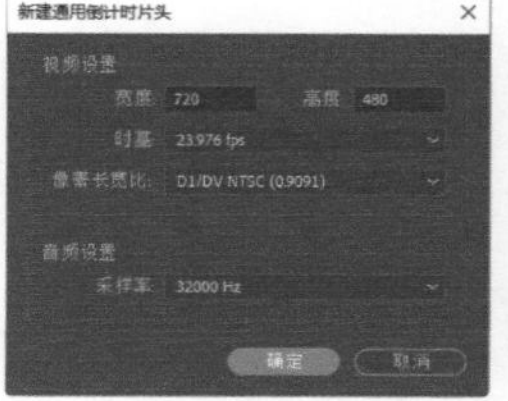

图1-5

05 在打开的“通用倒计时设置”对话框中根据需要设置倒计时视频颜色和音频提示音，如图 1-6 所示。

06 单击“确定”按钮，创建的“通用倒计时片头”视频素材将显示在“项目”面板中，如图 1-7 所示。

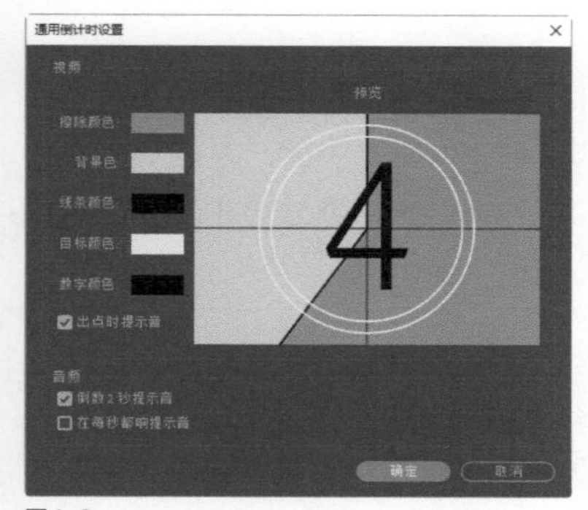

图 1-6

图 1-7

1.1.2 视频编辑基本概念

在学习视频编辑之前，需要先了解以下视频基本概念。

◆ 1. 动画

动画是由迅速显示的一系列连续图像所产生的动作模拟效果。由于人眼看运动的物体时会产生视觉残像，所以当单位时间内一组动作连续的静态图像依次快速显示时，会使人感觉这是一段连贯的动画。

◆ 2. 帧

帧是视频或动画中的单幅图像。电视或电影的视频是由一系列连续的静态图像组成的，在一定时间内显示的静态图像数量称为帧数。

◆ 3. 关键帧

关键帧是素材中的一个特定的帧，用来进行特殊编辑或控制动画。当创建一个视频时，在需要传输大量数据的部分指定关键帧，有助于控制视频回放的平滑程度。

◆ 4. 帧速率

帧速率是每秒被捕获的帧数或每秒播放的视频序列的帧数。帧速率的大小决定了视频播放的平滑程度。帧速率越高，动画效果越平滑，反之就越阻塞。

Premiere常用的视频标准有PAL和NTSC两种，PAL的标准帧速率是25帧/秒，NTSC的标准帧速率是29.97帧/秒。PAL和NTSC制式的区别在于节目的彩色编/解码方式和场扫描频率不同。

◆ 5. 像素

像素是一个个有色方块，是图像编辑中的基本单位。图像由许多像素以行和列的方式排列而成。在其他条件相同的情况下，文件包含的像素越多，文件越大，图像品质也就越好。

◆ 6. 视频制式

大家平时看到的电视节目都是经过处理后进行播放的。电视视频制定的标准不同，其制式也有一定的区别。各种制式的区别主要表现在帧速率、分辨率、信号带宽等方面，而现行的彩色电视制式有NTSC、PAL和SECAM这3种。

◆ 7. 渲染

渲染是输出项目时进行的步骤，是在应用了转场和其他效果之后，将源信息组合成单个文件的过程。

1.1.3 常见视频格式

数字视频会根据播放媒介的不同而采用不同的视频压缩技术，不同的视频压缩技术导出的视频格式也不同。常见的视频格式有以下几种。

◆ 1. AVI 格式

AVI（Audio Video Interleaved）格式是一

种专门为Windows环境设计的数字视频文件格式。这种格式的优点是兼容性好、调用方便、图像质量好，缺点是占用空间大。

◆ 2.MPEG 格式

MPEG（Motion Picture Experts Group）格式包括MPEG-1、MPEG-2、MPEG-4等。MPEG-1被广泛应用于VCD的制作和网络视频的制作；MPEG-2则应用在DVD的制作方面，同时在一些HDTV（高清晰电视）和一些高要求视频的编辑和处理方面有一定的应用空间；MPEG-4是一种新的压缩算法，采用这种算法压缩的文件主要用于网络播放。

◆ 3.ASF 格式

ASF（Advanced Streaming Format）格式是微软公司为了和Real Networks公司竞争而研发出来的一种可以直接在网上观看的视频流媒体文件压缩格式。这种格式可以一边下载一边播放，不用存储到本地硬盘中。

◆ 4.QuickTime 格式

QuickTime格式（MOV）是苹果公司创立的一种视频格式，它在图像质量和文件尺寸的处理上具有很好的平衡性。

◆ 5.Real Video 格式

Real Video格式（RA、RAM等）主要定位于视频流应用方面，是视频流技术的创始格式。该格式通过降低图像质量的方式控制文件的大小，故图像质量通常很差。

1.1.4 常见音频格式

音频是指用来表示声音强弱的数据序列，由模拟声音经采样、量化和编码后得到。不同数字音频设备一般对应不同的音频格式。

◆ 1.WAV 格式

WAV格式是微软公司开发的一种声音文件格式，也叫波形声音文件格式，是最早的数字音频格式。Windows平台及其应用程序都支持这种格式。

◆ 2.MP3 格式

MP3格式的全称为MPEG Audio Layer-3格式。Layer-3是Layer-1、Layer-2的升级版。

◆ 3.Real Audio 格式

Real Audio格式是由Real Networks公司推出的一种音频格式，其最大的特点是可以实时传输音频信息，现在主要用于网上在线音乐欣赏。

◆ 4.MIDI 格式

MIDI（Musical Instrument Digital Interface）格式又称“乐器数字接口”，是数字音乐电子合成乐器的国际统一标准。

◆ 5.WMA 格式

WMA（Windows Media Audio）格式是微软公司开发的一种音频格式。

◆ 6.VQF 格式

VQF格式是由YAMAHA和NTT公司共同开发的一种音频压缩格式。

1.1.5 认识 Premiere Pro 2021 的工作界面

同启动其他应用程序一样，安装Premiere Pro 2021后，可以通过以下两种方法启动Premiere Pro 2021。

第1种：双击桌面上的Premiere Pro 2021快捷方式图标，启动Premiere Pro 2021。

第2种：单击计算机屏幕左下角的“开始”菜单按钮，找到并选择“Adobe Premiere Pro 2021”命令，启动Premiere Pro 2021。

启动Premiere Pro 2021后，可以进入启动界面，如图1-8所示。

图1-8

随后将打开“主页”对话框，通过该对话框，可以打开最近编辑过的项目，以及完成执行新建项目、打开项目和开启帮助等操作。默认状态下，Premiere Pro 2021可以显示用户最近使用过的5个项目，其以列表的形式显示在“最近使用项”下，如图1-9所示。用户只需单击想要打开项目的文件名，就可以快速地打开该项目。

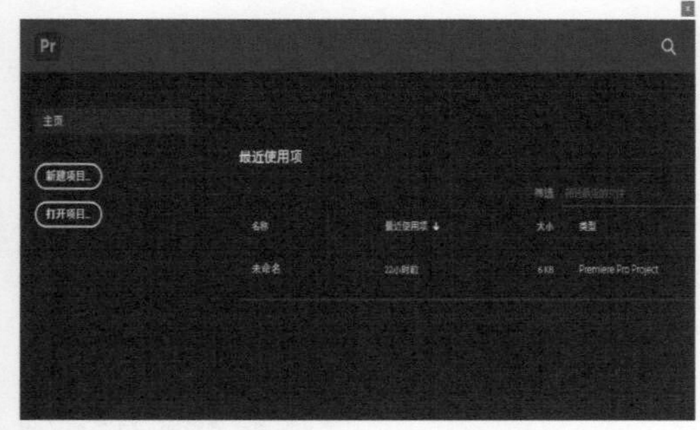

图1-9

- **新建项目：**单击此按钮，可以创建一个新的项目进行视频编辑。
- **打开项目：**单击此按钮，可以打开一个计算机中已有的项目。

启动Premiere Pro 2021，选择“文件>新建>项目”命令，新建一个项目，在工作界面中会自动出现几个面板。Premiere Pro 2021的工作界面主要由菜单栏和各部分功能面板组成，如图1-10所示。

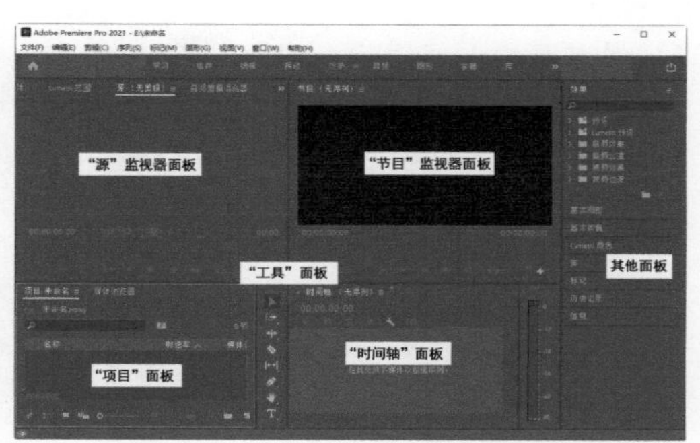

图1-10

◆ 1. “项目”面板

“项目”面板用于存放项目中的视频、序列、图片、音频素材和其他项目。

◆ 2. “时间轴”面板

“时间轴”面板是视频作品的基础，在“时间轴”面板中可以组合项目的视频、音频、特效、字幕和切换效果等，如图1-11所示。

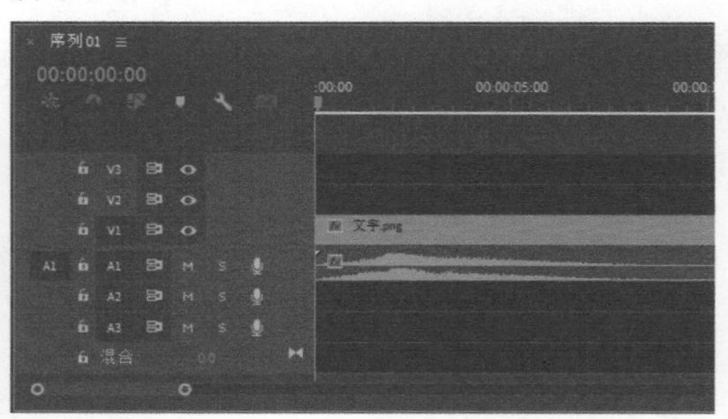

图1-11

◆ 3. 监视器面板

监视器面板主要用于预览作品效果。Premiere Pro 2021提供了3种不同的监视器面板：“源”监视器面板、“节目”监视器面板和“参考”监视器面板。

- **“源”监视器面板：**用于预览还未放入“时间轴”面板的素材效果，如图1-12所示。
- **“节目”监视器面板：**用于预览在“时间轴”面板中组合的图像、图形、特效和切换效果，如图1-13所示。

图1-12

图1-13

- **“参考”监视器面板：**可以作为“节目”监视器面板的补充，用于对比观察视频效果，如图1-14所示。

图1-14

◆ 4.“效果”面板

使用“效果”面板可以快速应用多种预设效果、音频效果、音频过渡、视频效果和视频过渡，如图1-15所示。

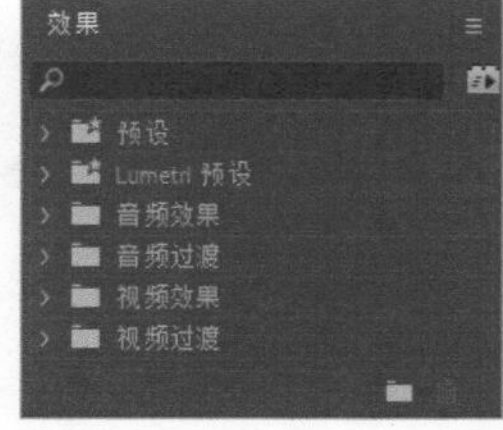

图1-15

◆ 5.“效果控件”面板

使用“效果控件”面板可以设置效果的具体参数，如图1-16所示。

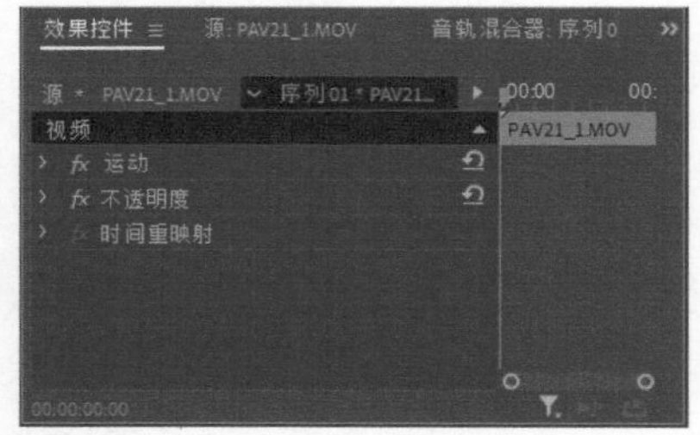

图1-16

◆ 6.“工具”面板

可以使用“工具”面板中的工具在“时间轴”面板中编辑素材，如图1-17所示。

图1-17

◆ 7.“历史记录”面板

使用“历史记录”面板可以执行撤销操作，如图1-18所示。

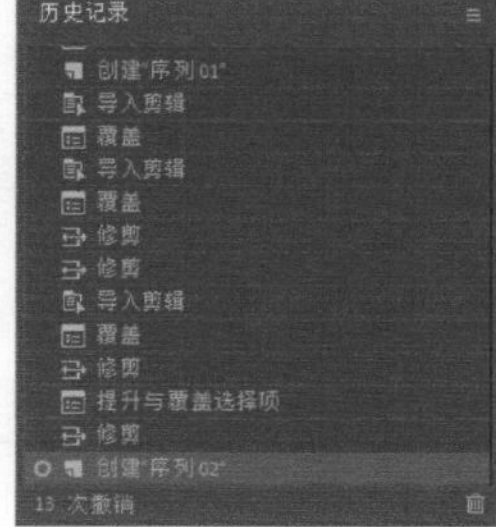

图1-18

> 小提示
>
> 要调整面板的大小，可以按住鼠标左键拖曳面板之间的分隔线。左右拖曳纵向分隔线可以改变面板的宽度，上下拖曳横向分隔线可以改变面板的高度。

1.1.6 首选项设置

选择“编辑>首选项”命令，在“首选项”

子菜单中可以选择想要设置的选项，如图1-19所示。首选项用于设置Premiere的外观、功能等，下面介绍首选项中的常用设置。

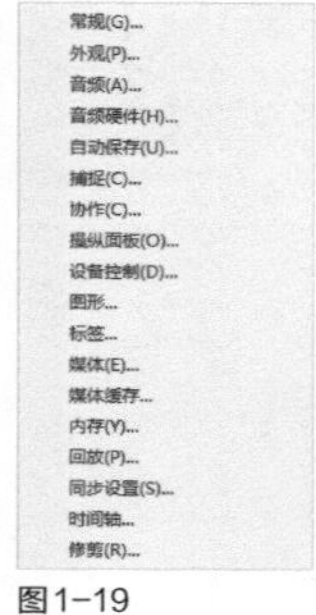

图1-19

◆ 1. 常规设置

在“首选项”子菜单中选择“常规”选项，可以打开“首选项”对话框，并显示“常规”选项的内容，在此可以设置一些通用的项目选项，如图1-20所示。

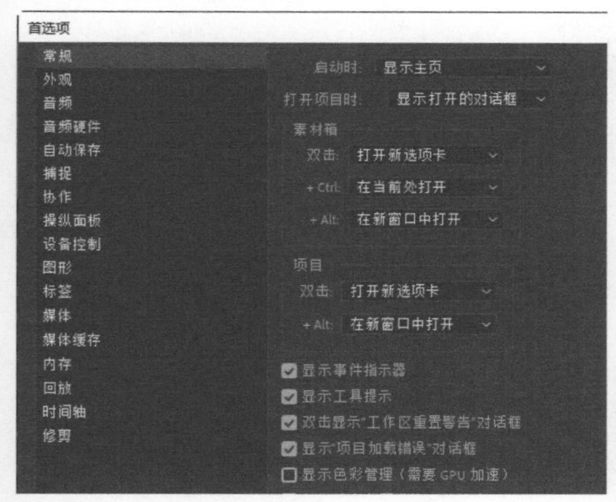

图1-20

◆ 2. 外观设置

在“首选项”对话框中选择“外观”选项，拖曳“亮度”选项组的滑块，可以修改Premiere工作界面的亮度，如图1-21所示。

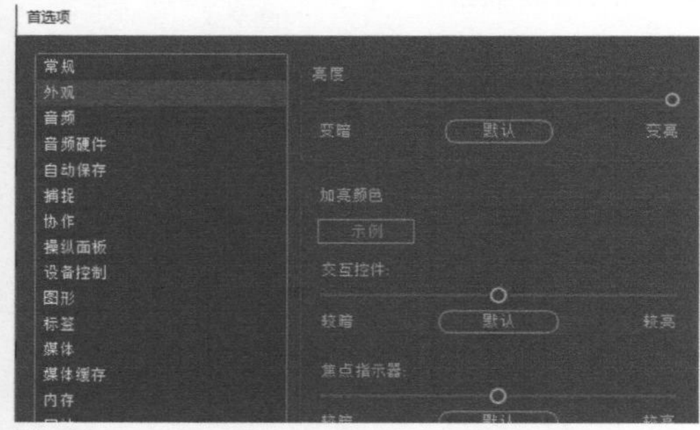

图1-21

◆ 3. 自动保存

在“首选项”对话框中选择“自动保存”选项，可以设置项目自动保存的时间间隔和最大项目版本等，如图1-22所示。

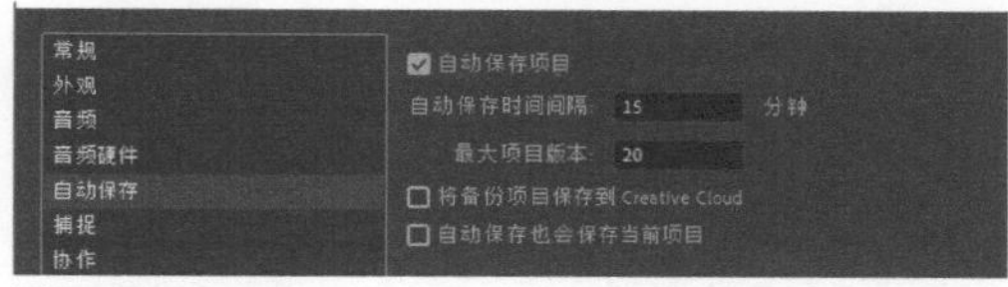

图1-22

◆ 4. 时间轴设置

在“首选项”对话框中选择“时间轴”选项，可以设置视频过渡、音频过渡、静止图像的默认持续时间等，如图1-23所示。

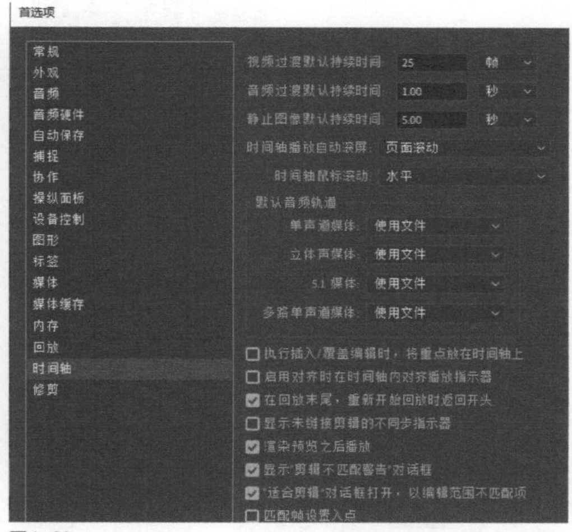

图1-23

- **视频过渡默认持续时间：**用于设置视频过渡的默认持续时间，系统默认为30帧。
- **音频过渡默认持续时间：**用于设置音频过渡的默认持续时间，系统默认为1秒。
- **静止图像默认持续时间：**用于设置静止图像的默认持续时间，系统默认为5秒。

1.1.7 Premiere 文件操作

使用Premiere Pro 2021进行视频编辑，首先需要掌握新建项目、保存项目和打开项目等基本操作。

◆ 1. 新建项目

在Premiere Pro 2021中新建项目有两种方式：一种是在“主页”对话框中新建项目；另一种是在进入工作界面后，使用“文件”菜单新建项目。

第1种：启动Premiere Pro 2021后，在打开的“主页”对话框中单击“新建项目”按钮，如图1-24所示，打开“新建项目”对话框进行设置，如图1-25所示。

图1-24

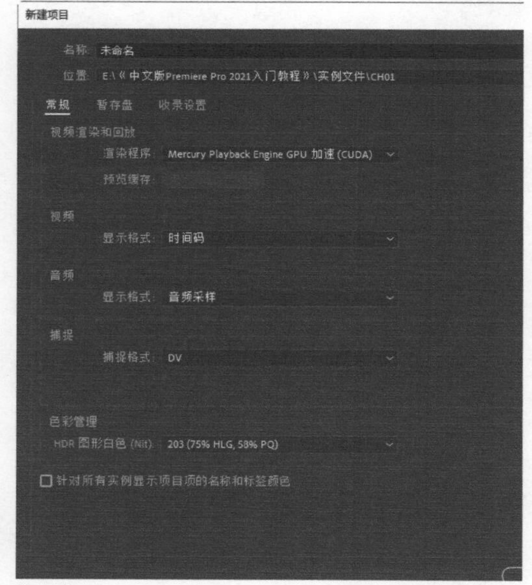

图1-25

第2种：在进入Premiere Pro 2021工作界面后，可以选择“文件>新建>项目”命令创建新的项目，如图1-26所示。在“新建项目”对话框中单击“位置”选项后面的“浏览”按钮，可以打开“请选择新项目的目标路径。”对话框设置保存项目的路径，如图1-27所示。

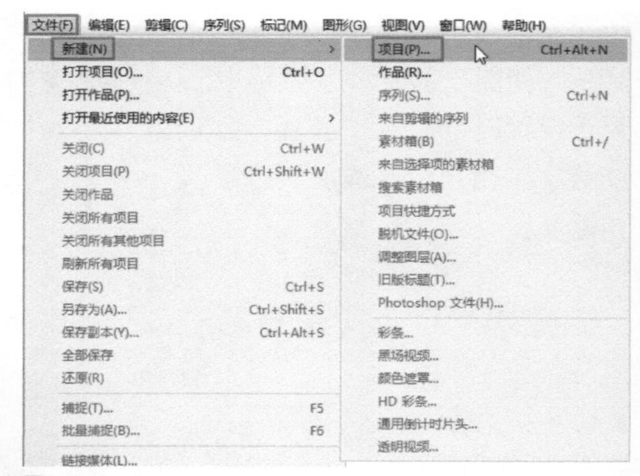

图1-26

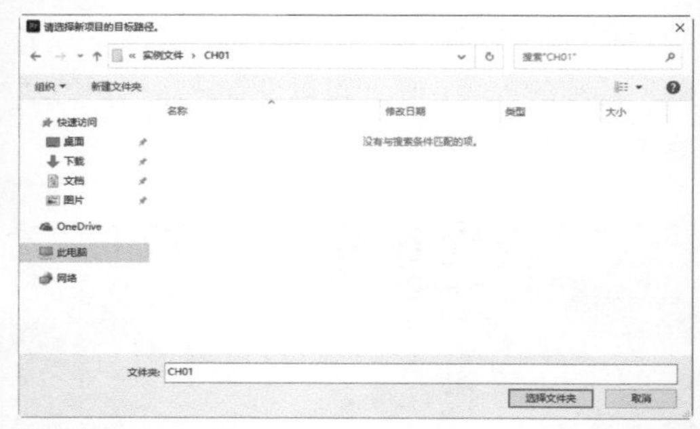

图1-27

> 小提示
>
> 在“新建项目”对话框中选择“常规”“暂存盘”“收录设置”选项卡，可以对其中的参数进行相应设置。在“新建项目”对话框中完成各项设置后，单击“确定”按钮，即可创建新的项目，并进入Premiere Pro 2021工作界面。

◆ 2. 保存项目

选择“文件>保存”命令，或按Ctrl+S组合键，可以对当前的项目以原路径进行保存，如图1-28所示。

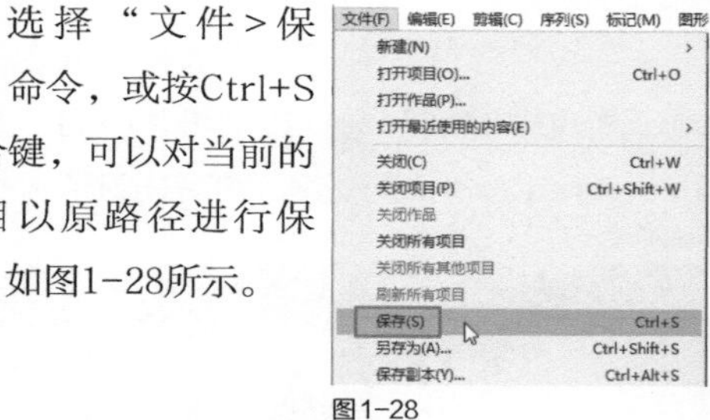

图1-28

> 小提示
>
> 如果在保存项目时想更改项目的名称或路径，可以选择“文件>另存为”命令，或按Ctrl+Shift+S组合键，打开“保存项目”对话框，重新设置项目的保存路径和文件名，如图1-29所示。

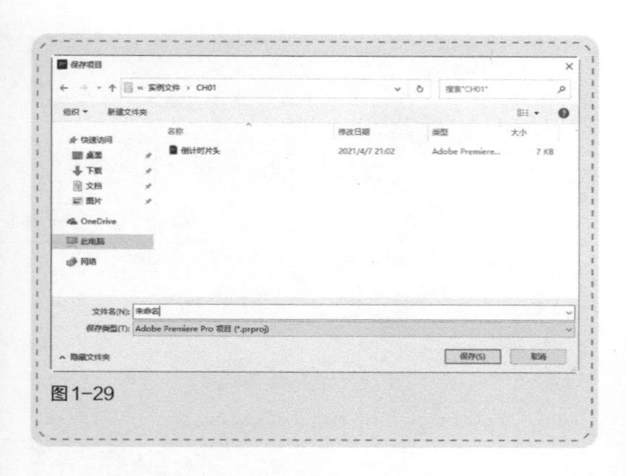

图1-29

◆ 3. 打开项目

在使用Premiere进行视频编辑时，可以使用如下两种方式打开已有的项目。

第1种：选择“文件>打开项目”命令，或按Ctrl+O组合键，在打开的“打开项目”对话框中找到项目的保存路径，即可打开需要的项目，如图1-30所示。

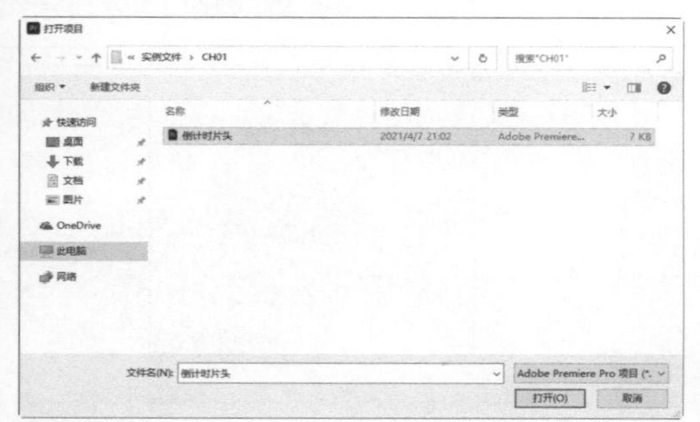

图1-30

第2种：选择“文件>打开最近使用的内容”命令，子菜单中会显示最近使用过的项目，选择其中的项目，即可将其打开，如图1-31所示。

图1-31

1.2 Premiere 视频编辑的基本流程

本节将介绍运用Premiere Pro 2021进行视频编辑的基本流程。

1.2.1 课堂案例：十里桃花水墨相册

实例位置	实例文件 >CH01> 十里桃花水墨相册 .prproj
素材位置	素材文件 >CH01> 十里桃花水墨相册
视频名称	十里桃花水墨相册 .mp4
技术掌握	了解用 Premiere 进行视频编辑的基本流程

本例将通过创建“十里桃花水墨相册”影片，介绍视频编辑的基本流程，创建的“十里桃花水墨相册”效果如图1-32所示。

图1-32

◆ 1. 创建项目

01 启动 Premiere Pro 2021，在“主页”对话框中单击“新建项目”按钮，或选择“文件 > 新建 > 项目”命令，然后在打开的“新建项目”对话框中设置项目的名称和路径，如图 1-33 所示。

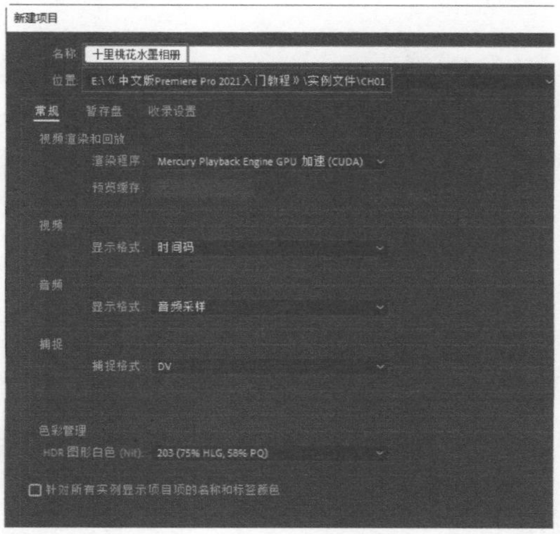

图1-33

02 选择“文件 > 新建 > 序列”命令，打开“新建序列”对话框，选择“标准 32kHz”预设类型，然后在“序列名称”文本框中输入序列名，如图 1-34 所示。

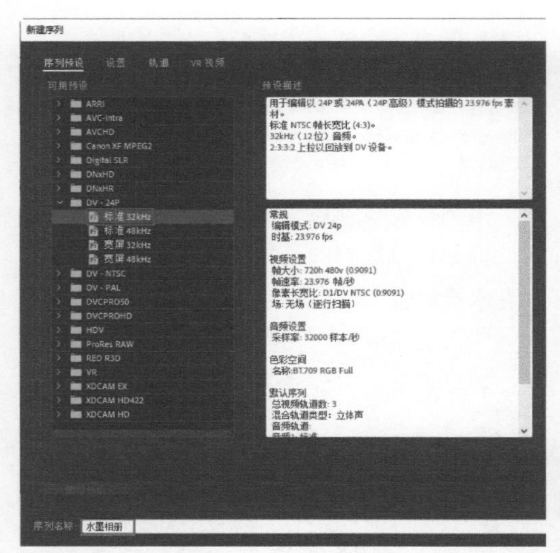

图1-34

03 选择“设置”选项卡，在“编辑模式”下拉列表框中选择“自定义”视频编辑模式，然后设置“帧大小”的“水平”为1280，“垂直”为720，如图1-35所示。

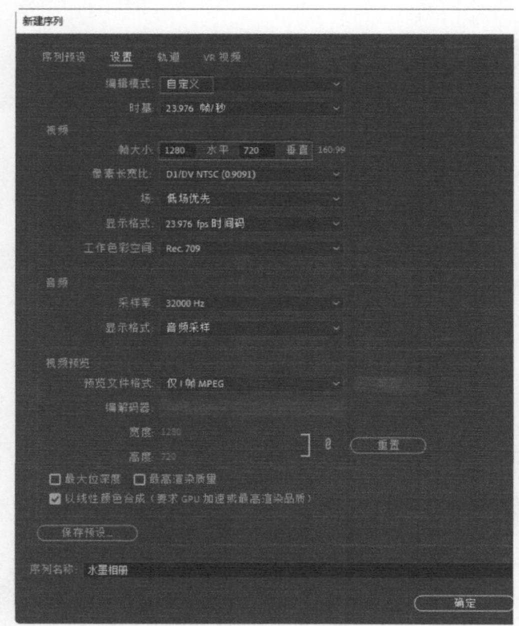

图1-35

04 选择“轨道”选项卡，设置视频轨道数量为4，单击“确定”按钮，如图1-36所示。

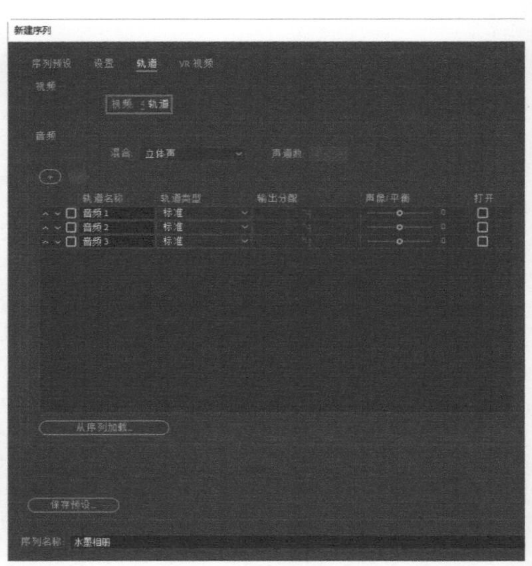

图1-36

2. 添加素材

01 选择“文件>导入”命令，打开“导入”对话框，找到素材位置导入需要的素材，如图1-37所示。

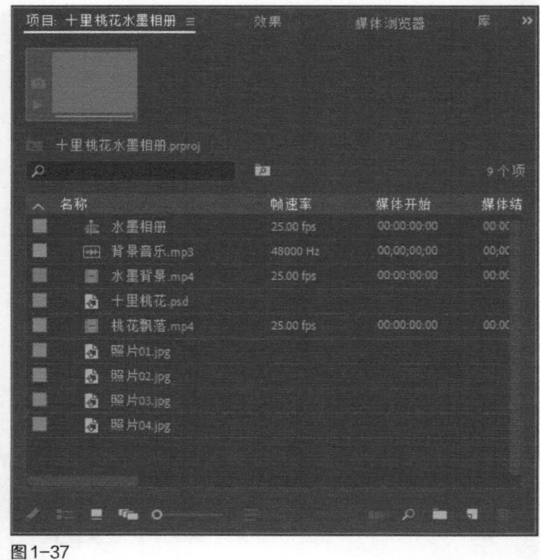

图1-37

02 在“项目”面板中单击“新建素材箱”按钮，创建一个素材箱，然后对素材箱进行命名，如图1-38所示。

03 在“项目”面板中将照片素材拖曳到创建的素材箱中，如图1-39所示。

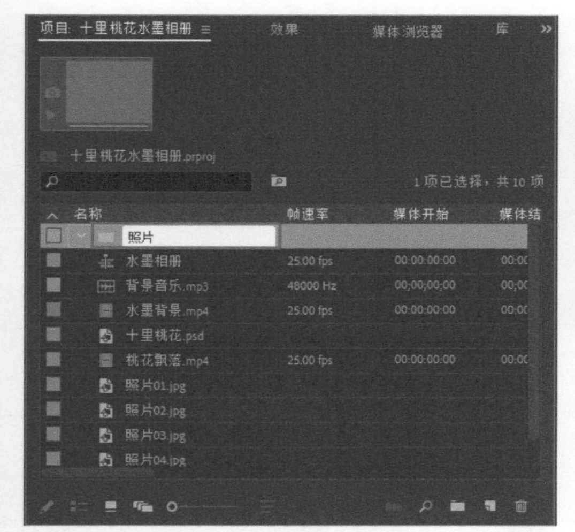

图 1-38

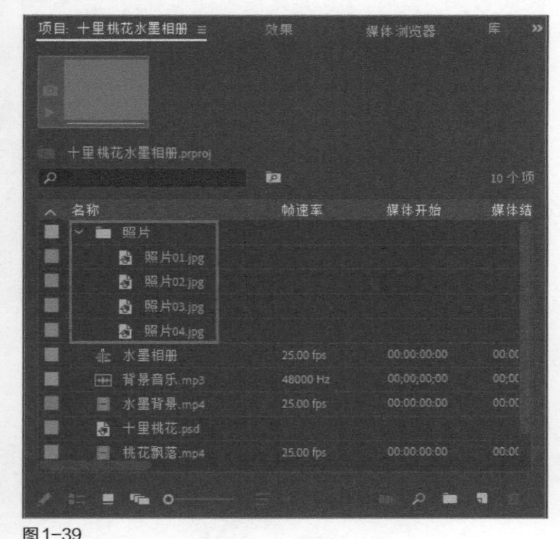

图 1-39

◆ 3. 编辑素材

01 将“水墨背景 .mp4”“十里桃花 .psd”和“桃花飘落 .mp4”素材分别添加到“时间轴”面板的 V2、V3 和 V4 轨道中，各素材的入点位置都在第 0 秒处，如图 1-40 所示。

图 1-40

02 将“照片 01.jpg”素材添加到“时间轴”面板的 V1 轨道中，设置入点在第 4 秒处，如图 1-41 所示。

图 1-41

03 在“时间轴”面板中选中“照片 01.jpg”素材，然后选择“剪辑 > 速度 / 持续时间”命令，打开“剪辑速度 / 持续时间”对话框，设置照片的“持续时间”为 8 秒，如图 1-42 所示。

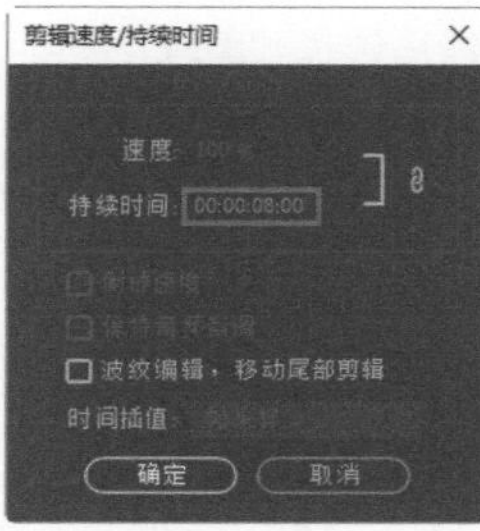

图 1-42

04 将“照片 02.jpg”素材添加到“时间轴”面板的 V1 轨道中，设置入点在第 12 秒处，如图 1-43 所示。

图 1-43

05 在“时间轴”面板中选中“照片 02.jpg”素材，然后选择“剪辑 > 速度 / 持续时间”命令，打开“剪辑速度/持续时间”对话框，设置照片的“持续时间”为 4 秒 12 帧，如图 1-44 所示。

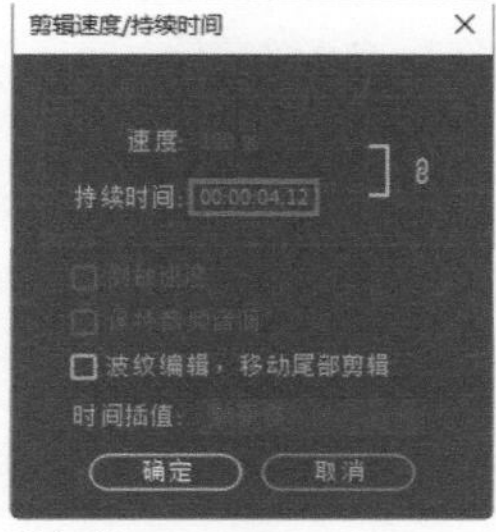

图 1-44

06 将“照片 03.jpg”素材添加到“时间轴”面板的 V1 轨道中，设置入点在第 16 秒 12 帧处，如图 1-45 所示。

图 1-45

07 在“时间轴”面板中选中“照片03.jpg”素材，然后选择“剪辑>速度/持续时间”命令，打开“剪辑速度/持续时间”对话框，设置照片的“持续时间”为4秒20帧，如图1-46所示。

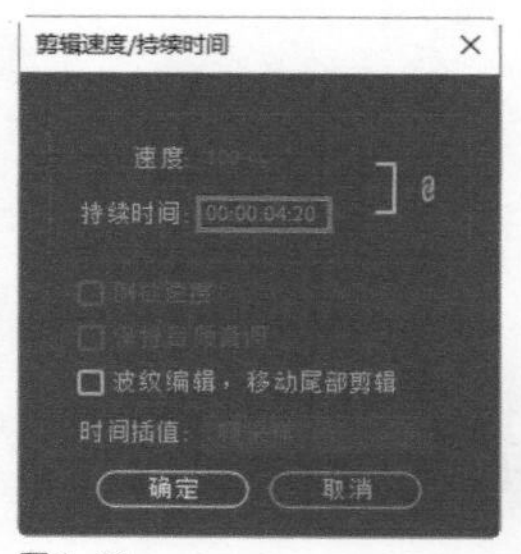

图 1-46

08 将“照片04.jpg”素材添加到“时间轴”面板的V1轨道中，设置入点在第21秒6帧处，如图1-47所示。

图 1-47

09 在“时间轴”面板中选中“照片04.jpg”素材，然后选择“剪辑>速度/持续时间”命令，打开“剪辑速度/持续时间”对话框，设置照片的“持续时间”为4秒18帧，如图1-48所示。

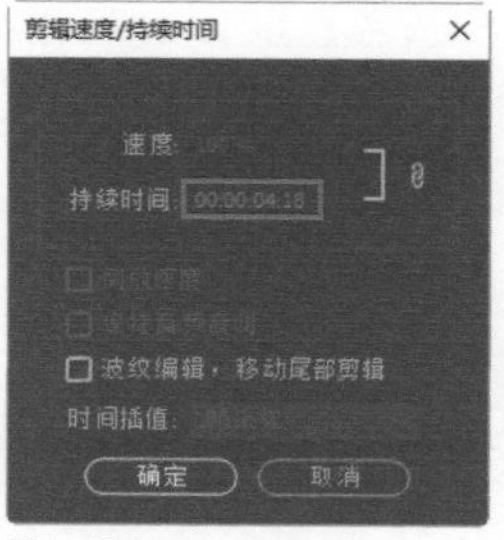

图 1-48

10 在“节目”监视器面板中对影片进行预览，如图1-49所示。

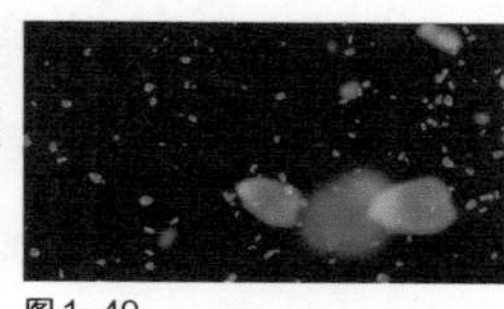

图 1-49

11 打开“效果”面板，展开“效果>视频效果>键控”素材箱，然后选择“亮度键”效果，如图1-50所示，并将其添加到V4轨道中的“桃花飘落.mp4”素材上。

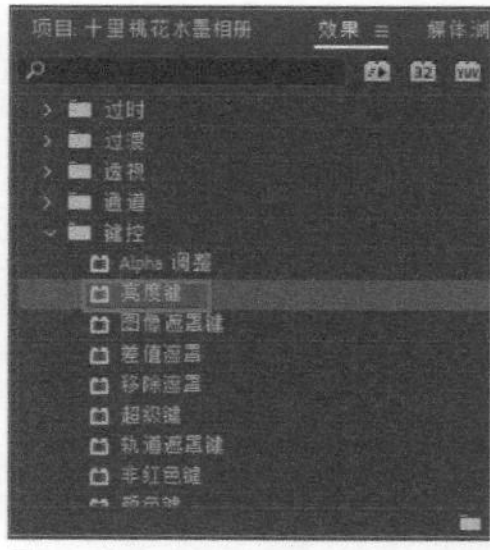

图 1-50

12 在“效果控件”面板中设置“亮度键”的“阈值”为90%、“屏蔽度”为50%，如图1-51所示。

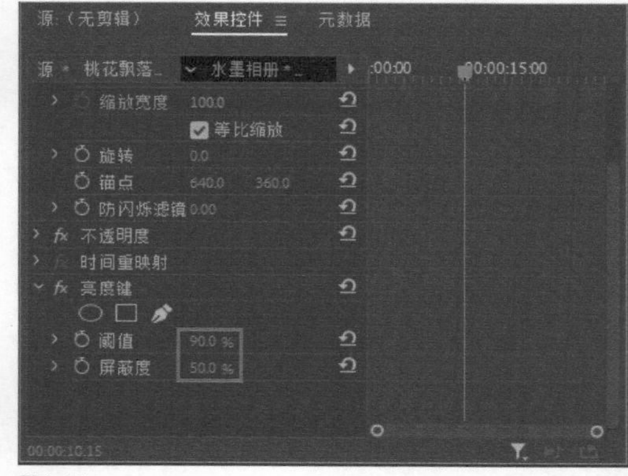

图 1-51

13 在“节目”监视器面板中预览给素材添加的“亮度键”效果，如图1-52所示。

图 1-52

14 将“亮度键”效果添加到V2轨道中的“水墨背景.mp4”素材上，在“效果控件”面板中设置“亮度键”的“阈值”为60%，如图1-53所示。

15 在“节目”监视器面板中预览给素材添加的“亮度键”效果，如图1-54所示。

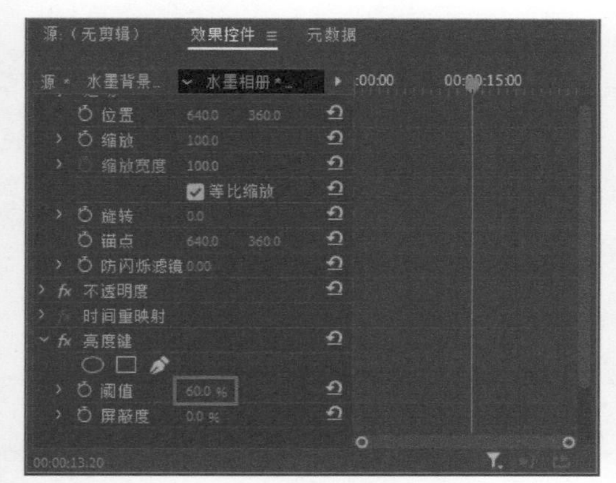

图 1-53

图 1-54

⑯ 选择 V1 轨道中的“照片 01.jpg”素材，将时间指示器移动到第 11 秒处，在“效果控件”面板中为“缩放”和“旋转”选项各添加一个关键帧，如图 1-55 所示。

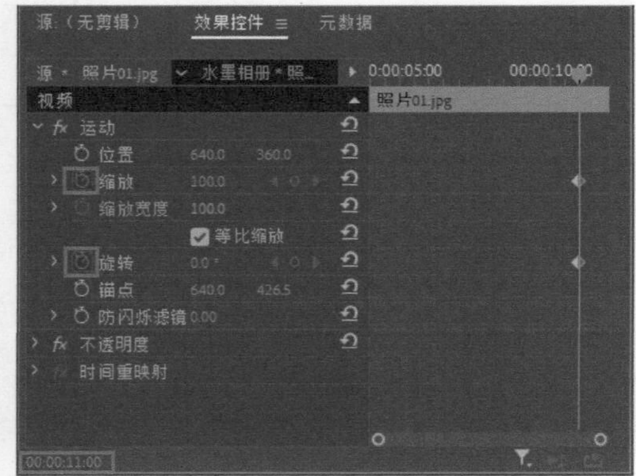

图 1-55

⑰ 将时间指示器移动到第 12 秒处，为“缩放”和“旋转”选项各添加一个关键帧，设置“缩放”值为 80、“旋转”值为 -90°，如图 1-56 所示。

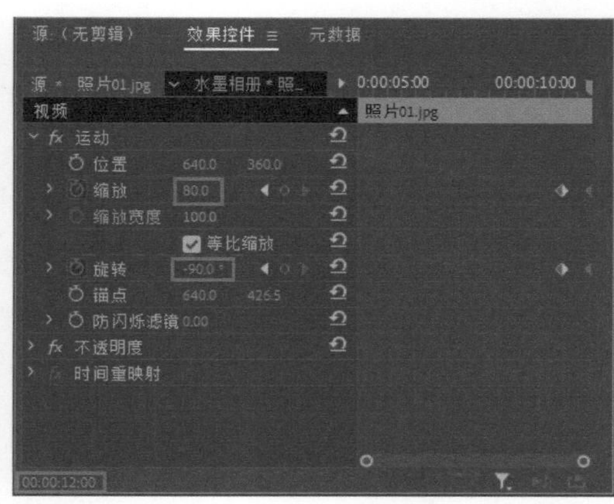

图 1-56

⑱ 在“节目”监视器面板中预览给素材添加的运动效果，如图 1-57 所示。

图 1-57

⑲ 选择 V1 轨道中的“照片 02.jpg”素材，将时间指示器移动到第 15 秒 18 帧处，在“效果控件”面板中为“缩放”和“旋转”选项各添加一个关键帧，如图 1-58 所示。

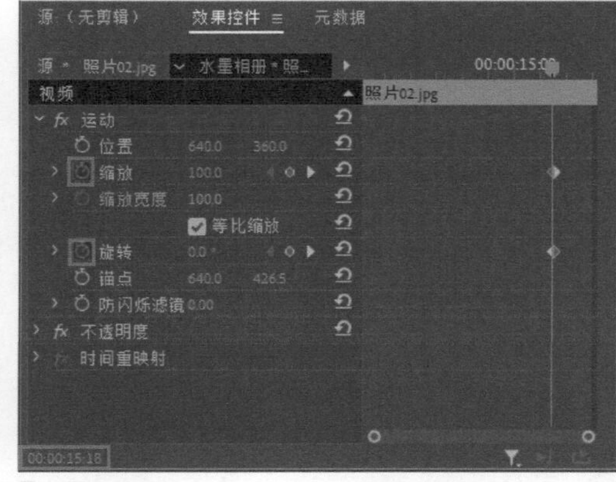

图 1-58

⑳ 将时间指示器移动到第 16 秒 14 帧处，为“缩放”和“旋转”选项各添加一个关键帧，设置“缩放”值为 80、“旋转”值为 -90°，如图 1-59 所示。

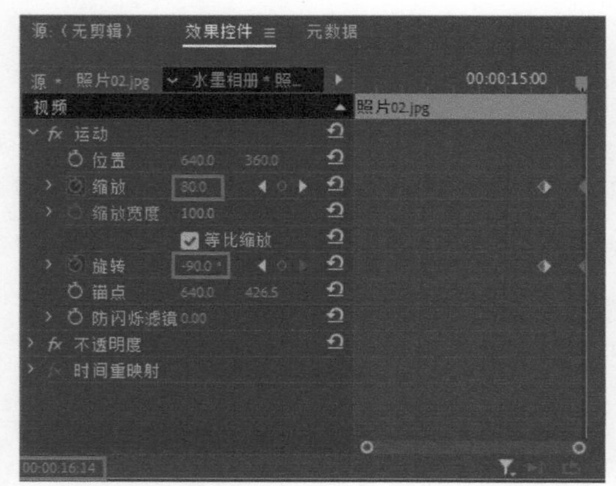

图 1-59

21 在“节目”监视器面板中预览给素材添加的运动效果，如图 1-60 所示。

图 1-60

22 选择 V1 轨道中的“照片 03.jpg”素材，将时间指示器移动到第 20 秒处，在“效果控件”面板中为“缩放”和“旋转”选项各添加一个关键帧，如图 1-61 所示。

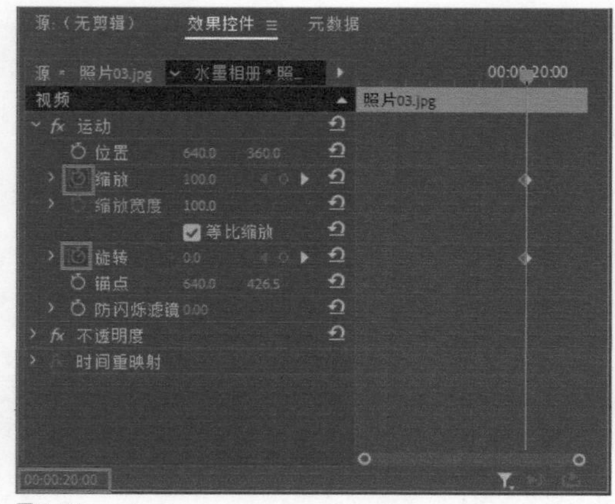

图 1-61

23 将时间指示器移动到第 21 秒 6 帧处，为“缩放”和“旋转”选项各添加一个关键帧，设置“缩放”值为 70、“旋转”值为 -90°，如图 1-62 所示。

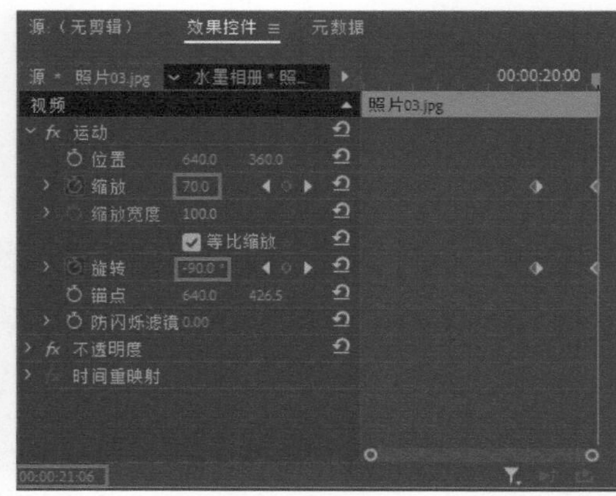

图 1-62

24 在“节目”监视器面板中预览给素材添加的运动效果，如图 1-63 所示。

图 1-63

25 选择 V1 轨道中的“照片 04.jpg”素材，将时间指示器移动到第 25 秒处，在“效果控件”面板中为“不透明度”选项添加一个关键帧，如图 1-64 所示。

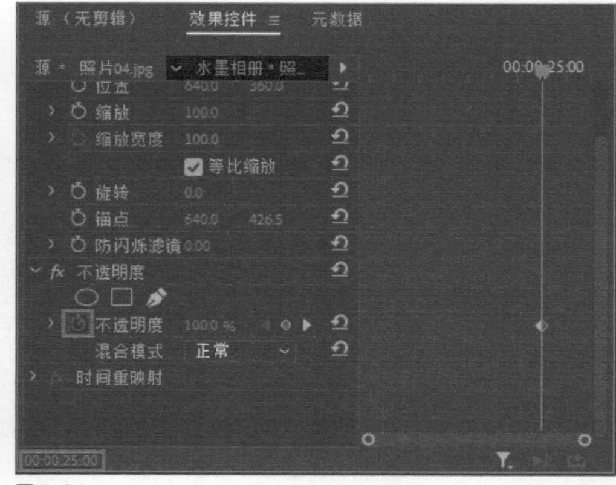

图 1-64

26 将时间指示器移动到第 26 秒处，为“不透明度”选项添加一个关键帧，设置“不透明度”值为 0%，如图 1-65 所示。

27 在“节目”监视器面板中预览给素材添加的不透明度效果，如图 1-66 所示。

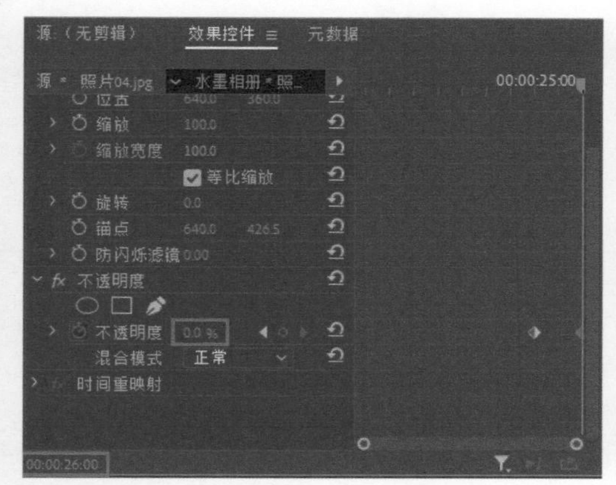

图 1-65

图 1-66

◆ 4. 编辑音频素材

01 将“项目”面板中的“背景音乐 .mp3”素材添加到“时间轴”面板的 A1 轨道中，设置入点在第 0 秒处，如图 1-67 所示。

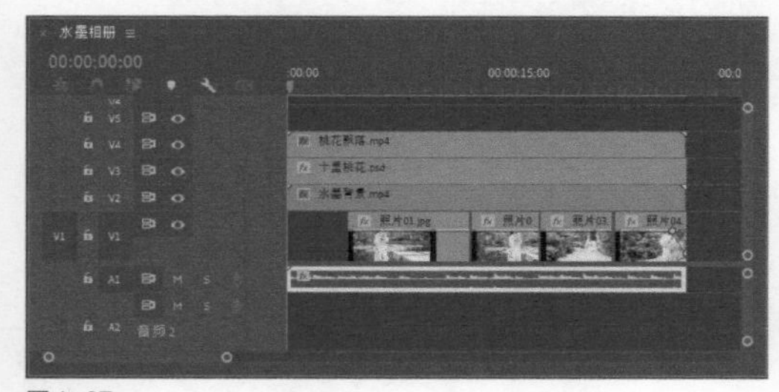

图 1-67

02 选择 A1 轨道中的“背景音乐 .jpg”素材，将时间指示器移动到第 0 秒处，在“效果控件”面板中为“级别”选项添加一个关键帧，设置“级别”值为 −∞，如图 1-68 所示。

03 将时间指示器移动到第 1 秒处，为“级别”选项添加一个关键帧，设置“级别”值为 0dB，如图 1-69 所示。

04 将时间指示器移动到第 25 秒处，为“级别”选项添加一个关键帧，设置“级别”值为 0dB，如图 1-70 所示。

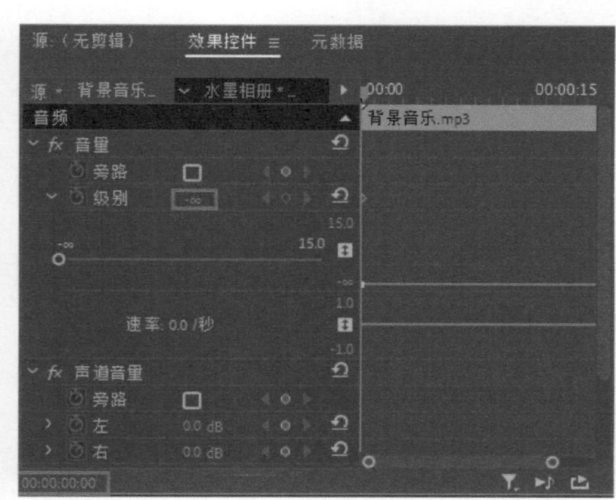

图 1-68

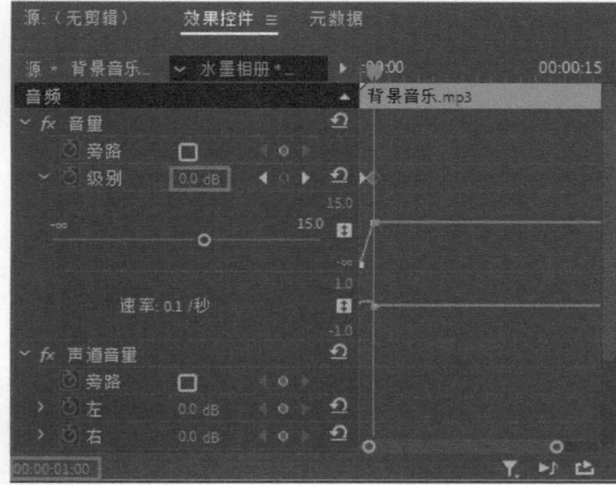

图 1-69

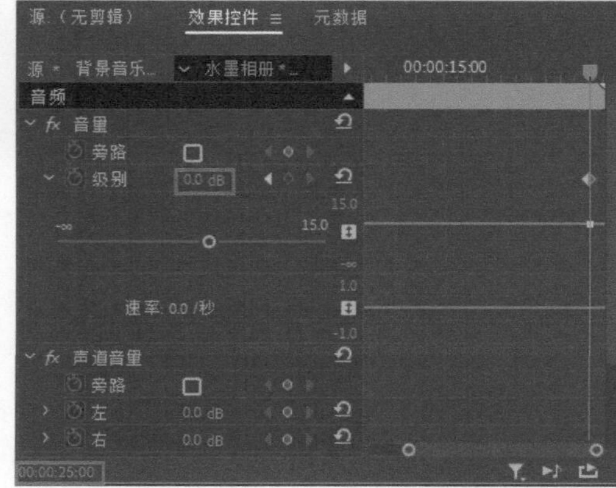

图 1-70

05 将时间指示器移动到第 26 秒处，为“级别”选项添加一个关键帧，设置“级别”值为 −∞，如图 1-71 所示。

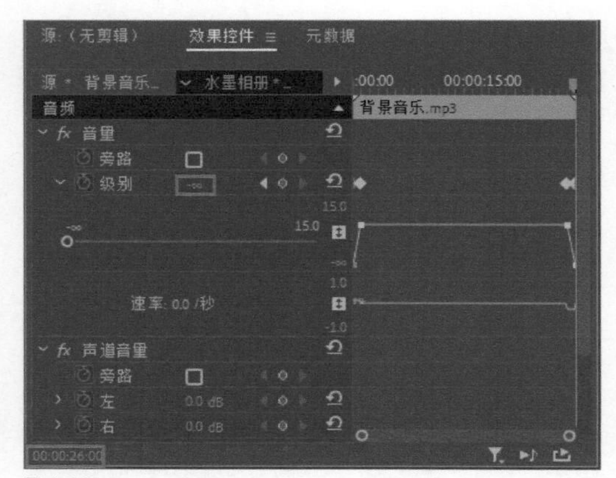

图 1-71

◆ 5. 输出影片文件

01 选择“文件 > 导出 > 媒体”命令，打开“导出设置”对话框，在“格式”下拉列表框中选择一种影片格式（如 H.264），如图 1-72 所示。

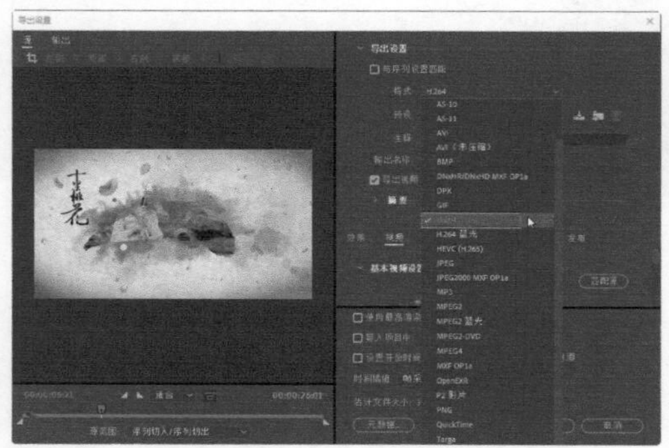
图 1-72

02 在“输出名称”选项中单击输出的名称，如图 1-73 所示。

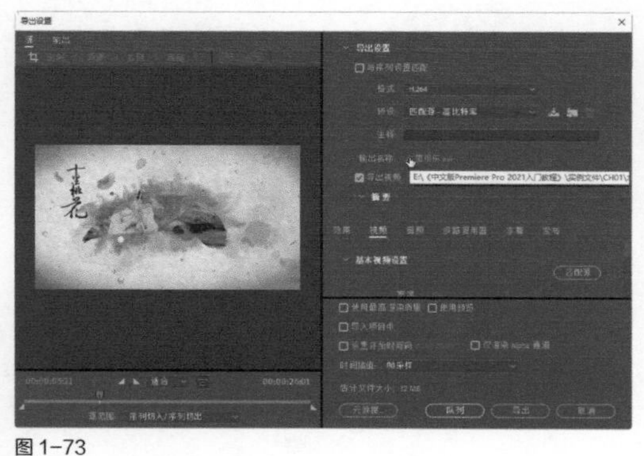
图 1-73

03 在打开的“另存为”对话框中设置存储文件的名称和路径，然后单击“保存”按钮，如图 1-74 所示。

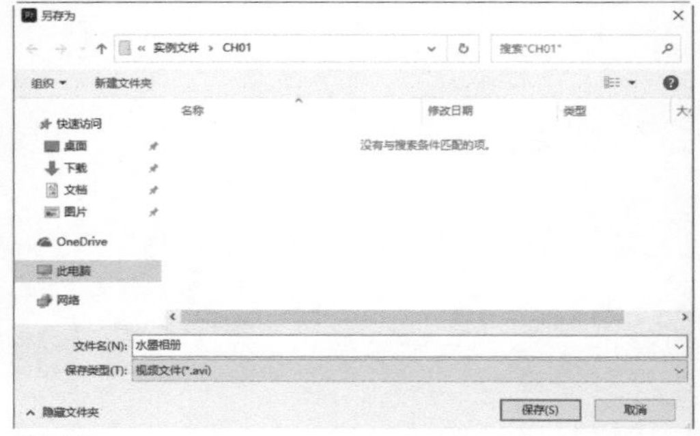

图 1-74

04 返回“导出设置”对话框，单击“导出”按钮，将项目导出为影片文件，如图 1-75 所示。

图 1-75

05 将项目导出为影片文件后，可以在相应的位置找到导出的文件，并且可以使用媒体播放器对该文件进行播放，如图 1-76 所示，至此，本例的制作完成。

图 1-76

1.2.2 建立项目

运用Premiere Pro 2021进行视频编辑的操作时，要先建立Premiere项目。在Premiere项目中可以放置并编辑视频、音频和静态图像，所有的素材必须先保存在磁盘中。

1.2.3 创建序列

在序列中对素材进行编辑，是视频编辑的重要环节。建立项目并导入素材后，就需要创建序列，随后即可在序列中组合素材，并对素材进行编辑。

1.2.4 编辑素材

在编辑素材序列的过程中，可以对素材的长度、播放速度等属性进行编辑，可以添加视频过渡使素材间的连接更加和谐、自然，还可以添加视频效果使视觉效果更加丰富多彩。

1.2.5 输出影片

输出影片是将编辑好的项目以视频格式输出。输出影片时需要根据实际需要为影片选择一种压缩格式。

1.3 课后习题

通过对这一章的学习，相信大家对创建项目和打开项目有了深入的了解，本节将通过两个课后习题，巩固所学知识。

课后习题：创建影片项目

实例位置	实例文件 >CH01> 创建影片项目 .prproj
素材位置	无
视频名称	创建影片项目 .mp4
技术掌握	创建彩条项目

除了可以利用“文件”菜单创建Premiere项目外，也可以在Premiere的“项目”面板中单击“新建项”按钮创建项目。本例以创建彩条项目为例，讲解在“项目”面板中创建项目的操作。彩条素材效果如图1-77所示。

图 1-77

01 启动 Premiere Pro 2021，单击“项目”面板中的“新建项”按钮，在弹出的菜单中选择“彩条”命令，如图 1-78 所示。

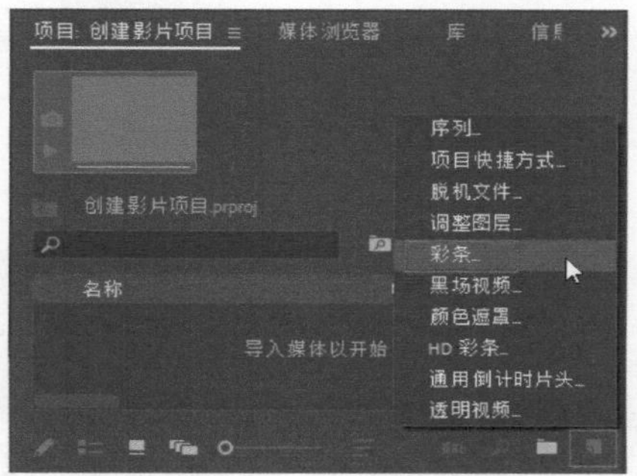

图 1-78

02 在打开的“新建彩条”对话框中设置视频的宽度和高度，如图 1-79 所示。

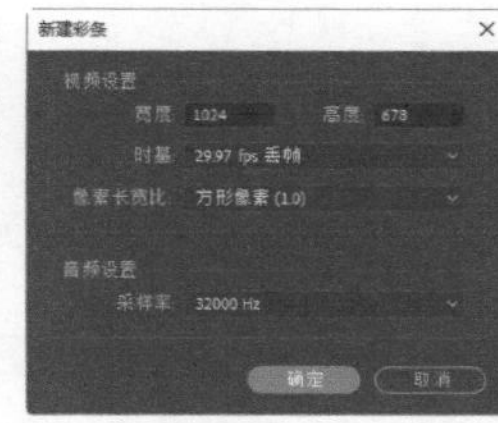

图 1-79

03 单击“确定”按钮，即可在“项目”面板中创建彩条素材，如图 1-80 所示。

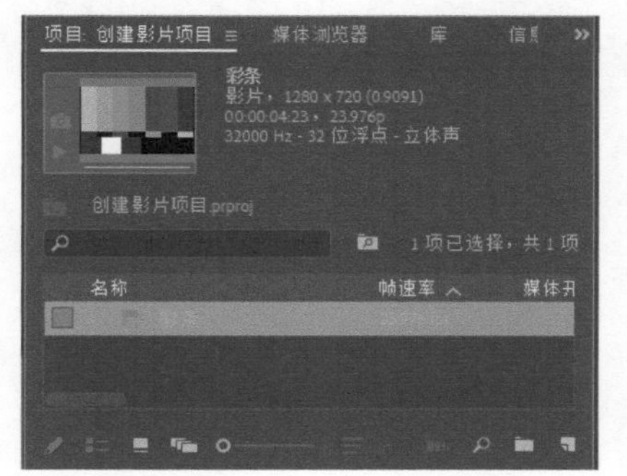

图 1-80

课后习题：打开江南水乡项目

实例位置	实例文件 >CH01> 打开江南水乡项目 .prproj
素材位置	素材文件 >CH01> 打开江南水乡项目
视频名称	打开江南水乡项目 .mp4
技术掌握	打开项目

保存项目后，可以在下次需要时将其打开，以便进行查看和编辑，打开项目的效果如图1-81所示。

图 1-81

01 选择"文件 > 打开项目"命令，或按 Ctrl+O 组合键，打开"打开项目"对话框，找到项目的保存路径，选择需要打开的项目，然后单击"打开"按钮 打开(O) ，如图 1-82 所示。

图 1-82

02 打开项目后，即可进入工作界面查看项目内容，在"节目"监视器面板中可以预览影片的编辑效果，如图 1-83 所示。

图 1-83

02

第 2 章

视频合成基础

本章导读

使用 Premiere 进行视频编辑，要先创建项目，将需要的素材导入“项目”面板中进行管理。然后在“时间轴”面板中对素材进行编辑，再将一个个素材组合起来。本章主要介绍在 Premiere 中进行素材管理和创建序列的相关知识。

本章主要内容

素材管理

创建序列

Premiere

2.1 素材管理

使用Premiere进行视频编辑，首先需要将所需素材导入“项目”面板中进行管理，然后根据需要对素材进行编辑，以便在视频合成时调用。

2.1.1 课堂案例：神奇的慢镜头

实例位置	实例文件 >CH02> 神奇的慢镜头 .prproj
素材位置	素材文件 >CH02> 神奇的慢镜头
视频名称	神奇的慢镜头 .mp4
技术掌握	了解 Premiere 的素材管理

慢镜头可以捕捉到一些视频中的神奇效果。在Premiere中创建项目，将视频素材导入“项目”面板中后，可以设置视频素材的播放速度，以获得慢镜头效果。本例通过降低视频的播放速度，捕捉瓶子中的水被挤出瓶口时的慢镜头效果，如图2-1所示。

图2-1

01 选择“文件 > 新建 > 项目”命令，在打开的“新建项目”对话框中输入项目的名称，如图 2-2所示，然后单击“确定”按钮 确定 新建一个项目。

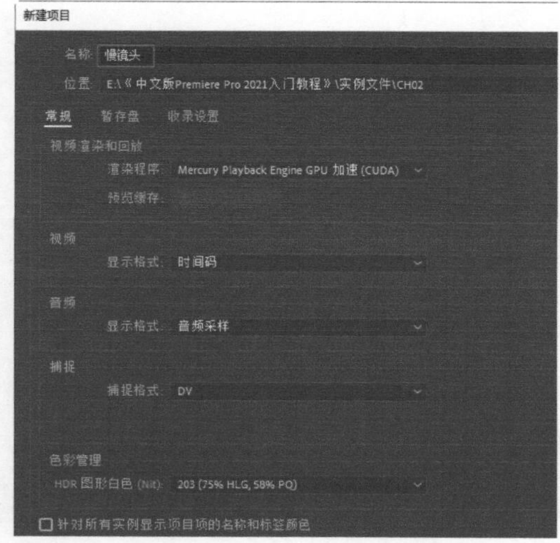

图 2-2

02 进入工作界面后，选择“文件 > 导入”命令，打开“导入”对话框，选择“视频 01.mp4”素材，然后单击“打开”按钮 打开(O) ，如图 2-3 所示。

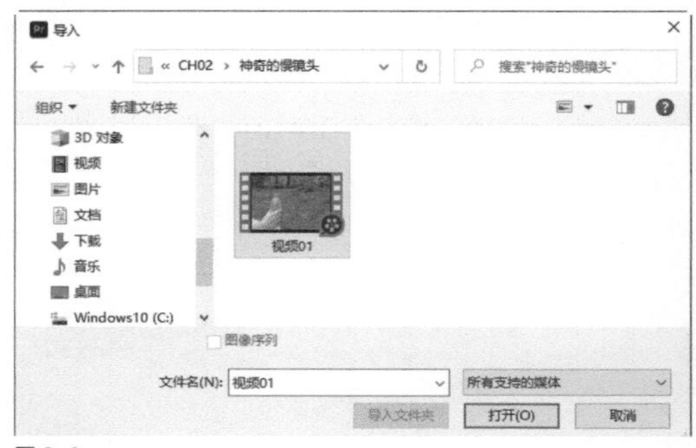

图 2-3

03 导入的素材将存放在“项目”面板中，如图 2-4 所示。

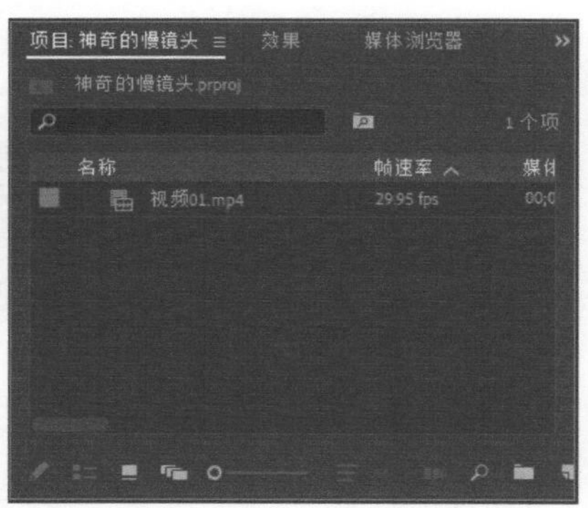

图 2-4

04 选中“项目”面板中的“视频 01.mp4”素材，单击鼠标右键，在弹出的菜单中选择“速度 / 持续时间”命令，如图 2-5 所示。

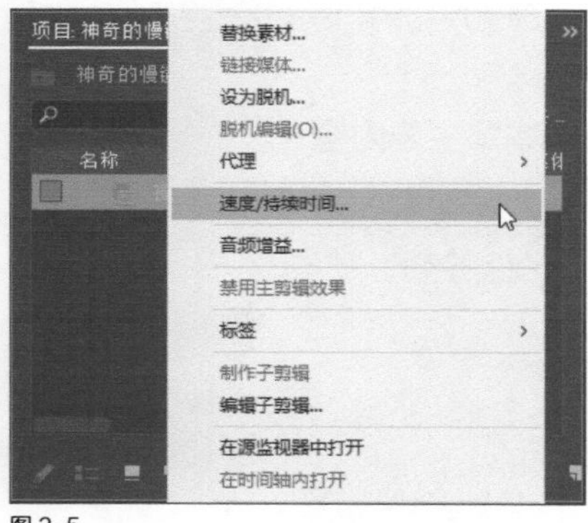

图 2-5

小提示

在“项目”面板中选择素材，然后选择“剪辑 > 速度 / 持续时间”命令，也可以设置素材的播放速度。

05 在打开的“剪辑速度 / 持续时间”对话框中设置“速度”值为 10%，然后单击“确定”按钮，如图 2-6 所示。

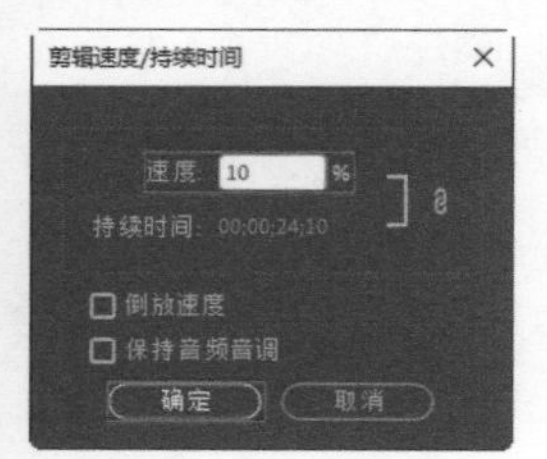

图 2-6

06 将鼠标指针移动到“项目”面板中的“视频 01.mp4”素材上，会显示修改素材播放速度后的信息，如图 2-7 所示。

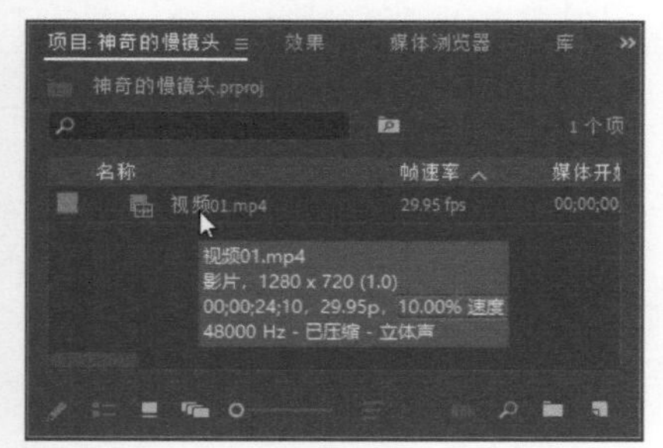

图 2-7

07 将“项目”面板中的“视频 01.mp4”素材拖曳到“时间轴”面板中，创建该视频的序列，如图 2-8 所示。

图 2-8

08 在“节目”监视器面板中单击“播放 - 停止切换”按钮，可以预览影片的慢镜头效果，如图 2-9 所示。

图 2-9

2.1.2 导入素材

使用Premiere进行视频编辑，需要先将所需素材导入“项目”面板中。在Premiere中除了可以导入常规素材外，还可以导入静帧序列素材、项目等。

◆ 1. 导入常规素材

启动Premiere Pro 2021，新建一个项目，通过如下3种方式可以导入素材。

第1种：选择“文件>导入”命令。

第2种：在“项目”面板的空白处双击。

第3种：在“项目”面板的空白处单击鼠标右键，在弹出的菜单中选择“导入”命令，如图2-10所示。

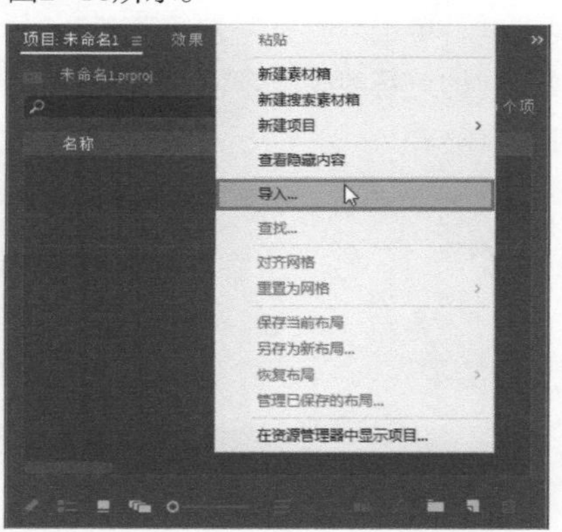

图 2-10

在打开的“导入”对话框中选择素材存放的位置，然后选择要导入的素材，单击“打开”按钮[打开(O)]，如图2-11所示，即可将选择的素材导入"项目"面板，如图2-12所示。

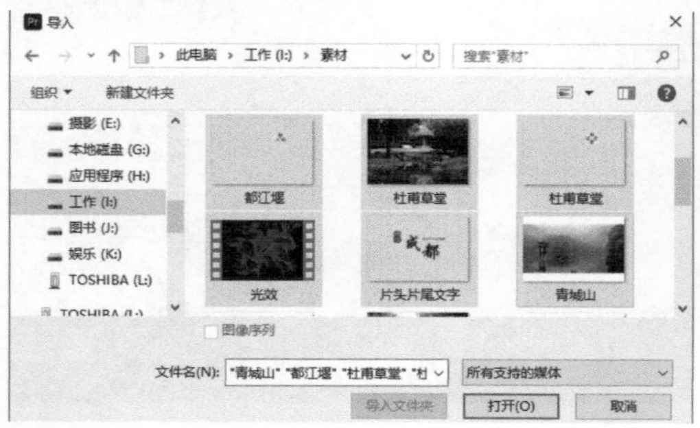

图2-11

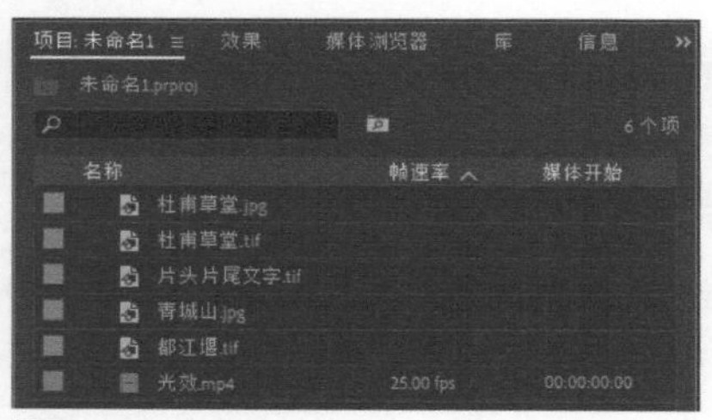

图2-12

◆ 2. 导入静帧序列素材

静帧序列素材是指按照名称编号顺序排列的一组格式相同的静态图片，每帧图片的内容之间有着时间延续上的关系。

选择"文件>导入"命令，在打开的"导入"对话框中选择素材存放的位置，然后选择静帧序列素材中的第一张图片，再勾选"图像序列"复选框，单击"打开"按钮[打开(O)]，如图2-13所示，即可将图像序列导入"项目"面板，如图2-14所示。

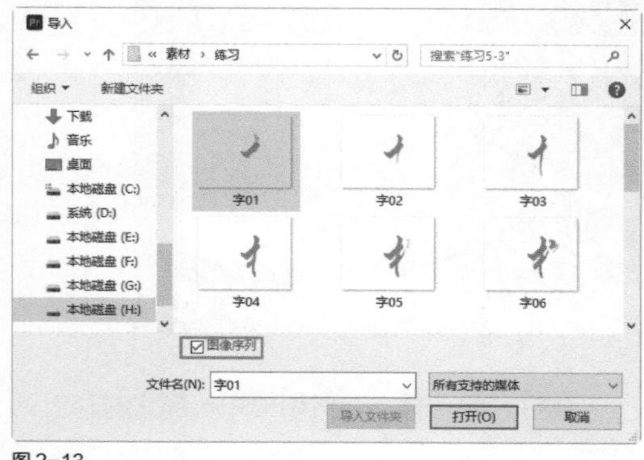

图2-13

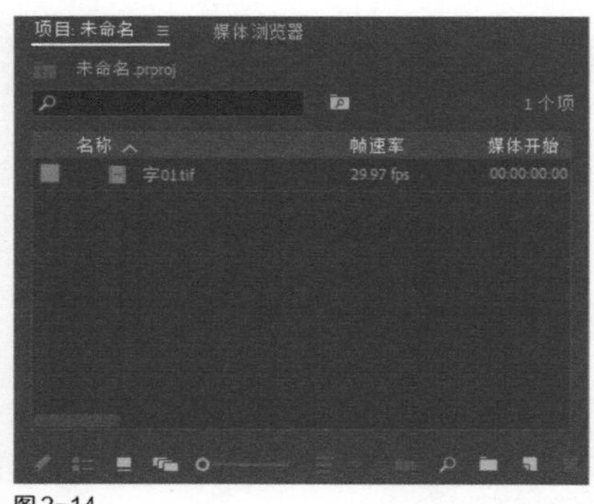

图2-14

◆ 3. 导入项目

Premiere Pro 2021不仅能导入各种媒体素材，还可以在一个项目中以素材形式导入另一个项目。

选择"文件>导入"命令，在打开的"导入"对话框中选择要导入的嵌套项目，如图2-15所示。在打开的"导入项目"对话框中选择项目导入类型并确定，如图2-16所示。

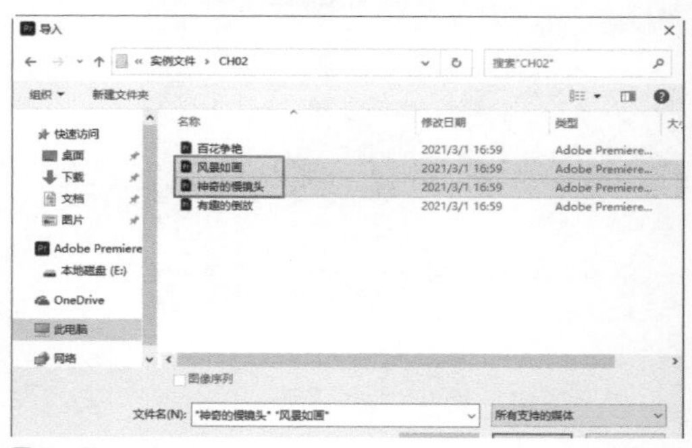

图2-15

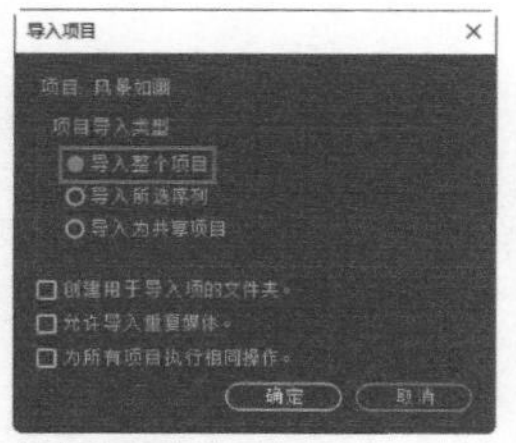

图2-16

继续在"导入项目"对话框中选择其他项目的导入类型并确定，如图2-17所示。将选择的项目导入"项目"面板中，会将导入项目包含的所有素材和序列同时导入，如图2-18所示。

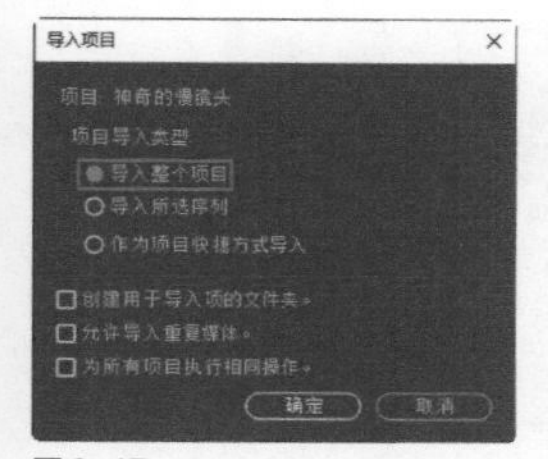

图2-17

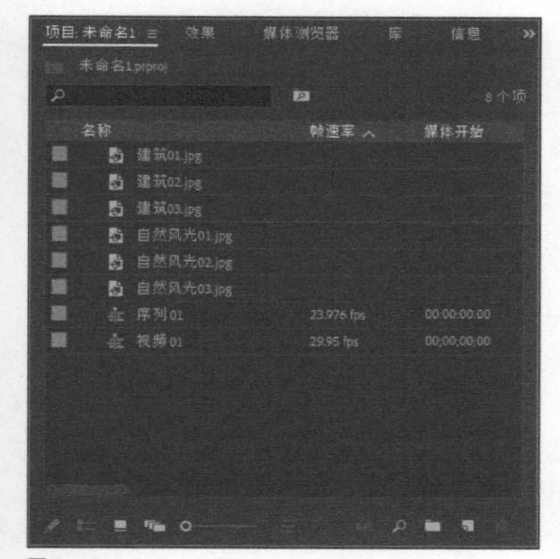

图2-18

2.1.3 管理素材

在“项目”面板中对素材进行管理，可以为后期的影视编辑工作带来事半功倍的效果。可以使用“项目”面板中的素材箱（类似于文件夹）将各种素材进行分类管理。

◆ 1. 创建素材箱

当“项目”面板中的素材过多时，应该创建素材箱对素材进行分类管理。在“项目”面板中创建素材箱有如下3种常用方法。

第1种：选择“文件>新建>素材箱”命令。

第2种：在“项目”面板的空白处单击鼠标右键，在弹出的菜单中选择“新建素材箱”命令，如图2-19所示。

第3种：单击“项目”面板右下方的“新建素材箱”按钮■，即可创建一个素材箱，如图2-20所示。

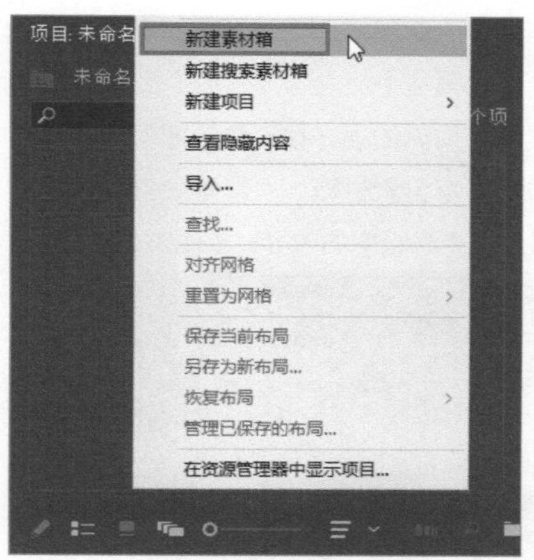

图2-19

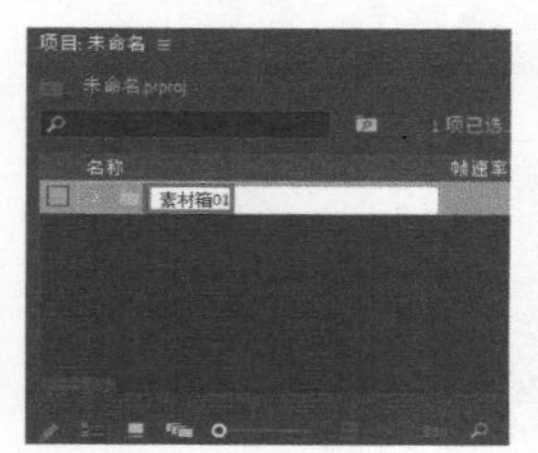

图2-20

◆ 2. 分类管理素材

在“项目”面板中新建素材箱后，用户可以修改素材箱的名称，用于分类存放导入的素材。

在“项目”面板中导入素材，新建一个素材箱，然后修改素材箱的名称，如图2-21所示，按Enter键确定。选择“项目”面板中的图像素材，按住鼠标左键将其拖曳到“图像”素材箱名称上，松开鼠标左键，即可将选择的素材放入“图像”素材箱中，如图2-22所示。

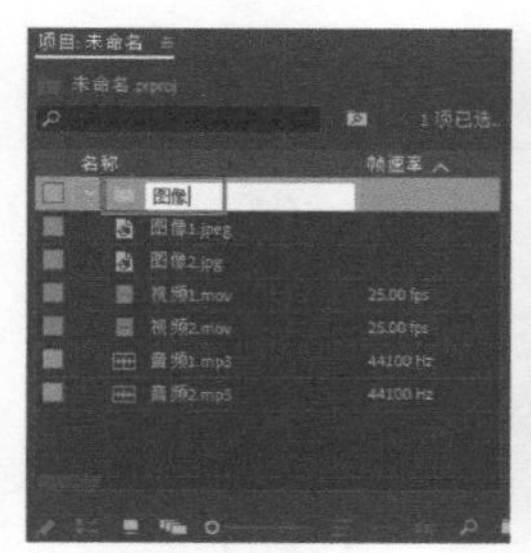

图2-21

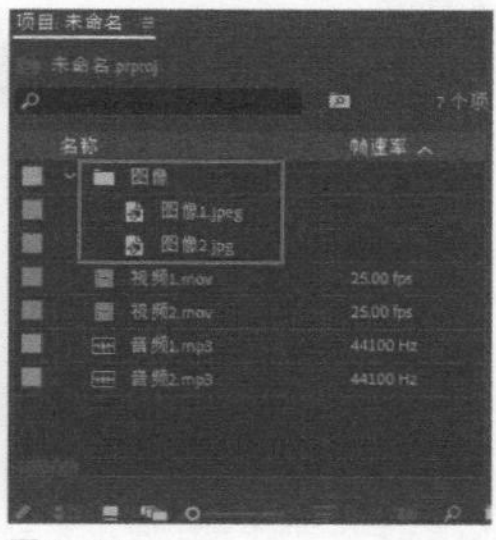

图2-22

单击各个素材箱前面的展开按钮▾，可以折叠素材箱，隐藏其中的内容，如图2-23所示。再次单击素材箱前面的展开按钮▸，即可展开素材箱中的内容。双击素材箱，可以单独打开该素材箱，并显示该素材箱中的内容，如图2-24所示。

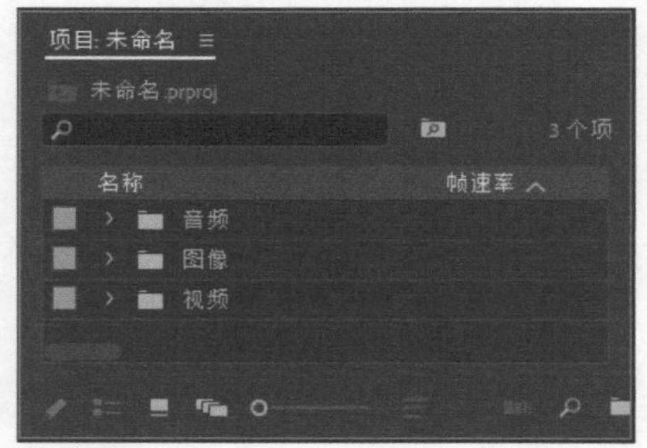

图 2-23

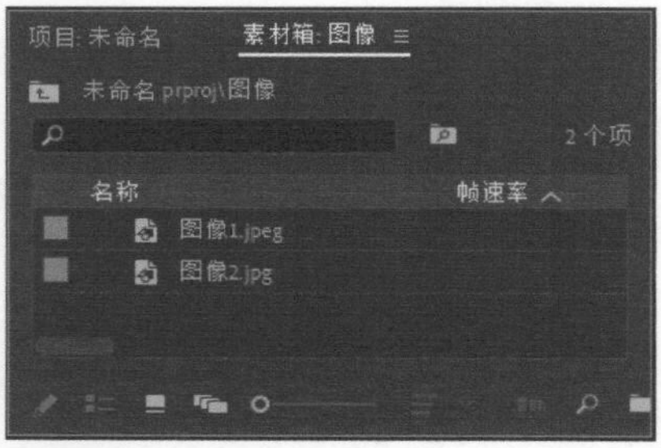

图 2-24

◆ 3. 在“项目”面板中预览素材

在“项目”面板标题处单击鼠标右键，在弹出的菜单中选择“预览区域”命令，如图2-25所示。此时在“项目”面板左上方将出现一个预览区域，选择一个素材后，即可在此预览素材的效果，如图2-26所示。

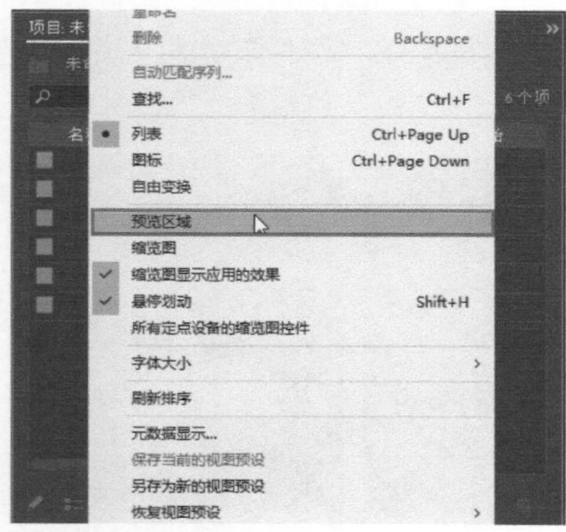

图 2-25

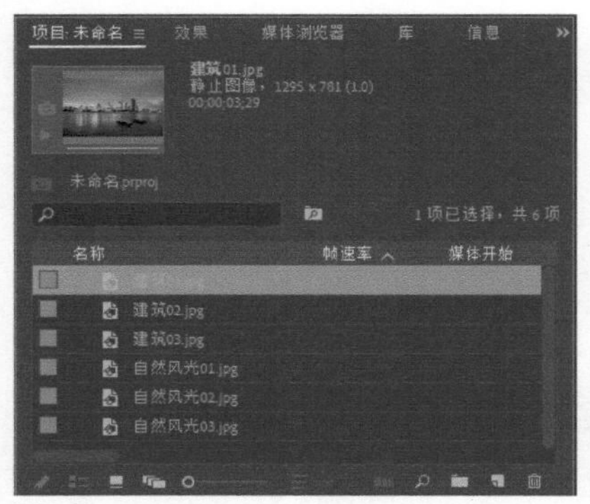

图 2-26

◆ 4. 切换图标和列表视图

在“项目”面板中导入素材后，可以使用图标格式或列表格式显示项目中的素材。

单击“项目”面板左下方的“图标视图”按钮▭，所有素材将以图标格式显示，如图2-27所示。单击“项目”面板左下方的“列表视图”按钮☰，所有素材将以列表格式显示，如图2-28所示。

图 2-27

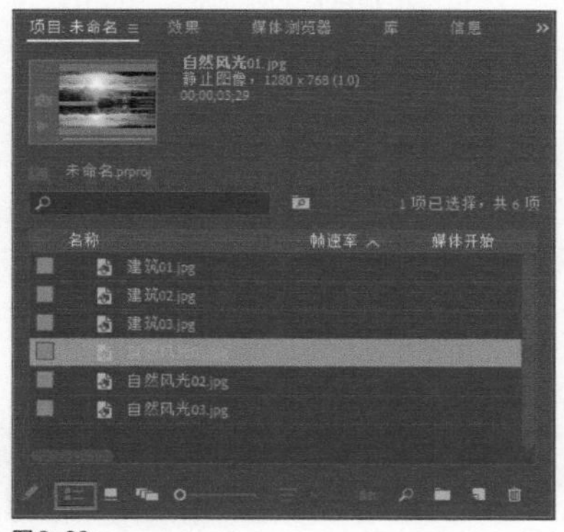

图 2-28

◆ 5. 链接脱机文件

脱机文件是当前项目丢失了的素材文件，项目可以记忆丢失的源素材信息。在项目中即使某一个素材文件丢失了，也仍然会保留之前对该素材的编辑信息。脱机文件在“项目”面板中显示的图标如图2-29所示。脱机文件在“节目”监视器面板的显示如图2-30所示。

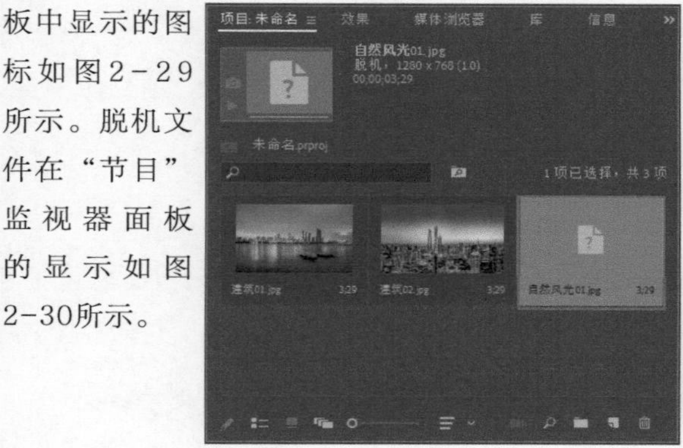

图2-29

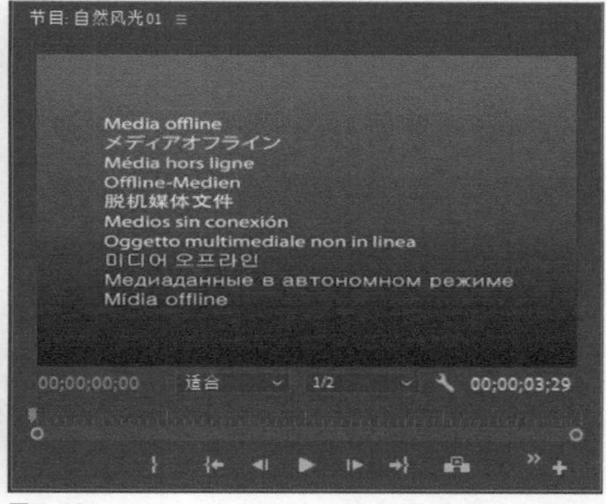

图2-30

在脱机文件上单击鼠标右键，在弹出的菜单中选择“链接媒体”命令，如图2-31所示。在打开的“链接媒体”对话框中单击“查找”按钮 查找 ，如图2-32所示。在打开的对话框中找到并选择需要链接的素材，然后单击“确定”按钮 确定 ，即可完成脱机文件的链接，如图2-33所示。

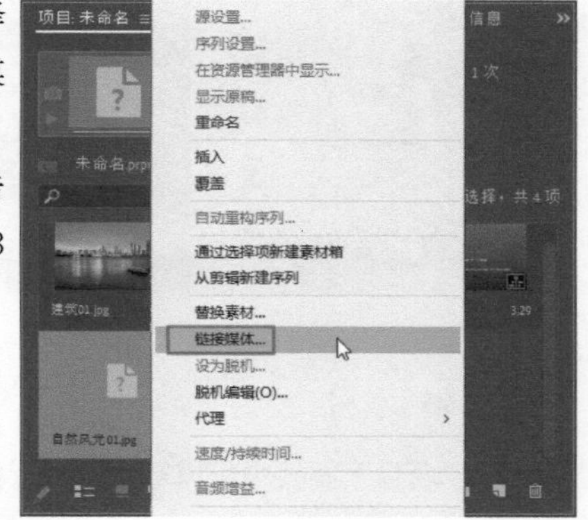

图2-31

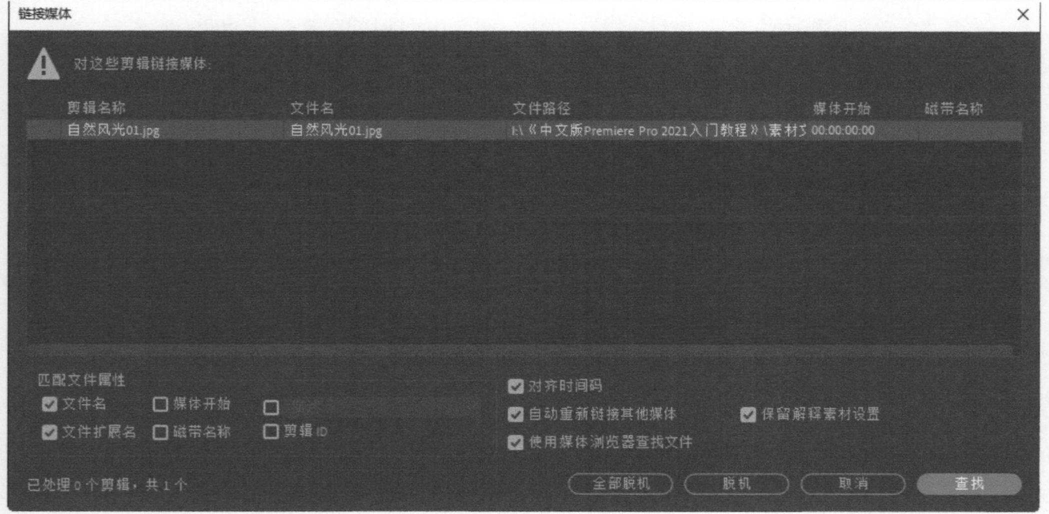

图2-32

图2-33

2.1.4 编辑素材

在“项目”面板中可以对素材进行持续时间的设置、播放速度的设置、重命名和清除操作。

◆ 1. 修改素材持续时间

选择“项目”面板中的素材，然后选择“剪辑>速度/持续时间”命令，如图2-34所示。或者在该素材上单击鼠标右键，在弹出的菜单中选择“速度/持续时间”命令，可以打开“剪辑速度/持续时间”对话框。输入一个持续时间值并确定，即可对素材设置新的持续时间，如图2-35所示。

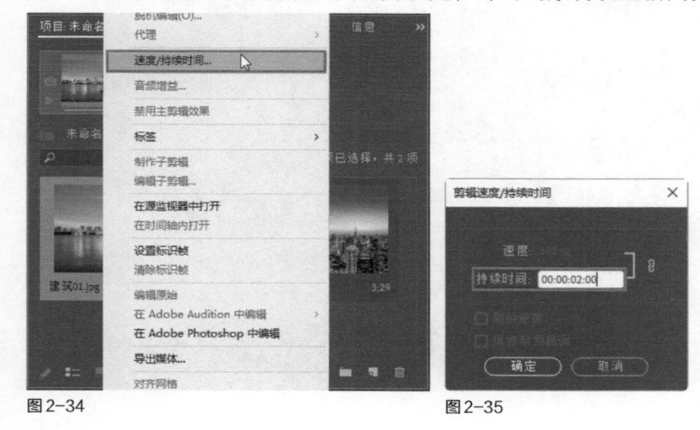

图2-34

图2-35

> 小提示
>
> “剪辑速度 / 持续时间”对话框中的持续时间“00:00:02:00”表示对象的持续时间为 2 秒。单击该对话框中的“链接”按钮，可以解除速度和持续时间之间的约束链接。

◆ 2. 修改素材播放速度

使用Premiere可以对素材的播放速度进行修改。选中“项目”面板中的素材，然后选择“剪辑>速度/持续时间”命令，打开“剪辑速度/持续时间”对话框，可以修改素材的播放速度，如图2-36所示。修改速度后单击“确定”按钮，即可修改素材的播放速度。

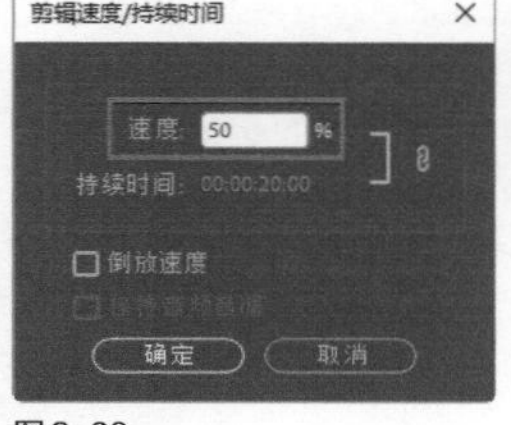

图2-36

> 小提示
>
> 打开“剪辑速度 / 持续时间”对话框，设置“速度”大于 100% 会加快素材的播放速度，设置“速度”为 0% ~ 99% 将减慢素材的播放速度。

◆ 3. 重命名素材

在“项目”面板中选中素材后，单击素材的名称，可以激活素材名称文本框，如图2-37所示。输入新的名称，如图2-38所示，按Enter键即可完成素材的重命名操作。

图2-37

图2-38

◆ 4. 清除素材

在视频编辑过程中，清除多余的素材可以降低管理素材的复杂程度。在Premiere中清除素材的常用方法有如下3种。

第1种：在“项目”面板中的素材上单击鼠标右键，在弹出的菜单中选择“清除”命令。

第2种：在“项目”面板中选中要清除的素材，然后单击“清除”按钮。

第3种：选择“编辑>移除未使用资源”命令，可以将未使用的素材清除。

2.2 创建序列

编辑视频时主要是在Premiere的“时间轴”面板中进行操作。将素材导入“项目”面板后，需要将素材添加到“时间轴”面板的序列中进行编辑。

2.2.1 课堂案例：风景如画

实例位置	实例文件 >CH02> 风景如画 .prproj
素材位置	素材文件 >CH02> 风景如画
视频名称	风景如画 .mp4
技术掌握	认识“时间轴”面板，了解编辑序列的方法

在Premiere中进行视频编辑通常是在“时间轴”面板中进行的，本例将在“时间轴”面

板对素材进行合成，创建“风景如画”影片，效果如图2-39所示。

图2-39

01 选择“文件>新建>项目”命令，在打开的“新建项目”对话框中输入项目的名称，然后单击“确定”按钮 确定 新建一个项目，如图2-40所示。

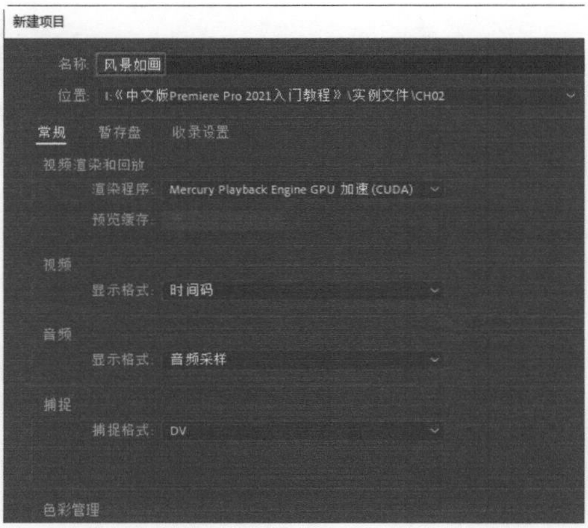

图2-40

02 进入工作界面后，选择“文件>导入”命令，打开“导入”对话框，选择需要的素材，然后单击“打开”按钮 打开(O) ，如图2-41所示。导入的素材将存放在“项目”面板中，如图2-42所示。

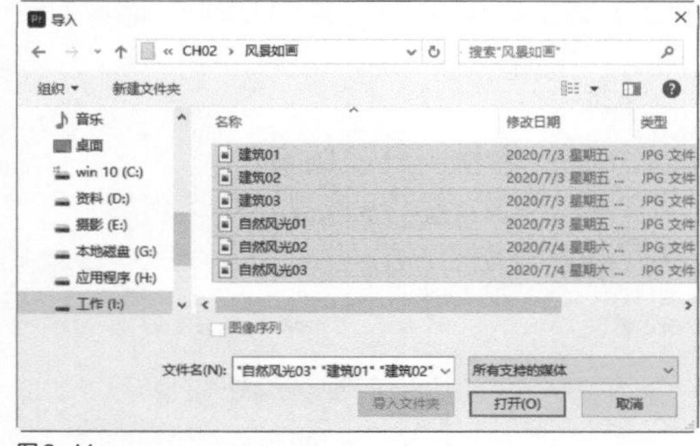

图2-41

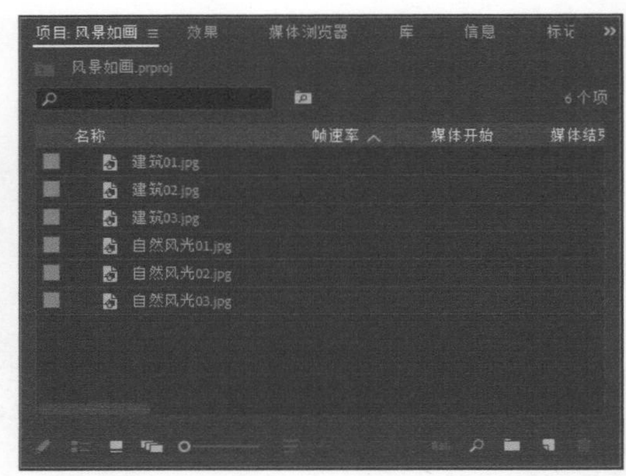

图2-42

03 选择“文件>新建>序列”命令，打开“新建序列”对话框，在对话框中输入序列名称，如图2-43所示。

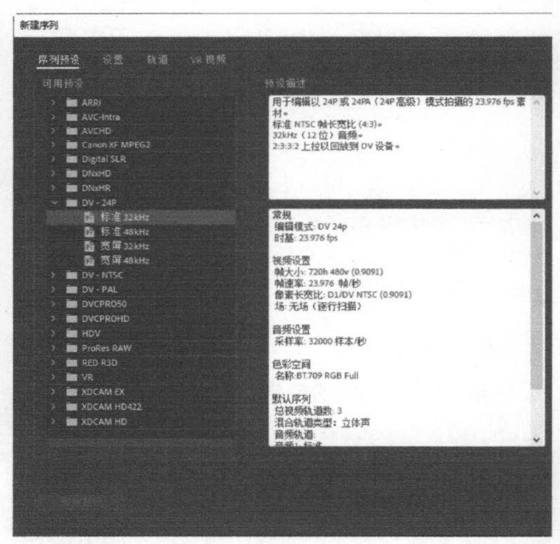

图2-43

04 选择“设置”选项卡，在“编辑模式”下拉列表框中选择“自定义”选项，设置“帧大小”的“水平”为1280，“垂直”为720，然后单击“确定”按钮 确定 ，如图2-44所示。

05 将“项目”面板中的各个素材依次拖曳到“时间轴”面板的V1轨道中，如图2-45所示。

06 在“时间轴”面板中选中所有素材，然后在其中一个素材上单击鼠标右键，在弹出的菜单中选择“缩放为帧大小”命令，如图2-46所示。

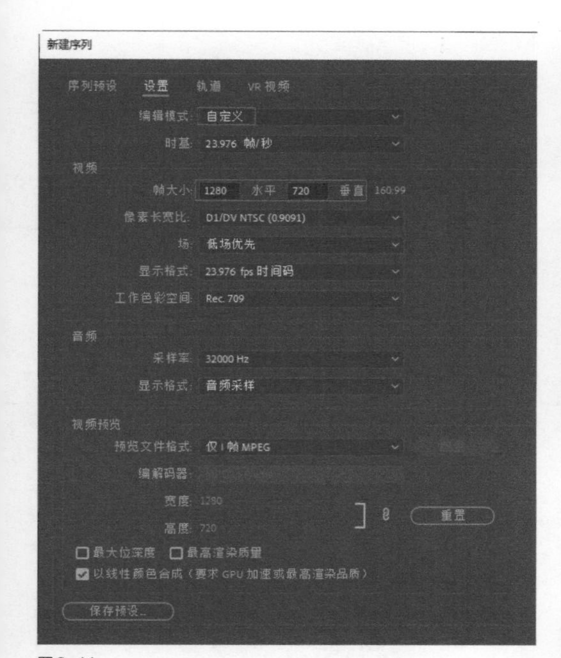

图2-44

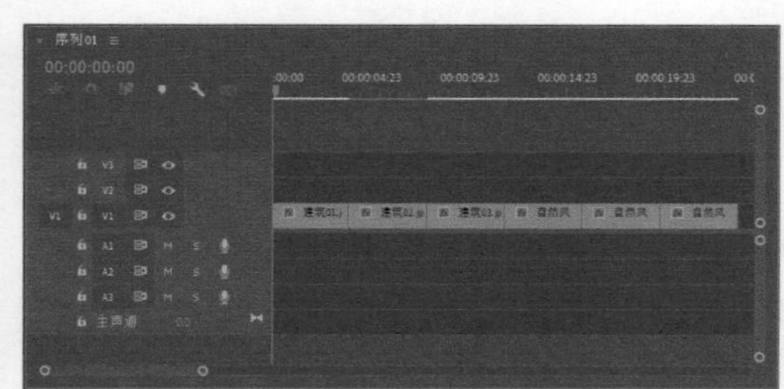

图2-45

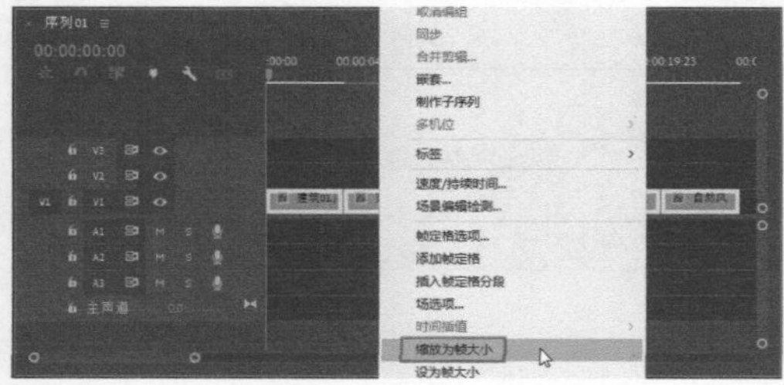

图2-46

07 在“工具”面板中选择“文字工具”，如图 2-47 所示。在“节目”监视器面板中单击，再输入文字，如图 2-48 所示。

图2-47

图2-48

08 打开“基本图形”面板，选择“编辑”选项卡，然后设置文字的字体、大小和不透明度，如图 2-49 所示。

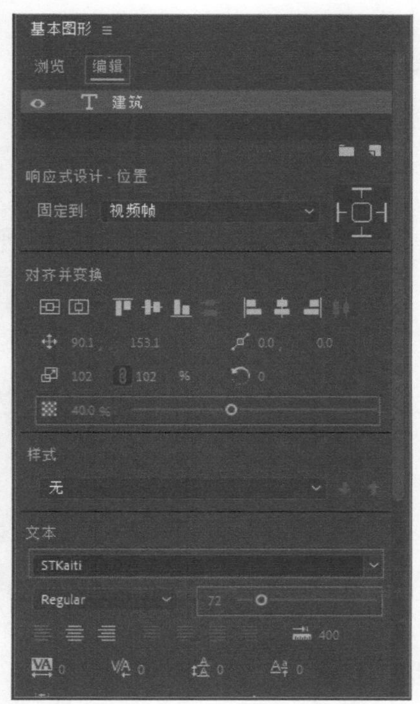

图2-49

09 创建的文字素材将自动添加在 V2 轨道中，让鼠标指针靠近文字素材尾端，当鼠标指针变为时，按住鼠标左键拖曳，可调整其出点，如图 2-50 所示。

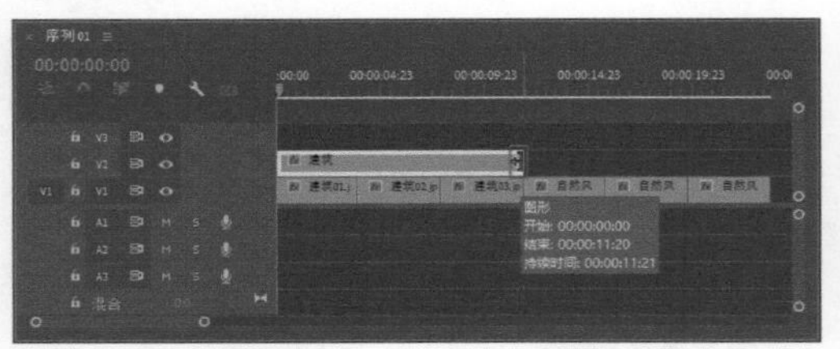

图 2-50

⑩ 继续创建另一个文字素材，并调整其出点，如图 2-51 所示。

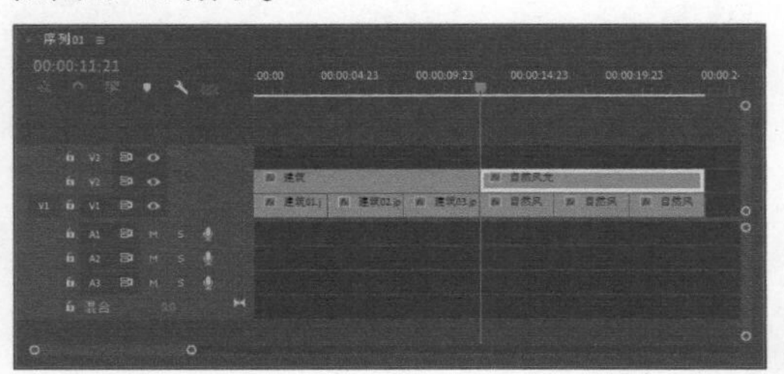

图 2-51

⑪ 在“节目”监视器面板中单击“播放 - 停止切换”按钮，可以预览合成影片后的效果，如图 2-52 所示。

图 2-52

2.2.2 认识“时间轴”面板

“时间轴”面板用于组合“项目”面板中的各种素材，是按时间排列素材、制作影视节目的编辑面板。在创建序列前，“时间轴”面板中只有标题、时间码和工具选项，而且这些选项都呈不可用的状态，如图2-53所示。

图 2-53

将素材添加到“时间轴”面板，或选择“文件>新建>序列”命令，创建一个序列后，“时间轴”面板将变为由工作区、视频轨道、音频轨道和各种工具组成的面板，如图2-54所示。

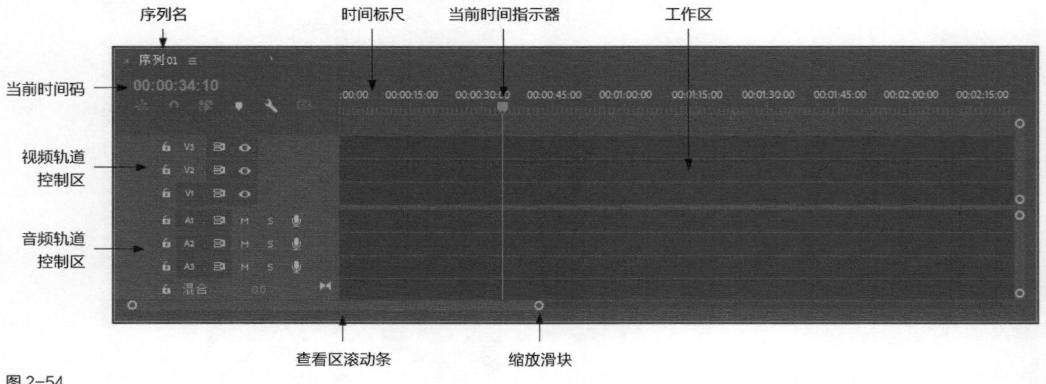

图 2-54

> **小提示**
>
> 如果在 Premiere Pro 2021 工作界面中看不到“时间轴”面板，可以通过双击“项目”面板中的序列图标将其打开，或选择“窗口 > 时间轴”命令将“时间轴”面板打开。

2.2.3 创建序列

选择“文件>新建>序列”命令，打开“新建序列”对话框，在下方的文本框中输入序列的名称，如图2-55所示。在“序列预设”“设置”“轨道”等选项卡中设置参数，然后单击“确定”按钮，即可在“时间轴”面板中新建一个序列，如图2-56所示。

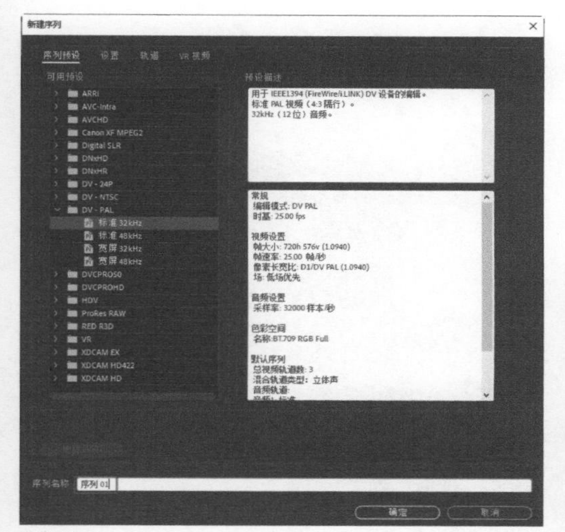

图 2-55

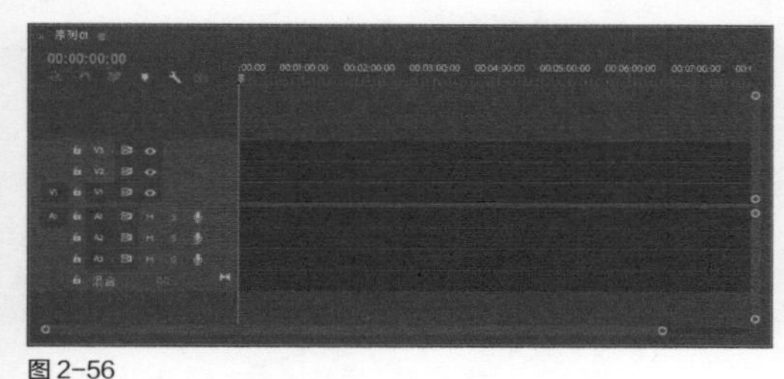

图 2-56

> 小提示
>
> 将“项目”面板中的素材拖曳到“时间轴”面板，也可以创建一个以素材名命名的序列。

◆ 1. 序列预设

在“新建序列”对话框中选择“序列预设”选项卡，在“可用预设”列表框中可以选用所需的序列预设参数。Premiere为NTSC和PAL标准提供了DV（数字视频）格式预设。

如果DV项目中的视频不准备用于宽银幕格式（16:9的宽高比），可以选择“标准48kHz”选项。该预设将声音品质指示为48kHz，用于匹配素材源影片的声音品质。

24P预设文件夹用于以23.976帧/秒拍摄且画幅大小是720像素×480像素的逐行扫描影片（松下和佳能制造的摄像机在此模式下拍摄）。如果有第三方视频采集卡，可以看到其他预设。

如果使用DV影片，则无须更改默认设置。

◆ 2. 序列常规设置

在“新建序列”对话框中选择“设置”选项卡，在该选项卡中可以设置序列的常规参数，如图2-57所示。

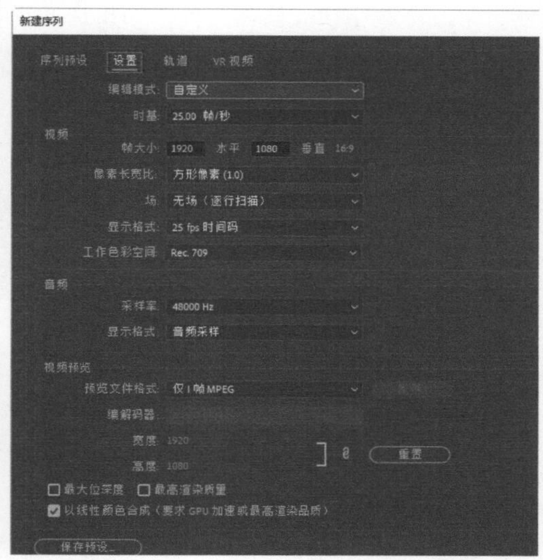

图 2-57

- **编辑模式：**用于设置“时间轴”面板的播放方法和压缩设置，选项如图2-58所示。选择DV预设时，编辑模式将自动设置为DV NTSC或DV PAL；如果不想选择某种预设，那么可以从“编辑模式”下拉列表框中选择一种编辑模式。

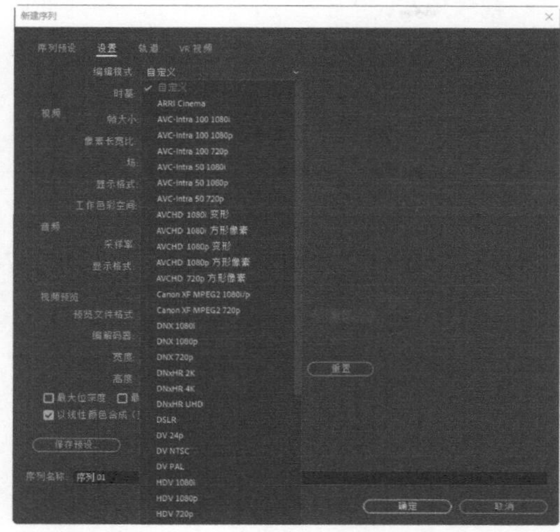

图 2-58

● **时基：**也就是时间基准，在计算编辑精度时，“时基”决定了Premiere如何划分每秒的视频帧。

● **帧大小：**项目的画面大小是以像素为单位的宽度和高度决定的，第一个数字代表画面宽度，第二个数字代表画面高度，如果选择了DV预设，则画面大小设置为DV默认值（720像素×480像素）。

● **像素长宽比：**设置可以匹配图像像素的形状（即图像中一个像素的宽与高的比值），如图2-59所示。

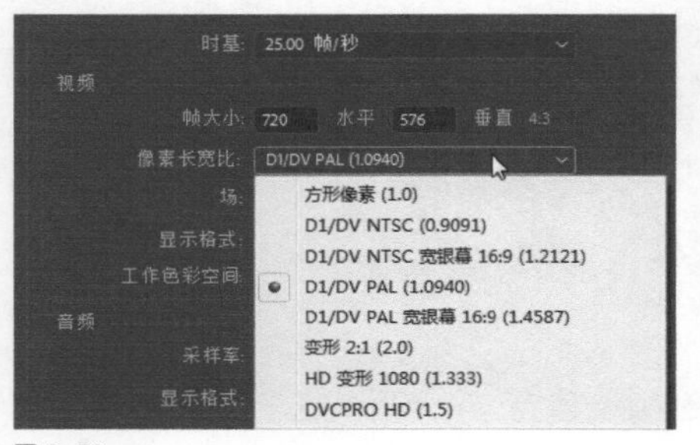

图 2-59

● **场：**在项目将要被导出到录像带中时，就要用到场。

● **采样率：**音频采样率决定了音频品质，采样率越高，音质越好。

● **视频预览：**用于指定使用Premiere时如何预览视频。

◆ 3. 序列轨道设置

在“新建序列”对话框中选择“轨道”选项卡，在该选项卡中可以设置“时间轴”面板中的视频和音频轨道数，也可以选择是否创建子混合轨道和数字轨道，如图2-60所示。在“视频”选项组中，可以对序列的视频轨道数量进行设置；在“音频”选项组的“主”下拉列表框中，可以选择主音轨的类型，如图2-61所示。

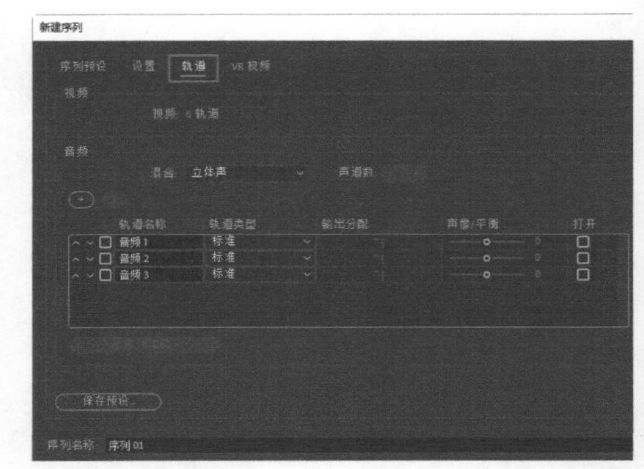

图 2-60

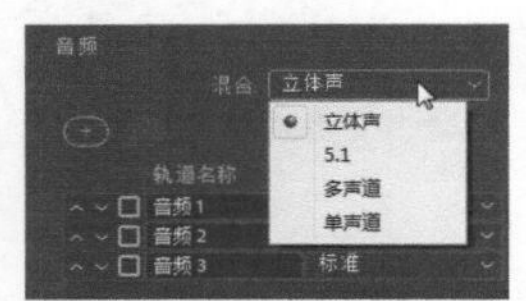

图 2-61

2.2.4 在序列中添加素材

在“项目”面板中导入素材后，可以将素材添加到“时间轴”面板的序列中进行编辑，还可以在“节目”监视器面板中对素材进行预览。

将素材添加到“时间轴”面板中的方法有如下4种。

第1种：选中“项目”面板中的素材，然后将其从“项目”面板拖曳到“时间轴”面板的序列轨道中。

第2种：选中“项目”面板中的素材，单击鼠标右键，在弹出的菜单中选择“插入”命令，可以将素材插入当前时间指示器所在的目标轨道，时间指示器右侧的素材会向右推移。

第3种：选中“项目”面板中的素材，单击鼠标右键，在弹出的菜单中选择“覆盖”命令，可以将素材插入当前时间指示器所在的目标轨道，时间指示器右侧的素材会被刚插入的素材替换。

第4种：双击“项目”面板中的素材，在“源”监视器面板中将其打开，设置素材的入点和出点后，单击“源”监视器面板中的“插入”按钮或“覆盖”按钮，将素材添加到“时间轴”面板中。

小提示

在“时间轴”面板中开启“在时间轴中对齐”按钮，在添加素材时，素材入点可以自动对齐到时间指示器的位置，如图2-62所示。

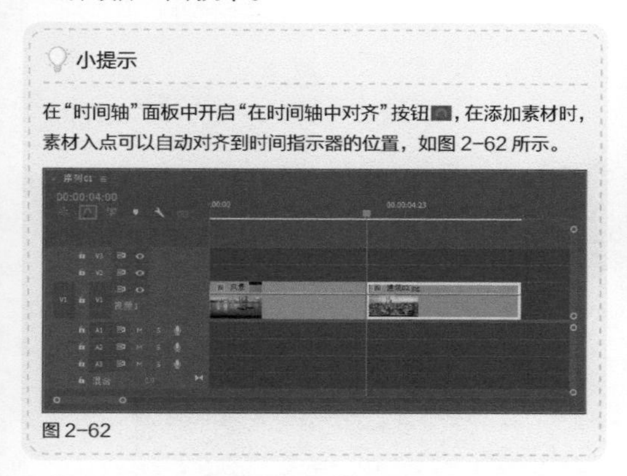

图2-62

2.2.5 添加轨道

选择“序列>添加轨道”命令，或者在“时间轴”面板的轨道名称处单击鼠标右键，在弹出的菜单中选择“添加轨道”命令。在打开的“添加轨道”对话框中选择要创建的轨道类型和轨道放置的位置，如图2-63所示。单击“确定”按钮，即可添加指定的轨道，如图2-64所示。

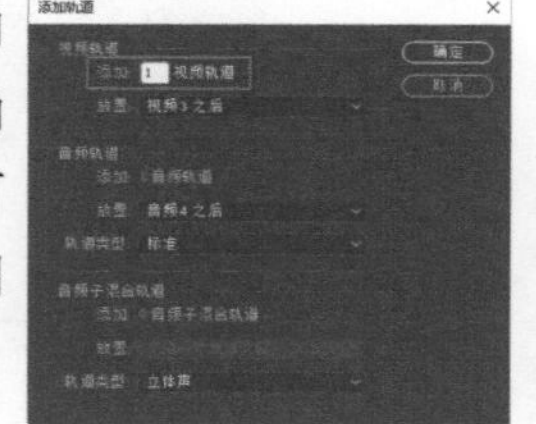

图2-63

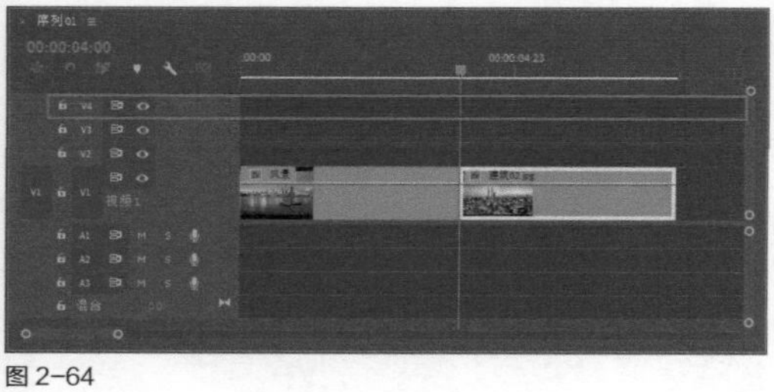

图2-64

2.2.6 删除轨道

选择“序列>删除轨道”命令，或者在“时间轴”面板的轨道名称处单击鼠标右键，在弹出的菜单中选择“删除轨道”命令，打开“删除轨道”对话框，在该对话框中可以选择删除空轨道、目标轨道和音频子混合轨道，如图2-65所示。在要删除轨道的下拉列表框中可以选择要删除的某一个轨道，如图2-66所示。

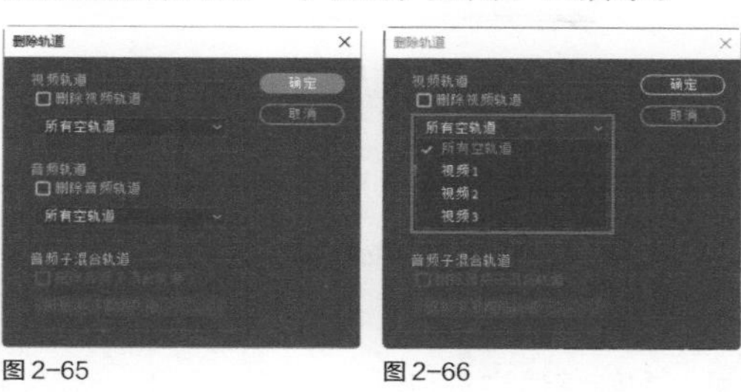

图2-65　　图2-66

2.2.7 锁定与解锁轨道

锁定轨道可以避免编辑其他轨道时影响当前轨道，当需要对锁定的轨道进行操作时，可以再将其解锁。选择需要锁定的轨道，然后单击轨道前方的“切换轨道锁定”按钮，即可锁定该轨道。处于锁定状态的“切换轨道锁定”按钮图标会变成，轨道上将出现斜线图案，表示该轨道无法进行任何操作，如图2-67所示。

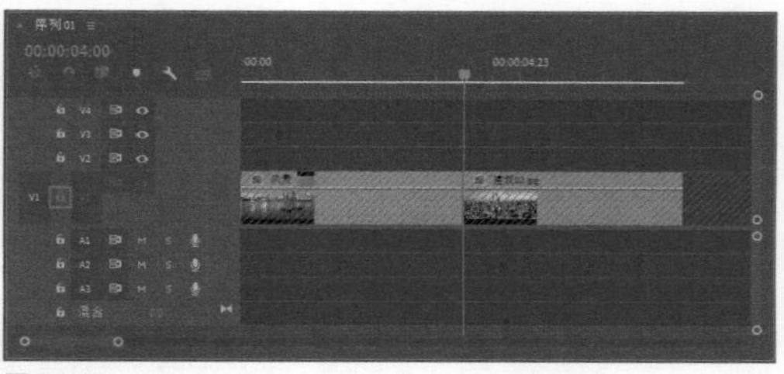

图2-67

2.2.8 关闭和打开序列

创建序列后，序列会自动在“时间轴”面板中打开，并在“项目”面板中生成序列项目。在“时间轴”面板中单击序列名称前的“关闭”按钮，可以将“时间轴”面板中的序列关闭。双击“项目”面板中的序列项目，可以在“时间轴”面板中打开该序列。

2.3 课后习题

通过本章的学习，运用已掌握的知识进行课后练习，创建“有趣的倒放”和“百花争艳”影片。

课后习题：有趣的倒放

实例位置	实例文件 >CH02> 有趣的倒放 .prproj
素材位置	素材文件 >CH02> 有趣的倒放
视频名称	有趣的倒放 .mp4
技术掌握	创建项目，导入素材和编辑素材

通过将视频倒放，可以得到意想不到的效果。本例将通过对视频进行倒放编辑，创建隔空取物的效果，如图2-68所示。

图 2-68

01 启动 Premiere Pro 2021，选择“文件 > 新建 > 项目”命令，新建一个名为“有趣的倒放”的项目，如图 2-69 所示。

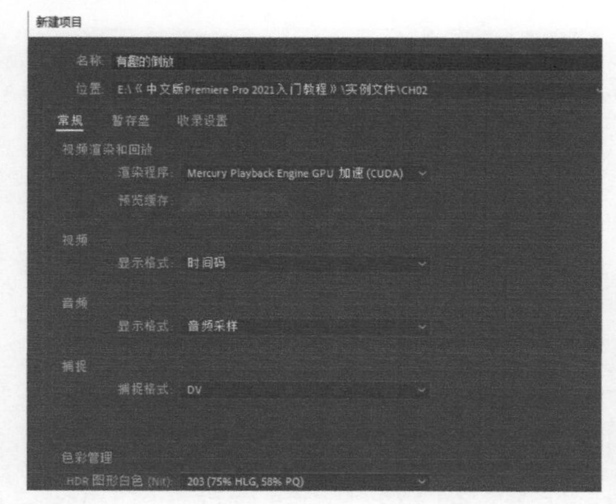

图 2-69

02 选择“文件 > 导入”命令，打开“导入”对话框，选择“视频 02.mp4”素材，然后单击“打开”按钮，如图 2-70 所示。将“视频 02.mp4”素材导入“项目”面板中，如图 2-71 所示。

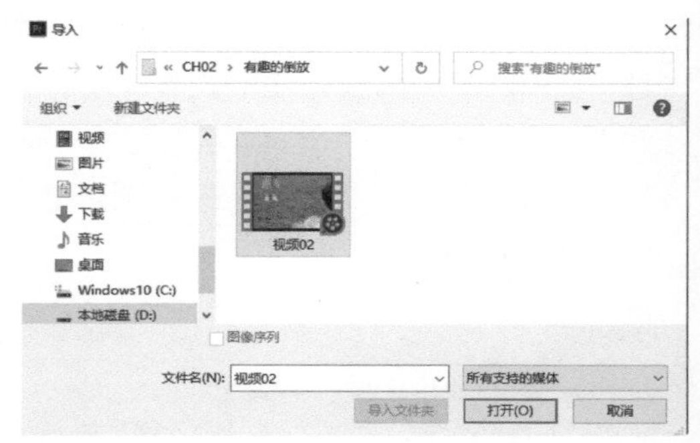

图 2-70

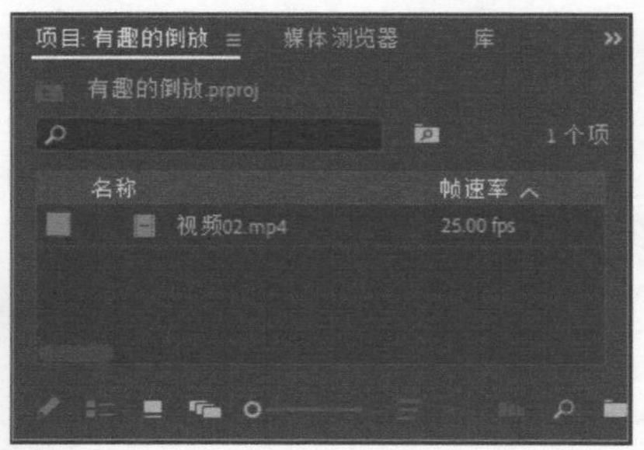

图 2-71

03 在“项目”面板中选中导入的素材，然后选择“剪辑 > 速度 / 持续时间”命令，在打开的“剪辑速度 / 持续时间”对话框中设置“速度”值为 80%，然后勾选“倒放速度”复选框，如图 2-72 所示。

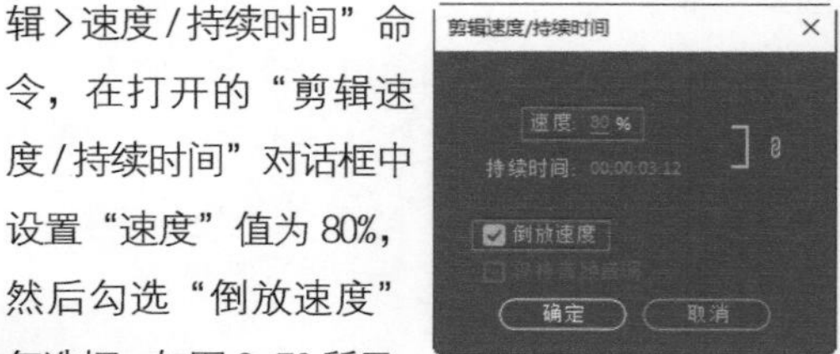

图 2-72

04 单击“确定”按钮，即可对视频进行倒放，在“源”监视器面板中可以预览视频的倒放效果，如图 2-73 所示。

图 2-73

课后习题：百花争艳

实例位置	实例文件 >CH02> 百花争艳 .prproj
素材位置	素材文件 >CH02> 百花争艳
视频名称	百花争艳 .mp4
技术掌握	在“时间轴”面板中合成影片

本例将练习在“项目”面板中导入素材，并将其添加到“时间轴”面板中进行合成编辑，效果如图2-74所示。

图 2-74

01 启动 Premiere Pro 2021，选择“文件 > 新建 > 项目”命令，新建一个名为“百花争艳”的项目，如图 2-75 所示。

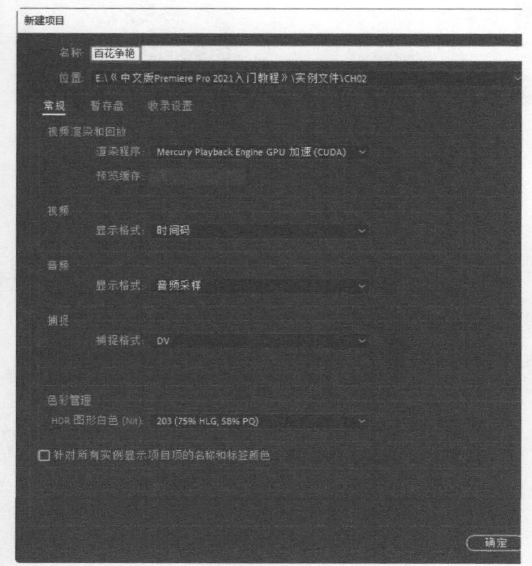

图 2-75

02 选择“文件 > 导入”命令，打开“导入”对话框，选择“图片 01.jpg”~“图片 06.jpg”素材，然后单击“打开”按钮 打开(O) ，如图 2-76 所示。将选择的素材导入“项目”面板中，如图 2-77 所示。

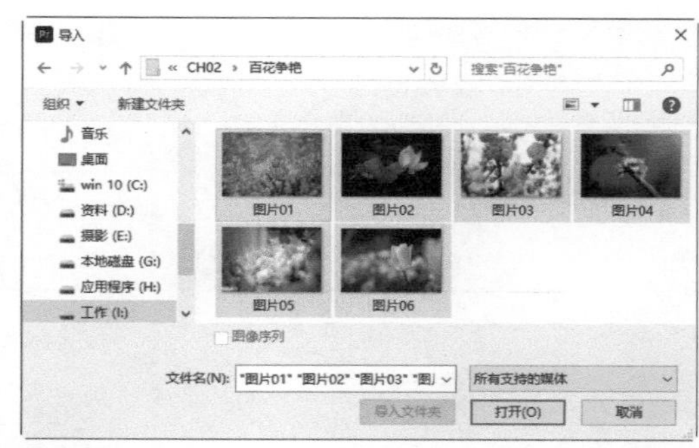

图 2-76

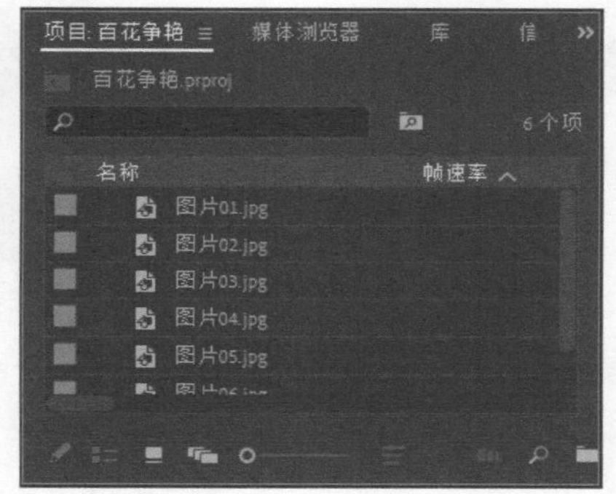

图 2-77

03 选择“文件 > 新建 > 序列”命令，打开“新建序列”对话框，在对话框中选择“标准 32kHz”序列预设，如图 2-78 所示，然后进行确定。

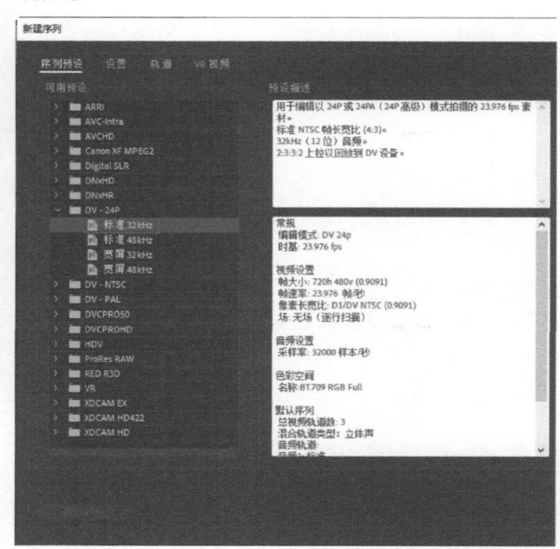

图 2-78

04 将“项目”面板中的各个素材依次拖曳到“时间轴”面板的 V1 轨道中，如图 2-79 所示。

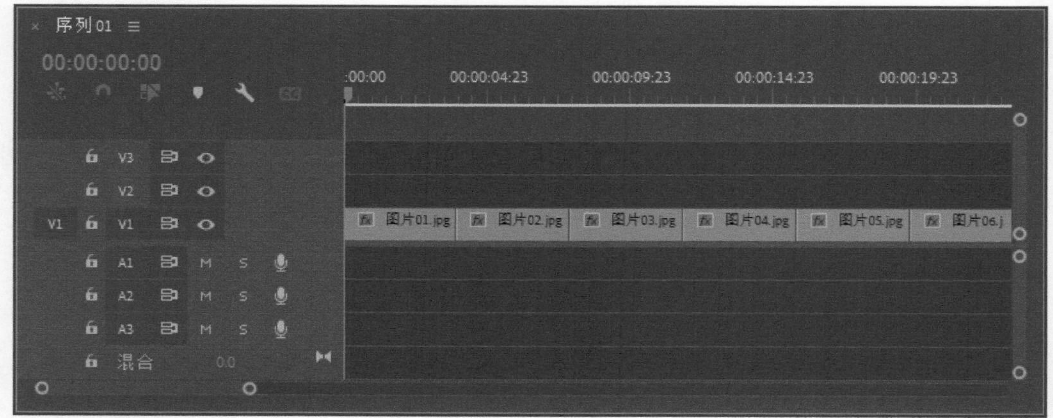

图 2-79

05 在“时间轴”面板中选中所有素材，单击鼠标右键，在弹出的菜单中选择“缩放为帧大小”命令，如图 2-80 所示。

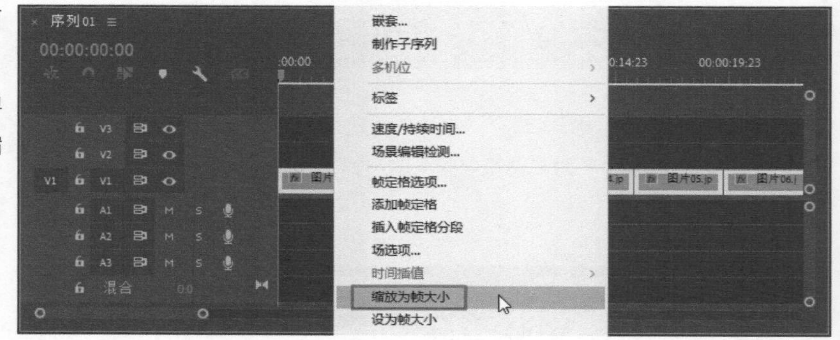

图 2-80

06 在“节目”监视器面板中单击“播放 - 停止切换”按钮▶，可以预览合成影片后的效果，如图 2-81 所示。

图 2-81

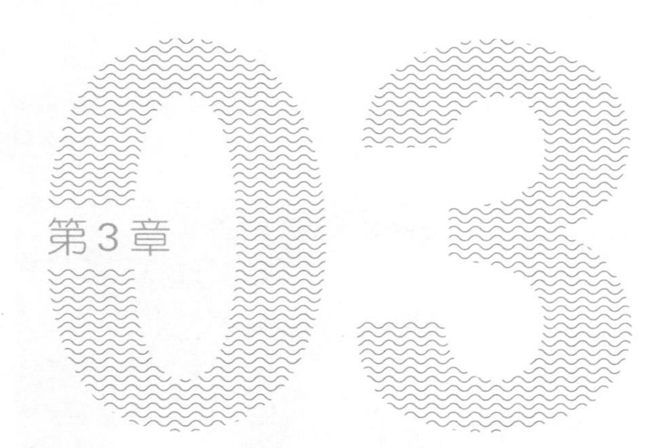

第3章

视频编辑技术

本章导读

前面介绍了 Premiere 视频合成基础，如果要进行精确的编辑，还需要使用 Premiere 更高级的编辑功能。本章将讲解在监视器面板和“时间轴”面板中编辑素材的方法。

本章主要内容

在监视器面板中编辑素材

在“时间轴”面板中编辑素材

3.1 在监视器面板中编辑素材

在编辑视频的过程中，通常需要打开“源”监视器面板和“节目”监视器面板对源素材和节目素材的效果进行预览；还可以在“源”监视器面板设置源素材的入点和出点，将所需片段添加到“时间轴”面板中进行编辑。

3.1.1 课堂案例：唯美夜色

实例位置	实例文件 >CH03> 唯美夜色 .prproj
素材位置	素材文件 >CH03> 唯美夜色
视频名称	唯美夜色 .mp4
技术掌握	在“源”监视器面板中浏览源素材，设置源素材的入点和出点

在将素材放入序列之前，可以使用“源”监视器面板修整这些素材。本例将使用“源”监视器面板修整“夜景”素材，选取所需的夜景片段，组合成新的影片，效果如图3-1所示。

图3-1

01 启动 Premiere Pro 2021，新建一个名为“唯美夜色”的项目，如图 3-2 所示。

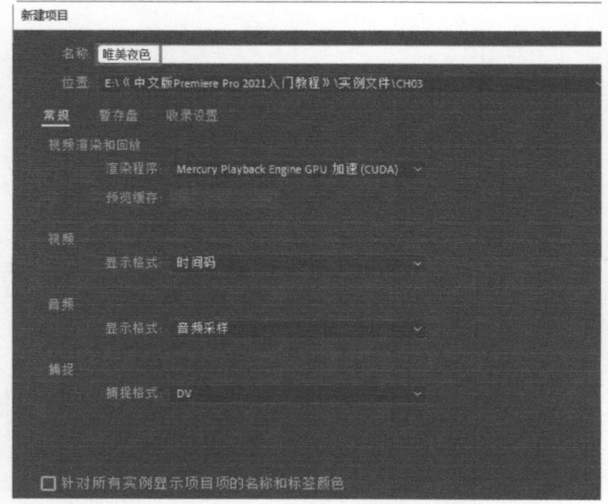

图 3-2

02 选择“文件 > 导入”命令，打开“导入”对话框，选择需要的素材，然后单击“打开”按钮，如图 3-3 所示。将选择的素材导入“项目”面板中，如图 3-4 所示。

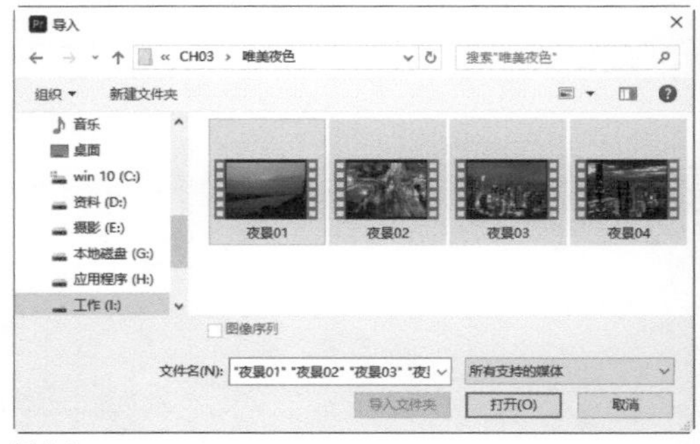

图 3-3

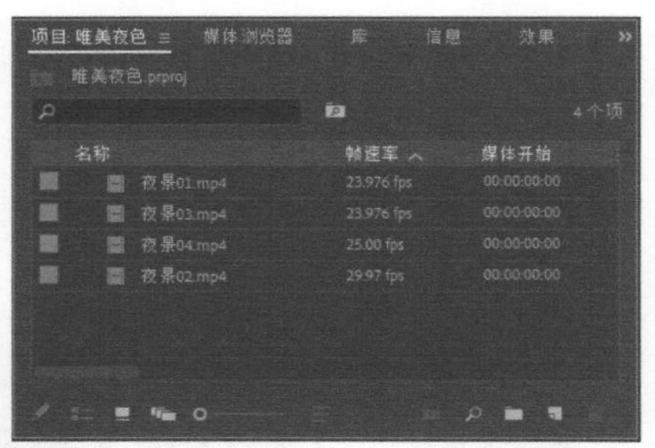

图 3-4

03 在“项目”面板中双击导入的“夜景01.mp4”素材，在“源”监视器面板中将显示该素材，如图3-5所示。

图 3-5

04 将时间指示器移动到需要设置为入点的位置，在“源”监视器面板中单击“标记入点”按钮，即可在该时间位置为素材设置入点，如图 3-6 所示。将时间指示器从入点位置移开，可看到入点处的左括号标记，如图 3-7 所示。

图 3-6

图 3-7

05 将时间指示器移动到需要设置为出点的位置，然后在“源”监视器面板中单击“标记出点”按钮，即可为素材设置出点，如图 3-8 所示。将时间指示器从出点位置移开，可看到出点处的右括号标记，如图 3-9 所示。

图 3-8

图 3-9

小提示

在“源”监视器面板中单击“转到入点”按钮，即可返回素材的入点位置，单击“转到出点”按钮，即可返回素材的出点位置。

06 双击“项目”面板中的“夜景 02.mp4”素材，然后在“源”监视器面板中设置其入点和出点，如图 3-10 所示。

图 3-10

07 双击“项目”面板中的“夜景 03.mp4”素材，然后在“源”监视器面板中设置其入点和出点，如图 3-11 所示。

08 双击“项目”面板中的“夜景 04.mp4”素材，然后在“源”监视器面板中设置其入点和出点，如图 3-12 所示。

图3-11

图3-12

09 选择“文件 > 新建 > 序列”命令，打开“新建序列”对话框，新建一个序列，如图3-13所示。

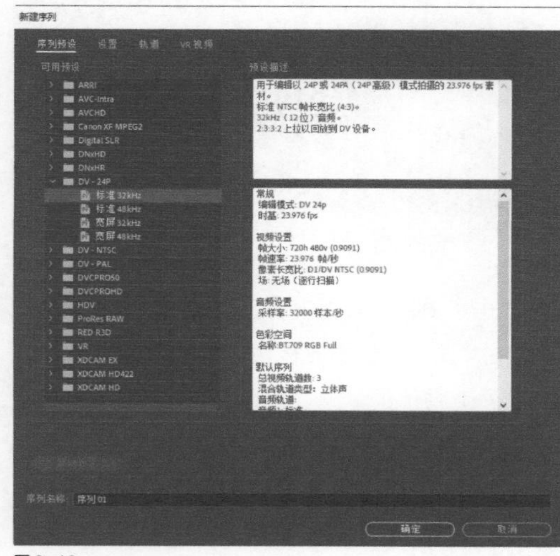

图3-13

10 将设置好入点和出点的视频素材依次拖曳到“时间轴”面板的V1轨道中，如图3-14所示。

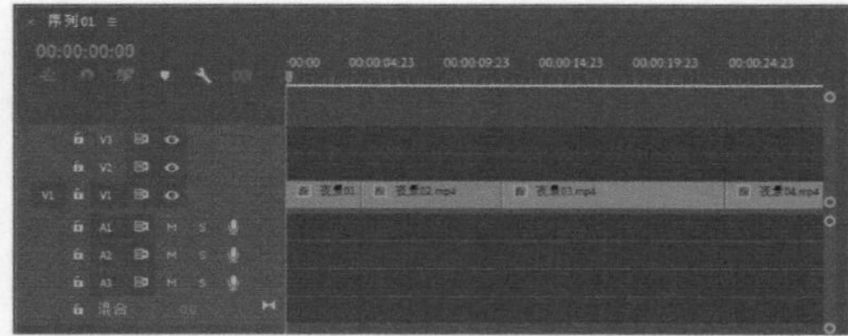

图3-14

11 在“节目”监视器面板中单击“播放 - 停止切换”按钮，可以预览编辑后的视频效果，如图3-15所示。

图3-15

3.1.2 监视器面板

“源”监视器面板和“节目”监视器面板不仅可以用于工作时预览作品，还可以用于精确编辑素材。在“项目”面板中双击素材，即可在“源”监视器面板中显示该素材，如图3-16所示。将素材拖曳到“时间轴”面板的序列中，可以在“节目”监视器面板中显示序列中的素材，如图3-17所示。

图3-16

图3-17

图3-19

3.1.3 安全区域

“源”监视器面板和“节目”监视器面板都允许用户查看安全区域。监视器面板中的安全边距用于界定动作和字幕所在的安全区域。导出视频后，安全边距内的内容不会缺失，安全边距外的内容有可能会缺失。

在“源”监视器面板中单击鼠标右键，在弹出的菜单中选择“安全边距”命令，如图3-18所示。安全边距的内部框是字幕安全区域，外部框是动作安全区域，如图3-19所示。

图3-18

3.1.4 切换素材

“源”监视器面板顶部显示了素材的名称。如果在“源”监视器面板中有多个素材，可以在“源”监视器面板中单击标题后面的按钮▤，在弹出的菜单中选择素材名称切换素材，如图3-20所示。切换的素材将会出现在“源”监视器面板中，如图3-21所示。

图3-20

图3-21

3.1.5 修整素材

想要将素材的某一部分拖曳到“时间轴”面板的序列中时，可以先在“源”监视器面板中设置素材的入点和出点，从而节省在“时间轴”面板中编辑素材的时间。

将时间指示器移动到需要设置为入点的位置，选择“标记>标记入点”命令，或者在“源”监视器面板中单击“标记入点”按钮，即可为素材设置入点，如图3-22所示。移开时间指示器可以显示入点标记（显示为左括号），如图3-23所示。

图3-22

图3-23

将时间指示器移动到需要设置为出点的位置，然后选择“标记>标记出点”命令，或者单击“标记出点”按钮，即可为素材设置出点，如图3-24所示。移开时间指示器可以显示出点标记（显示为右括号），如图3-25所示。

图3-24

图3-25

小提示

单击"源"监视器面板右下方的"按钮编辑器"按钮，在打开的"按钮编辑器"对话框中将"从入点到出点播放视频"按钮拖曳到"源"监视器面板下方的按钮区域中，如图3-26所示。在"源"监视器面板中单击"从入点到出点播放视频"按钮，可以在"源"监视器面板中预览入点和出点之间的视频，如图3-27所示。

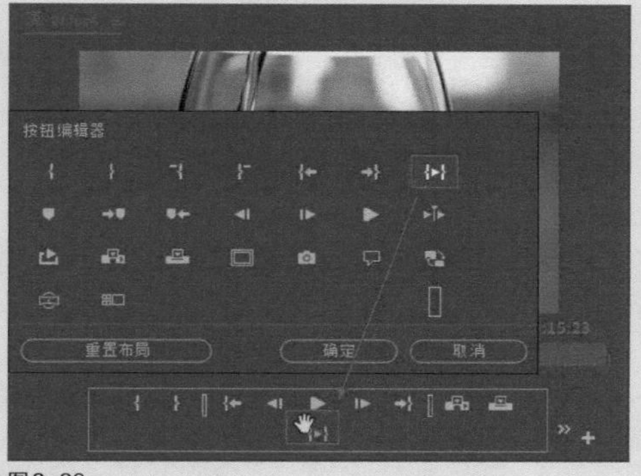

图3-26

图3-27

3.1.6 素材标记

如果想快速转到素材中的某个特定帧，可以为该帧设置一个标记。在"源"监视器面板或"时间轴"面板中，标记显示为。

单击"源"监视器面板右下方的"按钮编辑器"按钮，在打开的"按钮编辑器"对话框中将"添加标记"按钮、"转到上一标记"按钮和"转到下一标记"按钮拖曳到"源"监视器面板下方的按钮区域中，如图3-28所示。将时间指示器移动到第12秒处，选择"标记>添加标记"命令，或单击"添加标记"按钮，即可在该位置添加一个标记，标记会出现在时间标尺上方，如图3-29所示。

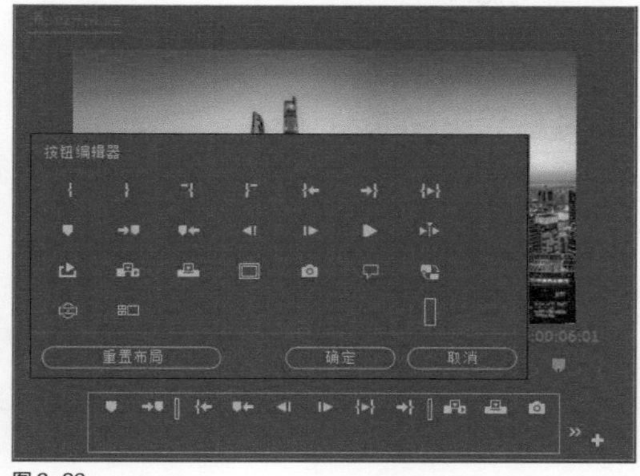

图3-28

图3-29

当创建了多个标记后，可以执行以下操作。

选择"标记>转到上一标记"命令，或单击"转到上一标记"按钮，即可将时间指示器移动到上一个标记位置。

选择"标记>转到下一标记"命令，或单击"转到下一标记"按钮，即可将时间指示器移动到下一个标记位置。

选择"标记>清除所选标记"命令，可以清除当前时间指示器所在位置的标记。

选择"标记>清除所有标记"命令，可以清除所有的标记。

选择"标记>清除入点"命令，可以清除设置的入点。

选择“标记>清除出点”命令，可以清除设置的出点。

选择“标记>清除入点和出点”命令，可以清除设置的入点和出点。

3.2 在“时间轴”面板中编辑素材

“时间轴”面板是Premiere用于编辑序列的区域，用户可以在“时间轴”面板中对序列中的素材进行各种编辑。在进行编辑前，需要先掌握Premiere的编辑工具。

3.2.1 课堂案例：时尚婚礼

实例位置	实例文件 >CH03> 时尚婚礼 .prproj
素材位置	素材文件 >CH03> 时尚婚礼
视频名称	时尚婚礼 .mp4
技术掌握	在“时间轴”面板设置源素材的入点和出点

本例通过制作“时尚婚礼”视频，介绍编辑的相关操作。在Premiere中主要是通过一系列工具在“时间轴”面板对素材进行编辑，包括修改素材、设置素材的入点和出点、移动素材等。本例的最终效果如图3-30所示。

图 3-30

01 启动 Premiere Pro 2021，新建一个名为“时尚婚礼”的项目，然后在“项目”面板中导入素材，如图 3-31 所示。

02 单击“项目”面板下方的“新建素材箱”按钮，创建4个素材箱，分别重命名为“照片”“遮罩”“字幕”“粒子”，如图 3-32 所示。

图 3-31

图 3-32

03 将“项目”面板中的照片、遮罩、字幕和粒子素材分别拖曳到对应的素材箱中，如图 3-33 所示。

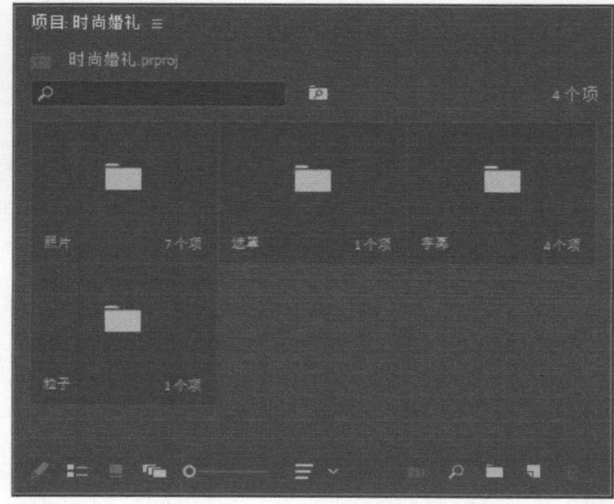

图 3-33

04 选择“文件 > 新建 > 序列”命令，打开“新建序列”对话框，对新建序列进行命名，如图 3-34 所示。

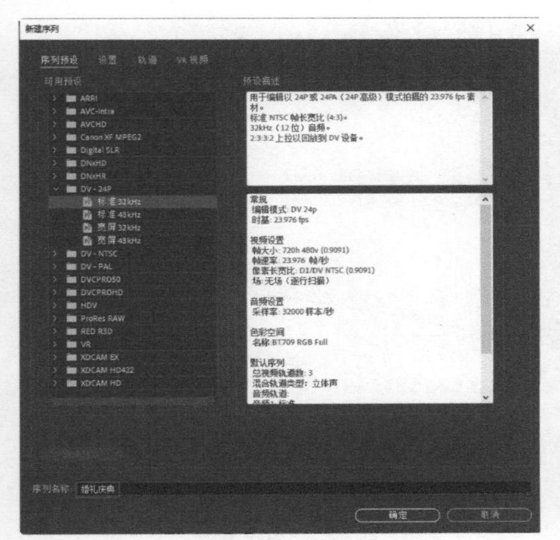
图 3-34

05 选择“设置”选项卡，设置“编辑模式”和“帧大小”，如图 3-35 所示。

06 选择“轨道”选项卡，设置视频轨道数量为 4，然后单击“确定”按钮，如图 3-36 所示。

07 将“项目”面板中的“金色粒子背景.mp4”素材添加到“时间轴”面板的 V1 轨道中，如图 3-37 所示。

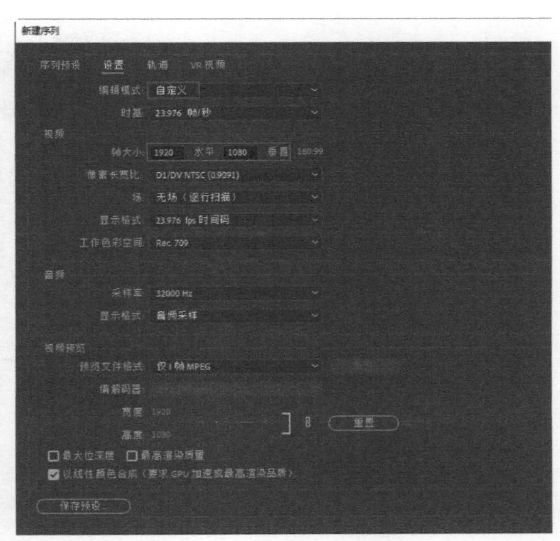
图 3-35

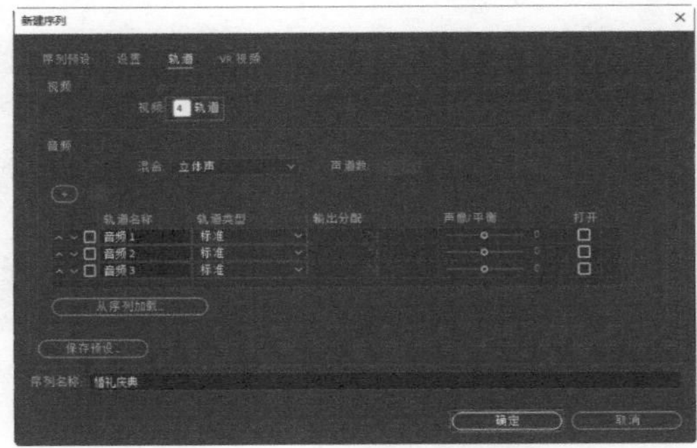
图 3-36

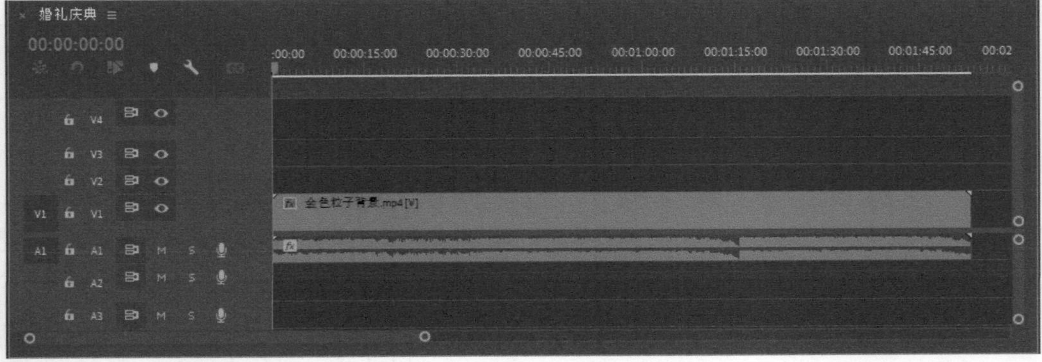
图 3-37

小提示

将带有音频的视频素材添加到“时间轴”面板中时，音频将自动添加到对应的音频轨道中。例如，将视频素材添加到 V1 轨道中时，对应的音频将添加到 A1 轨道中；将视频素材添加到 V2 轨道中时，对应的音频将添加到 A2 轨道中。

08 将时间指示器移动到第 1 分 15 秒 15 帧，然后选择“工具”面板中的“剃刀工具”，在时间指示器位置的素材上单击，对素材进行切割，如图 3-38 所示。然后选择后半部分素材，按 Delete 键将其删除，如图 3-39 所示。

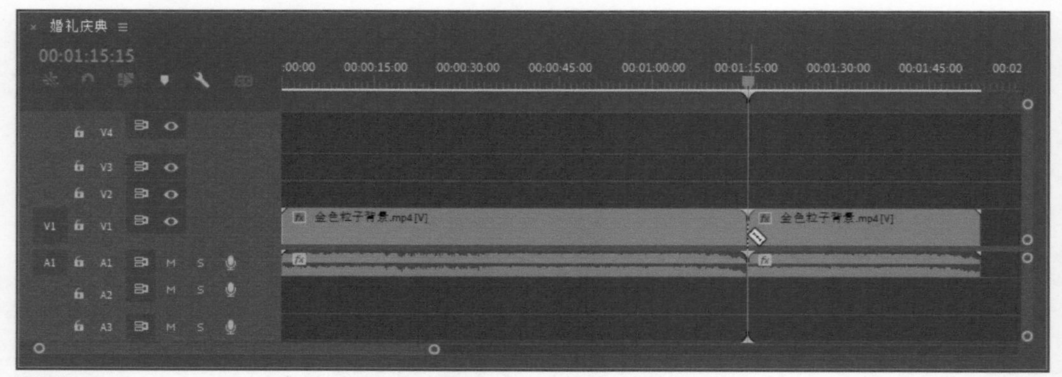

图 3-38

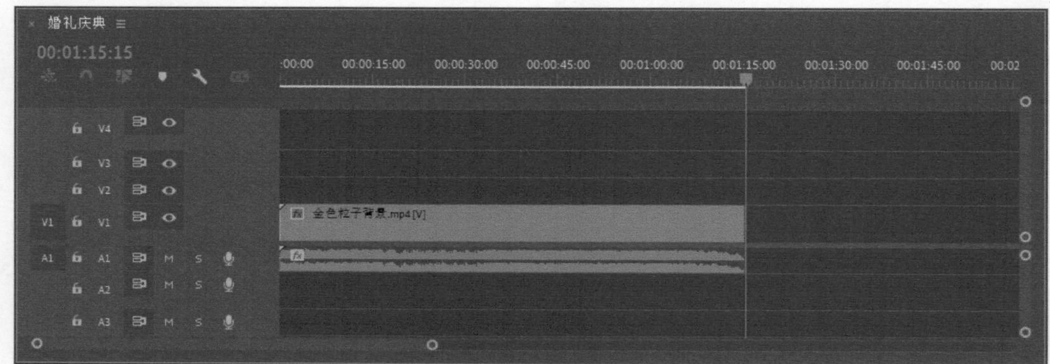

图 3-39

09 在“项目”面板中选择所有的照片素材，然后选择“剪辑>速度/持续时间”命令，打开“剪辑速度/持续时间”对话框，设置各个照片的“持续时间”为 6 秒，如图 3-40 所示。

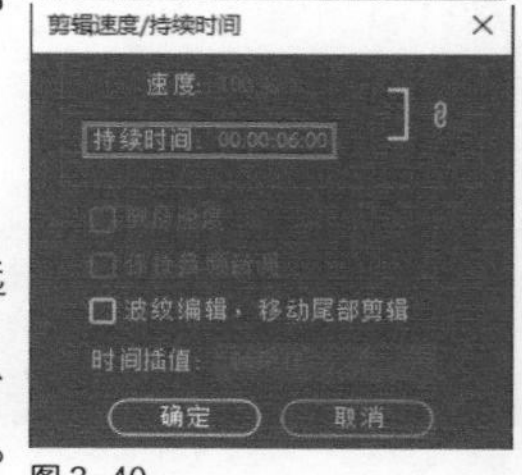

图 3-40

10 将素材“照片 01.jpg”~“照片 07.jpg”依次添加到 V2 轨道中，然后使用“选择工具”调整各个照片的入点，依次为第 19 秒、第 25 秒 12 帧、第 32 秒、第 38 秒 12 帧、第 45 秒、第 51 秒 12 帧、第 58 秒，如图 3-41 和图 3-42 所示。

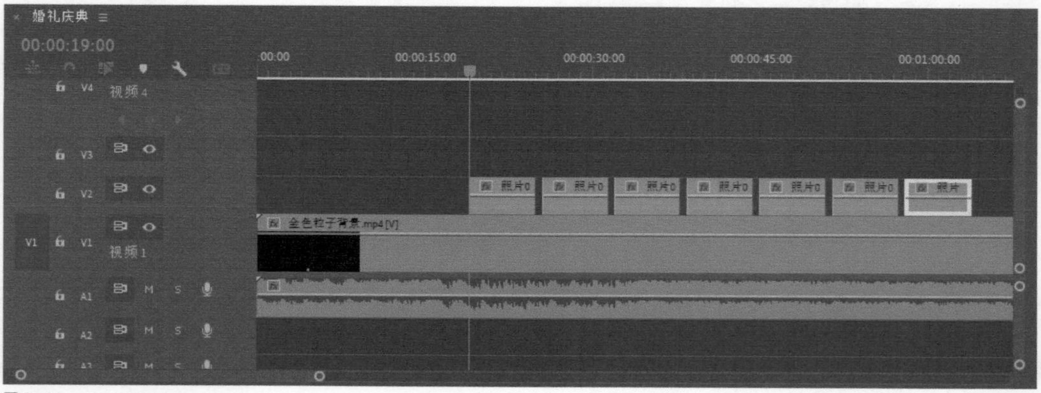

图 3-41

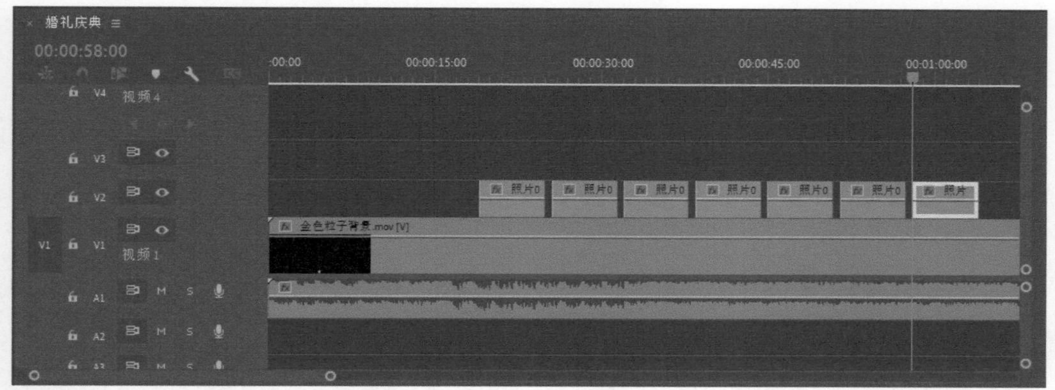

图 3-42

⑪ 在“节目”监视器面板中单击“播放 - 停止切换”按钮▶，可以预览添加照片后的视频效果，如图 3-43 所示。

图 3-43

⑫ 参照 V2 轨道中各照片的入点和出点，将“遮罩 .psd”素材重复添加到 V3 轨道中，并设置每一段的素材长度与下方照片素材等长，如图 3-44 所示。

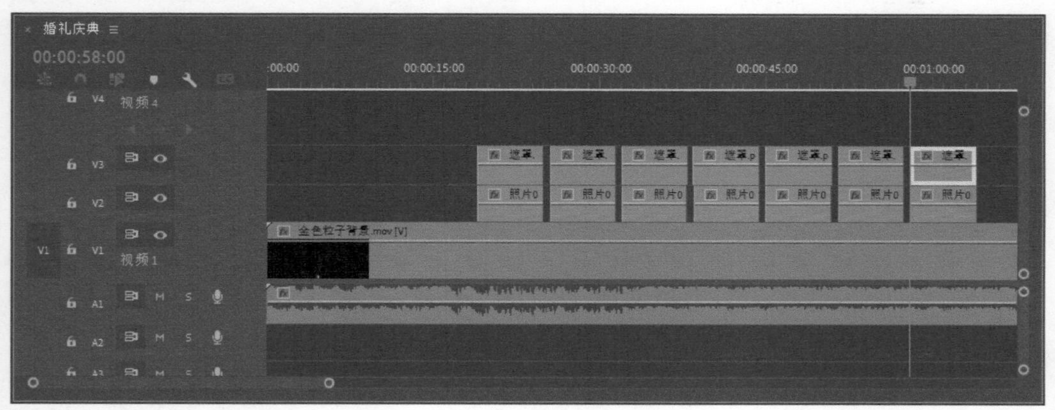

图 3-44

⑬ 在“节目”监视器面板中可以预览添加遮罩后的视频效果，如图 3-45 所示。

图 3-45

⑭ 打开“效果”面板，展开“视频效果 > 键控”素材箱，选中“轨道遮罩键”效果，如图 3-46 所示。将“轨道遮罩键”效果依次拖曳到 V2 轨道中各个照片素材上。

图 3-46

⑮ 选中 V2 轨道中的照片素材，打开“效果控件”面板，在“轨道遮罩键”选项组中，设置

"遮罩"为"视频 3"，"合成方式"为"Alpha 遮罩"，勾选"反向"复选框，如图 3-47 所示。在"节目"监视器面板进行预览，效果如图 3-48 所示。

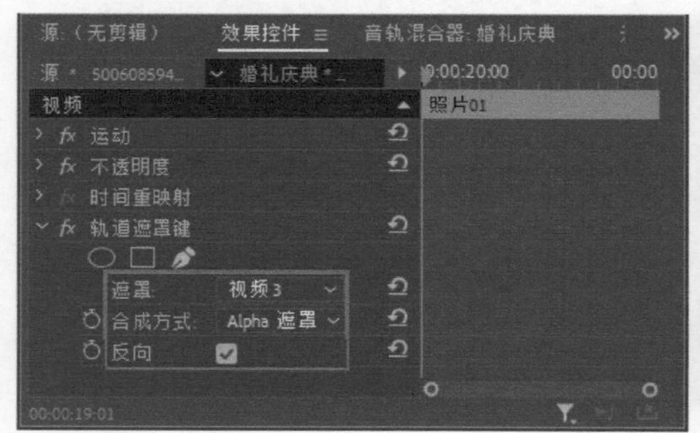

图 3-47

图 3-48

⑯ 将"项目"面板中的字幕素材依次添加到"时间轴"面板的 V4 轨道中，设置其入点分别为第 2 秒、第 8 秒、第 14 秒和第 1 分 4 秒 8 帧，如图 3-49 和图 3-50 所示。

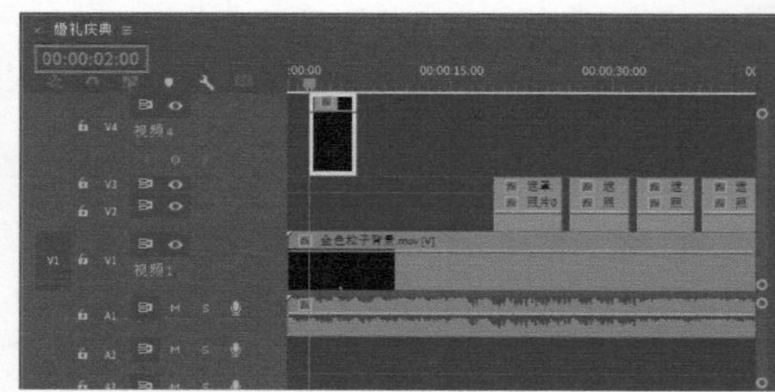

图 3-49

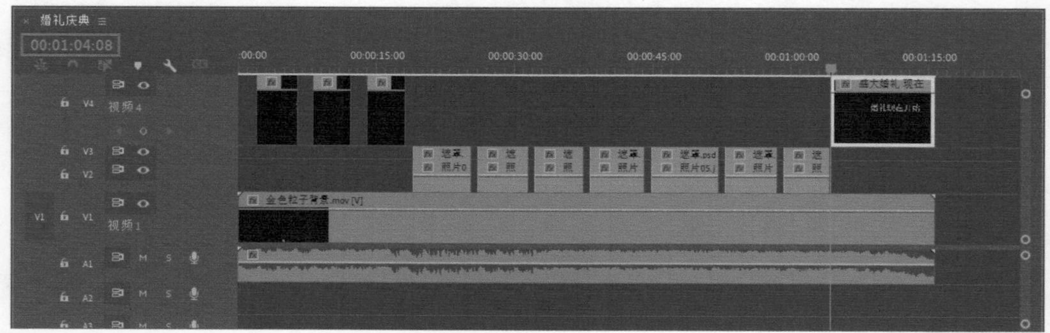

图 3-50

⑰ 在"时间轴"面板中选择前面 3 个字幕素材，设置其"持续时间"为 4 秒 6 帧，如图 3-51 所示。选择最后一个字幕，设置其"持续时间"为 11 秒 11 帧，如图 3-52 所示。

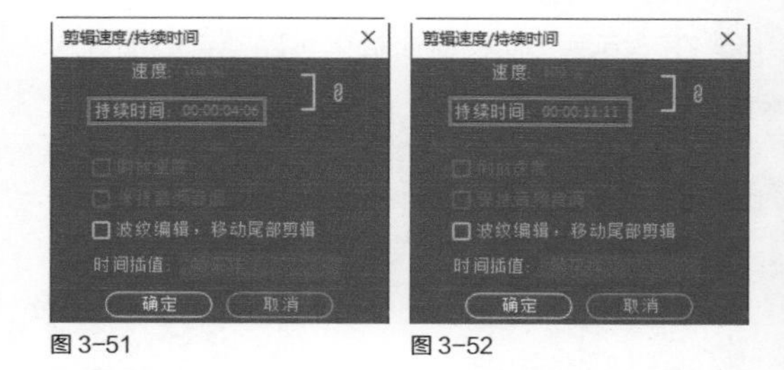

图 3-51　　图 3-52

⑱ 将鼠标指针移动到 V4 轨道的上边缘，当鼠标指针变为▣时，按住鼠标左键向上拖曳，可以将 V4 轨道拓宽，直到能够显示出关键帧控件为止。然后选择第一个字幕素材，在第 2 秒、第 2 秒 10 帧、第 5 秒 20 帧、第 6 秒 5 帧处分别单击"添加 - 移除关键帧"按钮▣为字幕素材添加关键帧，如图 3-53 和图 3-54 所示。

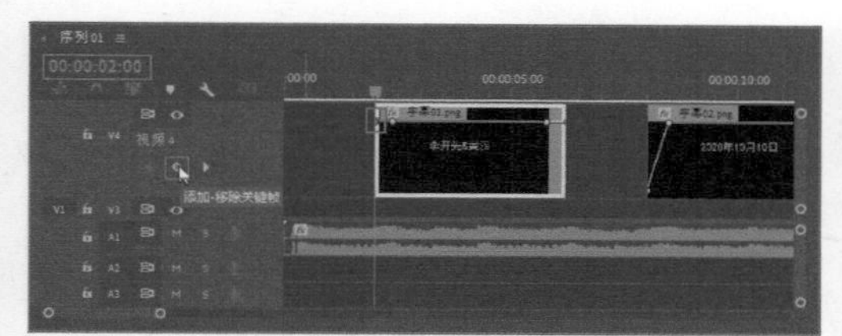

图 3-53

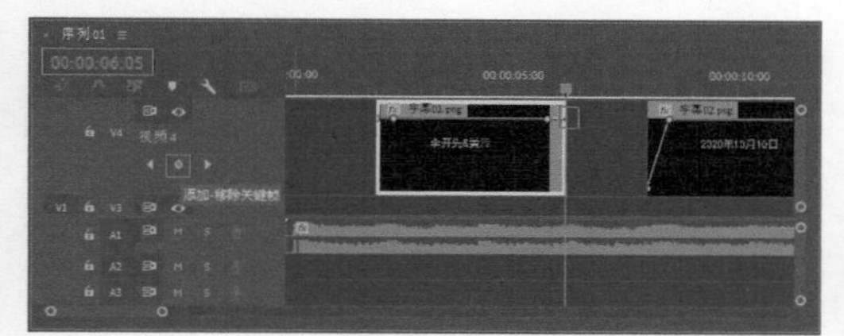

图 3-54

⑲ 将第 2 秒和第 6 秒 5 帧的关键帧选中，按住鼠标左键向下拖曳到 V4 轨道最底端，可以将该位置字幕素材的不透明度降至 0%，如图 3-55 所示。

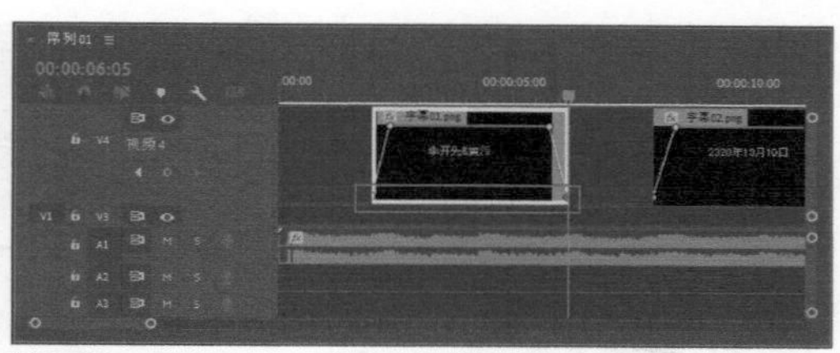

图 3-55

⑳ 在“节目”监视器面板中单击“播放 - 停止切换”按钮▶，可以预览渐隐渐显的字幕效果，如图 3-56 所示。

图 3-56

㉑ 使用同样的方法为其他字幕和照片素材添加关键帧，并调整其不透明度，如图 3-57 所示，制作渐隐渐显的效果。

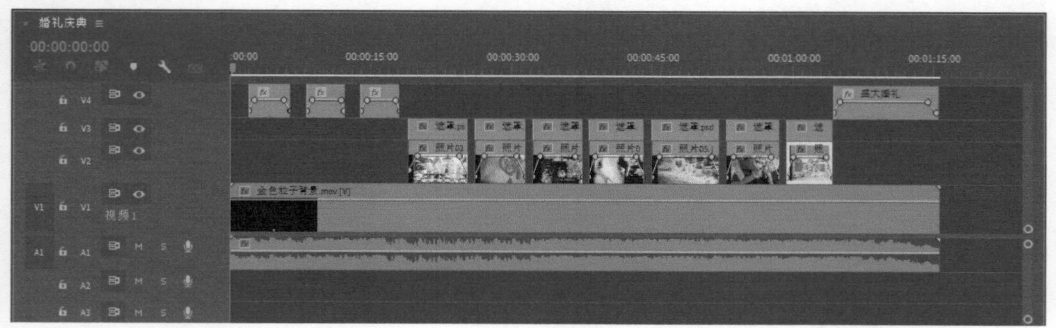

图 3-57

㉒ 拓宽 A1 轨道，在音频素材的第 0 秒、第 2 秒、第 1 分 14 秒、第 1 分 15 秒 15 帧处各添加一个关键帧，如图 3-58 和图 3-59 所示。

图 3-58

图 3-59

23 将第 0 秒和第 1 分 15 秒 15 帧的关键帧选中，按住鼠标左键向下拖曳到 A1 轨道最底端，可以将该位置音频素材的音量调到最低，如图 3-60 所示。

图 3-60

24 在“节目”监视器面板中单击“播放 - 停止切换”按钮，预览编辑的影片效果，如图 3-61 所示。

图 3-61

3.2.2 Premiere 编辑工具

使用“工具”面板中的编辑工具可以快速编辑素材。Premiere的编辑工具如图3-62所示。

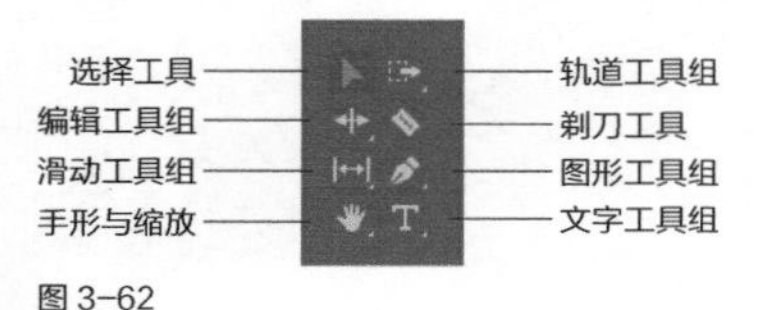

图 3-62

◆ 1. 选择工具

“选择工具”在视频编辑中是最常用的工具，利用它可以对素材进行选择、移动，如图3-63和图3-64所示。“选择工具”还可以调节素材的关键帧、入点和出点。

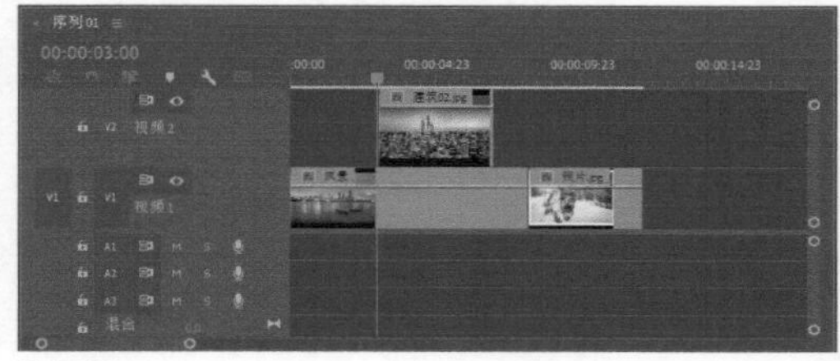
图 3-63

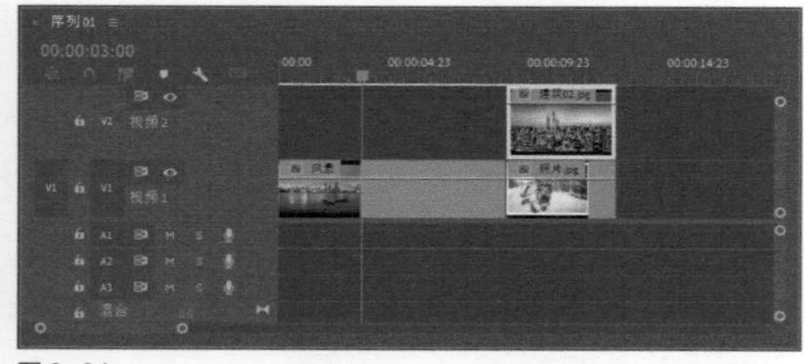

图 3-64

◆ 2. 编辑工具组

在“波纹编辑工具”上长按鼠标左键，松开鼠标左键，可以展开编辑工具组，其中包含了“波纹编辑工具”“滚动编辑工具”“比率拉伸工具”，如图3-65所示。

图 3-65

- **波纹编辑工具**：单击“工具”面板中的“波纹编辑工具”，或按B键选择“波纹编辑工具”，可以编辑一个素材的入点和出点，而不影响相邻的素材。例如，在调整前一个素材的出点时，下一个素材会同步向左或向右推移，但内容不会发生变化。通过调整素材的入点和出点，可以改变整个作品的持续时间。

将鼠标指针移动到目标素材的出点处，当鼠标指针变为时，按住鼠标左键向左拖曳，可以缩短素材的长度，如图3-66所示。改变第一个素材的出点后，相邻素材将向左移动，整个序列的持续时间发生改变，如图3-67所示。

图 3-66

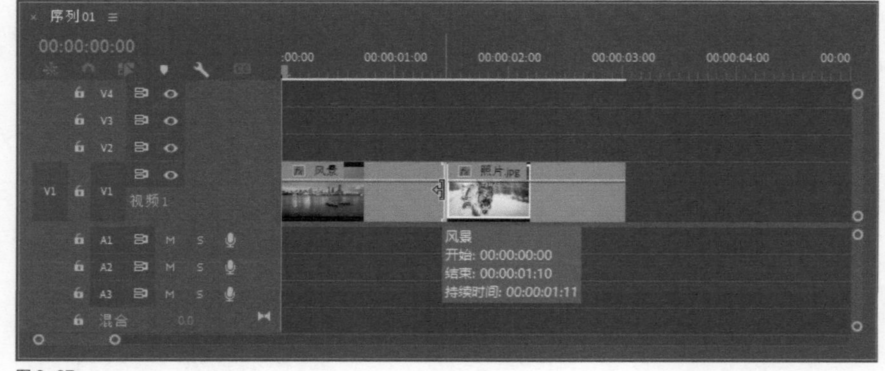

图 3-67

- **滚动编辑工具**：在“时间轴”面板中，可以使用“滚动编辑工具”单击并拖曳一个素材的边缘，修改素材的入点或出点。当单击并拖曳一个素材的边缘时，下一个素材的持续时间会根据前一个素材的变动自动调整。例如，给第一个素材出点增加3帧，那么下一个素材入点就会减少3帧。使用“滚动编辑工具”编辑素材时，不会改变序列整体的持续时间。

将设置了入点和出点后的两个素材依次拖曳到“时间轴”面板的V1轨道中，并使它们连接在一起。单击“工具”面板中的“滚动编辑工具”，或按N键选择“滚动编辑工具”，然后将鼠标指针移动到两个素材的衔接处，当鼠标指针变为时，按住鼠标左键左右拖曳即可调整两个素材的出点和入点。

向右拖曳，会将第一个素材的出点延后，同时将后一个素材的入点延后，序列整体的长度不变，如图3-68和图3-69所示。

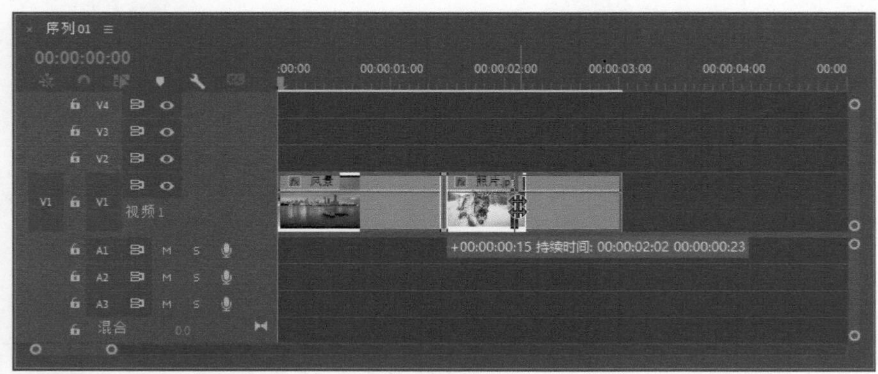

图3-68

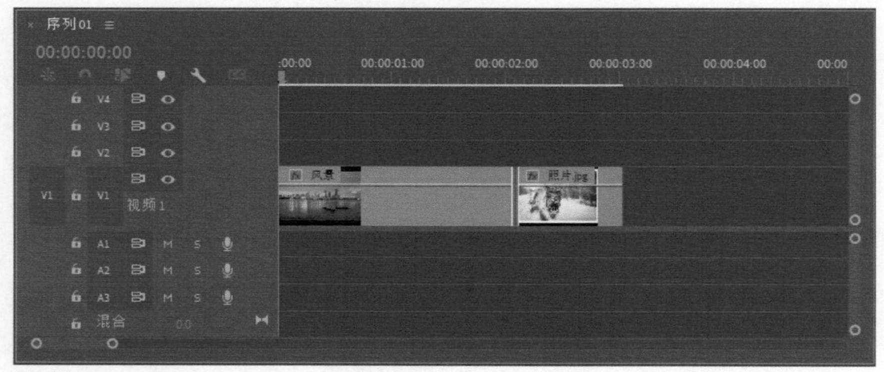

图3-69

向左拖曳，会将第一个素材的出点提前，同时将后一个素材的入点提前，序列整体的长度不变，如图3-70和图3-71所示。

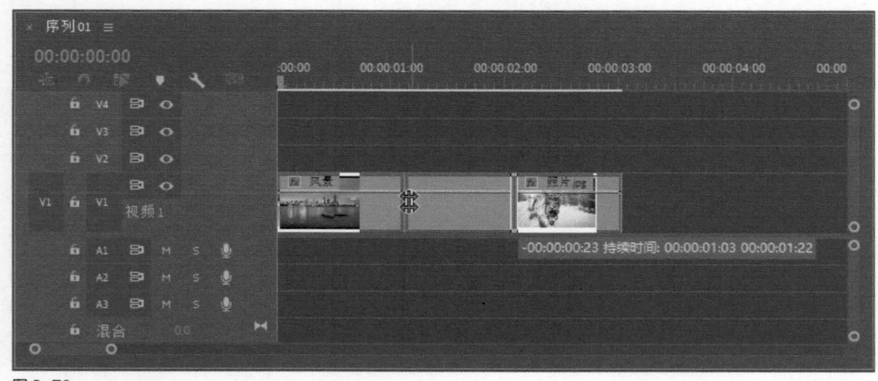

图3-70

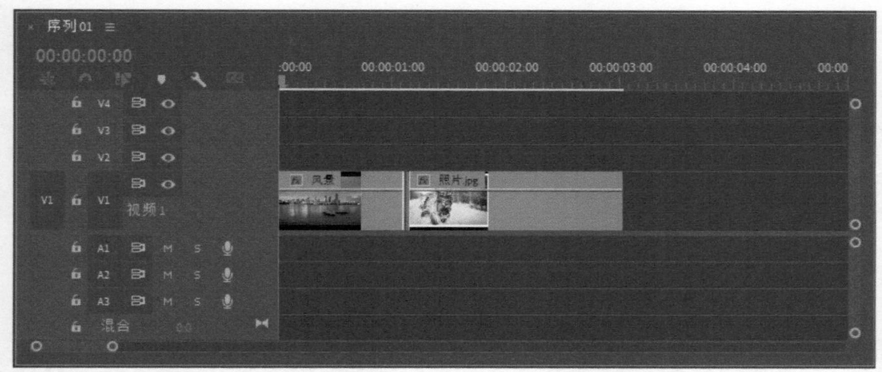

图 3-71

● **比率拉伸工具**："比率拉伸工具"可用于对素材的速度进行调整，从而达到改变素材时长的目的。

◆ 3. 滑动工具组

滑动工具组中包含了"外滑工具"和"内滑工具"。

● **外滑工具**：使用"外滑工具"可以改变夹在另外两个素材之间的素材的入点和出点，而且保持中间素材的原有持续时间不变。单击并拖曳素材时，素材左右两边的素材不会改变，序列的持续时间也不会改变。

单击"工具"面板中的"外滑工具"，或按Y键选择"外滑工具"，然后按住鼠标左键拖曳V1轨道中的中间素材，可以改变选中素材的入点和出点，如图3-72所示。中间素材的入点和出点发生了变化，而整个序列的持续时间没有改变，如图3-73所示。

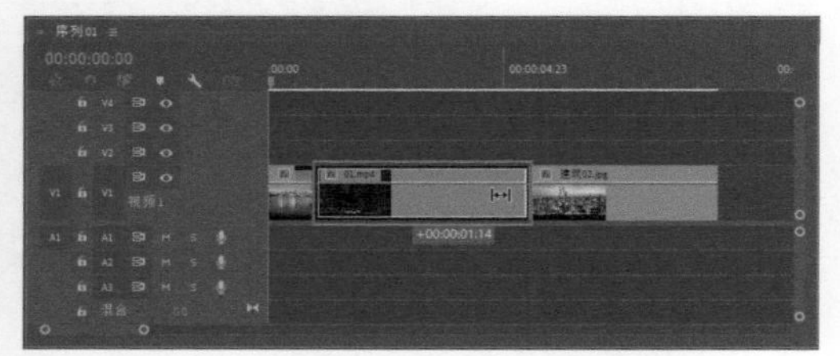

图 3-72

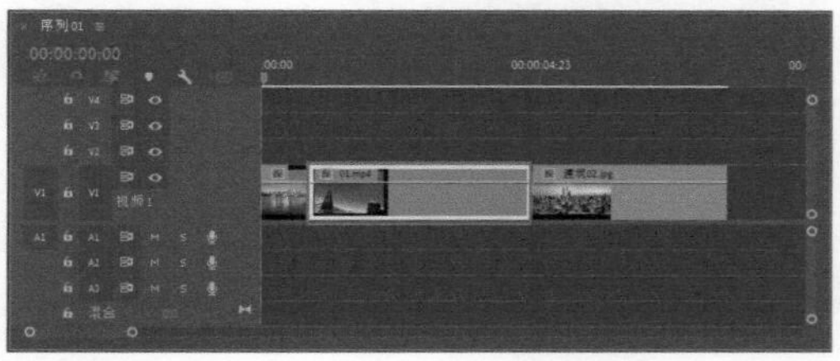

图 3-73

● **内滑工具**：与"外滑工具"类似，"内滑工具"也被用于编辑序列中位于两个素材之间的一个素材。不过在使用"内滑工具"进行拖曳的过程中，会保持中间素材的入点和出点不变，而改变相邻素材的持续时间。

滑动编辑素材的出点和入点时，向右拖曳会将第一个素材的出点延后，同时将后一个素材的入点延后。向左拖曳会将第一个素材的出点提前，同时将后一个素材的入点提前，而序列整体的持续时间没有改变。

在"外滑工具"上长按鼠标左键，松开鼠标左键，可以展开滑动工具组，选择"内滑工具"，或按U键选择"内滑工具"。然后按住鼠标左键拖曳位于两个素材之间的素材，调整两边素材的入点和出点，向左拖曳可以缩短前一个素材并加长后一个素材的持续时间，如图3-74所示。向右拖曳可以加长前一个素材并缩短后一个素材的持续时间，如图3-75所示。

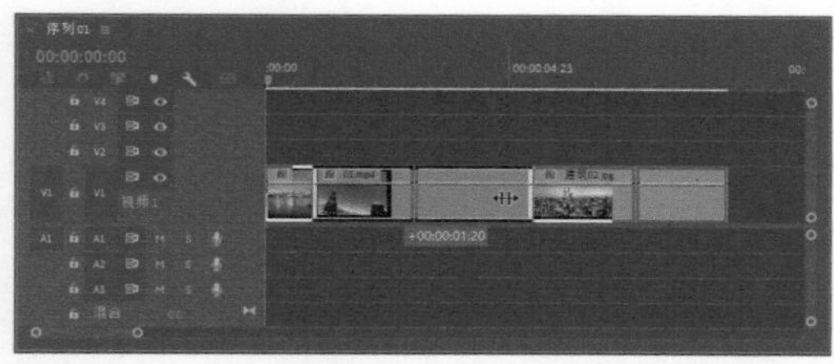
图 3-74

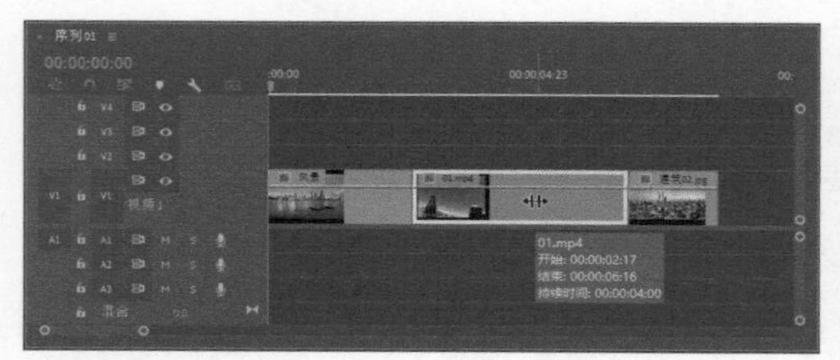
图 3-75

◆ 4. 图形工具组

图形工具组中包含了“钢笔工具”“矩形工具”“椭圆工具”。

- **钢笔工具**：使用“钢笔工具”可以在“节目”监视器面板中绘制图形，如图3-76所示。绘制图形后，会在“时间轴”面板的空轨道中自动生成图形素材，如图3-77所示。

图 3-76

图 3-77

- **矩形工具**：在“钢笔工具”上长按鼠标左键，松开鼠标左键，可以展开图形工具组，选择“矩形工具”，可以在“节目”监视器面板中绘制矩形，如图3-78所示，并在“时间轴”面板的空轨道中自动生成图形素材。

图 3-78

- **椭圆工具**：在“钢笔工具”上长按鼠标左键，松开鼠标左键，可以展开图形工具组，选择“椭圆工具”，可以在“节目”监视器面板中绘制椭圆形，如图3-79所示，并在“时间轴”面板的空轨道中自动生成图形素材。

图 3-79

◆ 5. 文字工具组

文字工具组中包含了“文字工具”和“垂直文字工具”。“文字工具”用于创建横排文字，“垂直文字工具”用于创建竖排文字。

◆ 6. 其他工具

除了前面介绍的工具外，“工具”面板中还包括“向前选择轨道工具”“向后选择轨道工具”“剃刀工具”“手形工具”“缩放工具”。

- **向前选择轨道工具：**选择该工具，在某一轨道中单击，可以选择该轨道中鼠标指针及其右侧的所有素材。
- **向后选择轨道工具：**展开轨道工具组，可以选择该工具。使用该工具在某一轨道中单击，可以选择该轨道中鼠标指针及其左侧的所有素材。
- **剃刀工具：**用于分割素材。选择剃刀工具后单击素材，会将素材分为两段，前一段素材产生新的出点，后一段素材产生新的入点。
- **手形工具：**用于改变“时间轴”面板的可视区域，有助于编辑一些较长的素材。
- **缩放工具：**在“手形工具”上长按鼠标左键，松开鼠标左键，可以展开工具组，选择“缩放工具”。该工具用来调整“时间轴”面板中时间单位的显示比例。按住Alt键，可以变为缩小模式；松开Alt键，即可恢复为放大模式。

3.2.3 选择和移动素材

将素材放置在“时间轴”面板中后，作为编辑过程的一部分，可能还需要重新排列素材的位置。用户可以一次移动一个素材，或者同时移动几个素材，还可以单独移动某个素材的视频部分或音频部分。

◆ 1. 使用选择工具

在“时间轴”面板中移动单个素材时，最简单的方法是使用“工具”面板中的“选择工具”单击并拖曳素材。使用“工具”面板中的“选择工具”可以进行以下操作。

单击素材，可以将其选中。拖曳素材，可以移动素材位置。

按住Shift键的同时单击想要选择的多个素材，或者通过框选的方式也可以选择多个素材。

如果想选择素材的视频部分而不要音频部分，或者想选择音频部分而不要视频部分，可以在按住Alt键的同时单击素材的视频部分或音频部分。

◆ 2. 使用轨道选择工具

如果想快速选择某个轨道上的多个素材，或者从某个轨道中删除一些素材，可以使用“工具”面板中的“向前选择轨道工具”或“向后选择轨道工具”进行选择。

选择“向前选择轨道工具”后，单击轨道中的素材，可以选择单击的素材及该素材右侧的所有素材，如图3-80所示。选择“向后选择轨道工具”后，单击轨道中的素材，可以选择单击的素材及该素材左侧的所有素材，如图3-81所示。

图 3-80

图 3-81

3.2.4 删除序列间隙

在编辑视频的过程中，有时会在素材间

留有间隙。在素材间的间隙中单击鼠标右键，从弹出的菜单中选择“波纹删除”命令，如图3-82所示。将素材间的间隙清除后的效果如图3-83所示。

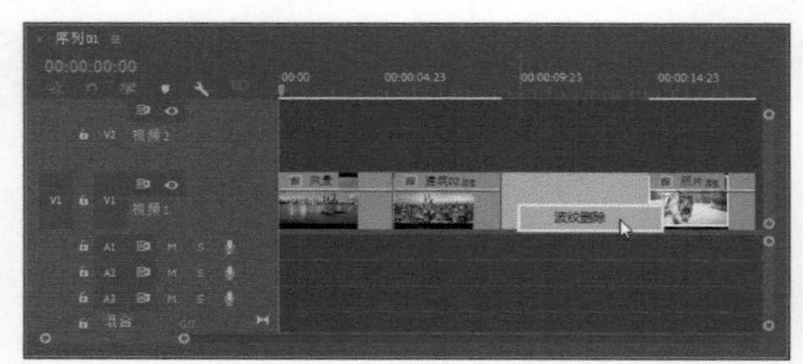

图 3-82

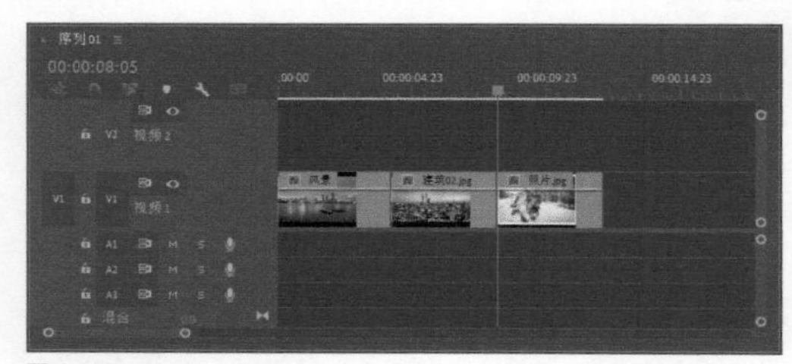

图 3-83

3.2.5 修改素材的入点和出点

在“时间轴”面板中设置素材的入点和出点，可以改变素材输出为影片后的持续时间。选择“时间轴”面板中的素材后，可以通过“选择工具”或“剃刀工具”为素材设置入点和出点。

◆ 1. 拖曳素材的入点和出点

使用“选择工具”可以快速调整素材的入点和出点。单击“工具”面板中的“选择工具”，将鼠标指针移动到“时间轴”面板中素材的左边缘（即入点），鼠标指针将变为，如图3-84所示。按住鼠标左键向右拖曳到想作为素材入点的地方，即可设置素材的入点。在拖曳素材左边缘（入点）时，时间码读数会显示在该素材下方，松开鼠标左键，即可在“时间轴”面板中重新设置素材的入点，如图3-85所示。

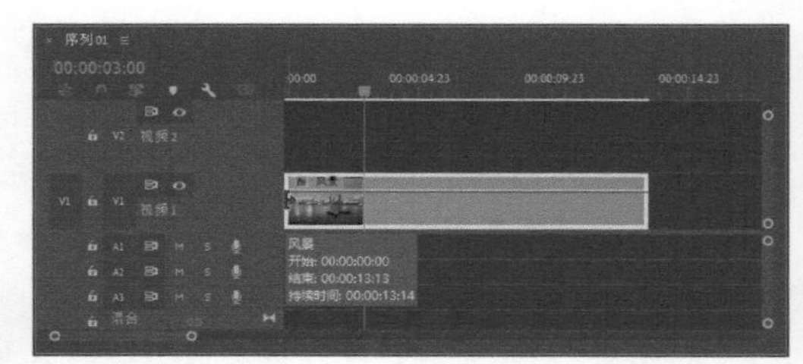

图 3-84

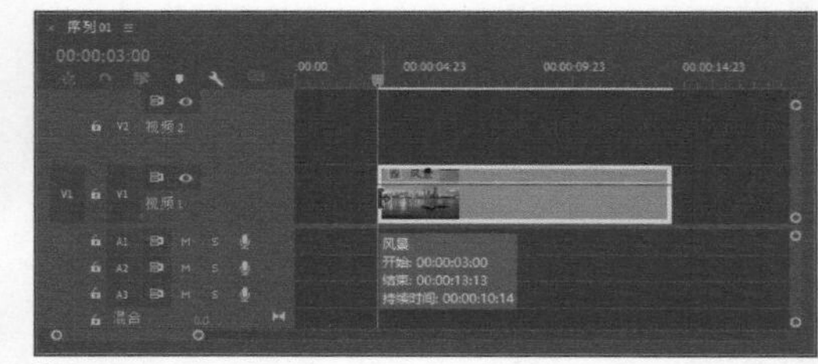

图 3-85

将鼠标指针移动到“时间轴”面板中素材的右边缘（即出点），此时鼠标指针变为。按住鼠标左键向左拖曳到想作为素材出点的地方，即可设置素材的出点，如图3-86所示。松开鼠标左键，即可在“时间轴”面板中重新设置素材的出点，如图3-87所示。

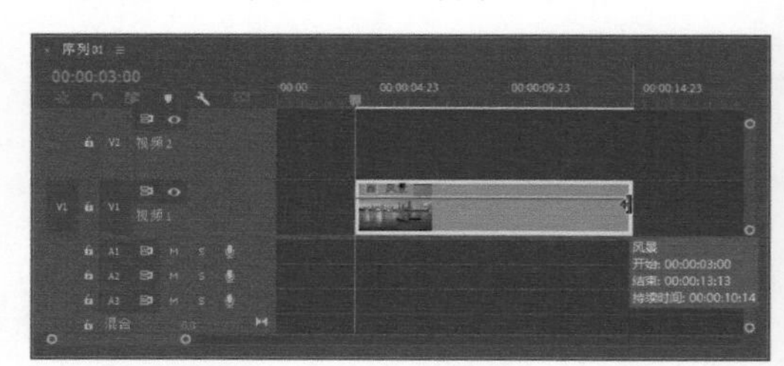

图 3-86

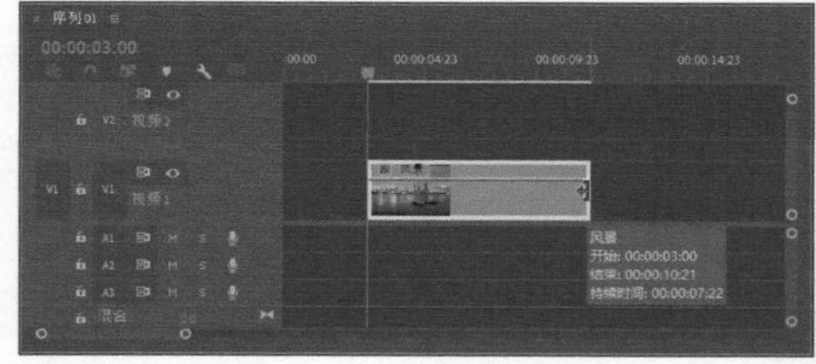

图 3-87

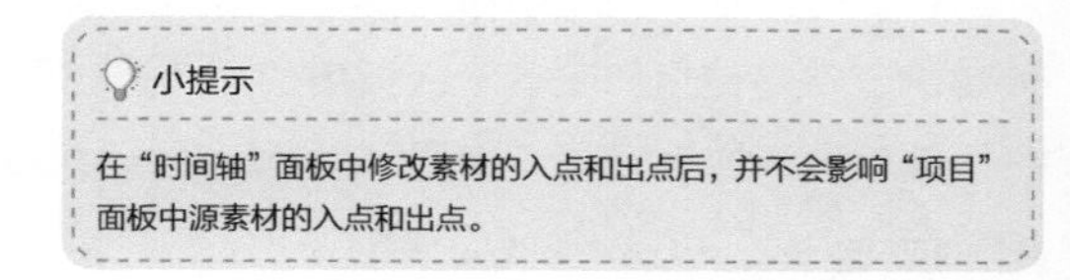
小提示

在“时间轴”面板中修改素材的入点和出点后，并不会影响“项目”面板中源素材的入点和出点。

◆ 2. 切割素材

使用“工具”面板中的“剃刀工具”可以将素材切割成两段，从而快速设置素材的入点和出点，并且可以将不需要的部分删除。将时间指示器移动到想要切割素材的位置，如图3-88所示。在“工具”面板中选择“剃刀工具”，然后在时间指示器位置的素材上单击，即可切割素材，如图3-89所示。

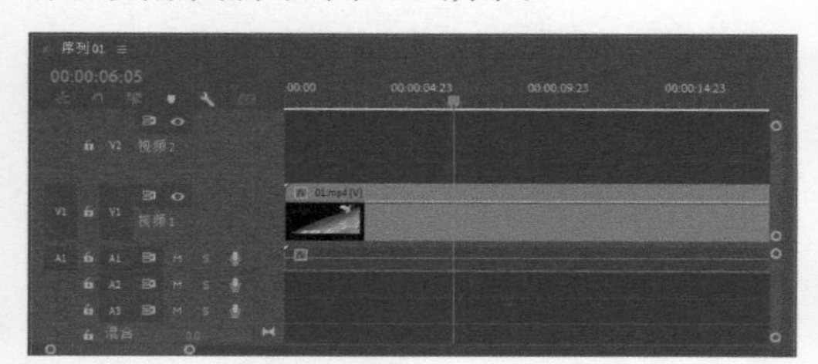

图 3-88

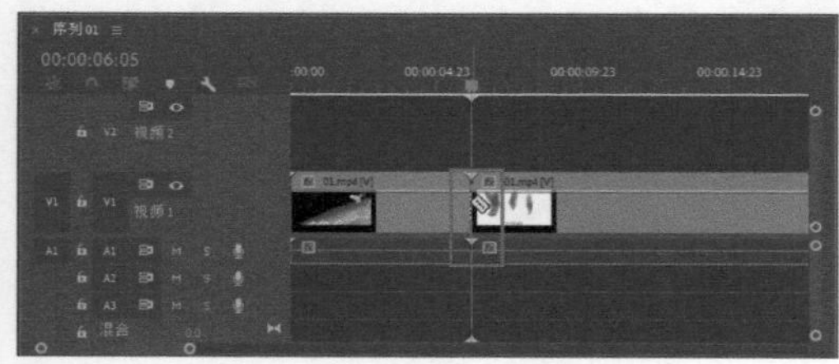

图 3-89

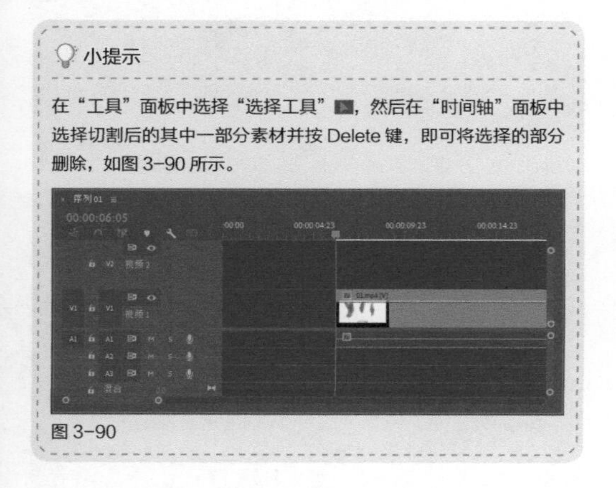

小提示

在“工具”面板中选择“选择工具”，然后在“时间轴”面板中选择切割后的其中一部分素材并按 Delete 键，即可将选择的部分删除，如图 3-90 所示。

图 3-90

3.2.6 设置序列的入点和出点

将时间指示器拖曳到要设置为序列入点的位置，选择“标记>标记入点”命令，在时间标尺的相应位置上即可出现一个入点标记，如图3-91所示。将时间指示器拖曳到要设置为序列出点的位置，选择“标记>标记出点”命令，在时间标尺的相应位置上即可出现一个出点标记，如图3-92所示。在渲染输出项目时，将渲染入点到出点间的内容。

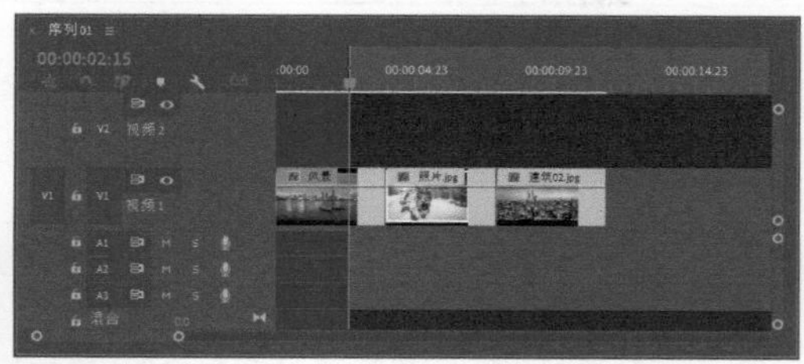

图 3-91

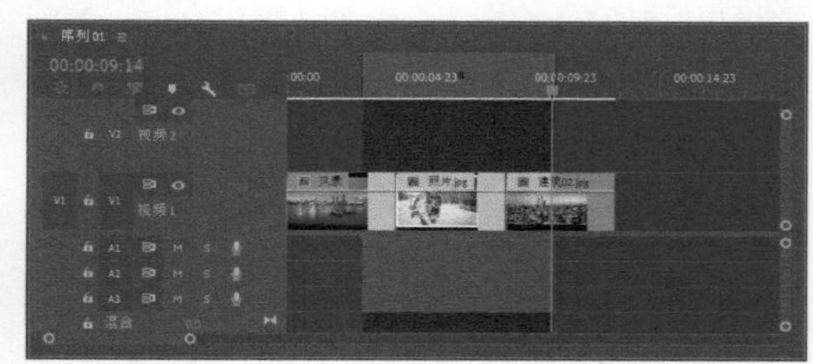

图 3-92

3.2.7 设置关键帧

在“时间轴”面板中通过设置关键帧，可以调整视频素材的不透明度和音频素材的音量。

◆ 1. 添加或删除关键帧

在“时间轴”面板中拖曳轨道边缘，拓宽轨道，可以显示出关键帧控件。然后在轨道关键帧控件处单击“添加-移除关键帧”按钮，可以在轨道中添加或删除关键帧。

选择要添加关键帧的素材，然后将时间指示器移动到想要设置关键帧的位置，单击“添加-移除关键帧”按钮即可添加关键帧。

选择要删除关键帧的素材，然后将时间指示器移动到要删除的关键帧处，单击“添加-移除关键帧”按钮即可删除关键帧。

单击“转到上一关键帧”按钮，可以将时间指示器移动到上一个关键帧的位置。

单击“转到下一关键帧”按钮▶，可以将时间指示器移动到下一个关键帧的位置。

◆ 2. 移动关键帧

在轨道中选择关键帧，然后直接拖曳关键帧，可以移动关键帧的位置。移动关键帧的位置，可以修改视频素材的不透明度和音频素材的音量。

3.3 课后习题

运用已掌握的知识进行课后练习，通过“海底世界”和“大变活人”案例，巩固在监视器面板和“时间轴”面板中编辑素材的相关知识。

课后习题：海底世界

实例位置	实例文件 >CH03> 海底世界 .prproj
素材位置	素材文件 >CH03> 海底世界
视频名称	海底世界 .mp4
技术掌握	在“源”监视器面板中设置源素材的入点和出点

本例将在“源”监视器面板中修整“海底世界”素材，选取所需的视频片段，组合成新的影片，效果如图3-93所示。

图 3-93

01 新建一个名为“海底世界”的项目，将需要的素材导入“项目”面板中，如图 3-94 所示。

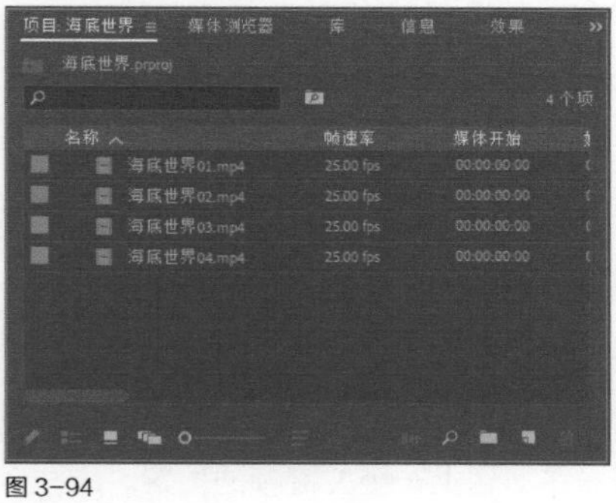

图 3-94

02 在“项目”面板中双击各个素材，在“源”监视器面板中将显示源素材，然后设置素材的入点和出点，如图 3-95~ 图 3-98 所示。

图 3-95

图 3-96

图 3-97

图 3-98

03 新建一个序列，将设置好入点和出点的视频素材依次拖曳到“时间轴”面板的 V1 轨道中进行编排，如图 3-99 所示。

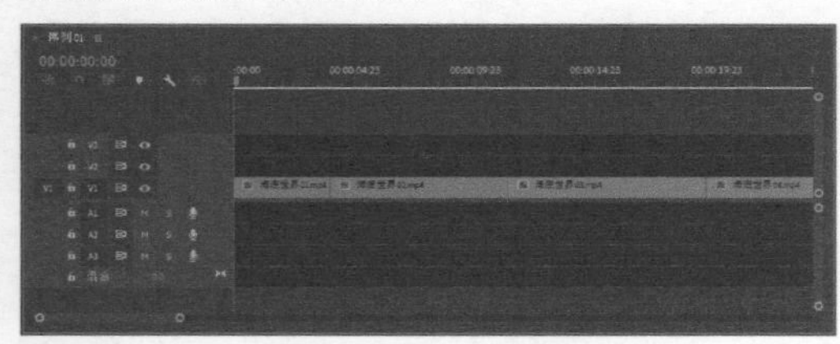

图 3-99

04 在“节目”监视器面板中单击“播放 - 停止切换”按钮▶，可以预览视频合成效果，如图 3-100 所示。

图 3-100

课后习题：大变活人

实例位置	实例文件 >CH03> 大变活人 .prproj
素材位置	素材文件 >CH03> 大变活人
视频名称	大变活人 .mp4
技术掌握	在“时间轴”面板中编辑素材

本例将在“时间轴”面板中对素材进行编辑，将两个视频片段组合在一起，形成一段新的视频，本例效果如图3-101所示。

图 3-101

01 新建一个项目，然后导入素材，如图 3-102 所示。

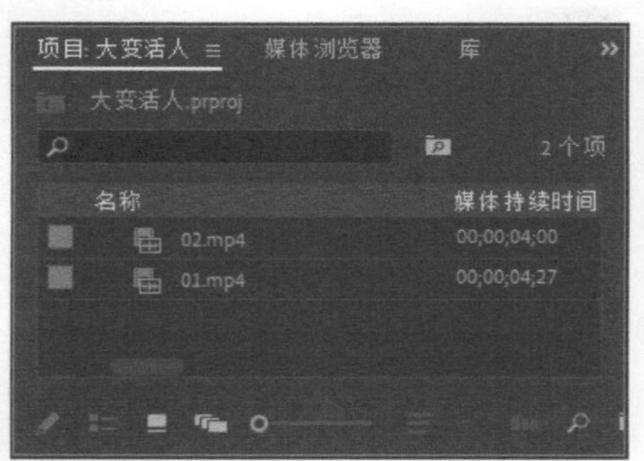

图 3-102

02 新建一个序列，将“项目”面板中的“01.mp4”素材添加到“时间轴”面板中，选中素材，单击鼠标右键，在弹出的菜单中选择“取消链接”命令，取消视频和音频的链接，如图 3-103 所示。

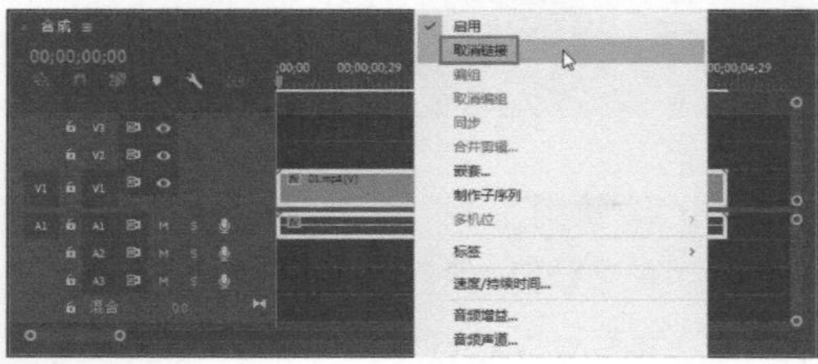

图 3-103

03 选择音频轨道中的音频，按 Delete 键将其删除，然后使用同样的操作在 V2 轨道中添加“02.mp4”素材，并删除其音频，如图 3-104 所示。

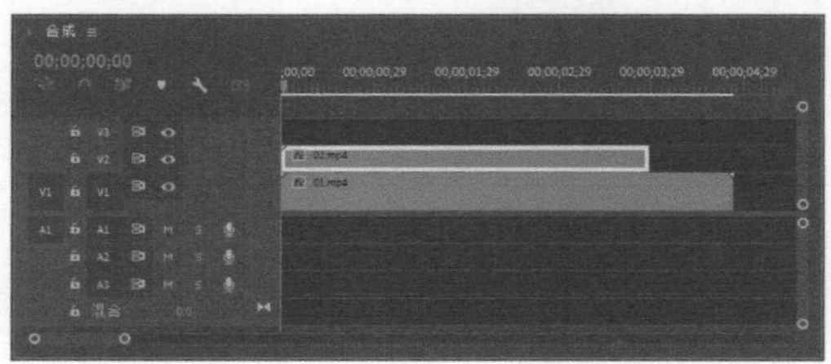

图 3-104

04 移动时间指示器，在“节目”监视器面板中预览视频，如图 3-105 和图 3-106 所示。

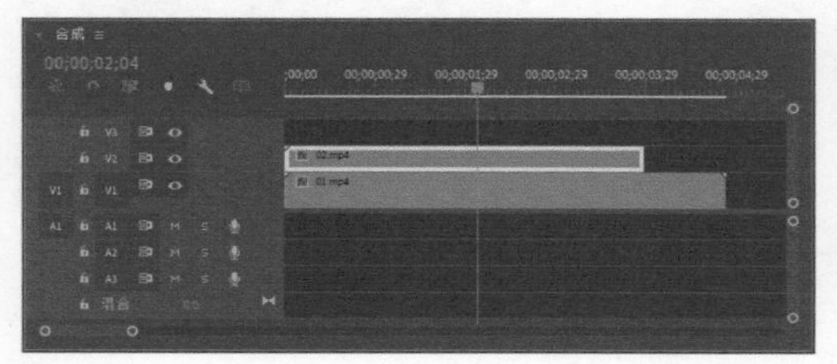
图 3-105

图 3-106

05 拖曳 V2 轨道中的素材，将其入点设置在第 2 秒 4 帧的位置，如图 3-107 所示。

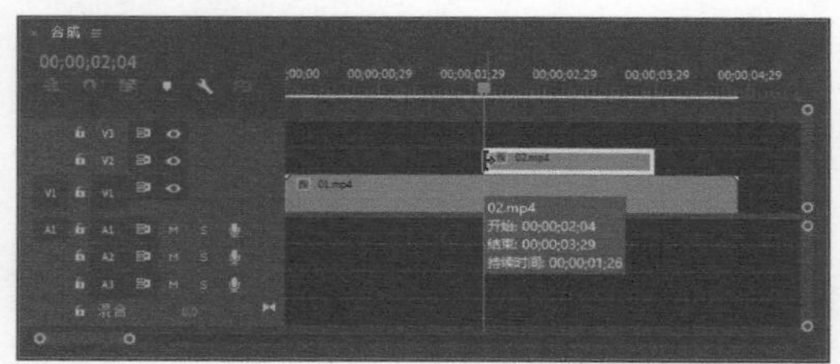
图 3-107

06 单击 V2 轨道前面的“切换轨道输出”按钮，关闭该轨道。然后移动时间指示器，在“节目”监视器面板中对 V1 轨道中的素材进行预览，如图 3-108 和图 3-109 所示。

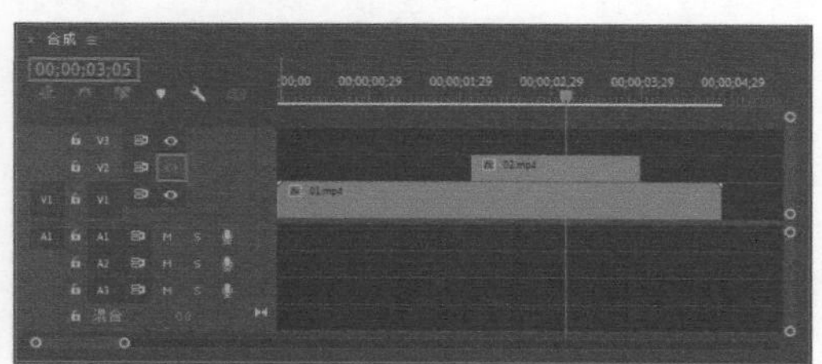
图 3-108

图 3-109

07 再次单击 V2 轨道前面的“切换轨道输出”按钮，打开该轨道，然后拖曳 V2 轨道中的素材，调整其入点在第 3 秒 5 帧的位置，如图 3-110 所示。在“节目”监视器面板中预览最终效果，如图 3-111 所示。

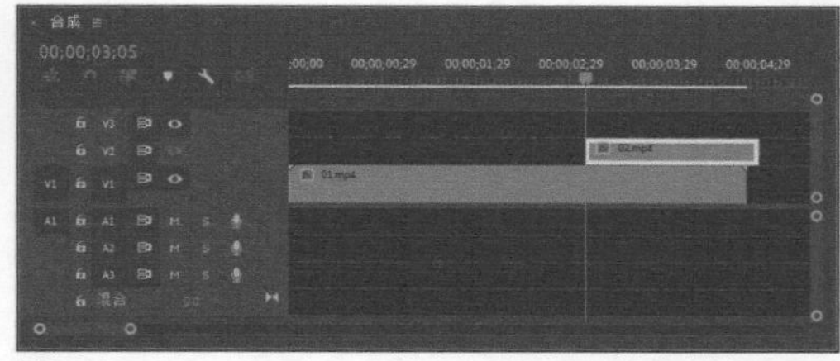
图 3-110

图 3-111

添加运动效果

本章导读

在 Premiere 中可以为素材添加动画效果，在“效果控件”面板中展开“运动”选项组，可以通过添加关键帧及设置素材的“位置”“旋转”“缩放”等参数，移动、旋转和缩放素材，从而实现运动的效果。本章主要讲解关键帧动画基础和视频运动参数。

本章主要内容

关键帧动画基础

视频运动参数详解

Premiere

4.1 关键帧动画基础

在默认情况下，对视频运动参数的修改是对视频整体的调整。在Premiere中进行的视频运动参数设置，建立在关键帧的基础上。

4.1.1 课堂案例：公司年会片头

实例位置	实例文件 >CH04> 公司年会片头 .prproj
素材位置	素材文件 >CH04> 公司年会片头
视频名称	公司年会片头 .mp4
技术掌握	关键帧的添加与设置，复制和粘贴关键帧

本例将通过设置关键帧制作文字由大变小的效果，如图4-1所示。

图4-1

01 选择“文件 > 新建 > 项目”命令，打开“新建项目”对话框，输入项目名称，新建一个项目，如图 4-2 所示。

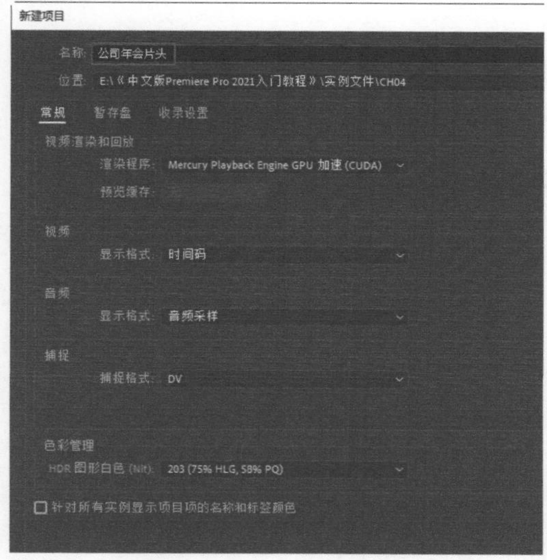

图4-2

02 选择“文件 > 导入”命令，打开“导入”对话框，如图 4-3 所示。选择并导入所需素材，如图 4-4 所示。

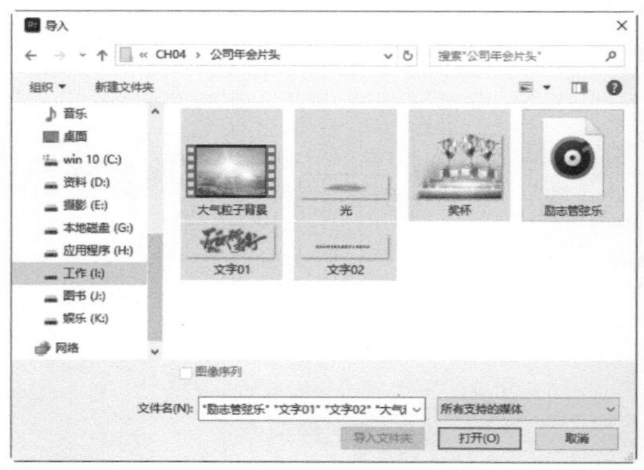

图4-3

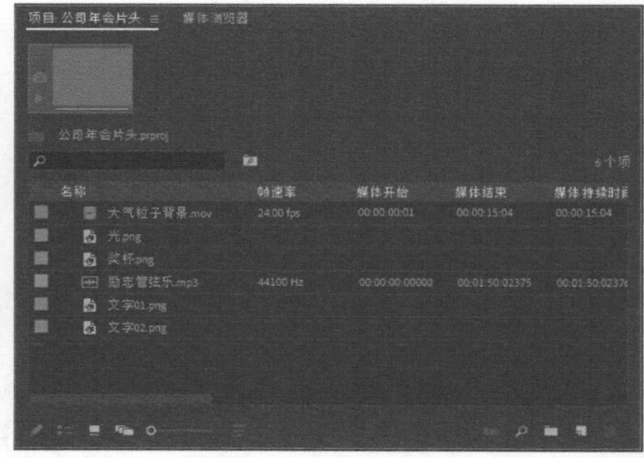

图4-4

03 选择“文件 > 新建 > 序列”命令，打开“新建序列”对话框，选择“标准 32kHz”预设，如图 4-5 所示。然后选择“轨道”选项卡，设置“视频”轨道数为 5，如图 4-6 所示。

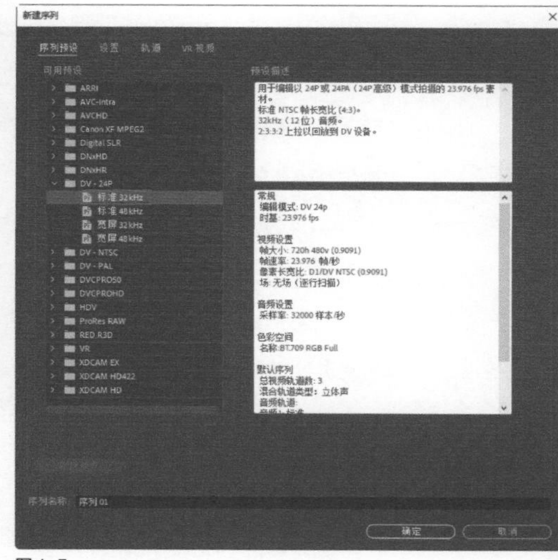

图4-5

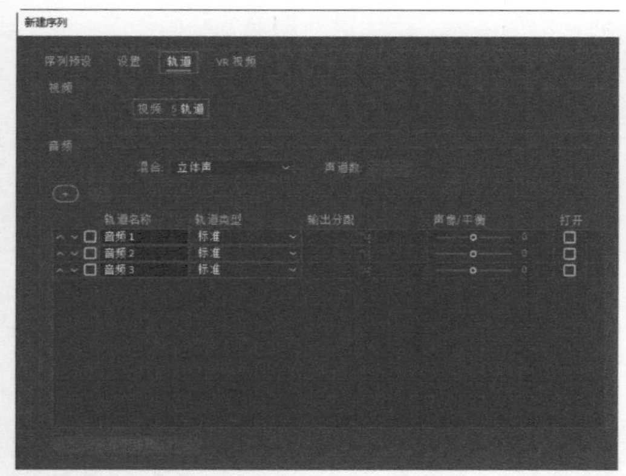
图4-6

04 将“项目”面板中的“大气粒子背景.mov”素材添加到“时间轴”面板的V1轨道中，如图4-7所示。然后将素材“奖杯.png”“光.png”“文字01.png”“文字02.png”依次添加到“时间轴”面板中的V2、V3、V4、V5轨道中，如图4-8所示。

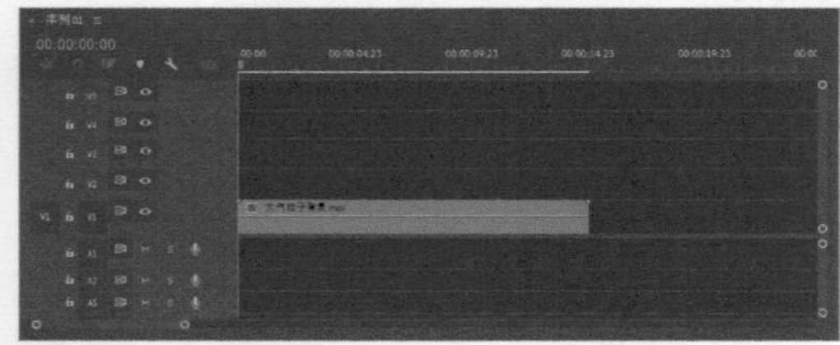
图4-7

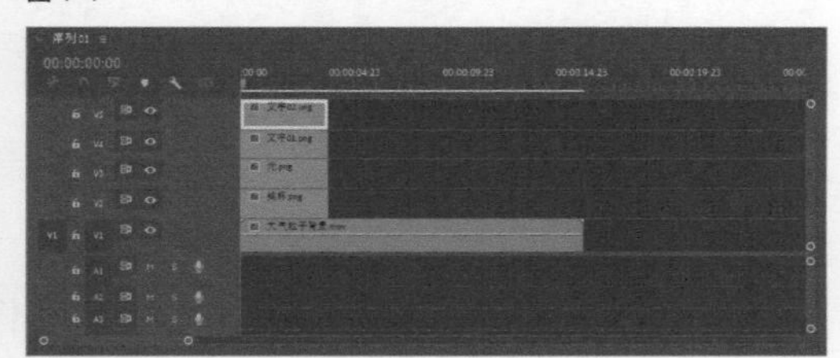
图4-8

05 在“时间轴”面板中选择所有素材，然后选择“剪辑>速度/持续时间”命令，在打开的“剪辑速度/持续时间”对话框中设置所有素材的“持续时间”为15秒，如图4-9所示。修改后如图4-10所示。

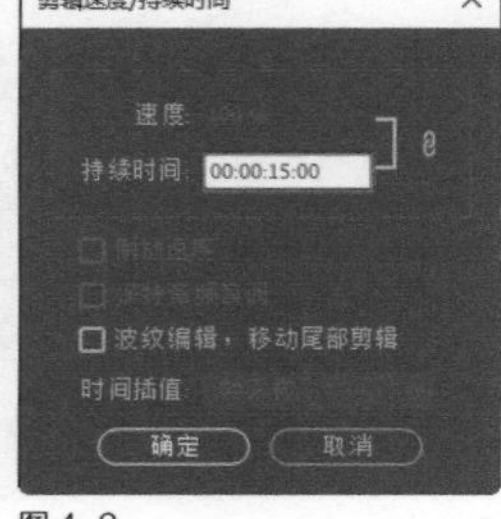

图4-9

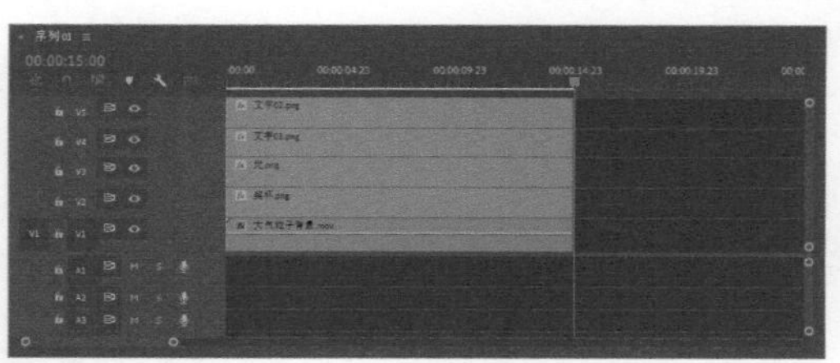
图4-10

06 在“时间轴”面板中选择V4轨道中的“文字01.png”素材，然后打开“效果控件”面板，展开“运动”和“不透明度”选项组，如图4-11所示。

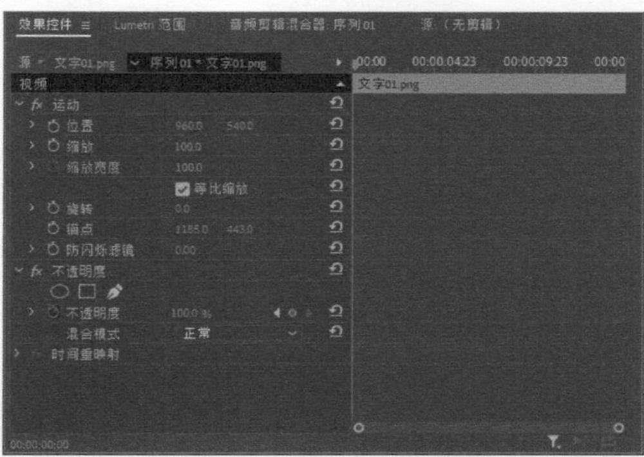
图4-11

07 将时间指示器移动到第0秒，单击“缩放”选项前面的“切换动画”按钮开启缩放动画功能，同时将在该时间自动为素材添加一个关键帧，然后设置关键帧的“缩放”参数为1000，如图4-12所示。

图4-12

08 单击“不透明度”选项后面的“添加/移除关键帧”按钮，为该选项添加一个关键帧，然后设置“不透明度”的值为0%，如图4-13所示。

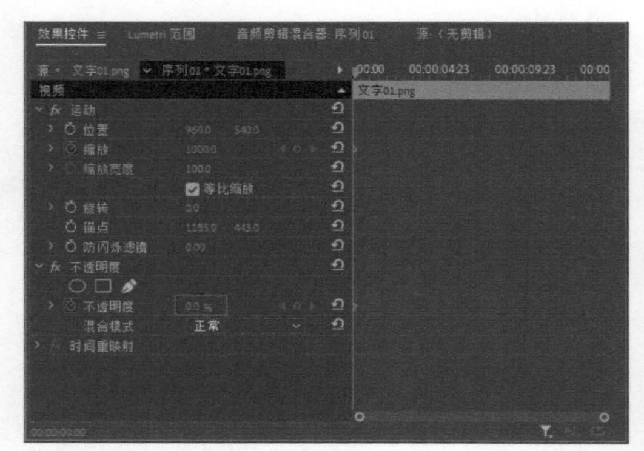

图4-13

> 小提示
>
> 在默认状态下，“不透明度”选项的“切换动画”按钮处于开启状态，在设置关键帧时，只需单击选项后面的“添加/移除关键帧”按钮即可添加关键帧。

09 将时间指示器移动到第 2 秒，单击“不透明度”选项后面的“添加/移除关键帧”按钮，在该时间位置为素材添加一个关键帧，设置“不透明度”的值为 100%，如图 4-14 所示。

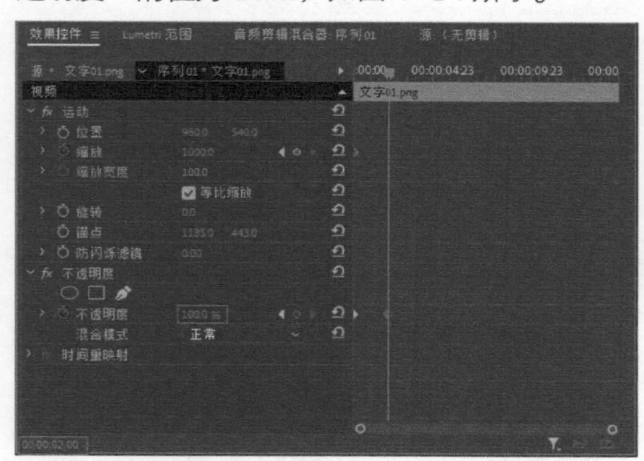

图4-14

10 将时间指示器移动到第 3 秒，单击“缩放”选项后面的“添加/移除关键帧”按钮，在该时间位置为素材添加一个关键帧，然后设置“缩放”的值为 50，如图 4-15 所示。

11 在“节目”监视器面板中单击“播放-停止切换”按钮预览影片，效果如图 4-16 所示。

12 在“时间轴”面板中选择 V5 轨道中的“文字02.png”素材，切换到“效果控件”面板，将时间指示器移动到第 5 秒，单击“缩放”选项前面的“切换动画”按钮开启缩放动画功能，设置该关键帧的“缩放”参数为 1000，如图 4-17 所示。

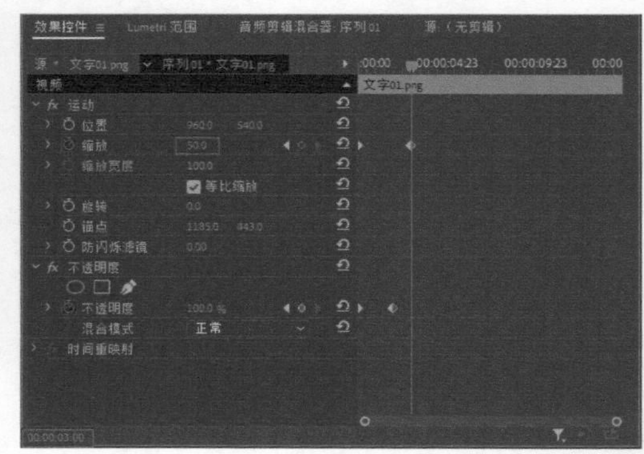

图4-15

图4-16

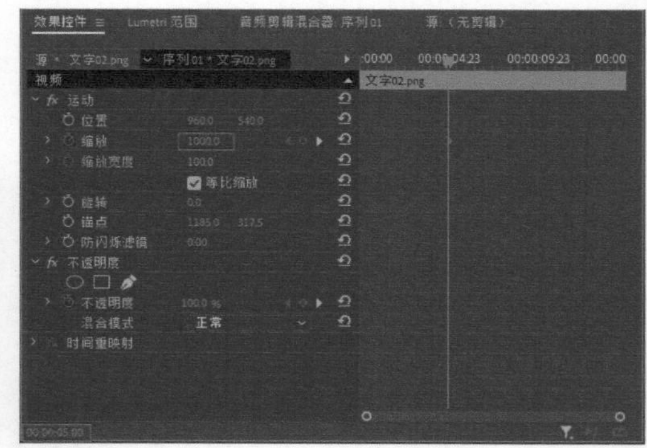

图4-17

13 单击“不透明度”选项后面的“添加/移除关键帧”按钮，添加一个关键帧，然后设置“不透明度”的值为 0%，如图 4-18 所示。

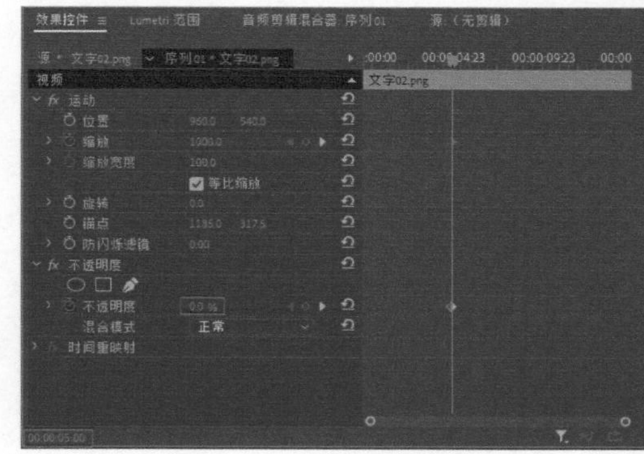

图4-18

⑭ 将时间指示器移动到第6秒，单击“不透明度”选项后面的“添加 / 移除关键帧”按钮◎，在该时间位置为素材添加一个关键帧，然后设置“不透明度”的值为 100%，如图 4-19 所示。

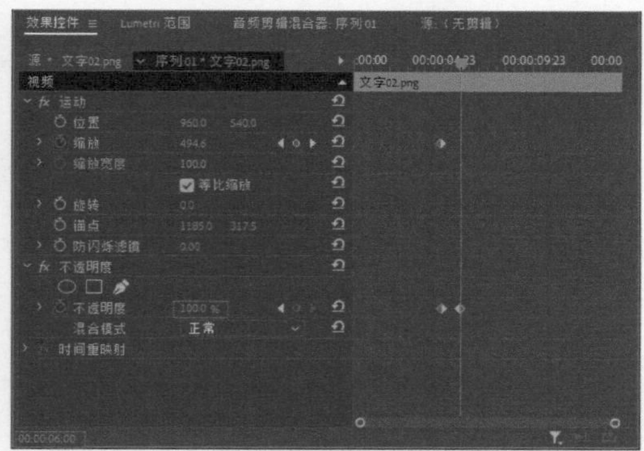

图 4-19

⑮ 将时间指示器移动到第 7 秒，单击“缩放”选项后面的“添加 / 移除关键帧”按钮◎，在该时间位置为素材添加一个关键帧，然后设置“缩放”的值为 50，如图 4-20 所示。

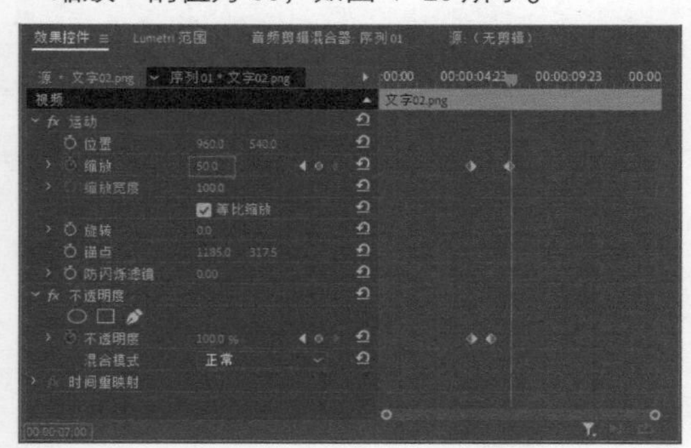

图 4-20

⑯ 在“位置”选项中修改素材的位置坐标为（996，773），如图 4-21 所示。

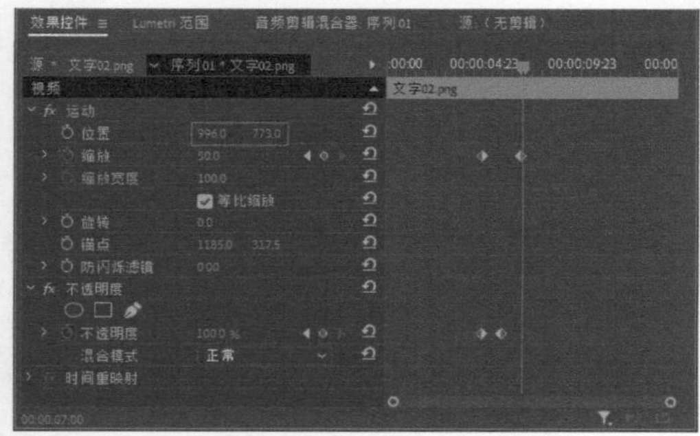

图 4-21

⑰ 在“节目”监视器面板中单击“播放 - 停止切换”按钮▶预览影片，效果如图 4-22 所示。

图 4-22

⑱ 通过按住鼠标左键拖曳的方式框选“不透明度”选项中的两个关键帧，如图 4-23 所示。然后单击鼠标右键，在弹出的菜单中选择“复制”命令，如图 4-24 所示。

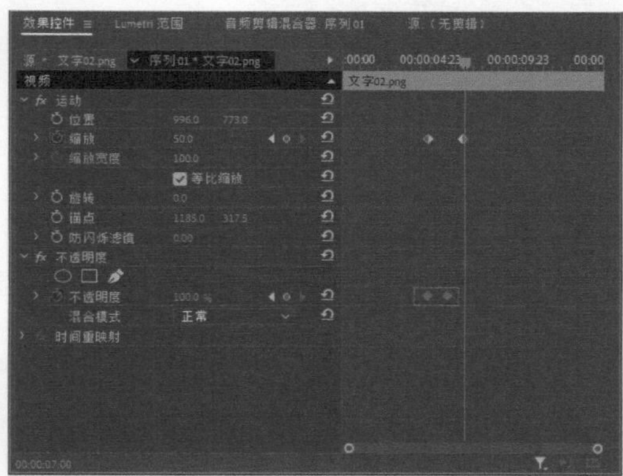

图 4-23

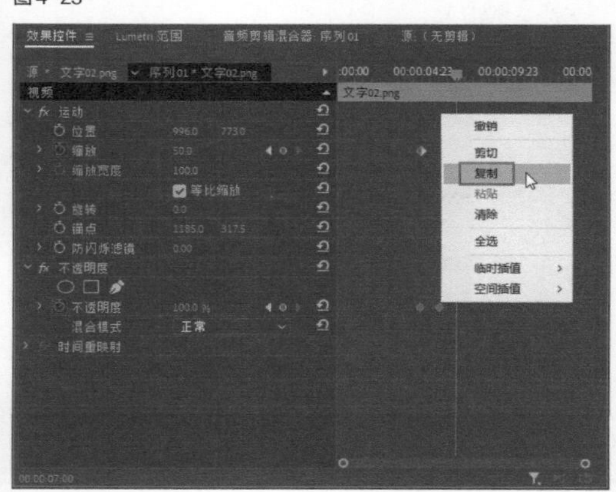

图 4-24

⑲ 在“时间轴”面板中选择 V3 轨道中的“光.png”素材，切换到“效果控件”面板，然后在素材下方的空白处单击鼠标右键，在弹出的菜单中选择“粘贴”命令，如图 4-25 所示。粘贴后如图 4-26 所示。

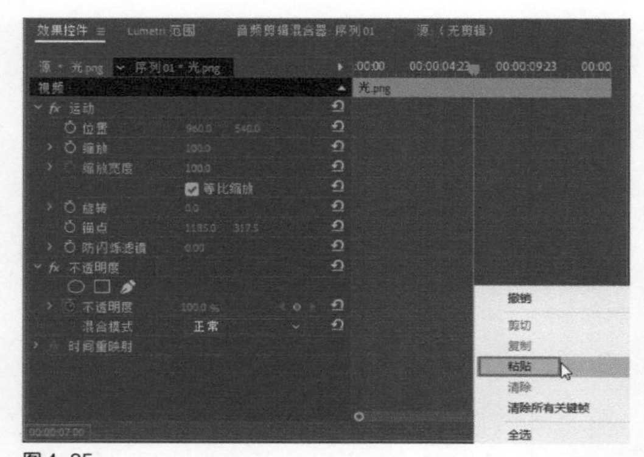
图 4-25

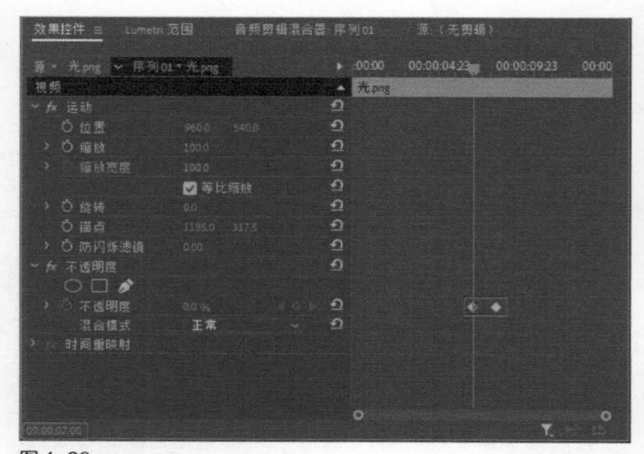
图 4-26

20 在“位置”选项中修改该素材的位置坐标为（875，740），如图 4-27 所示。

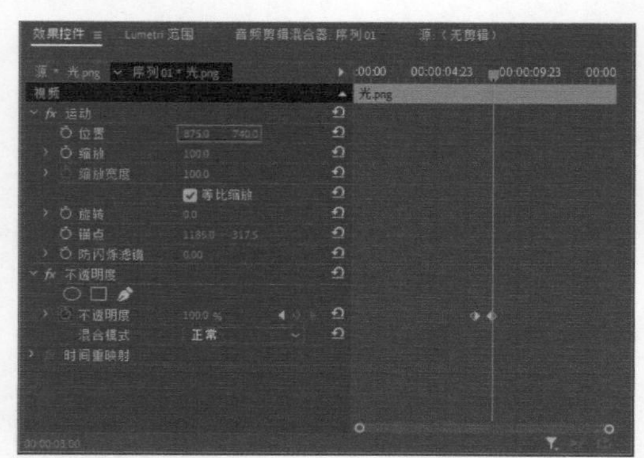
图 4-27

21 在“节目”监视器面板中单击“播放 - 停止切换”按钮预览影片，效果如图 4-28 所示。

图 4-28

22 在“时间轴”面板中选择 V2 轨道中的“奖杯 .png”素材，切换到“效果控件”面板，将时间指示器移动第 0 秒，然后在素材下方的空白处单击鼠标右键，在弹出的菜单中选择“粘贴”命令，如图 4-29 所示。粘贴后如图 4-30 所示。

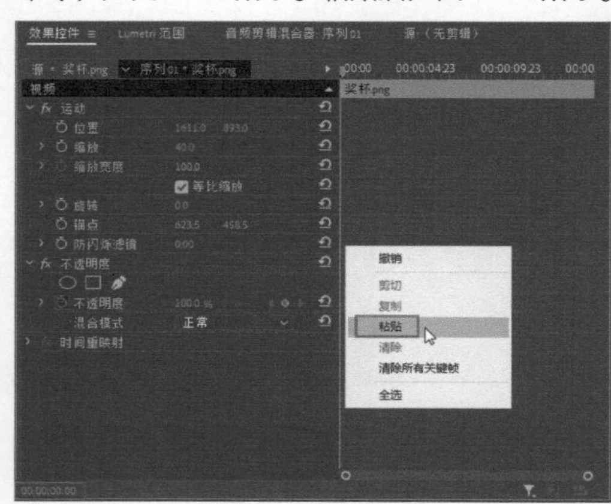
图 4-29

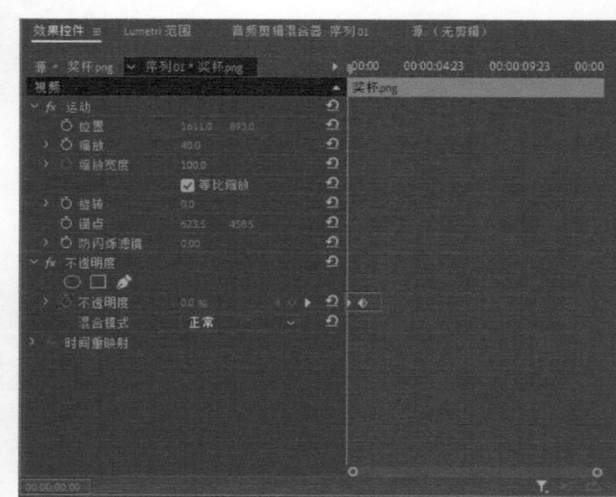
图 4-30

23 将“项目”面板中的“励志管弦乐 .mp3”素材添加到“时间轴”面板的 A1 轨道中，如图 4-31 所示。

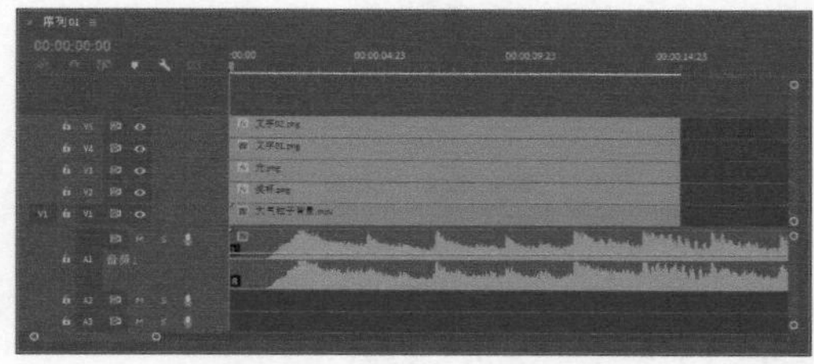
图 4-31

㉔ 将时间指示器移动到第 15 秒，然后使用“剃刀工具”在当前位置对音频素材进行切割，如图 4-32 所示。

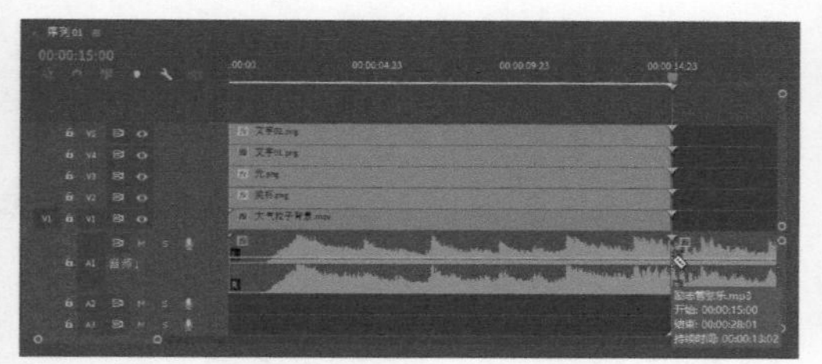

图 4-32

㉕ 选择被切割音频素材的后半部分，然后按 Delete 键将其删除，如图 4-33 所示。

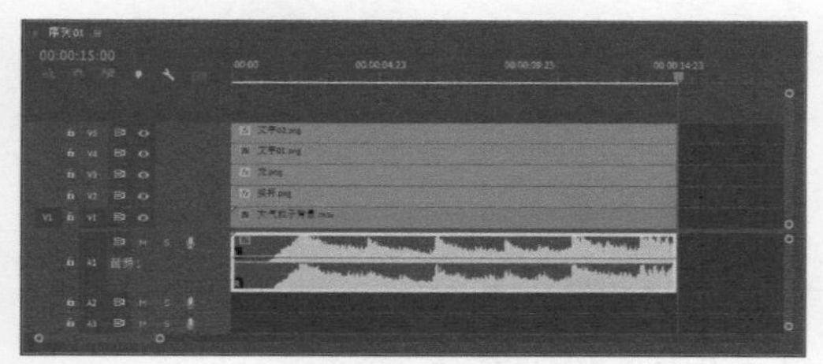

图 4-33

㉖ 在“节目”监视器面板中单击“播放 - 停止切换”按钮，预览影片效果，如图 4-34 所示。

图 4-34

4.1.2 开启动画功能

在“效果控件”面板中单击某种运动方式前面的“切换动画”按钮，能将此方式下的参数变化记录成关键帧，从而保存这种运动方式的动画记录。例如，单击“缩放”前面的“切换动画”按钮，将开启并保存缩放运动方式的动画记录，如图4-35所示。同时在当前时间位置会添加一个关键帧，如图4-36所示。

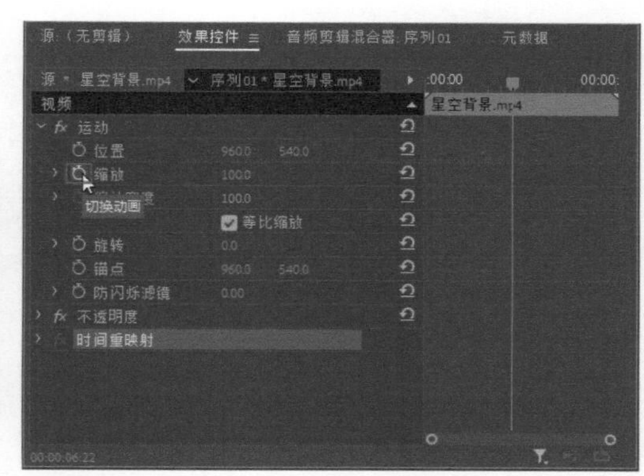

图 4-35

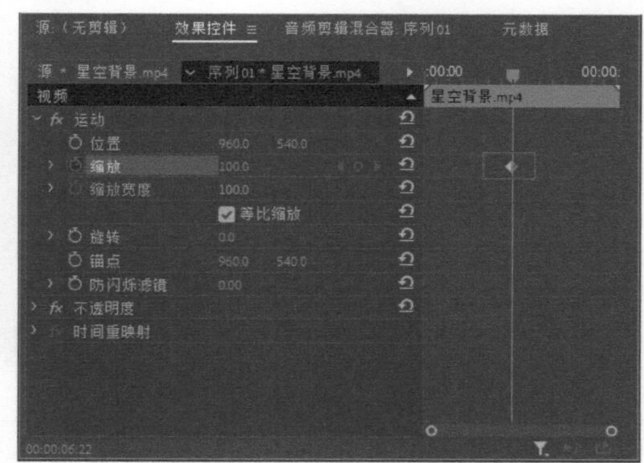

图 4-36

> 小提示
>
> 开启动画记录后，再次单击“切换动画”按钮，将删除此运动方式下的所有关键帧。单击“效果控件”面板中“运动”选项组右边的“重置参数”按钮，将清除素材上所有运动效果，还原到初始状态。

4.1.3 设置关键帧

想要使视频素材产生运动效果，需要在素材上添加两个或两个以上的关键帧，然后设置关键帧参数。

◆ 1. 添加关键帧

在“效果控件”面板中，可以通过添加关键帧和设置关键帧参数，实现素材的运动效果。在“时间轴”面板中选择要添加关键帧的素材，并将时间指示器移动到要添加关键帧的位置，在“效果控件”面板中单击“添加/移除关键帧”按钮，即可添加关键帧，如图4-37所示。

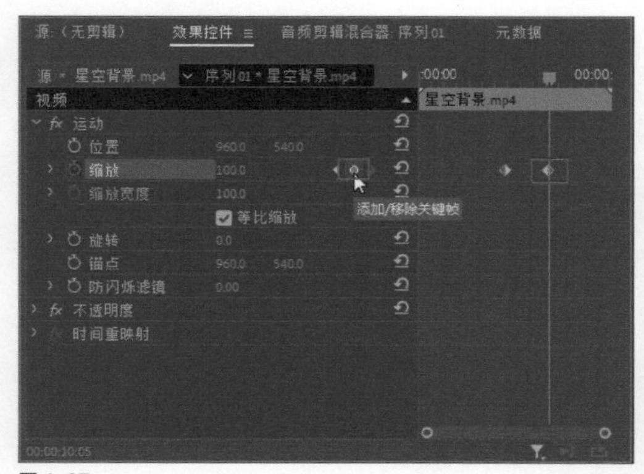

图4-37

◆ 2. 移动关键帧

为素材添加关键帧后，如果需要将关键帧移动到其他位置，选中要移动的关键帧，并将其拖曳至合适的位置，然后释放鼠标即可，如图4-38所示。

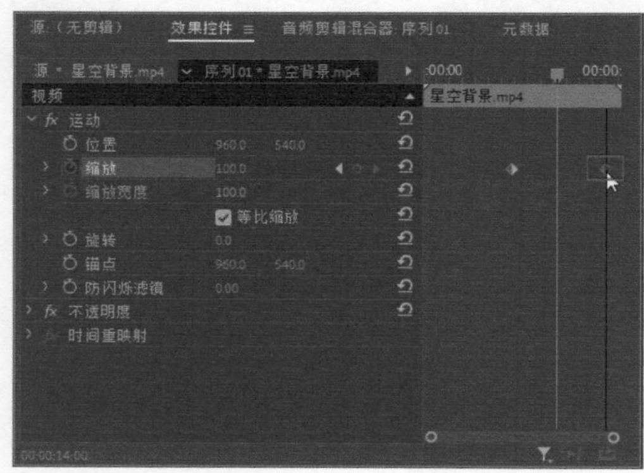

图4-38

> 小提示
>
> 要在“效果控件”面板中选择多个关键帧，可以按住Ctrl或Shift键，依次单击要选择的各个关键帧，或通过按住鼠标左键并拖曳鼠标的方式框选多个关键帧。

◆ 3. 复制关键帧

在设置影片运动效果的过程中，如果某一素材上的关键帧需具有相同的参数，就可以使用关键帧的“复制”和“粘贴”命令。若要将某个关键帧复制到其他位置，在“效果控件”面板中选中要复制的关键帧后单击鼠标右键，在弹出的菜单中选择“复制”命令，然后将时间指示器移到新位置，再次单击鼠标右键，在弹出的菜单中选择“粘贴”命令，即可完成关键帧的复制与粘贴操作，如图4-39和图4-40所示。

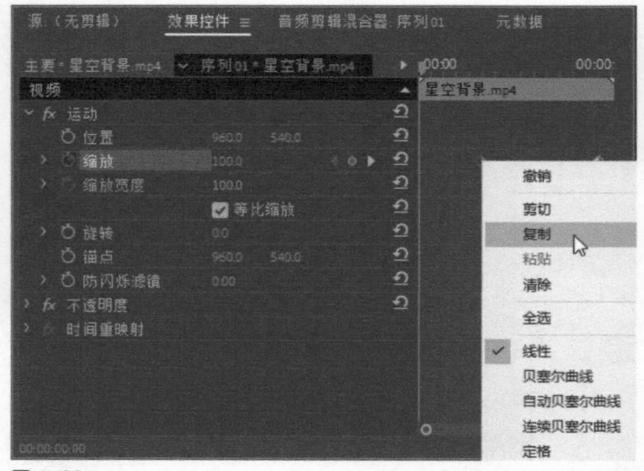

图4-39

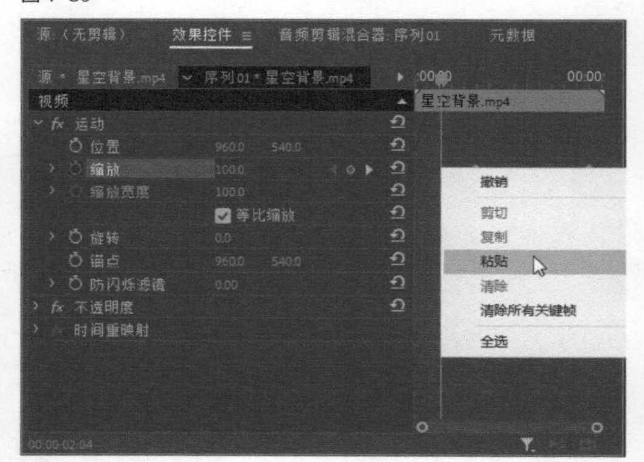

图4-40

◆ 4. 删除关键帧

选中关键帧，按Delete键即可删除关键帧；或者在选中的关键帧上单击鼠标右键，然后在弹出的菜单中选择“清除”命令，将所选关键帧删除。也可以在“效果控件”面板中单击“添加/移除关键帧”按钮删除所选关键帧。

4.1.4 设置关键帧插值

Premiere中的关键帧之间的变化默认为线性变化，如图4-41所示。在关键帧上单击鼠标右键，可以在弹出的关键帧控制菜单中选择变化方式。除了线性变化外，Premiere还提供了贝塞尔曲线、自动贝塞尔曲线、连续贝塞尔曲线、定格、缓入和缓出等多种变化方式，如图4-42所示。

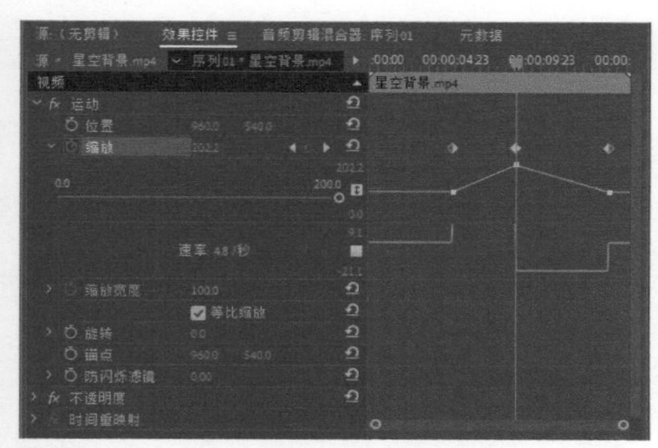

图4-41

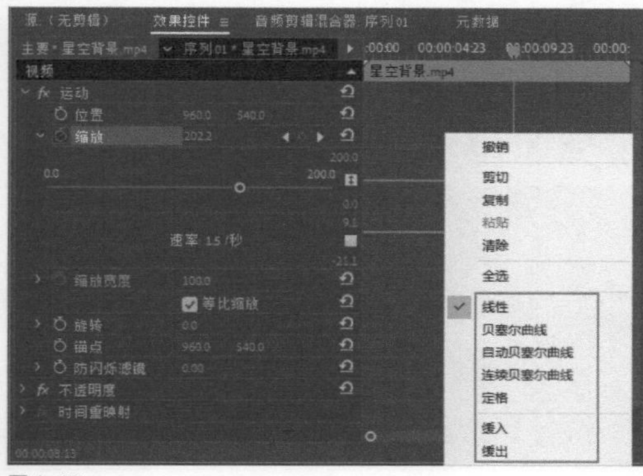

图4-42

- **线性**：在两个关键帧之间实现恒定速度的变化。
- **贝塞尔曲线**：可用于手动调整关键帧图像的形状，从而创建平滑的变化。
- **自动贝塞尔曲线**：自动创建速度平稳的变化。
- **连续贝塞尔曲线**：可用于手动调整关键帧图像的形状，从而创建平滑的变化。
- **定格**：不会逐渐改变属性值，会使效果快速产生变化。
- **缓入**：可以创建开始较慢，然后慢慢加速的加速变化。
- **缓出**：可以创建开始较快，然后慢慢减速的减速变化。

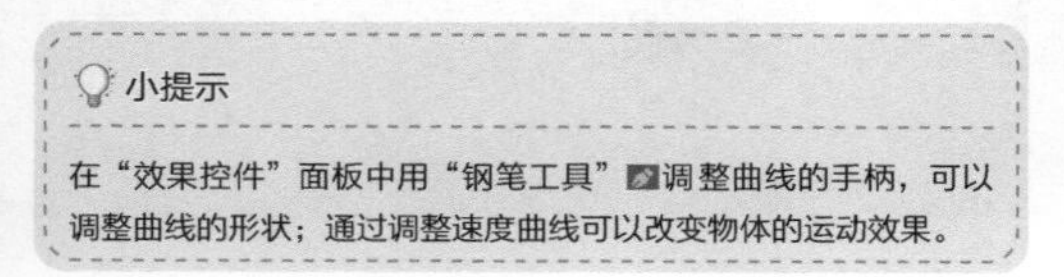
小提示

在“效果控件”面板中用“钢笔工具”调整曲线的手柄，可以调整曲线的形状；通过调整速度曲线可以改变物体的运动效果。

4.2 视频运动参数详解

在“效果控件”面板中单击“运动”选项组旁边的展开按钮，展开“运动”选项组，其中包含了“位置”“缩放”“缩放宽度”“旋转”“锚点”“防闪烁滤镜”等选项。单击各选项前的展开按钮，展开该选项的具体参数，即可进行相关参数的设置。

4.2.1 课堂案例：火焰足球

实例位置	实例文件 >CH04> 火焰足球 .prproj
素材位置	素材文件 >CH04> 火焰足球
视频名称	火焰足球 .mp4
技术掌握	动画效果的添加与设置

本例将在“效果控件”面板的“运动”选项组中设置素材的“位置”“旋转”“缩放”参数，配合关键帧的应用，制作素材对象由近到远的运动效果，如图4-43所示。

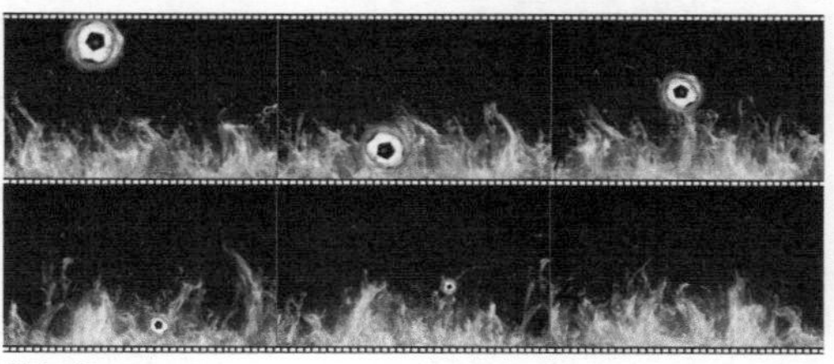
图4-43

01 选择“文件 > 新建 > 项目”命令，打开“新建项目”对话框，输入项目名称，新建一个项目，如图 4-44 所示。

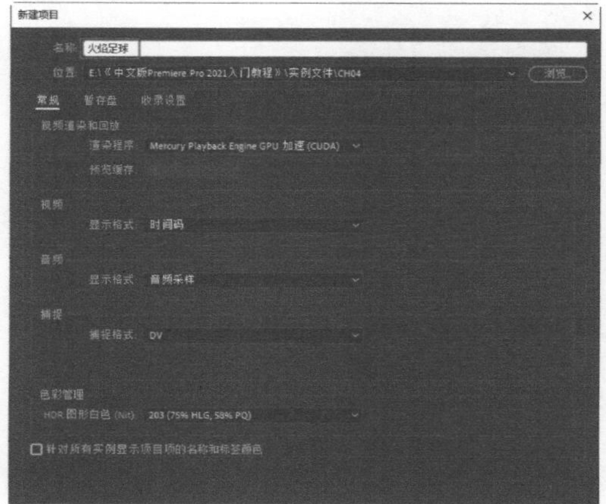

图4-44

02 选择“文件>导入”命令，打开“导入”对话框，如图4-45所示。选择并导入所需素材，如图4-46所示。

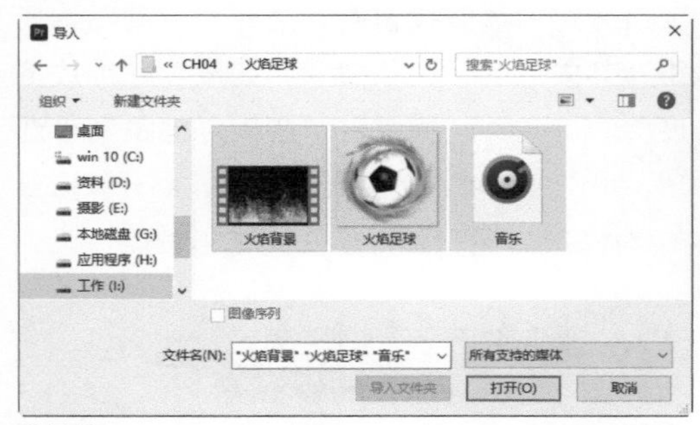

图4-45

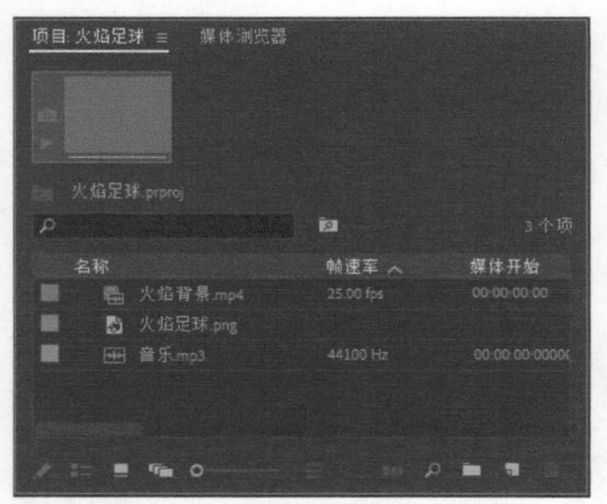

图4-46

03 选择“文件>新建>序列”命令，打开“新建序列”对话框，选择“标准32kHz”预设，新建一个序列，如图4-47所示。

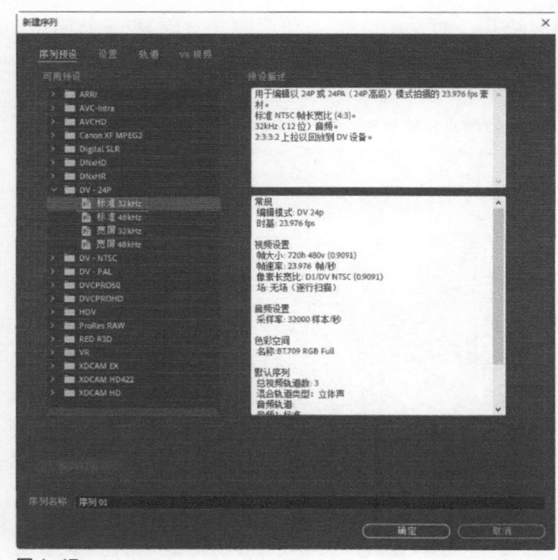

图4-47

04 将“项目”面板中的“火焰背景.mp4”素材添加到“时间轴”面板的V1轨道中，如图4-48所示。

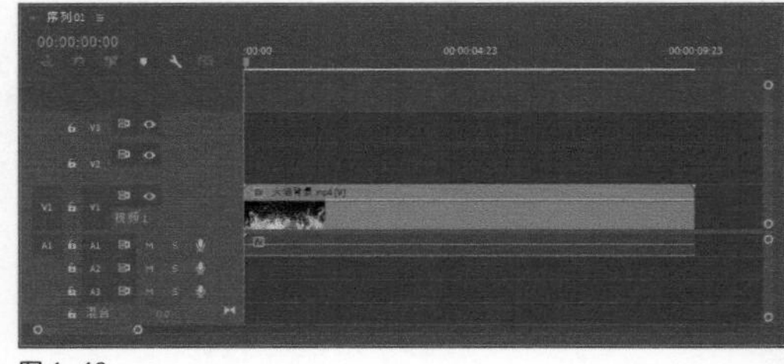

图4-48

05 在“时间轴”面板中选中“火焰背景.mp4”素材，单击鼠标右键，然后在弹出的菜单中选择“取消链接”命令，如图4-49所示。

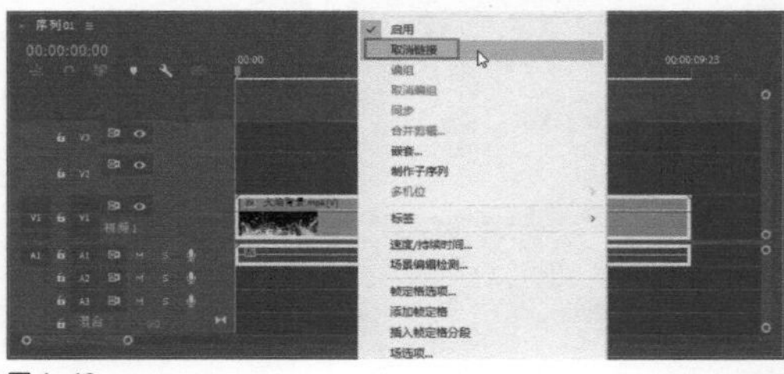

图4-49

06 在“时间轴”面板选择A1轨道中的音频素材，按Delete键将其删除，如图4-50所示。

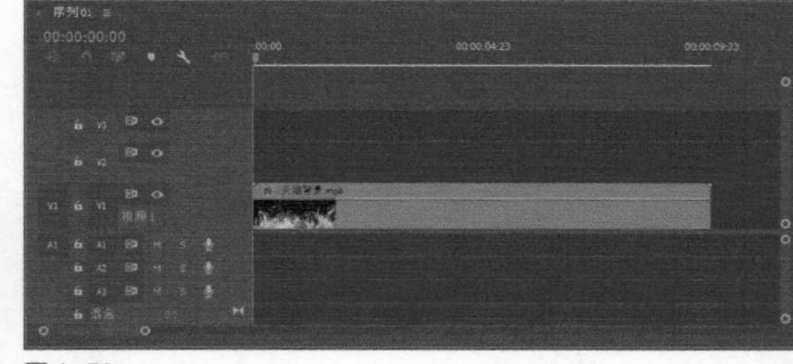

图4-50

07 将“项目”面板中的“火焰足球.png”素材拖曳到“时间轴”面板的V2轨道中，如图4-51所示。

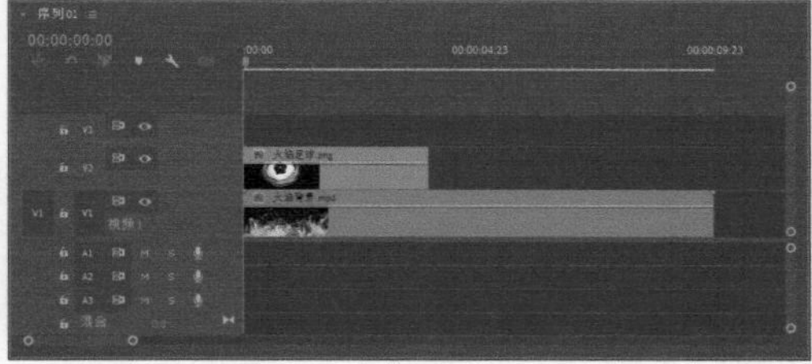

图4-51

08 在“时间轴”面板中选择所有素材，然后选择“剪辑 > 速度 / 持续时间”命令，在打开的“剪辑速度/持续时间”对话框中设置所有素材的“持续时间”为 5 秒，如图 4-52 所示。修改后如图 4-53 所示。

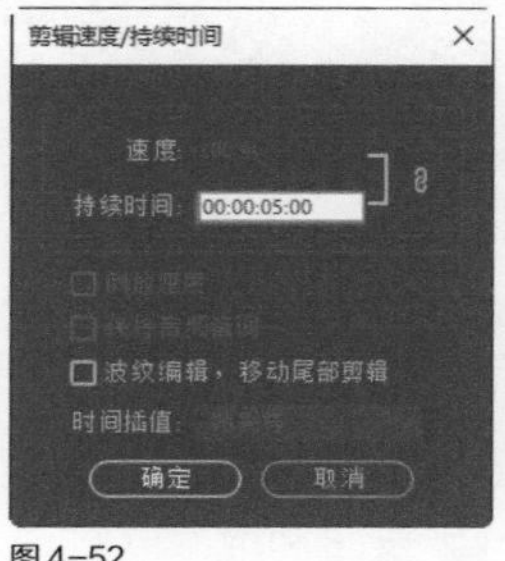

图 4-52

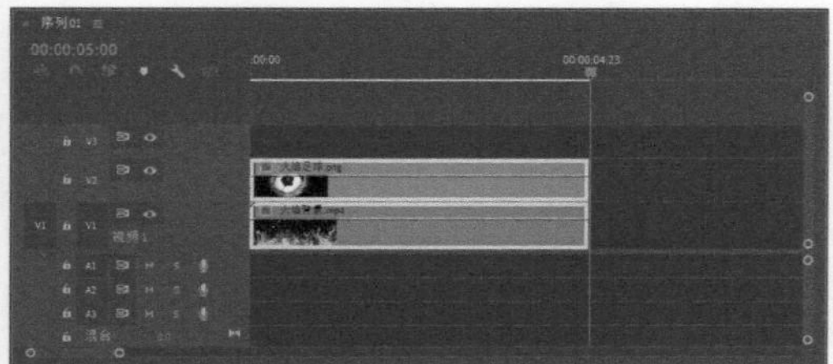
图 4-53

09 选择 V2 轨道中的“火焰足球 .png”素材，然后在“效果控件”面板中展开“运动”选项组，如图 4-54 所示。

图 4-54

10 将时间指示器移动到第 0 秒，单击“位置”选项前面的“切换动画”按钮开启位移动画功能，同时将在此时间位置自动为素材添加一个关键帧，然后设置该关键帧的位置坐标为（600，-300），如图 4-55 所示。

图 4-55

11 将时间指示器移动到第 0 秒 12 帧，单击“位置”选项后面的“添加 / 移除关键帧”按钮，在此时间位置为素材添加一个关键帧，然后设置坐标值为（800，1000），如图 4-56 所示。

图 4-56

12 将时间指示器移动到第 1 秒，单击“位置”选项后面的“添加 / 移除关键帧”按钮，在此时间位置为素材添加一个关键帧，然后设置坐标值为（960，300），如图 4-57 所示。

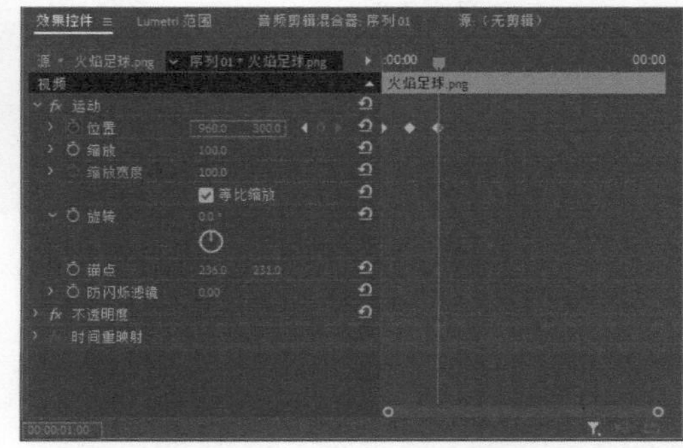
图 4-57

13 将时间指示器移动到第 1 秒 12 帧，单击“位置”选项后面的“添加 / 移除关键帧”按钮，在此时间位置为素材添加一个关键帧，然后设置坐标值为（1100，1000），如图 4-58 所示。

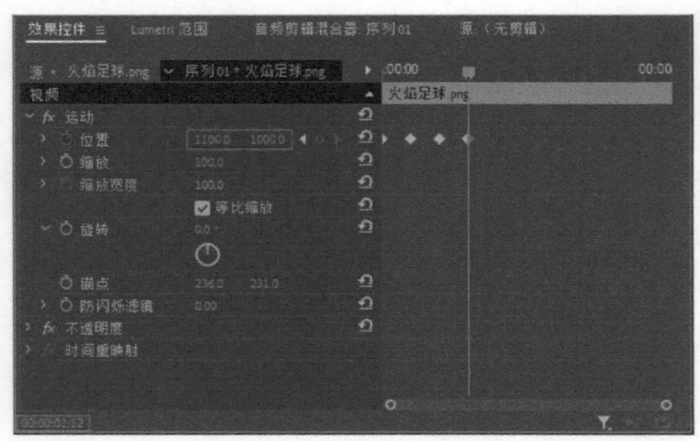

图4-58

14 将时间指示器移动到第2秒，单击“位置”选项后面的“添加/移除关键帧”按钮，在此时间位置为素材添加一个关键帧，然后设置坐标值为(1200,600)，如图4-59所示。

图4-59

15 将时间指示器移动到第2秒12帧，单击“位置”选项后面的“添加/移除关键帧”按钮，在此时间位置为素材添加一个关键帧，然后设置坐标值为(1280,1000)，如图4-60所示。

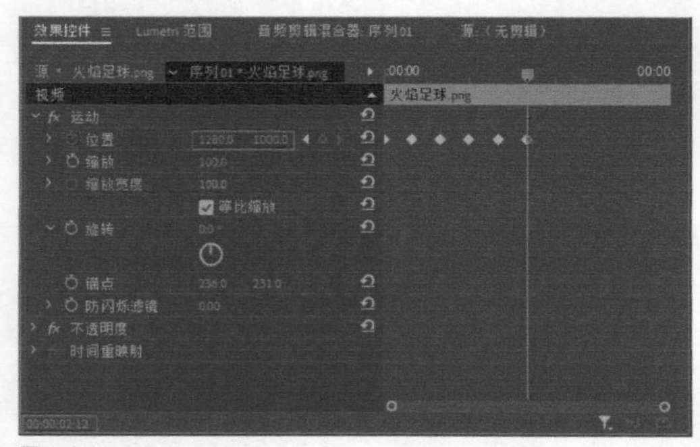

图4-60

16 在“节目”监视器面板中单击“播放-停止切换”按钮，对影片进行预览，效果如图4-61所示。

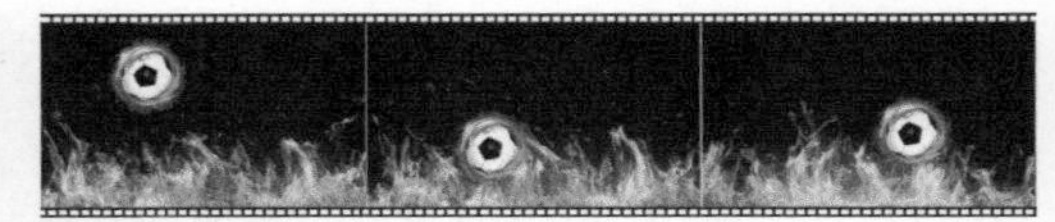

图4-61

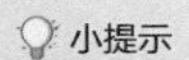 小提示

从影片效果中可以看到足球从空中落下的瞬间，没有缓冲的过程，很不自然，这时可以设置关键帧的插值类型，调整足球运动的状态。

17 按住Shift键的同时，依次单击第0秒、第1秒和第2秒的关键帧，如图4-62所示。然后在选中的任意关键帧上单击鼠标右键，在弹出的菜单中选择“临时插值>缓入”命令，如图4-63所示。

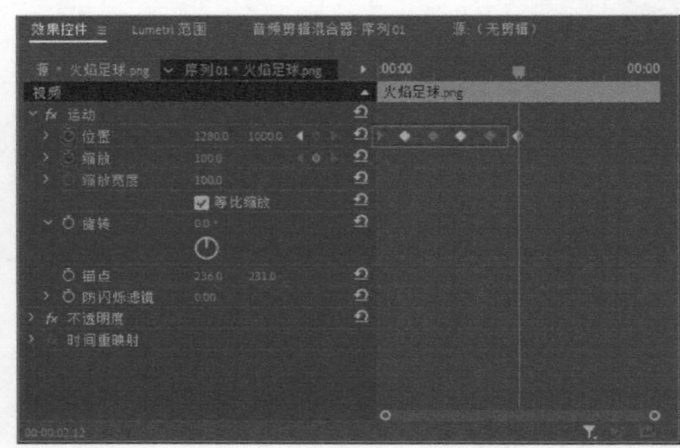

图4-62

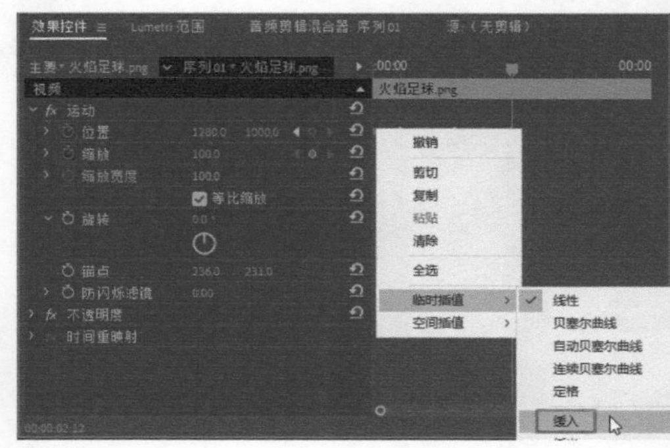

图4-63

18 在“节目”监视器面板中单击“播放-停止切换”按钮，可以预览给素材修改“位置”参数后的运动效果，如图4-64所示。

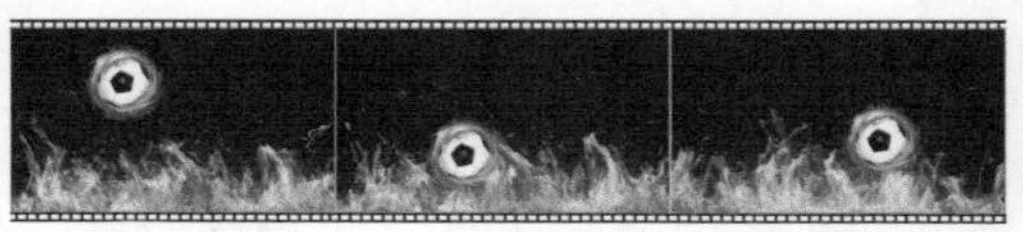

图4-64

19 将时间指示器移动到第0秒，单击“缩放”

选项前面的“切换动画”按钮开启缩放动画功能，在此时间位置为素材添加一个关键帧，如图 4-65 所示。

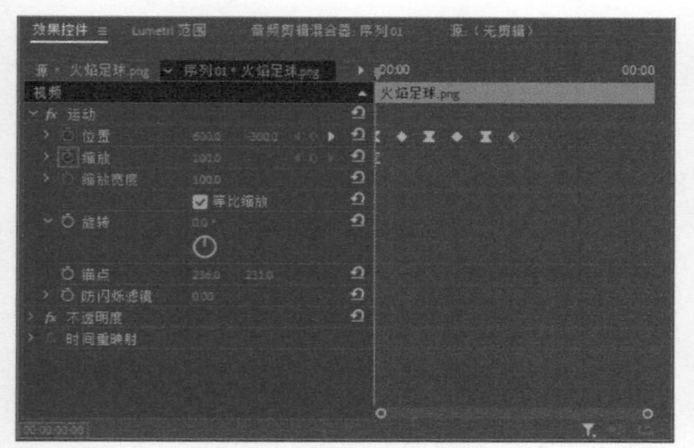

图 4-65

20 将时间指示器移动到第 2 秒 12 帧，单击“缩放”选项后面的“添加 / 移除关键帧”按钮，为该选项添加一个关键帧，然后设置当前关键帧“缩放”的值为 0，如图 4-66 所示。

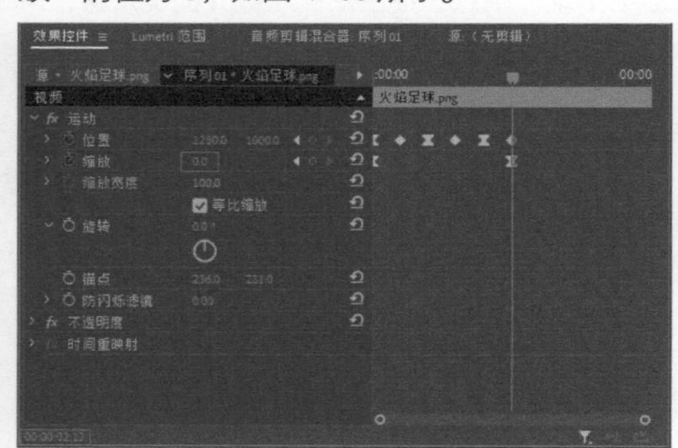

图 4-66

21 在“节目”监视器面板中单击“播放 - 停止切换”按钮，可以预览给素材修改“缩放”参数后的运动效果，如图 4-67 所示。

图 4-67

22 将时间指示器移动到第 0 秒，单击“旋转”选项前面的“切换动画”按钮开启旋转动画功能，在此时间位置为素材添加一个关键帧，如图 4-68 所示。

23 将时间指示器移动到第 2 秒 12 帧，单击“旋转”选项后面的“添加 / 移除关键帧”按钮，为该选项添加一个关键帧，然后设置旋转值为 3×0.0°（旋转 3 圈），如图 4-69 所示。

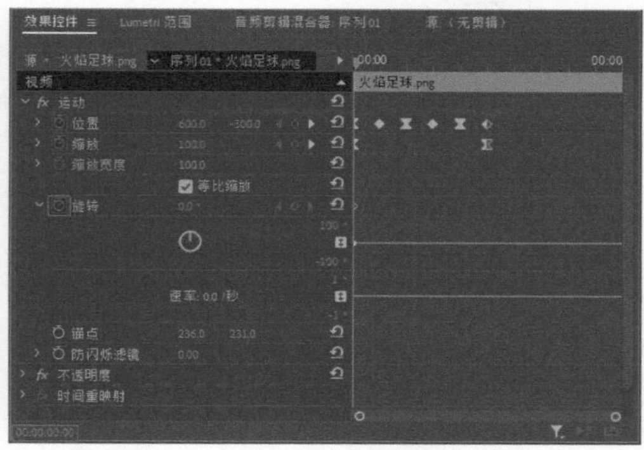

图 4-68

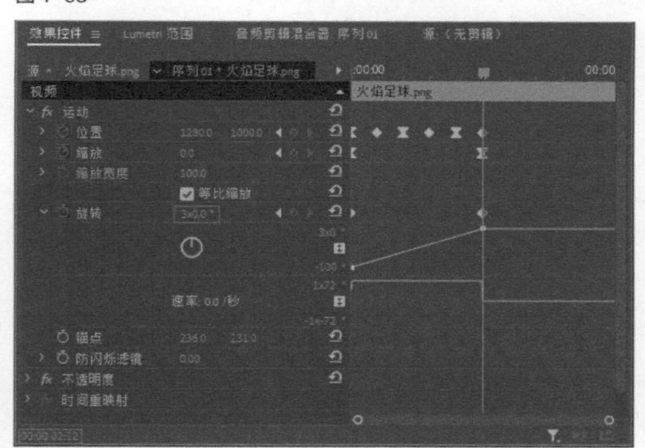

图 4-69

24 在“节目”监视器面板中单击“播放 - 停止切换”按钮，可以预览给素材修改“旋转”参数后的运动效果，如图 4-70 所示。

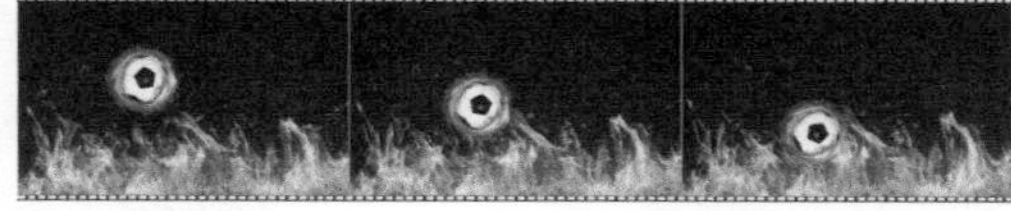

图 4-70

25 将“项目”面板中的“音乐 .mp3”素材添加到“时间轴”面板的 A1 轨道中，如图 4-71 所示。

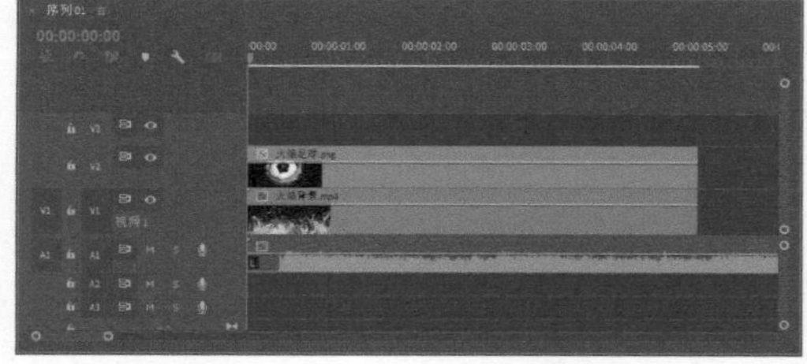

图 4-71

㉖ 将时间指示器移动到第 5 秒，然后使用“剃刀工具”在当前位置对音频素材进行切割，如图 4-72 所示。

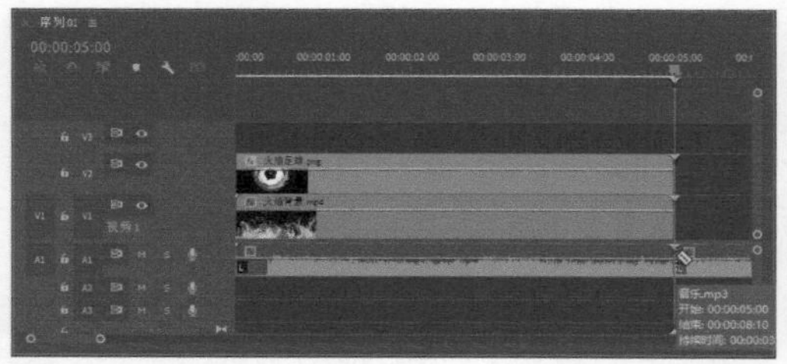

图 4-72

㉗ 选择被切割音频素材的后半部分，然后按 Delete 键将其删除，如图 4-73 所示。

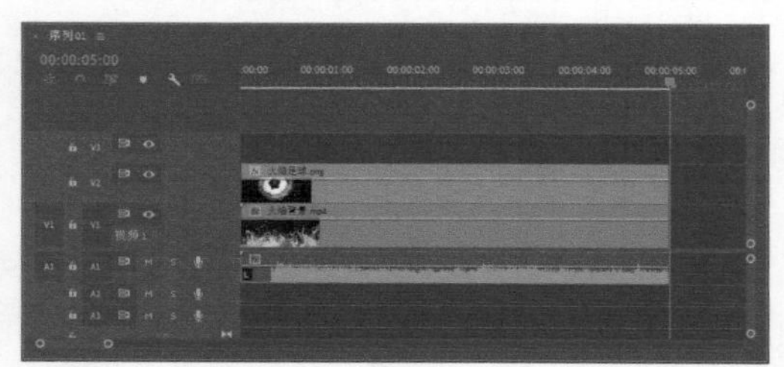

图 4-73

㉘ 在“节目”监视器面板中单击“播放 - 停止切换”按钮，预览影片效果，如图 4-74 所示。

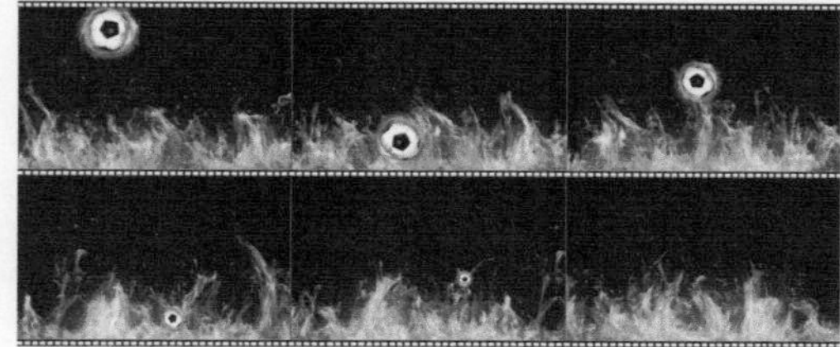

图 4-74

4.2.2 位置

“位置”参数用于设置素材相对于整个屏幕所在的坐标，如图4-75所示。假设项目的视频帧大小为720像素×576像素，坐标参数为（360，288），那么编辑的视频中心正好对齐“节目”监视器面板的画面中心。在Premiere坐标系中，左上角是坐标原点，坐标是（0，0），横轴和纵轴的正方向分别为向右和向下；右下角是离坐标原点最远的位置，坐标为（720，576）。所以，增加横轴和纵轴坐标值时，素材会对应向右和向下运动。

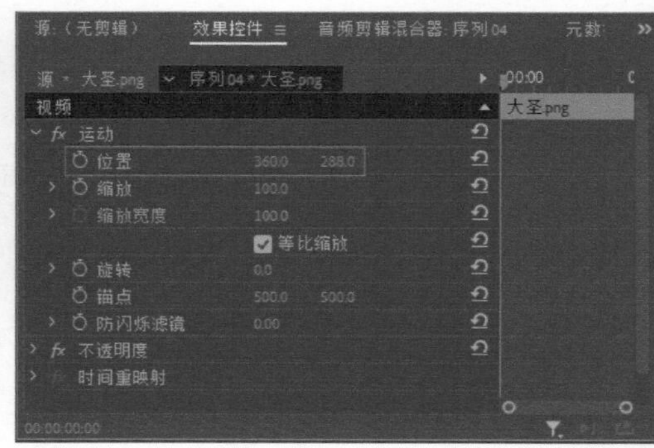

图 4-75

单击“效果控件”面板中“运动”选项组的“位置”选项，使其底色变为灰色，如图4-76所示。此时“节目”监视器面板中相应的素材周围就会出现控制点，按住鼠标左键并拖曳素材，可以灵活调整素材的位置，如图4-77所示。

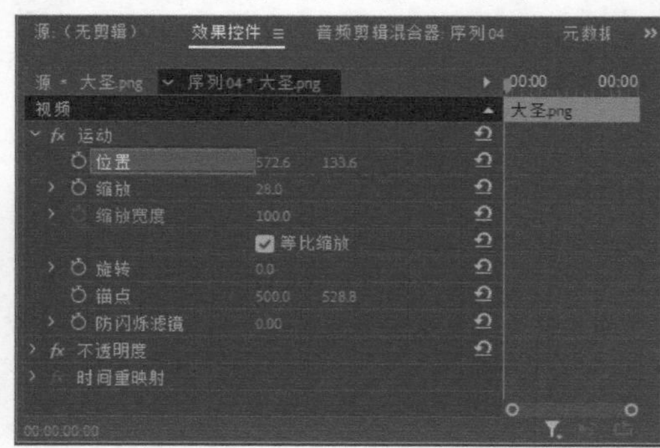

图 4-76

图 4-77

4.2.3 缩放

“缩放”参数用于设置素材的尺寸百分比，如图4-78所示。当其下方的“等比缩放”复选框未被勾选时，“缩放”用于调整素材的高度，同时其下方的“缩放宽度”选项呈可用状态，此时可以只改变素材的高度或宽度。当“等比缩放”复选框被勾选时，素材只能按照比例进行缩放。

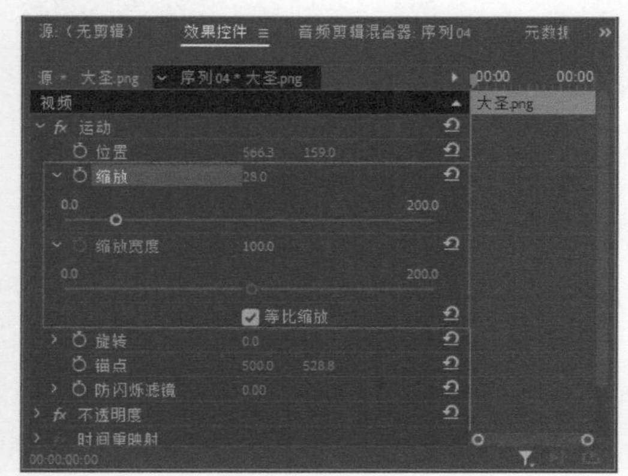

图4-78

4.2.4 旋转

“旋转”参数用于调整素材的旋转角度。当旋转角度小于360° 时，参数设置只有一个，如图4-79所示。当旋转角度超过360° 时，属性变为两个参数，第一个参数用于指定旋转的周数，第二个参数用于指定旋转的角度，如图4-80所示。

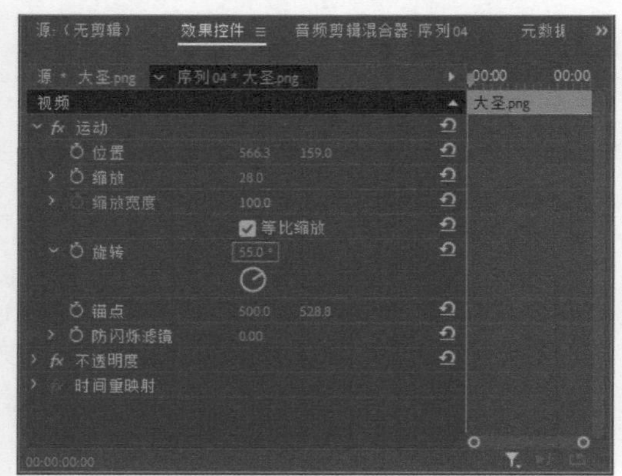

图4-79

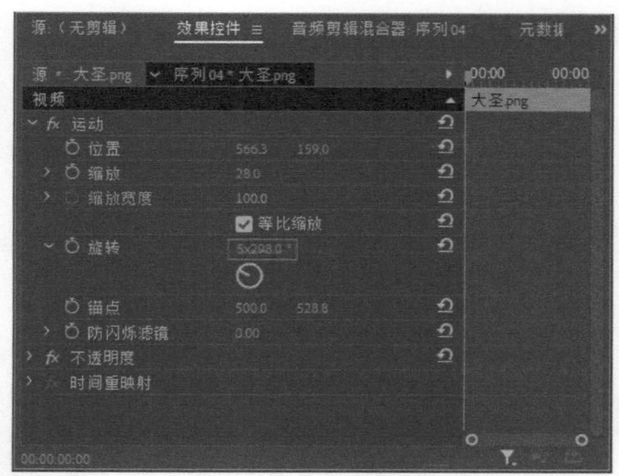

图4-80

4.2.5 锚点

在默认状态下，“锚点”（定位点）在素材的中心点位置，在创建旋转效果时，锚点便是旋转的中心点，调整“锚点”参数可以改变锚点的位置，如图4-81和图4-82所示。

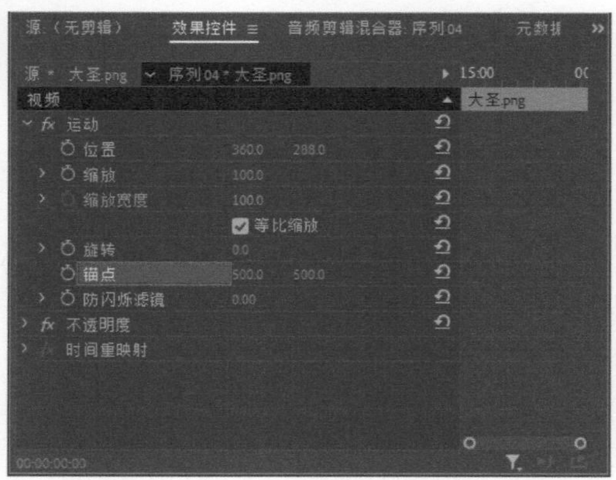

图4-81

图4-82

4.2.6 防闪烁滤镜

将“防闪烁滤镜”参数设置为不同值，可以更改防闪烁滤镜在剪辑持续时间内变化的强度。单击“防闪烁滤镜”选项旁边的展开按钮■，展开该选项，向右拖曳“防闪烁滤镜”滑块，可以增加滤镜的强度，如图4-83所示。

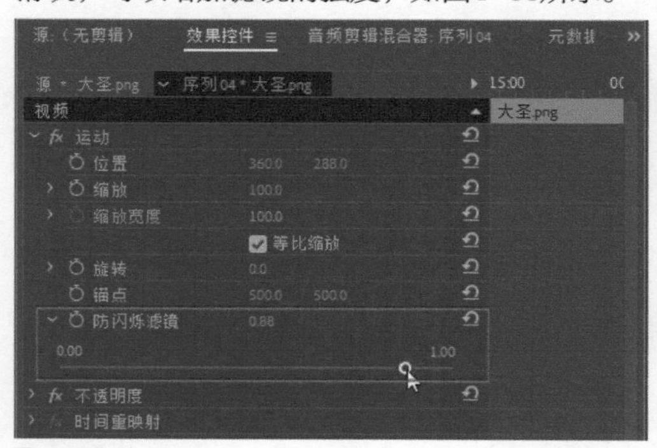

图4-83

4.3 课后习题

通过对本章的学习，相信大家对运动效果的使用有了深入的了解，并可以制作各种运动效果。

课后习题：励志片头

实例位置	实例文件 >CH04> 励志片头 .prproj
素材位置	素材文件 >CH04> 励志片头
视频名称	励志片头 .mp4
技术掌握	动画效果的添加与设置方法

本例将通过制作“励志片头”影片，巩固动画效果的添加与设置方法，最终效果如图4-84所示。

图4-84

01 新建一个名为“励志片头”的项目，然后导入所需的素材，如图 4-85 所示。

02 新建一个序列，将“项目”面板中的图像素材分别添加到“时间轴”面板中的 V1 和 V2 轨道中，如图 4-86 所示。

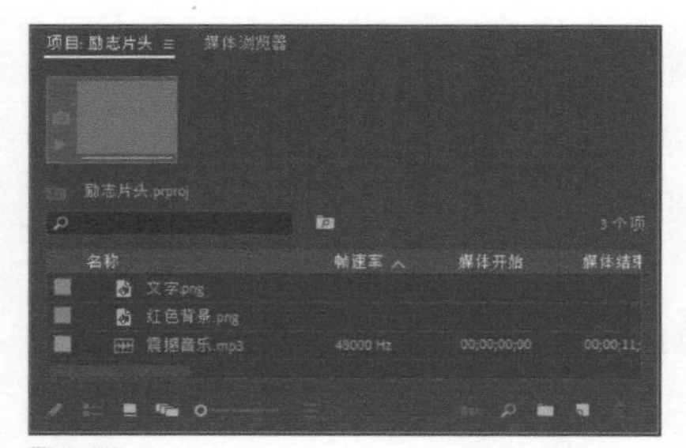

图4-85

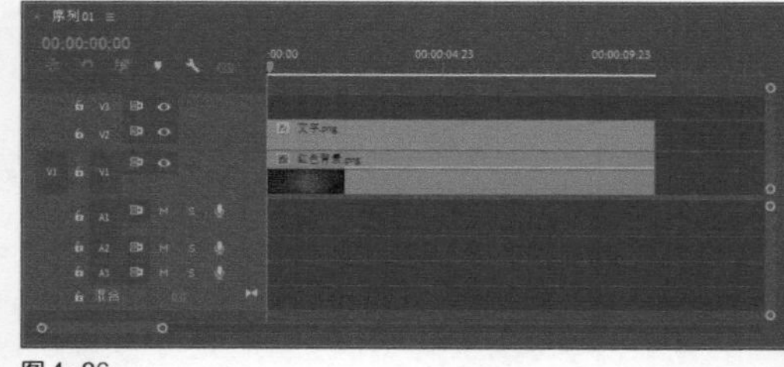

图4-86

03 选择“时间轴”面板中的两个素材，然后选择“剪辑 > 速度 / 持续时间”命令，在打开的“剪辑速度 / 持续时间”对话框中设置素材的“持续时间”为 11 秒，如图 4-87 所示。

04 打开“效果”面板，选择“视频效果 > 颜色校正 > 亮度与对比度”效果，如图 4-88 所示，将该效果拖曳到 V2 轨道中的“文字 .png”素材上。

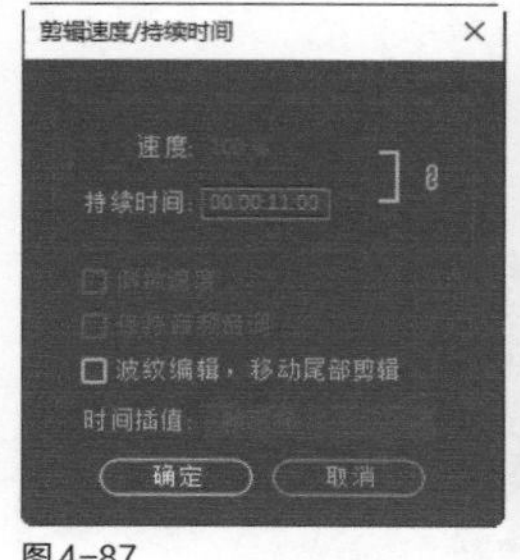

图4-87

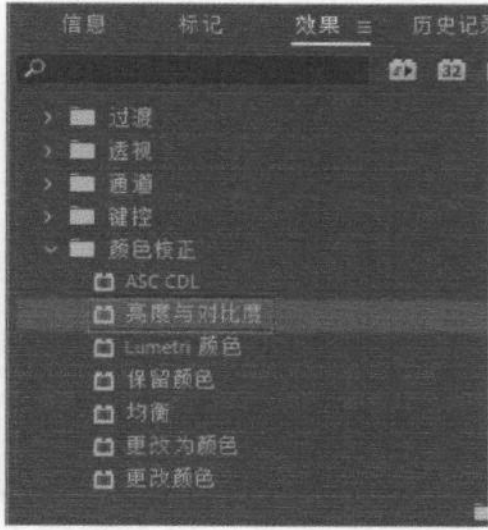

图4-88

05 选择 V2 轨道中的“文字 .png”素材，打开“效果控件”面板，展开“亮度与对比度”选项组，设置“亮度”值为 -30，“对比度”值为 10，如图 4-89 所示。调整后的效果如图 4-90 所示。

06 选择 V2 轨道中的“文字 .png”素材，切换到“效果控件”面板中，在第 0 秒为“缩放”和“不透明度”选项各添加一个关键帧，设置“缩放”的值为 1000，“不透明度”的值为 0%，如图 4-91 所示。

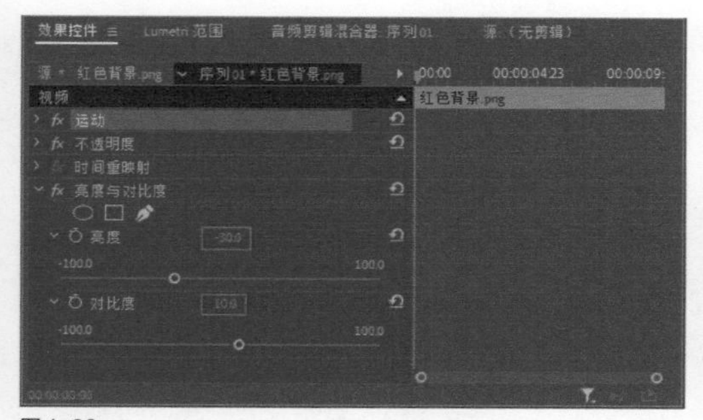

图4-89

图4-90

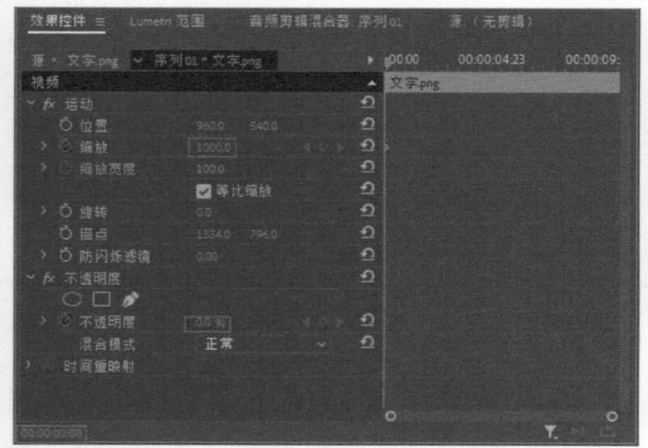

图4-91

07 将时间指示器移动到第 1 秒，为“不透明度”选项添加一个关键帧，设置关键帧“不透明度”的值为 100%，如图 4-92 所示。

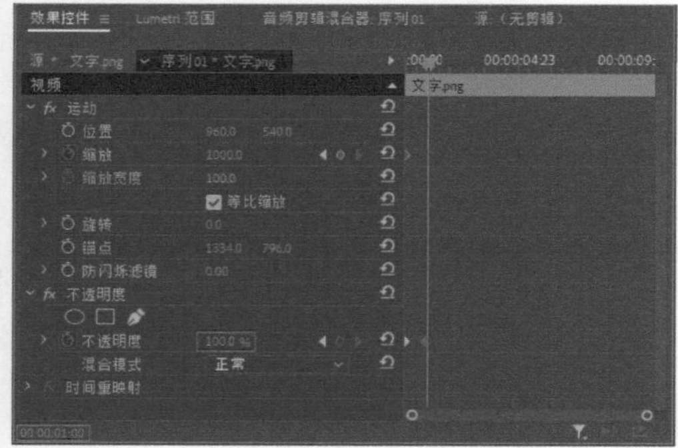

图4-92

08 将时间指示器移动到第 2 秒，为“缩放”选项添加一个关键帧，设置关键帧“缩放”的值为 50，如图 4-93 所示。

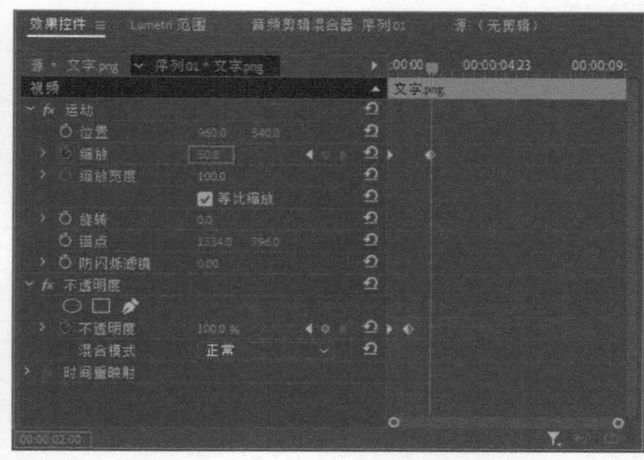

图4-93

09 将“项目”面板中的“震撼音乐 .mp3”素材添加到“时间轴”面板的 A1 轨道中，如图 4-94 所示。

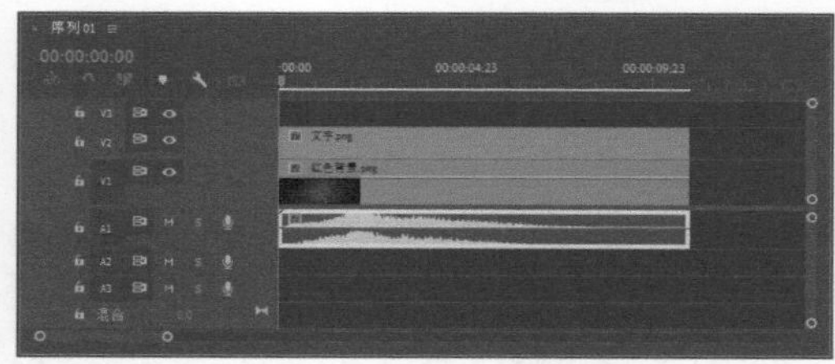

图4-94

10 在“节目”监视器面板中单击“播放 - 停止切换”按钮，预览影片效果，如图 4-95 所示。

图4-95

课后习题：太空超人

实例位置	实例文件 >CH04> 太空超人 .prproj
素材位置	素材文件 >CH04> 太空超人
视频名称	太空超人 .mp4
技术掌握	动画效果的添加与设置方法

本例将通过制作“太空超人”影片，巩固动画效果的添加与设置方法，效果如图 4-96 所示。

图 4-96

01 新建一个项目，在“项目”面板中导入素材，如图 4-97 所示。

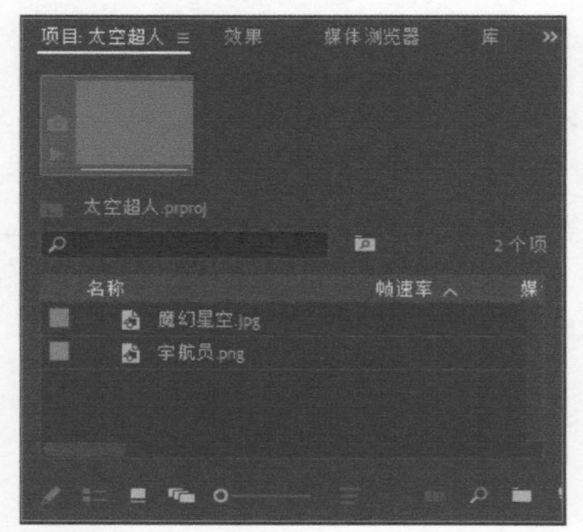

图 4-97

02 新建一个序列，将“项目”面板中的素材分别添加到“时间轴”面板中的 V1 和 V2 轨道中，如图 4-98 所示。

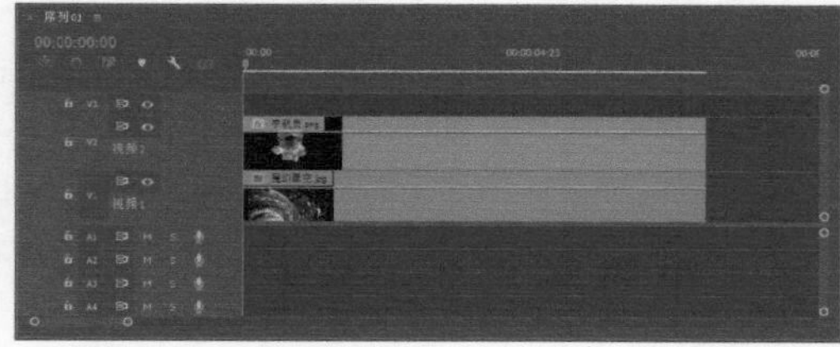

图 4-98

03 选择“时间轴”面板中的两个素材，然后选择“剪辑 > 速度 / 持续时间”命令，在打开的“剪辑速度 / 持续时间”对话框中设置素材的“持续时间”为 8 秒，如图 4-99 所示。

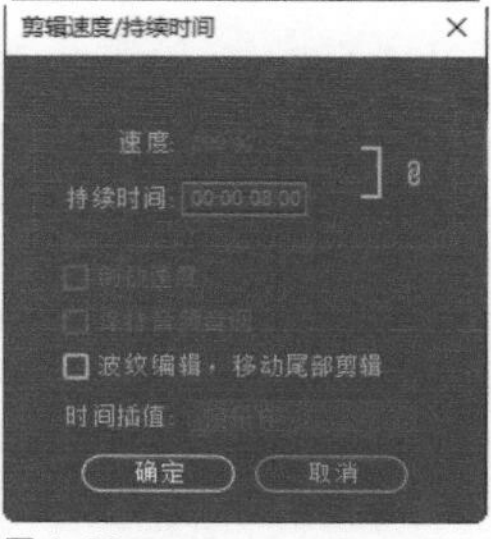

图 4-99

04 选择 V2 轨道中的“宇航员 .png”素材，切换到“效果控件”面板中，在第 0 秒时为“缩放”选项添加一个关键帧，并设置关键帧“缩放”的值为 0，如图 4-100 所示。

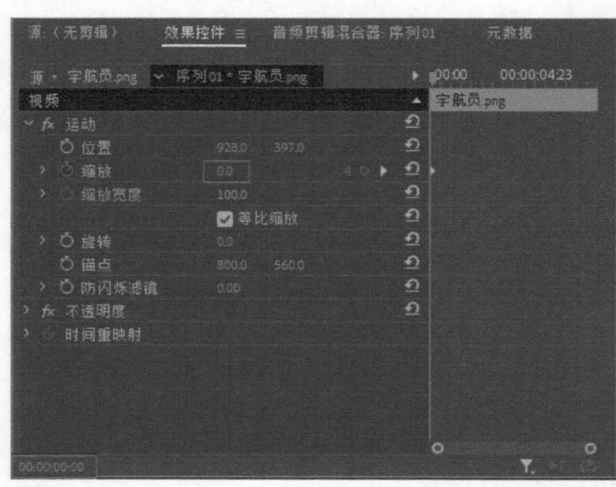

图 4-100

05 将时间指示器移动到第 8 秒，为“缩放”选项添加一个关键帧，然后设置关键帧“缩放”的值为 100，如图 4-101 所示。

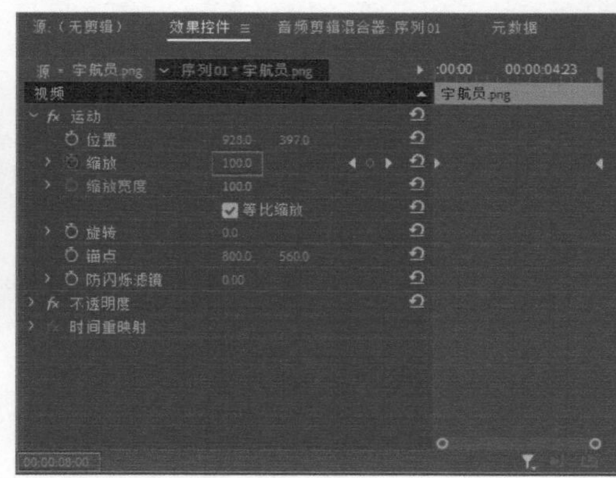

图 4-101

06 在“节目”监视器面板中单击“播放 - 停止切换”按钮▶，预览影片效果，如图 4-102 所示。

图 4-102

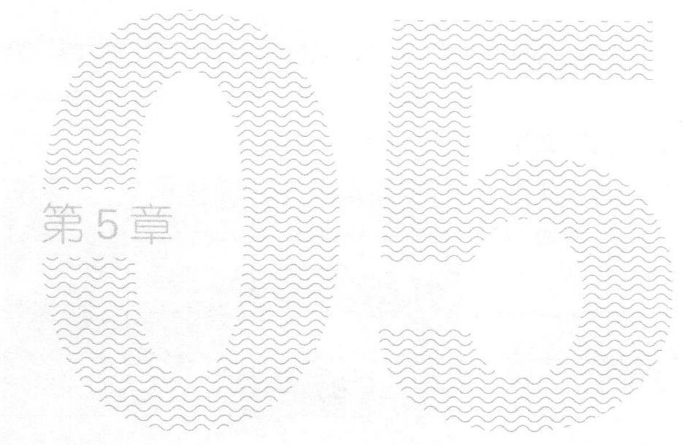

第5章

添加视频过渡

本章导读

视频过渡也称作视频切换或视频转场，是指编辑电视节目或影视媒体时，在不同的镜头间加入的过渡效果。添加视频过渡效果在影视媒体创作中是比较常见的技术手段。本章将介绍应用 Premiere 创建视频过渡的相关知识和应用。

本章主要内容

应用视频过渡效果

Premiere 视频过渡效果详解

Premiere

5.1 应用视频过渡效果

应用Premiere的视频过渡效果可以将视频作品中的一个场景过渡到另一个场景，从而完成场景之间的切换。

5.1.1 课堂案例：古诗诵读

实例位置	实例文件 >CH05> 古诗诵读 .prproj
素材位置	素材文件 >CH05> 古诗诵读
视频名称	古诗诵读 .mp4
技术掌握	视频过渡效果的添加与设置

本例将使用“插入”过渡效果制作文字逐个显示的效果，在制作过程中，还要注意设置过渡效果的时间和方向，最终效果如图5-1所示。

图5-1

01 启动 Premiere Pro 2021，新建一个名为“古诗诵读”的项目，如图 5-2 所示。

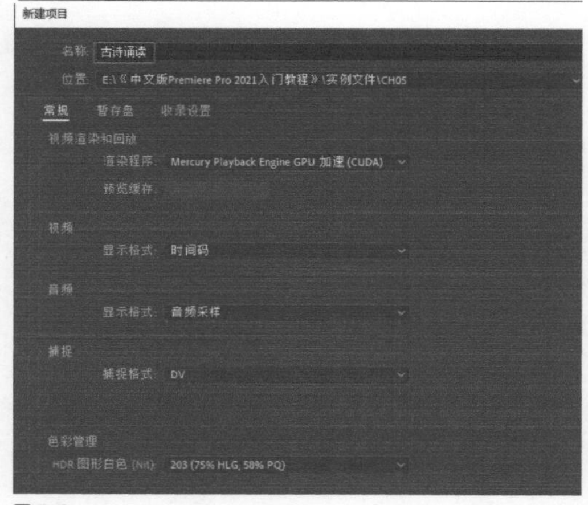

图 5-2

02 选择“文件 > 导入”命令，将“水墨山水 .mp4”和“古诗 .psd”素材导入“项目”面板中，“古诗 .psd”素材将自动存放在相应的素材箱中，如图 5-3 所示。

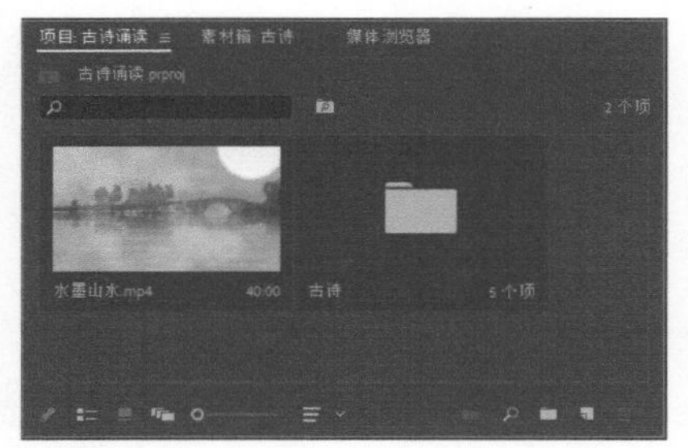

图 5-3

03 双击“项目”面板中的“古诗”素材箱，可以显示“古诗 .psd”素材的各个图层素材，如图 5-4 所示。

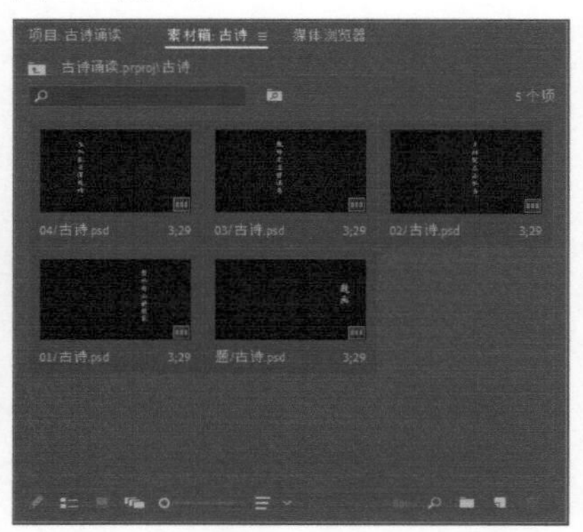

图 5-4

04 选择“文件 > 新建 > 序列”命令，打开“新建序列”对话框，选择“轨道”选项卡，设置视频轨道数量为 6，如图 5-5 所示。

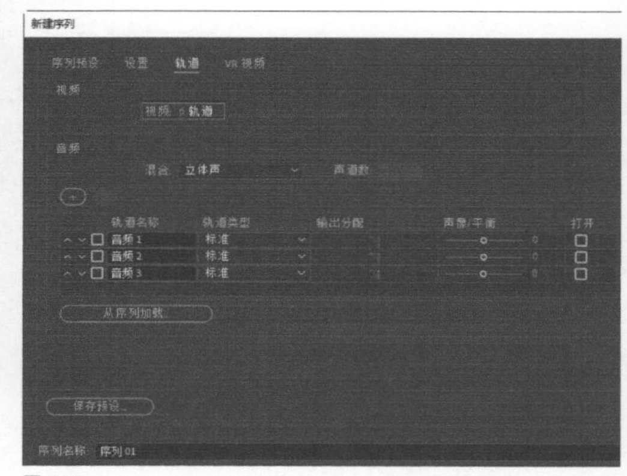

图 5-5

05 把“项目”面板中的“水墨山水 .mp4”素材添加到“时间轴”面板的 V1 轨道中，如图 5-6 所示。

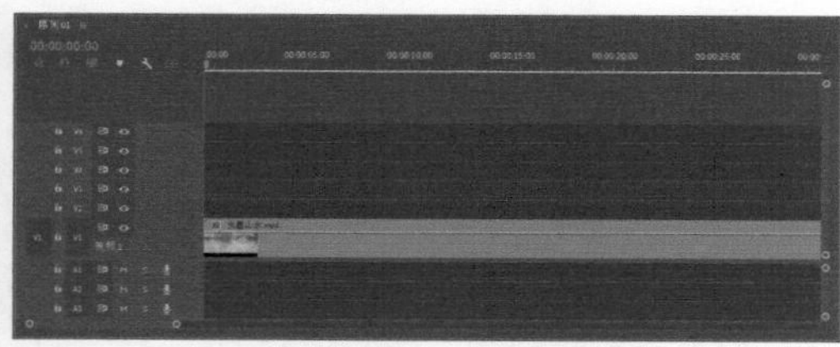

图 5-6

06 选中“时间轴”面板中的“水墨山水.mp4”素材，然后选择“剪辑 > 速度 / 持续时间”命令，在打开的“剪辑速度 / 持续时间”对话框中设置“持续时间”为 16 秒，如图 5-7 所示。

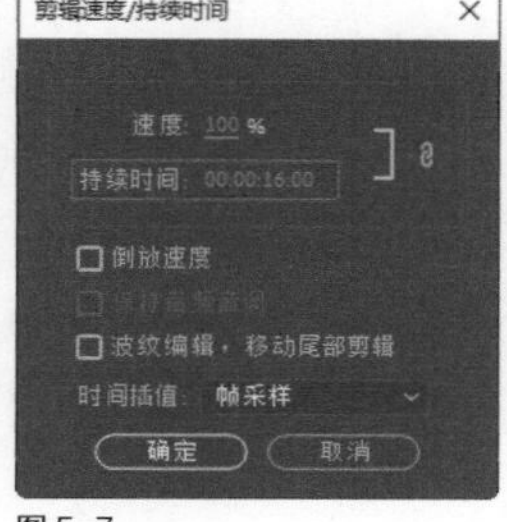

图 5-7

07 双击“项目”面板中的“古诗”素材箱，将“古诗”素材箱中的“题 / 古诗 .psd”素材添加到“时间轴”面板的 V2 轨道中，设置入点为第 1 秒，如图 5-8 所示。

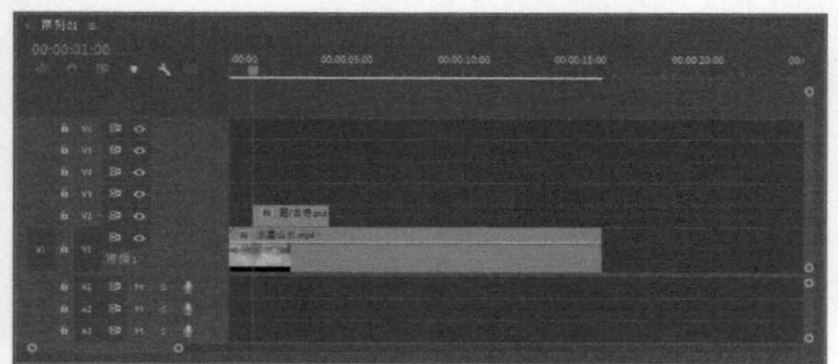

图 5-8

08 在“时间轴”面板中拖曳“题 / 古诗 .psd”素材的出点，与“水墨山水 .mp4”素材的出点对齐，如图 5-9 所示。

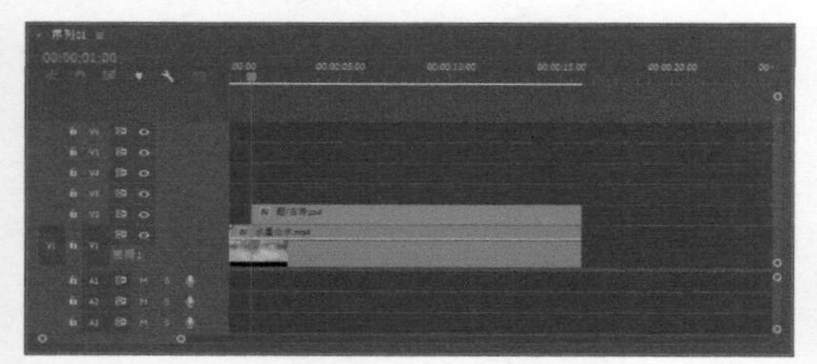

图 5-9

09 打开“效果”面板，选择“视频过渡 > 溶解 > 交叉溶解”过渡效果，如图 5-10 所示。然后将该过渡效果添加到“题 / 古诗 .psd”素材的入点处，如图 5-11 所示。

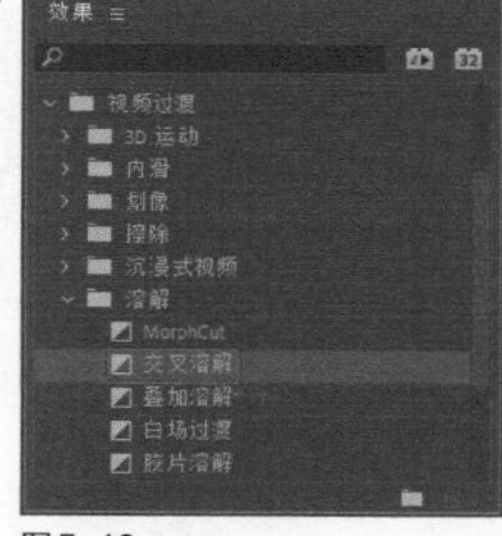

图 5-10

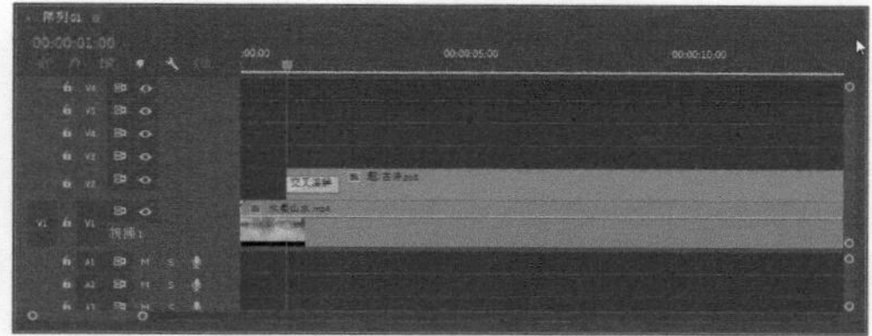

图 5-11

10 在“项目”面板中将“01/ 古诗 .psd”~“04/ 古诗 .psd”素材依次添加到“时间轴”面板的 V3~V6 轨道中，设置入点依次为第 3 秒、第 6 秒、第 9 秒、第 12 秒，拖曳调整出点位置，与“水墨山水 .mp4”素材对齐，如图 5-12 所示。

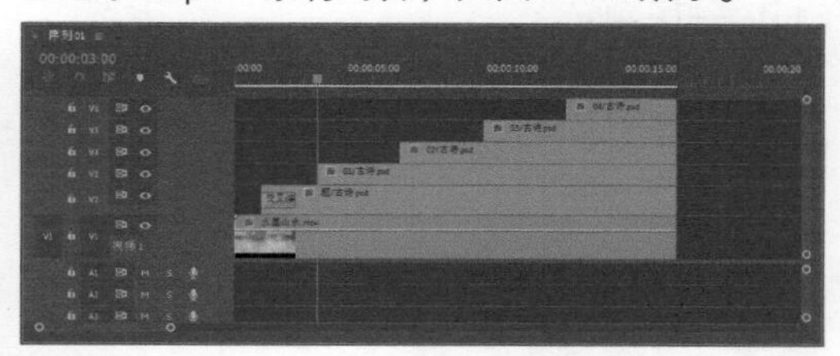

图 5-12

11 在“效果”面板中选择“视频过渡 > 擦除 > 插入”过渡效果，如图 5-13 所示。然后将该过渡效果添加到“01/ 古诗 .psd”~“04/ 古诗 .psd”素材的入点处，如图 5-14 所示。

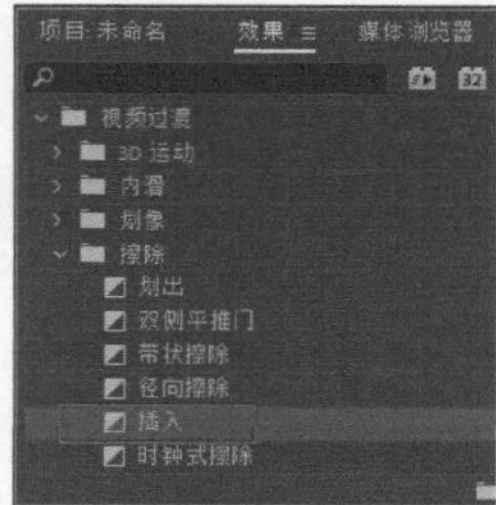

图 5-13

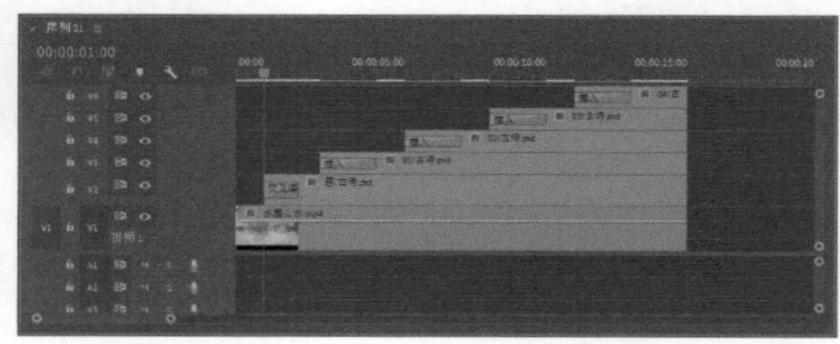

图 5-14

⑫ 在“时间轴”面板中选择V3轨道中的“插入”过渡效果，然后在“效果控件”面板中设置“持续时间”为2秒，设置插入方向为“自东北向西南”，如图5-15所示，再为V4轨道中的“插入”过渡效果设置相同的参数。

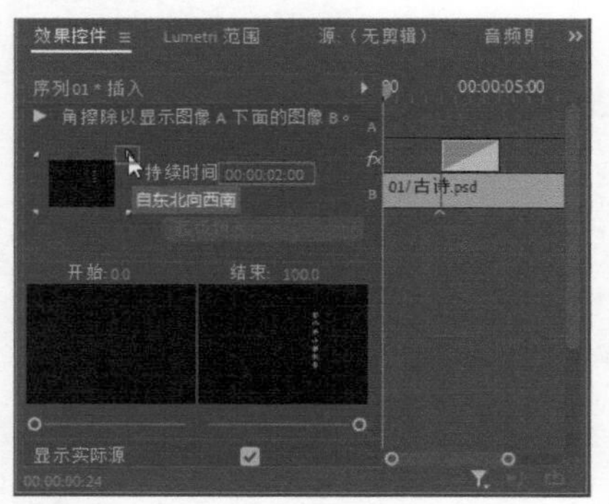

图5-15

⑬ 设置V5和V6轨道中的“插入”过渡效果的“持续时间”为2秒，插入方向为“自西北向东南”，如图5-16所示。

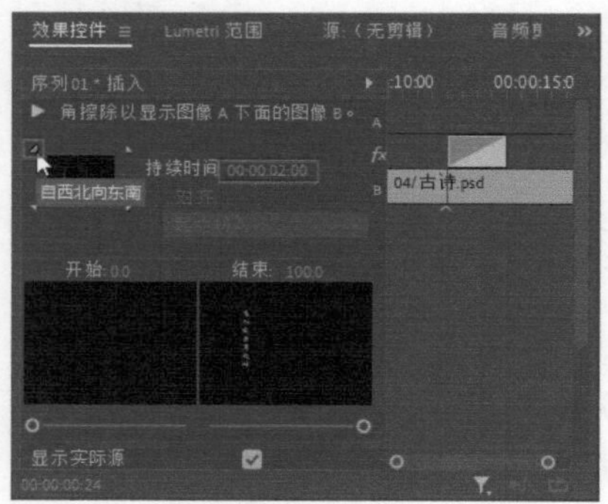

图5-16

⑭ 在“节目”监视器面板中单击“播放-停止切换”按钮▶，对添加过渡效果后的影片进行预览，效果如图5-17所示。

图5-17

5.1.2 过渡效果的管理

Premiere Pro 2021的视频过渡效果存放在“效果”面板的“视频过渡”素材箱中。选择“窗口>效果”命令，打开“效果”面板，“效果”面板将所有视频效果整理归纳在各个素材箱中，如图5-18所示。

在Premiere Pro 2021“效果”面板的“视频过渡”素材箱中存储了多种不同的过渡效果。单击“效果”面板中“视频过渡”素材箱前面的展开按钮▶，可以查看“视频过渡”素材箱的子素材箱，如图5-19所示。单击其中一个过渡素材箱前面的展开按钮▶，可以查看这种过渡效果所包含的效果选项，如图5-20所示。

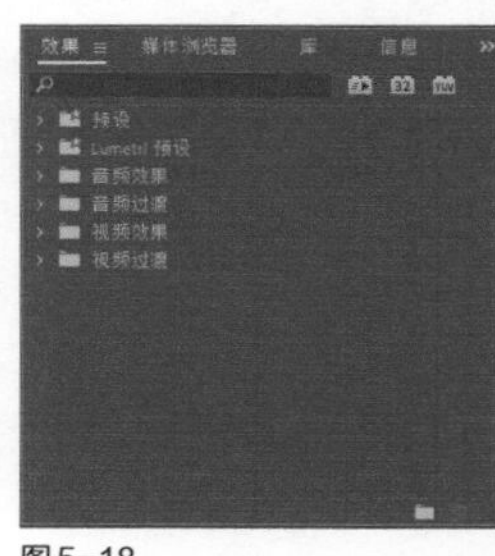

图5-18

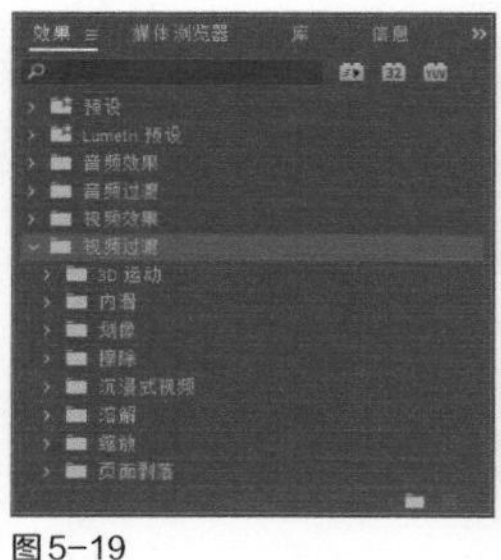

图5-19

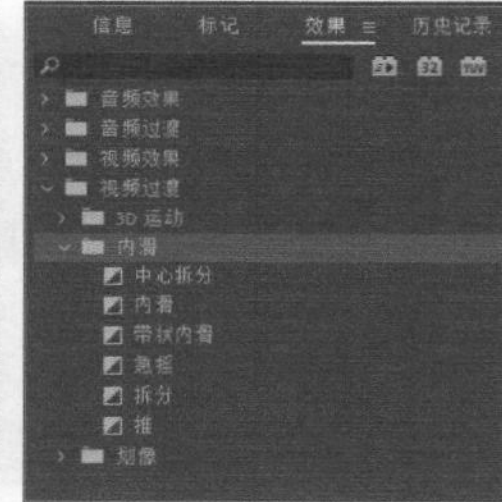

图5-20

“效果”面板中存放了各类效果，用户在此可以查找需要的效果，或对效果进行管理，在“效果”面板中用户可以进行如下操作。

- **查找视频效果：**单击“效果”面板中的查找文本框，然后输入效果的名称，即可找到该视频效果，如图5-21所示。
- **组织素材箱：**创建新的素材箱，可以将最常使用的效果放在一起。单击“效果”面板底部的“新建自定义素材箱”按钮▭，可以创建新的素材箱，并将需要的效果拖曳到其中，如图5-22所示。

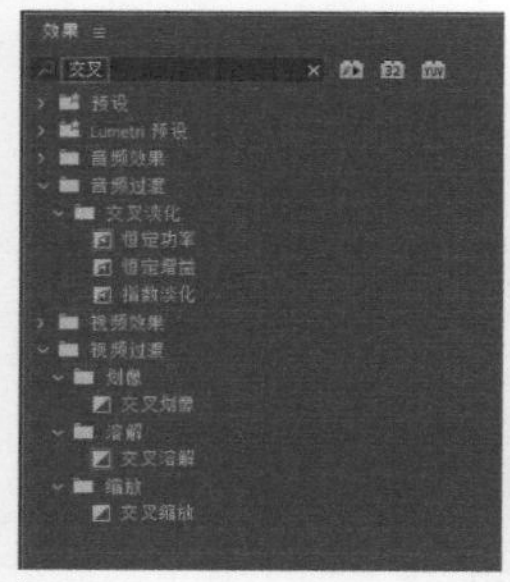

图5-21

图5-22

- **重命名自定义素材箱：**在新建的素材箱名称上单击两次（双击是展开素材箱，重命名需单击两次），然后输入新名称，即可为创建的素材箱重命名。
- **删除自定义素材箱：**单击素材箱将其选中，然后单击“删除自定义项目”按钮，或者单击鼠标右键，在弹出的菜单中选择“删除”命令，这两种操作都可以打开“删除项目”对话框，单击“确定”按钮即可删除自定义素材箱。

5.1.3 添加视频过渡效果

将“效果”面板中的过渡效果拖曳到轨道中的两个素材之间（也可以是前一个素材的出点处，或后一个素材的入点处），即可在素材间添加该过渡效果，如图5-23所示。过渡效果会使用第一个素材出点处的额外帧和第二个素材入点处的额外帧作为过渡效果帧。

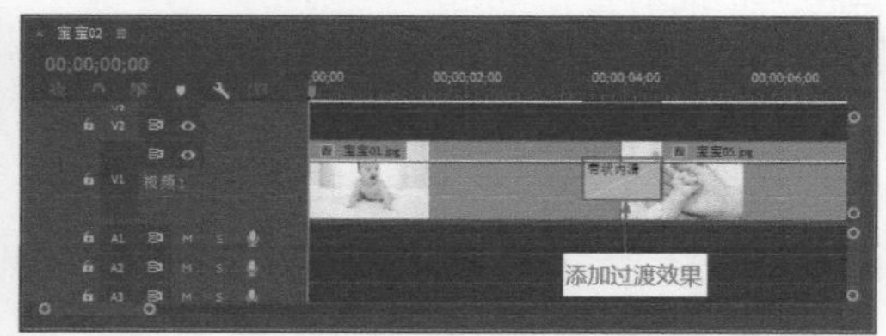

图5-23

> 小提示
>
> Premiere Pro 2021 的默认过渡效果为“交叉溶解”，该效果的图标有一个蓝色的边框，如图 5-24 所示。选择一个其他的视频过渡效果，单击鼠标右键，在弹出的菜单中选择“将所选过渡设置为默认过渡”命令，即可将该过渡效果设置为默认过渡效果，如图 5-25 所示。

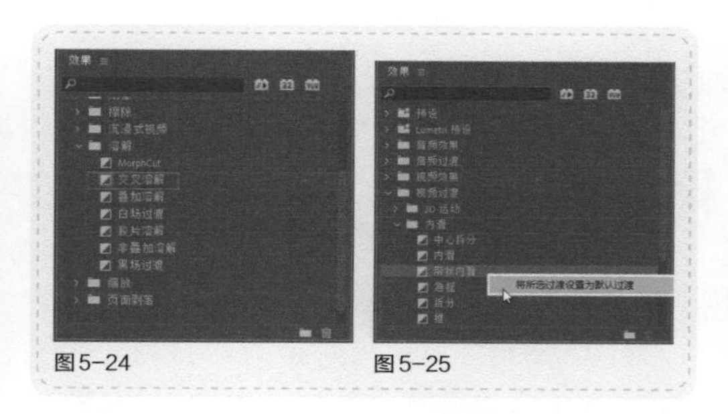

图5-24　图5-25

5.1.4 设置视频过渡效果

在素材间应用过渡效果之后，在“时间轴”面板中将其选中，就可以在“时间轴”面板或“效果控件”面板中对其进行编辑。

◆ 1. 修改过渡效果的持续时间

通过修改“效果控件”面板中的持续时间值，可以修改过渡效果的持续时间，如图5-26所示。在“效果控件”面板中除了可通过修改持续时间值更改过渡效果的持续时间外，还可以通过拖曳过渡效果的左边缘或右边缘调整过渡效果的持续时间，如图5-27所示。

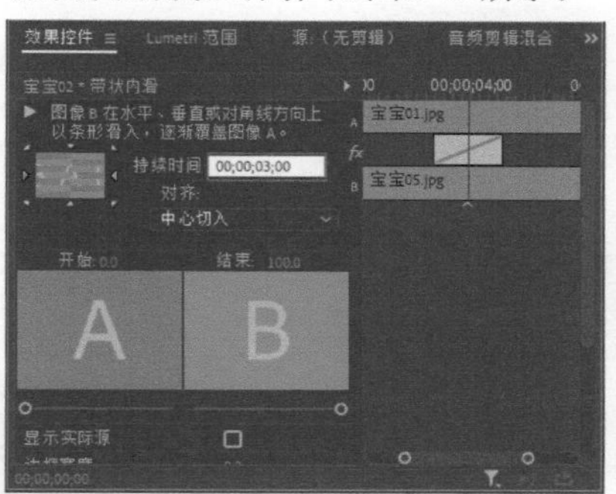

图5-26

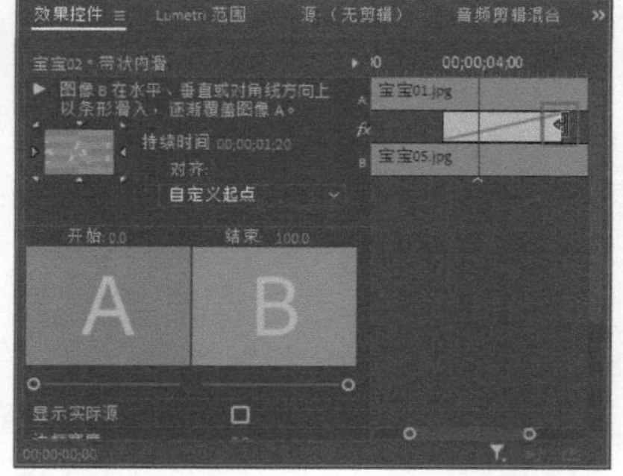

图5-27

> 小提示
>
> 在“时间轴”面板中拖曳过渡效果的边缘，也可以修改所应用过渡效果的持续时间，如图 5-28 所示。
>
> 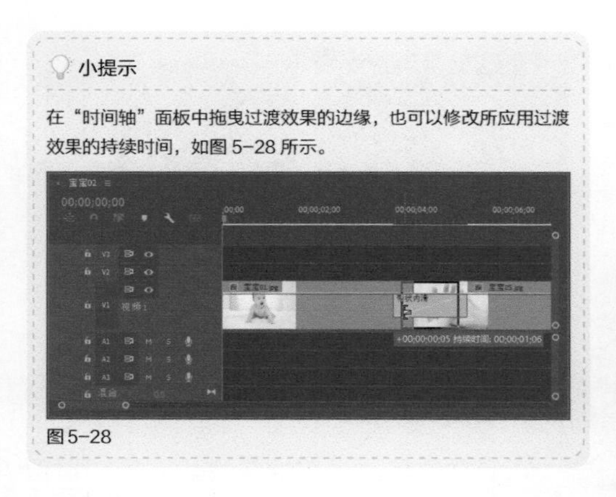
>
> 图5-28

◆ 2. 修改过渡效果的对齐方式

在“时间轴”面板中选中过渡效果并向左或向右拖曳，可以修改过渡效果的对齐方式。向左拖曳过渡效果，可以将过渡效果与前一个素材的出点对齐，如图5-29所示。向右拖曳过渡效果，可以将过渡效果与后一个素材的入点对齐，如图5-30所示。要让过渡效果居中，就需要将过渡效果放置在两个素材交接的位置。

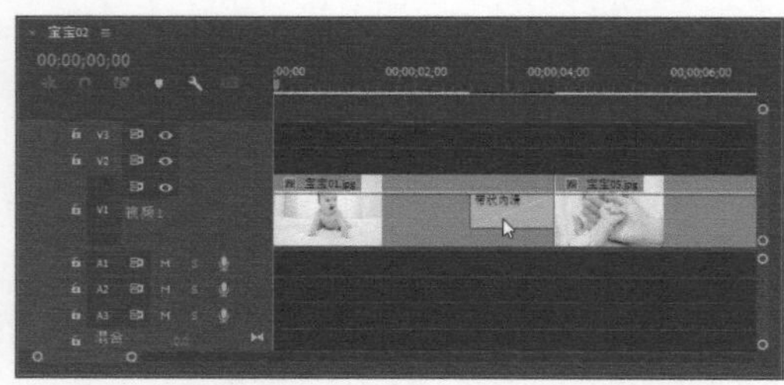

图5-29

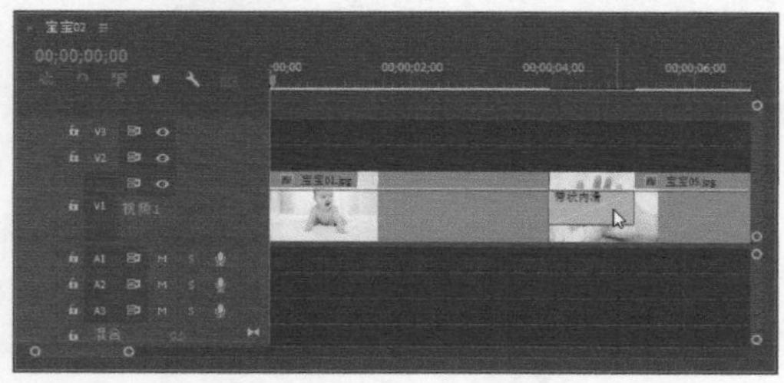

图5-30

在“效果控件”面板中可以对过渡效果进行更多的编辑。双击“时间轴”面板中的过渡效果，打开“效果控件”面板，在“对齐”下拉列表框中可以选择过渡效果的对齐方式，包括“中心切入”“起点切入”“终点切入”“自定义起点”等对齐方式，如图5-31所示。在“效果控件”面板中勾选“显示实际源”复选框，可以显示素材及过渡效果，如图5-32所示。

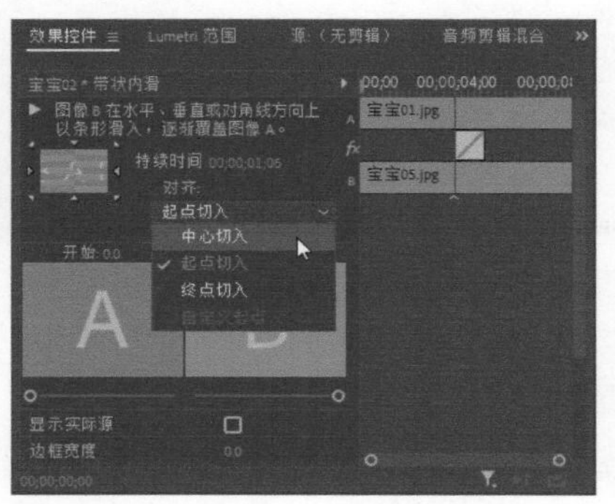

图5-31

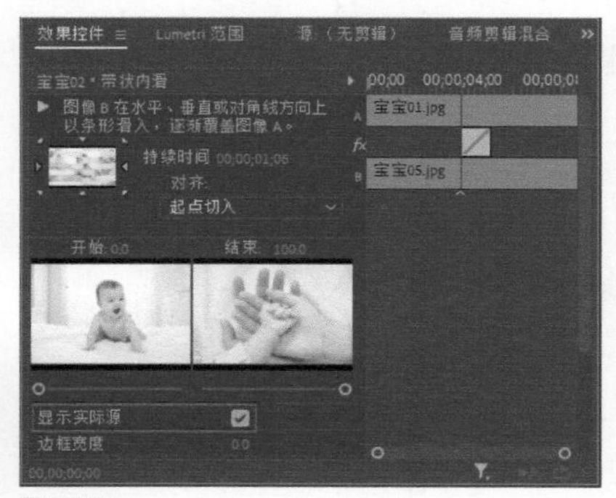

图5-32

各种对齐方式的作用如下。

- **中心切入或自定义起点：**选择该项时，修改持续时间值对入点和出点都有影响。
- **起点切入：**选择该项时，更改持续时间值对出点有影响。
- **终点切入：**选择该项时，更改持续时间值对入点有影响。

◆ 3. 设置过渡参数

有些视频过渡效果有“自定义”按钮 自定义... ，用户可以对该过渡效果进行更多的设置。例如，在素材间添加“带状内滑”过渡效果，在“效果控件”面板中就会出现“自定义”按钮 自定义... ，如图5-33所示。单击该按钮，可以打开“带状内滑设置”对话框，可对“带数量”进行设置，如图5-34所示。

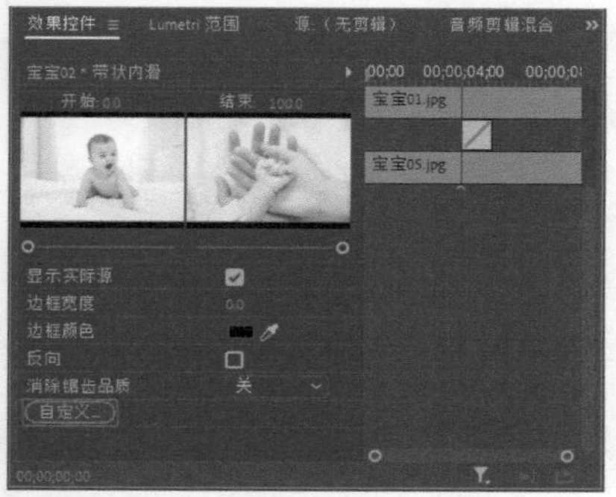
图5-33

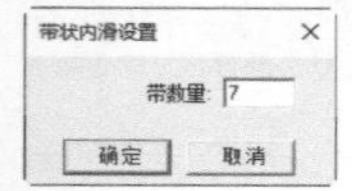
图5-34

5.2 Premiere 视频过渡效果详解

Premiere Pro 2021的“视频过渡”素材箱中包含8种不同的过渡类型，分别是“3D运动”“内滑”“划像” “擦除”“沉浸式视频”“溶解”“缩放”“页面剥落”，本节将详细介绍常用过渡效果的作用。

5.2.1 课堂案例：毕业季

实例位置	实例文件 >CH05> 毕业季 .prproj
素材位置	素材文件 >CH05> 毕业季
视频名称	毕业季 .mp4
技术掌握	视频过渡效果的添加与设置

本例将通过制作“毕业季”视频，介绍添加视频过渡效果的相关操作，本例的最终效果如图5-35所示。

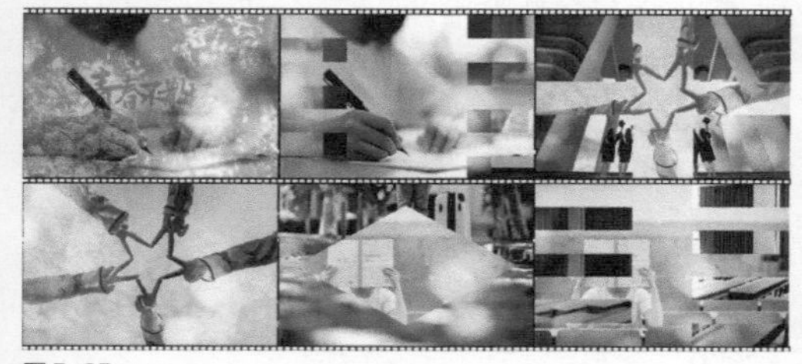
图5-35

01 启动Premiere Pro 2021，新建一个名为“毕业季”的项目，如图 5-36 所示。

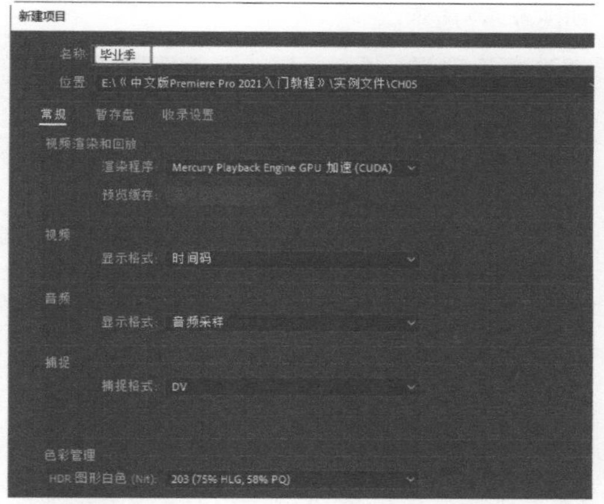
图5-36

02 选择“文件 > 导入”命令，打开“导入”对话框，选择需要的素材，然后单击“打开”按钮 打开(O) ，如图 5-37 所示。将选择的素材导入“项目”面板中，如图 5-38 所示。

图5-37

图5-38

03 单击“项目”面板下方的“新建素材箱”按钮，创建1个素材箱，将其命名为“图片”，如图5-39所示。

图5-39

04 将“项目”面板中的图片素材拖曳到“图片”素材箱中，如图5-40所示。

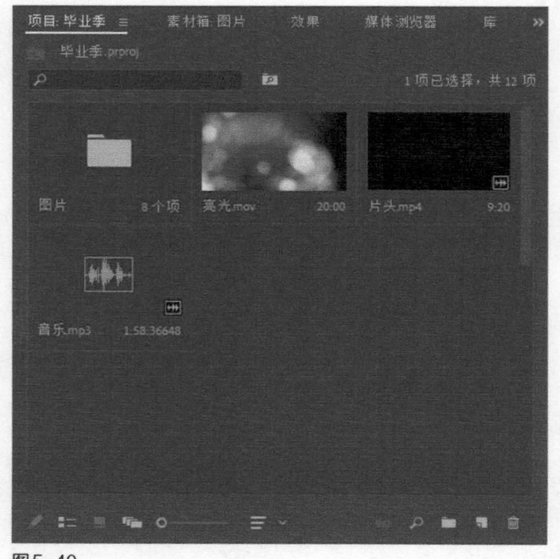

图5-40

05 选择“文件 > 新建 > 序列”命令，打开“新建序列”对话框，对新建序列命名，如图5-41所示。

06 选择“设置”选项卡，设置“编辑模式”为“自定义”，“帧大小”的“水平”为1920，“垂直”为1080，如图5-42所示。

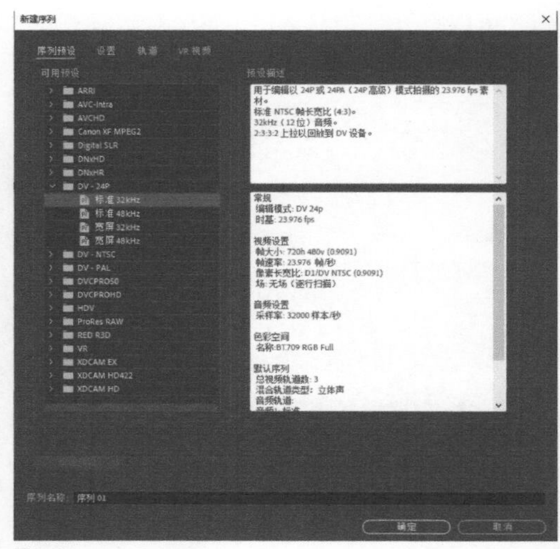

图5-41

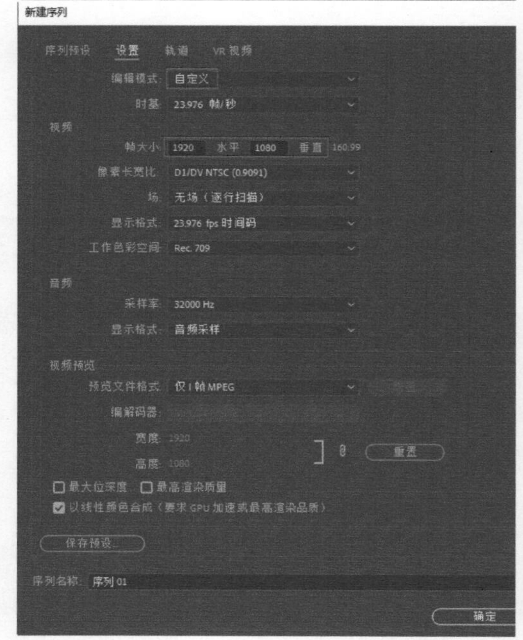

图5-42

07 将“项目”面板中的“片头.mp4”和图片素材添加到“时间轴”面板的V1轨道中，如图5-43所示。

08 打开“效果”面板，选择“视频过渡 > 溶解 > 交叉溶解”过渡效果，如图5-44所示。然后将该过渡效果添加到“片头.mp4”和“01.jpg”素材交接处，如图5-45所示。

图5-43

图5-44

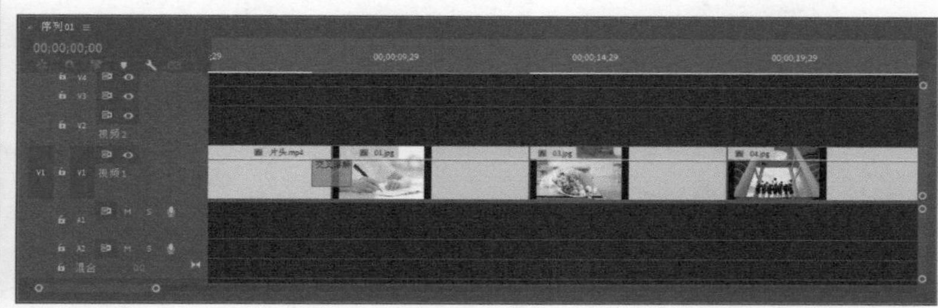
图5-45

09 依次将“带状内滑”“拆分”“交叉划像”“盒形划像”“菱形划像”“带状擦除”“水波块”过渡效果添加到其他图片素材之间，如图 5-46 和图 5-47 所示。

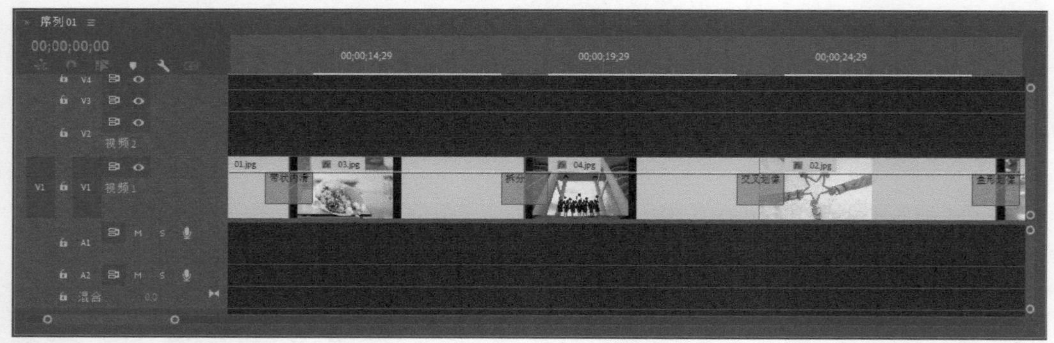

图5-46

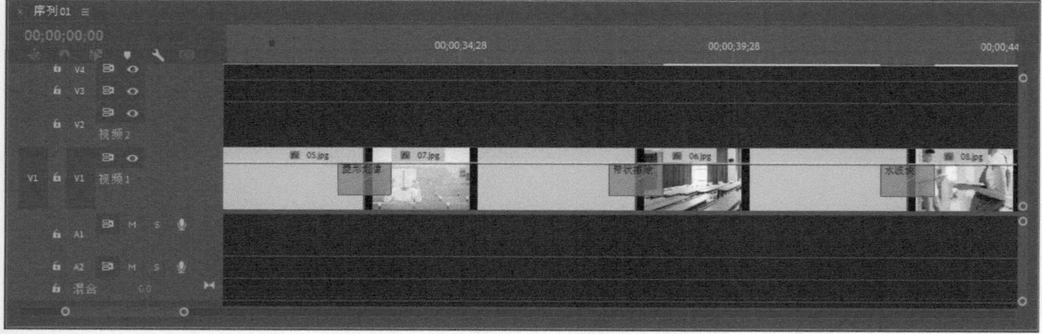

图5-47

10 分别在第 0 秒和第 1 秒 15 帧的位置，单击 V1 轨道中的“添加－移除关键帧”按钮，为“片头 .mp4”素材添加两个关键帧，如图 5-48 所示。

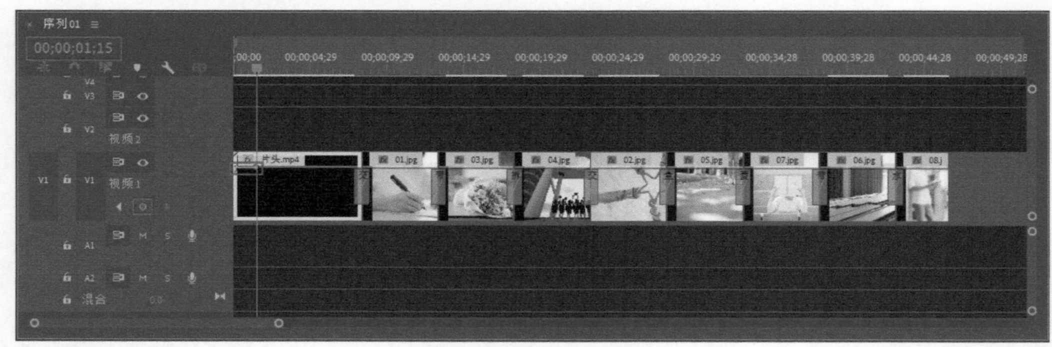

图5-48

11 将第 0 秒的关键帧向下移动，将其不透明度降到最低，如图 5-49 所示。

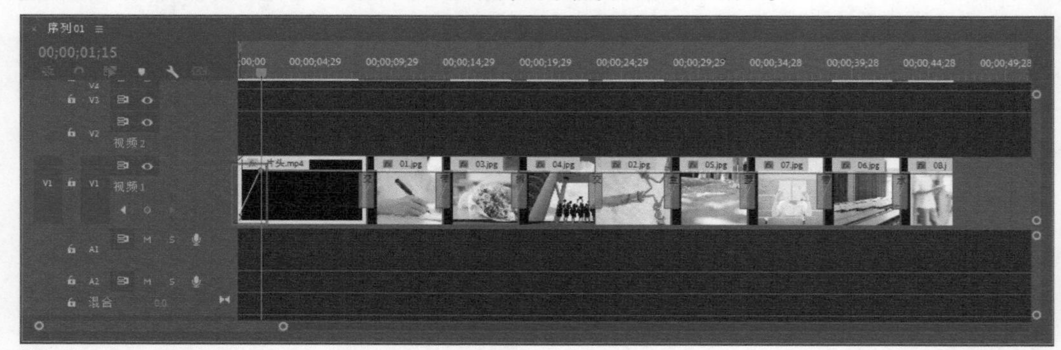

图 5-49

12 将“亮光 .mov”素材添加到“时间轴”面板的 V2 轨道中，将入点设置在第 8 秒 12 帧，如图 5-50 所示。

图 5-50

13 再次将“亮光 .mov”素材添加到“时间轴”面板的 V2 轨道中，将其入点设置在第 28 秒 10 帧，如图 5-51 所示。

14 在“时间轴”面板中拖曳 V2 轨道的第二个“亮光 .mov”素材的出点，将出点与 V1 轨道中的“08.jpg”素材的出点对齐，如图 5-52 所示。

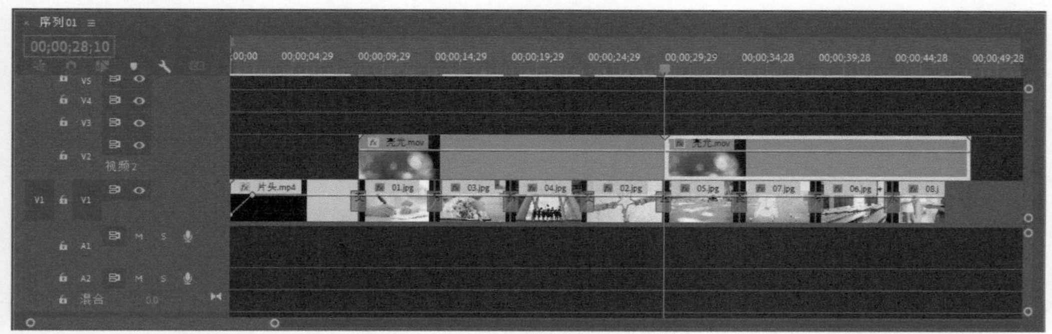
图5-51

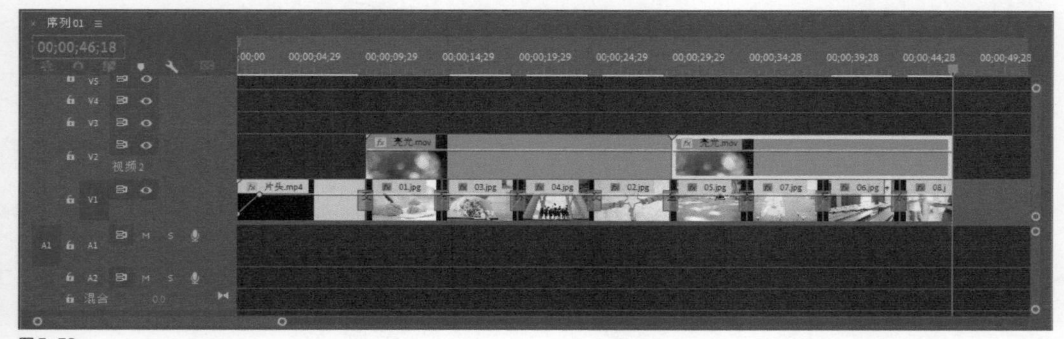
图5-52

15 在“时间轴”面板中选中第一个“亮光 .mov”素材，在“效果控件”面板中将“不透明度”选项组中的“混合模式”设置为“滤色”，如图 5-53 所示。然后选中第二个“亮光 .mov”素材，进行相同设置。

图5-53

16 将“项目”面板中的“音乐 .mp3”素材添加到“时间轴”面板的 A1 轨道中，如图 5-54 所示。

图5-54

⑰ 将时间指示器移动到第 46 秒 19 帧，然后使用“剃刀工具”在当前位置对音频素材进行切割，如图 5-55 所示。

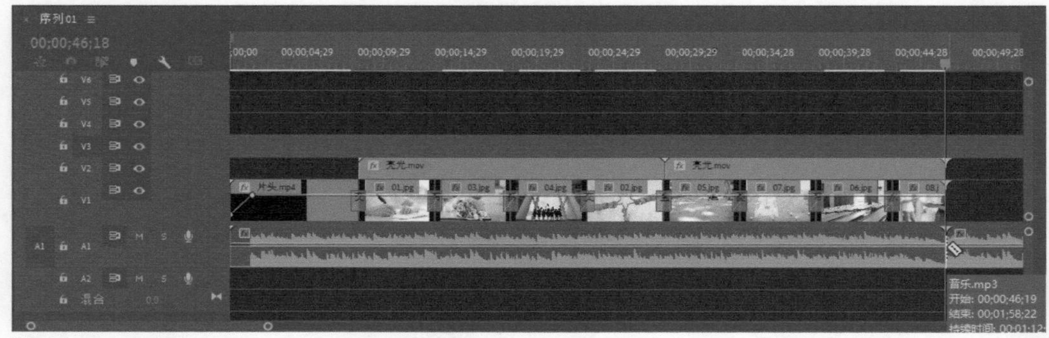

图5-55

⑱ 选择被切割音频素材的后半部分，按 Delete 键将其删除，如图 5-56 所示。

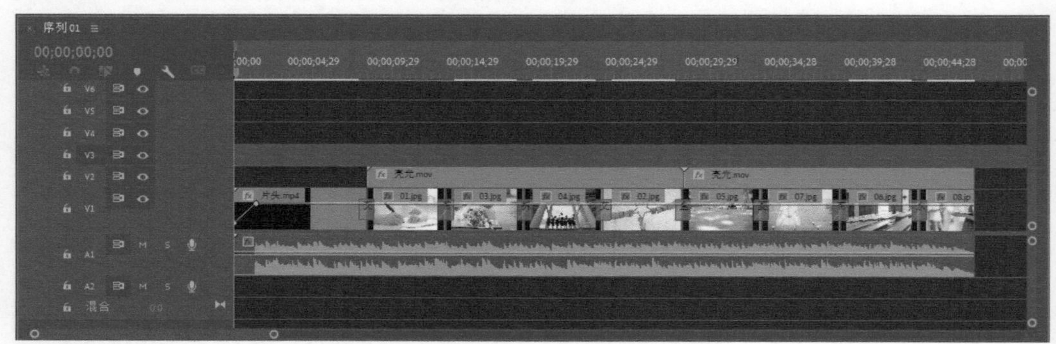

图5-56

⑲ 在“节目”监视器面板中单击“播放 - 停止切换”按钮，对本例编辑的影片效果进行预览，如图 5-57 所示。

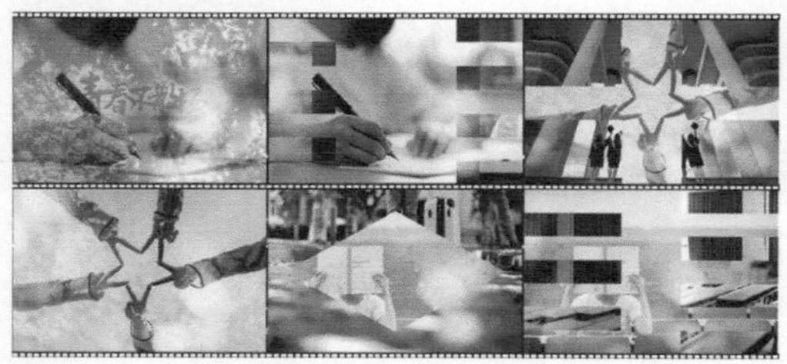

图5-57

5.2.2 “3D 运动”视频过渡效果

“3D运动”类的视频过渡效果包含了“立方体旋转”和“翻转”，如图5-58所示。

图5-58

◆ 1. 立方体旋转

此过渡效果使用旋转的立方体创建从素材A到素材B的过渡效果，单击缩览图四周的三角形按钮，可以将过渡效果设置为从北到南、从南到北、从西到东或从东到西的过渡方式，如图5-59所示。

◆ 2. 翻转

此过渡效果将沿视频的纵对称轴翻转素材A，呈现出素材B，如图5-60所示。

图5-59

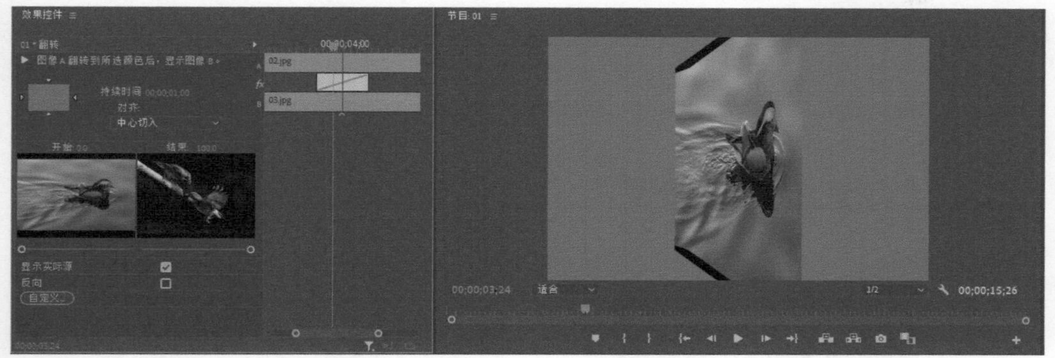

图5-60

5.2.3 “内滑”视频过渡效果

“内滑”视频过渡效果包括“中心拆分”“内滑”“带状内滑”“急摇”“拆分”“推”，如图5-61所示。

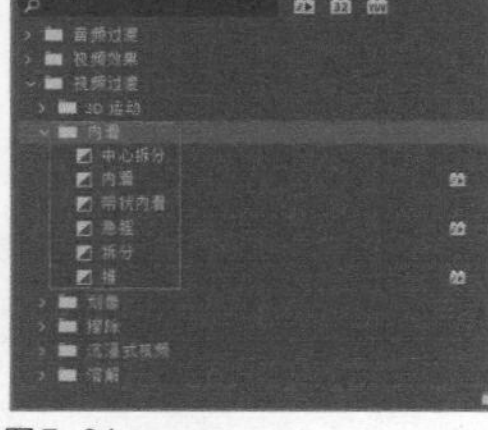

图5-61

◆ 1. 中心拆分

在此过渡效果中，素材A被切分成4个象限，并逐渐从中心向外移动，呈现出素材B，如图5-62所示。

◆ 2. 内滑

在此过渡效果中，素材B逐渐滑动到素材A的上方，如图5-63所示。

图5-62

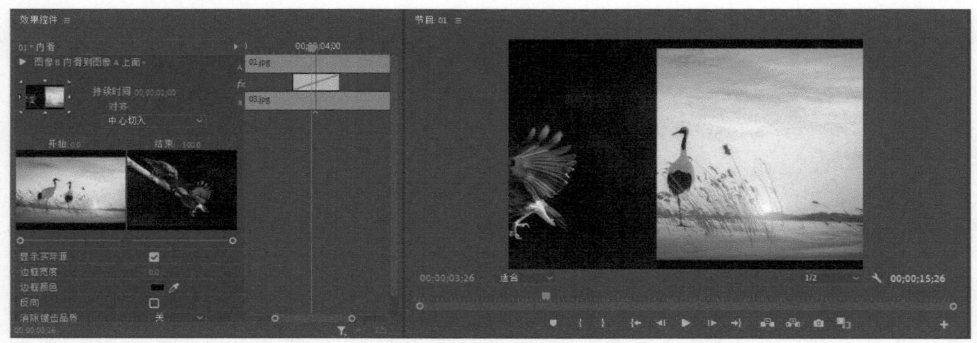

图5-63

◆ 3. 带状内滑

在此过渡效果中，素材B以矩形条的形式从屏幕两边向对向移动，逐渐交叉组合以完整覆盖素材A，如图5-64所示。

◆ 4. 急摇

在此过渡效果中，素材A采取快速移动镜头的方式切换到素材B，如图5-65所示。

图5-64

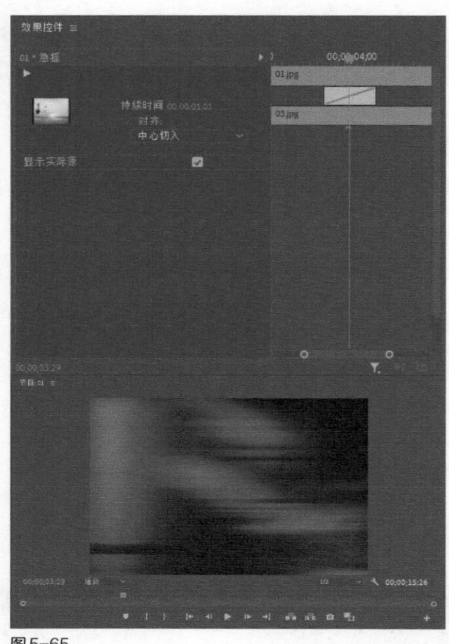

图5-65

◆ 5. 拆分

在此过渡效果中，素材A从中间分成两个部分并向两边移出画面，呈现出素材B，该效果类似于打开推拉门显示房间内的景象，如图5-66所示。

◆ 6. 推

在此过渡效果中，素材B将素材A推向一边。可以将此过渡效果的推挤方式设置为从西到东、从东到西、从北到南或从南到北，如图5-67所示。

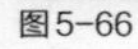
图5-66

图5-67

5.2.4 “划像”视频过渡效果

“划像”视频过渡效果包括“交叉划像”“圆划像”“盒形划像”“菱形划像”，如图5-68所示。

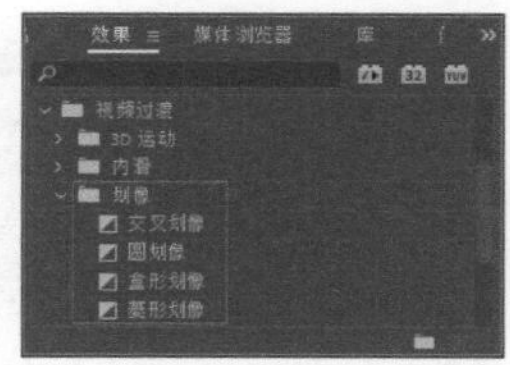

图5-68

◆ 1. 交叉划像

在此过渡效果中，素材B逐渐出现在一个“十”字形中，该“十”字形会越变越大，直到占据整个画面，如图5-69所示。

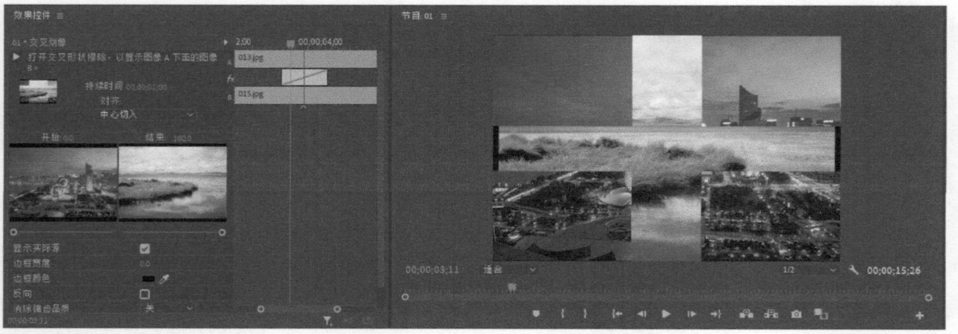

图5-69

◆ 2. 圆划像

在此过渡效果中，素材B逐渐出现在慢慢变大的圆形中，该圆形将占据整个画面，如图5-70所示。

图5-70

◆ 3. 盒形划像

在此过渡效果中，素材B逐渐显示在一个慢慢变大的矩形中，该矩形会逐渐占据整个画面，如图5-71所示。

图5-71

◆ 4. 菱形划像

在此过渡效果中，素材B逐渐出现在一个菱形中，该菱形将逐渐占据整个画面，如图5-72所示。

图5-72

5.2.5 “擦除”视频过渡效果

“擦除”视频过渡效果包括“划出”“双侧平推门”“带状擦除”“径向擦除”“插入”“时钟式擦除”“棋盘”“棋盘擦除”“楔形擦除”“水波块”“油漆飞溅”“渐变擦除”“百叶窗”“螺旋框”“随机块”“随机擦除”“风车”，如图5-73所示。

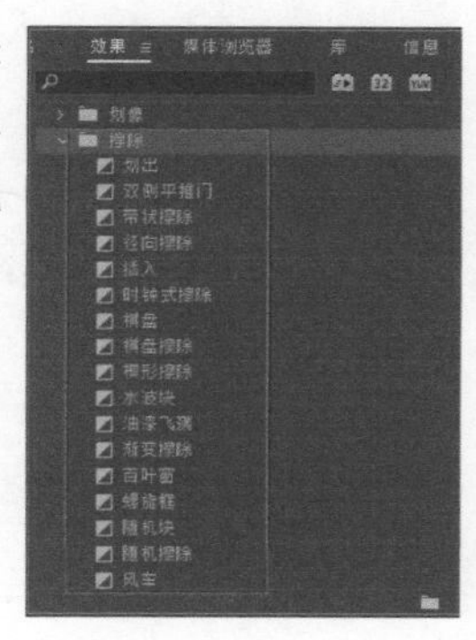

图5-73

◆ 1. 划出

在此过渡效果中，素材B向右推开素材A，直至素材B占据整个屏幕，如图5-74所示。

图5-74

◆ 2. 双侧平推门

在此过渡效果中，素材A从中间向两边消失，呈现出素材B，如图5-75所示。

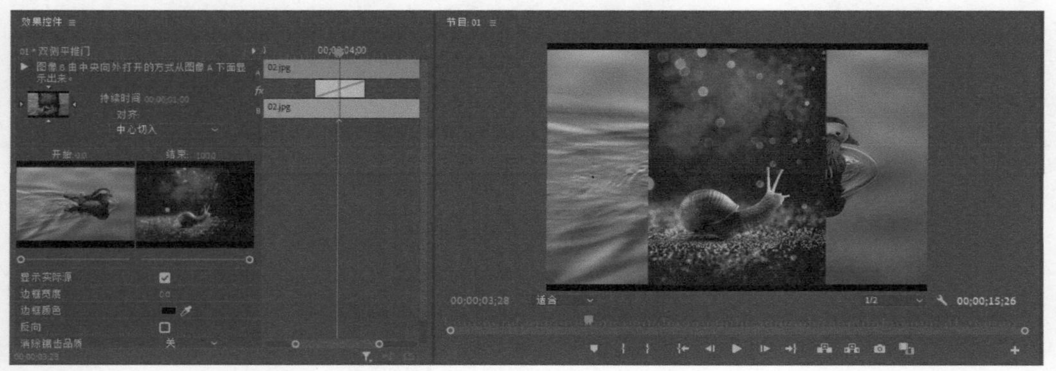

图5-75

◆ 3. 带状擦除

在此过渡效果中，素材B以矩形条的形式从屏幕两边渐渐出现替代素材A，如图5-76所示。

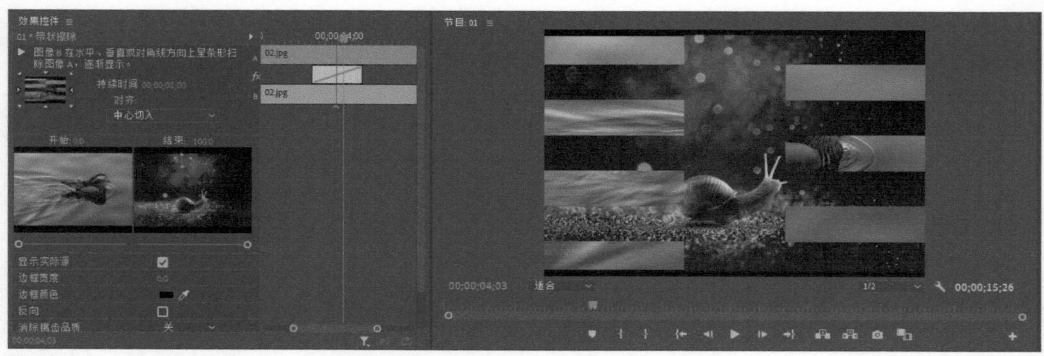

图5-76

◆ 4. 径向擦除

在此过渡效果中，素材A以左上角为圆心，顺时针消失，呈现出素材B，如图5-77所示。

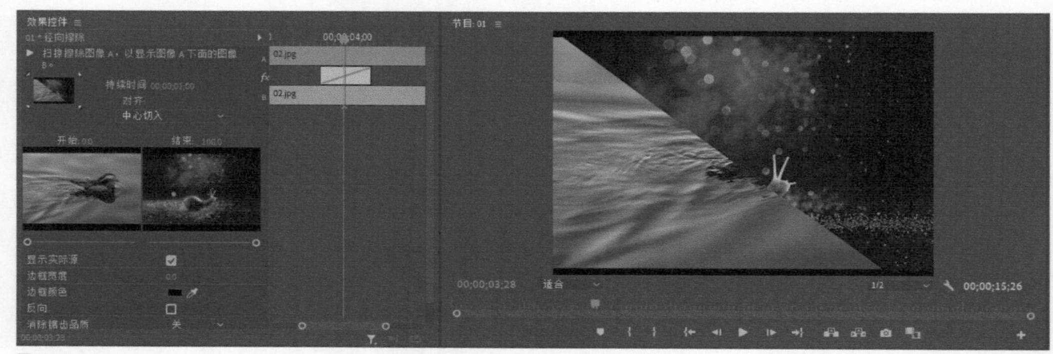

图5-77

◆ 5. 插入

在此过渡效果中，素材B随着一个从左上角逐渐放大至全屏的矩形出现，替代素材A，如图5-78所示。

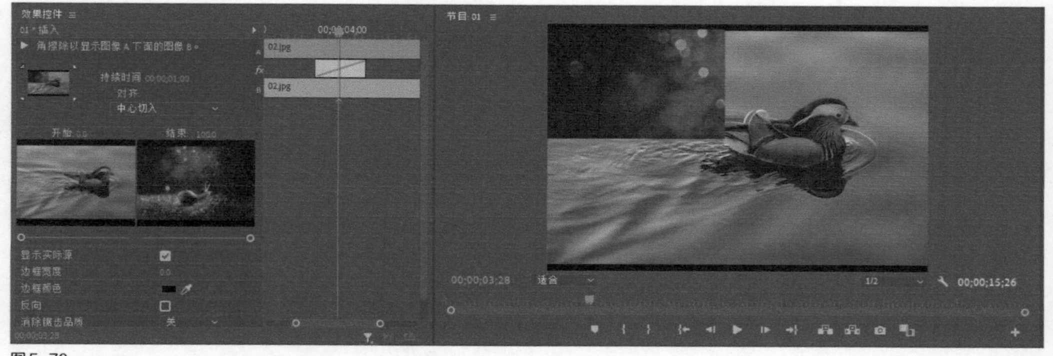

图5-78

◆ 6. 时钟式擦除

在此过渡效果中，素材A以屏幕中心为圆心，顺时针消失，呈现出素材B。该效果就像是时钟的指针旋转扫过屏幕，如图5-79所示。

图5-79

◆ 7. 棋盘

在此过渡效果中，素材B以棋盘图案的形式出现逐渐取代素材A，如图5-80所示。

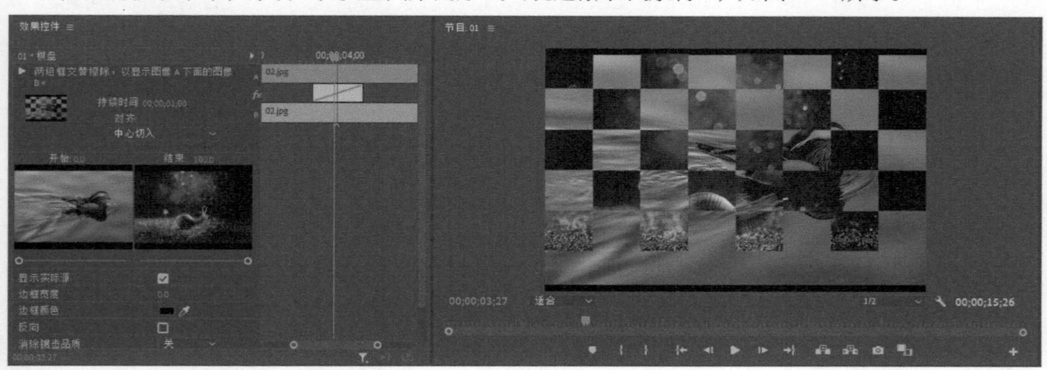

图5-80

◆ 8. 棋盘擦除

在此过渡效果中，包含素材B切片的棋盘方块图案逐渐延伸到整个屏幕，如图5-81所示。

图5-81

◆ 9. 楔形擦除

在此过渡效果中，素材B出现在逐渐变大并最终替换素材A的饼式楔形中，如图5-82所示。

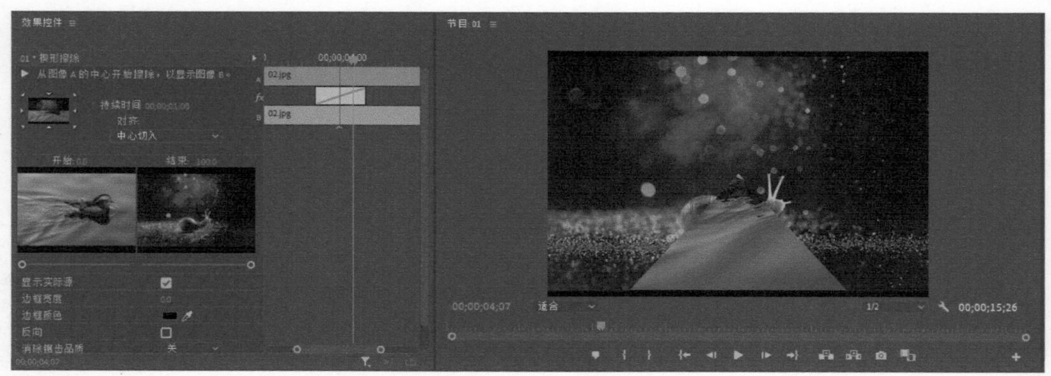

图5-82

◆ 10. 水波块

在此过渡效果中，素材B渐渐出现在水平条中，这些条从左向右移动，然后再从右向屏幕左下方移动，如图5-83所示。

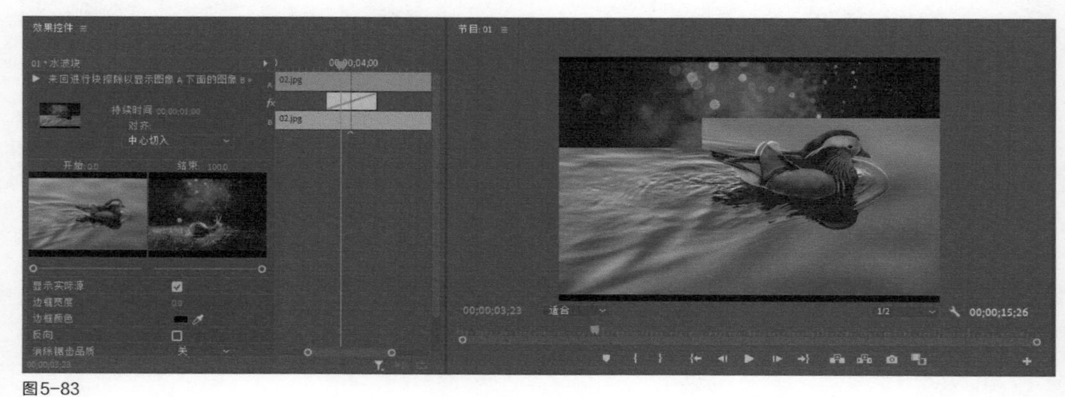

图5-83

◆ 11. 油漆飞溅

在此过渡效果中，素材B逐渐以泼洒颜料的形式出现，如图5-84所示。

图5-84

◆ 12. 渐变擦除

对素材使用该过渡效果时，将打开“渐变擦除设置”对话框，如图5-85所示。在此对话框中单击“选择图像”按钮 选择图像... ，可以打开“打开”对话框进行灰度图像的加载，如图5-86所示。

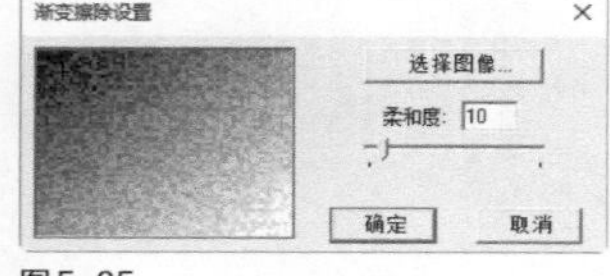

图5-85

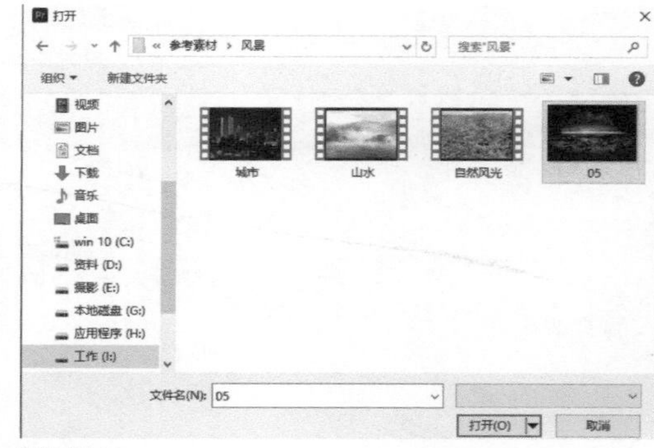

图5-86

在此过渡效果中，素材B逐渐擦过整个屏幕，并使用用户选择的灰度图像的亮度值确定替换素材A中的哪些图像区域，如图5-87所示。

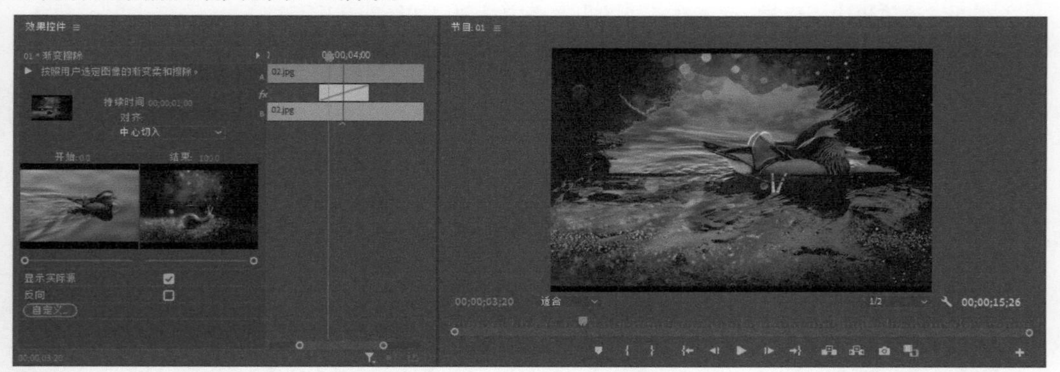

图5-87

◆ 13. 百叶窗

在此过渡效果中，素材B看起来像是透过百叶窗出现的，百叶窗逐渐打开，从而呈现出素材B的完整画面，如图5-88所示。

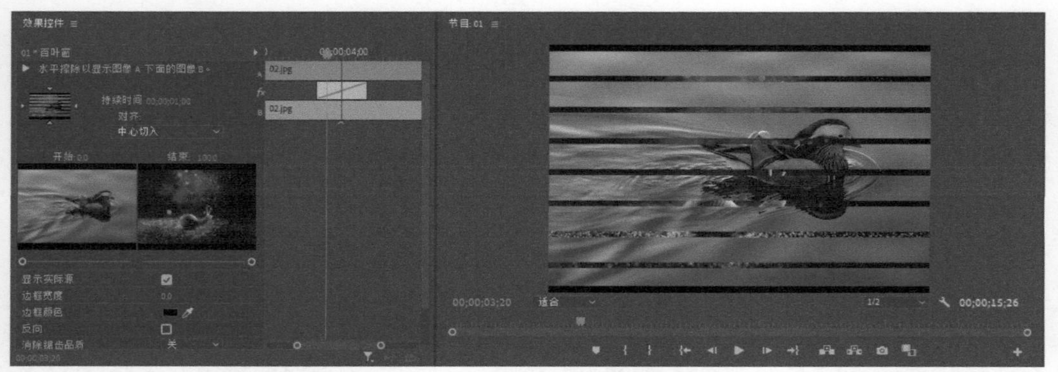

图5-88

◆ 14. 螺旋框

在此过渡效果中，素材B伴随一个矩形从外围向中心旋转显示，逐渐替换素材A，如图5-89所示。

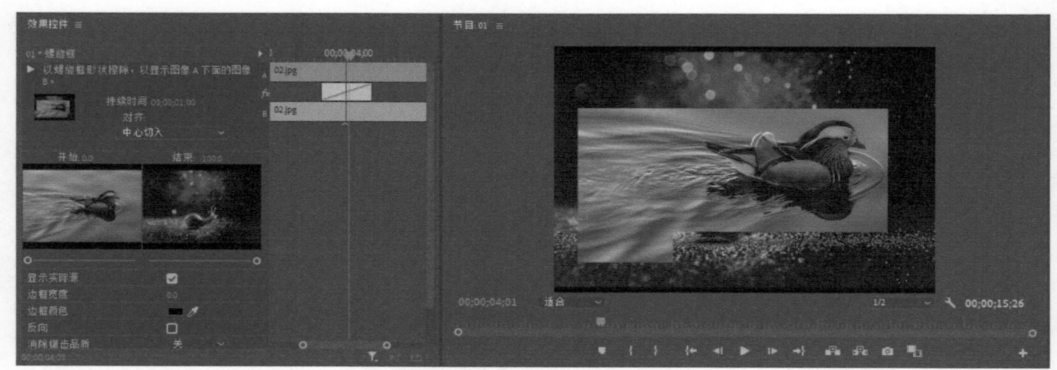

图 5-89

◆ 15. 随机块

在此过渡效果中，素材B逐渐在随机的小方格中显现，如图5-90所示。

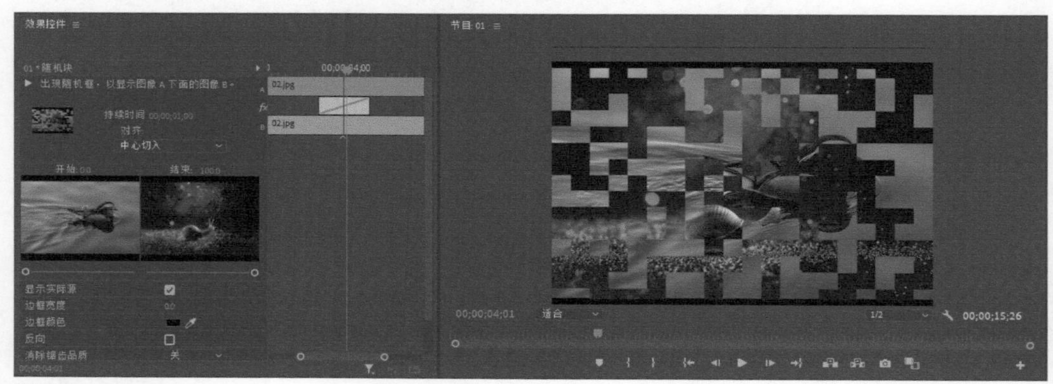

图 5-90

◆ 16. 随机擦除

在此过渡效果中，素材B逐渐出现在顺着屏幕下拉的小块中，如图5-91所示。

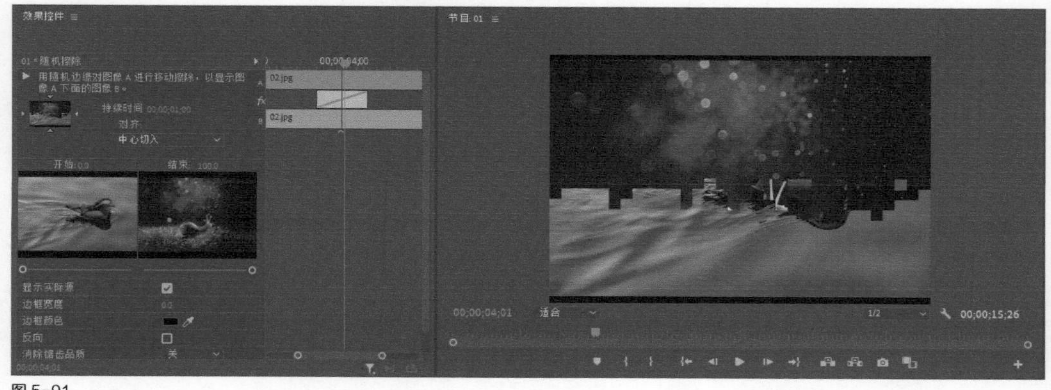

图 5-91

◆ 17. 风车

在此过渡效果中，素材B以放射状的条带形式出现，逐渐占据整个画面，如图5-92所示。

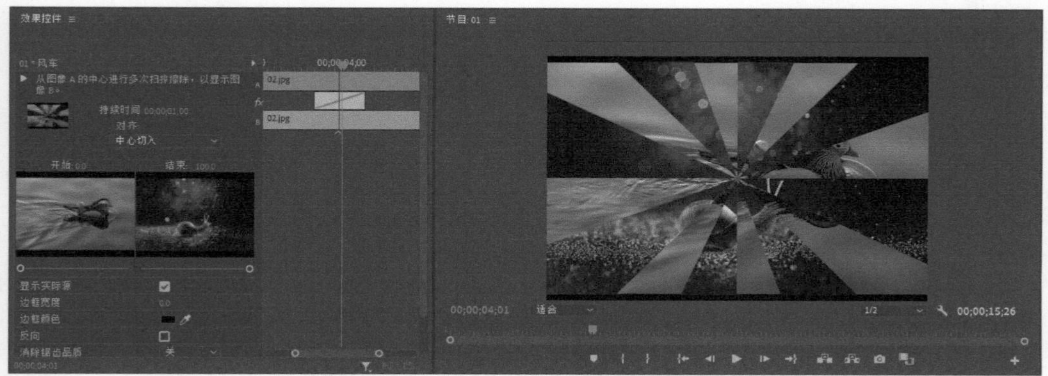

图5-92

5.2.6 “沉浸式视频”视频过渡效果

“沉浸式视频”视频过渡效果包括“VR光圈擦除”“VR光线”“VR渐变擦除”“VR漏光”“VR球形模糊”“VR色度泄漏”“VR随机块”“VR默比乌斯缩放”，如图5-93所示。

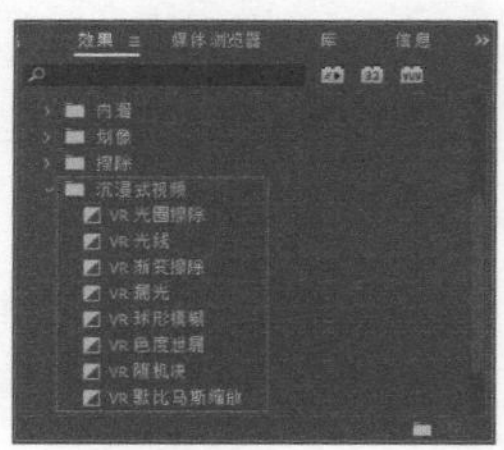

图5-93

◆ 1.VR光圈擦除

在此过渡效果中，素材B逐渐出现在慢慢变大的光圈中，随后该光圈占据整个画面，如图5-94所示。

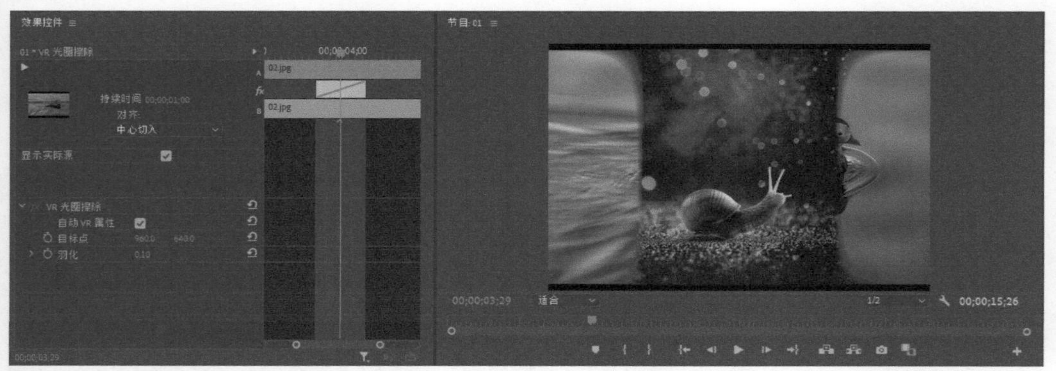

图5-94

◆ 2.VR光线

在此过渡效果中，素材A逐渐变为强光线，随后素材B在光线中逐渐淡入，如图5-95所示。

◆ 3.VR渐变擦除

在此过渡效果中，素材B逐渐擦过整个屏幕，用户可以选择渐变擦除素材A的图像，还可以设置渐变擦除的羽化值等参数，如图5-96所示。

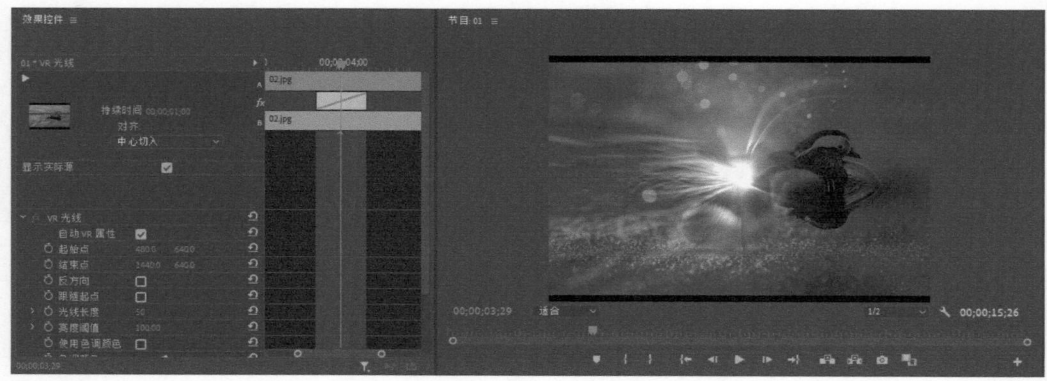

图 5-95

图 5-96

◆ 4.VR 漏光

在此过渡效果中，素材A逐渐变亮，随后素材B在亮光中逐渐淡入，如图5-97所示。

图 5-97

◆ 5.VR 球形模糊

在此过渡效果中，素材A以球形模糊的形式逐渐消失，随后素材B以球形模糊的形式逐渐淡入，如图5-98所示。

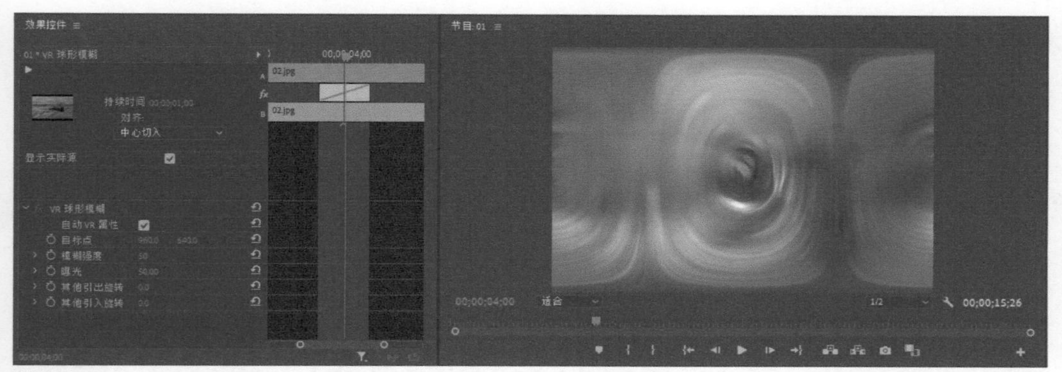

图 5-98

◆ 6.VR 色度泄漏

在此过渡效果中，素材A以色度泄漏形式逐渐消失，随后素材B逐渐淡入，如图5-99所示。

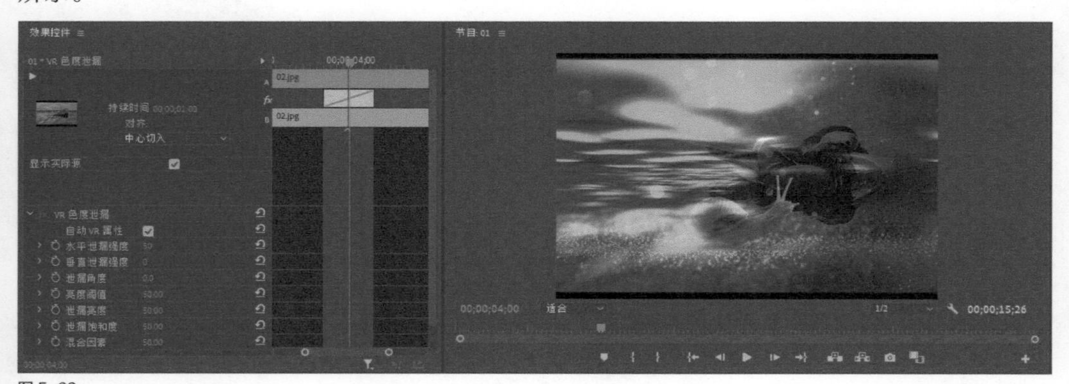

图 5-99

◆ 7.VR 随机块

在此过渡效果中，素材B逐渐在随机出现的小块中显现，用户可以设置块的宽度、高度和羽化值等参数，如图5-100所示。

图 5-100

◆ 8.VR 默比乌斯缩放

在此过渡效果中，素材B以默比乌斯缩放的方式逐渐显现，如图5-101所示。

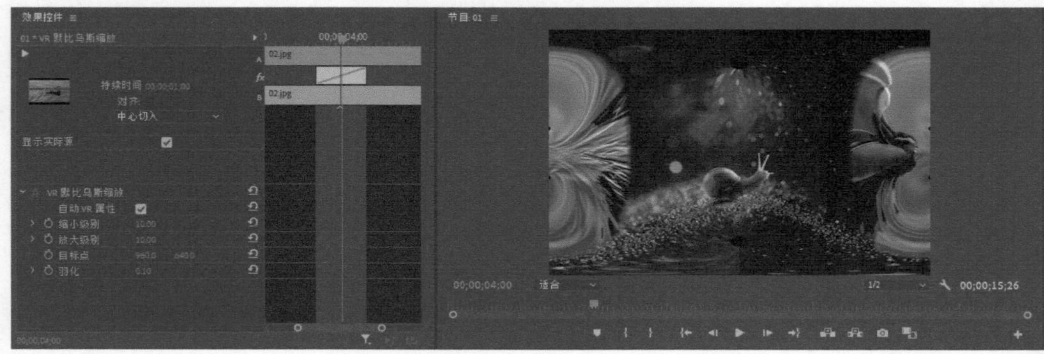

图5-101

5.2.7 “溶解”视频过渡效果

“溶解”视频过渡效果包括“MorphCut”“交叉溶解”“叠加溶解”“白场过渡”“胶片溶解”“非叠加溶解”“黑场过渡”，如图5-102所示。

图5-102

◆ 1.MorphCut

“MorphCut”只能应用于在静态背景上有演说者头部特写的固定访谈类节目镜头。其通过在原声摘要之间平滑跳切，略去不重要的停顿，帮助用户创建更加完美的访谈。

◆ 2. 交叉溶解

在此过渡效果中，素材B在素材A淡出之前淡入，如图5-103所示。

图5-103

◆ 3. 叠加溶解

在此过渡效果中，素材A逐渐消失，同时素材B逐渐显现，素材A和素材B的色彩会产生叠加，如图5-104所示。

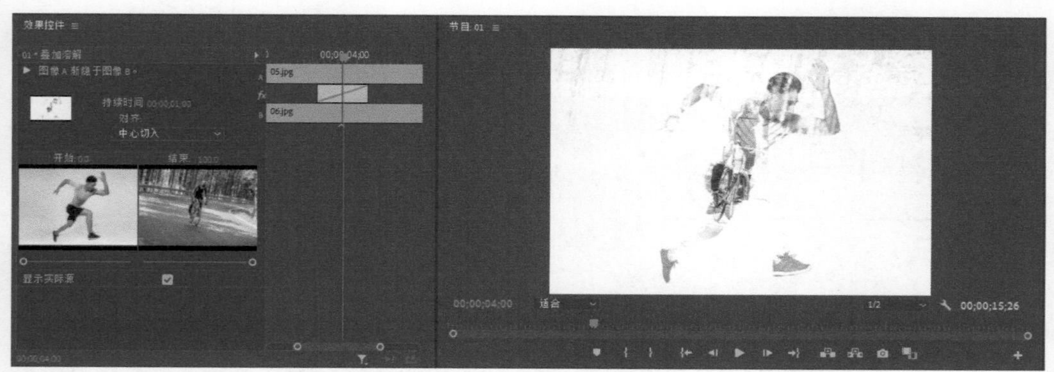

图5-104

◆ 4. 白场过渡

在此过渡效果中，素材A与素材B之间加入了一个白场，素材A淡化为白色，然后在白色中再逐渐显现素材B，如图5-105所示。

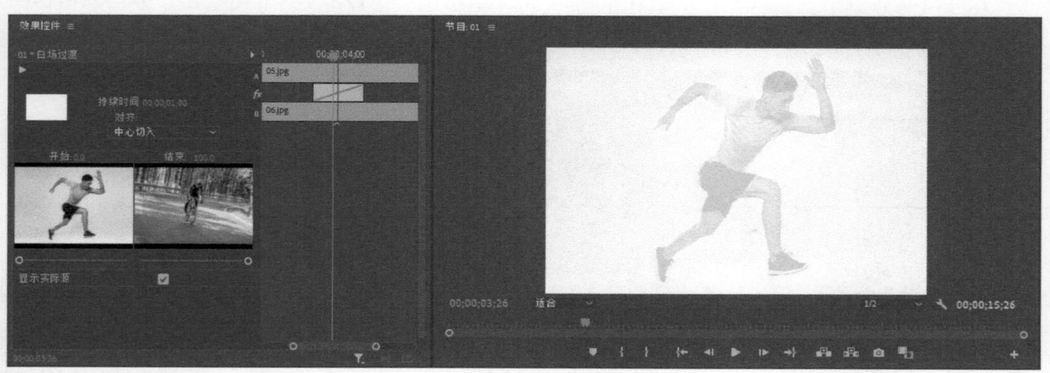

图5-105

◆ 5. 胶片溶解

此过渡效果与“叠加溶解”过渡效果相似，它可用于创建从一个素材到下一个素材的线性淡化，如图5-106所示。

图5-106

◆ 6. 非叠加溶解

在此过渡效果中，素材B逐渐出现在素材A的彩色区域内，如图5-107所示。

图5-107

◆ 7. 黑场过渡

在此过渡效果中，素材A与素材B之间加入了一个黑场，素材A逐渐变为黑色，然后在黑色中再逐渐显现素材B，如图5-108所示。

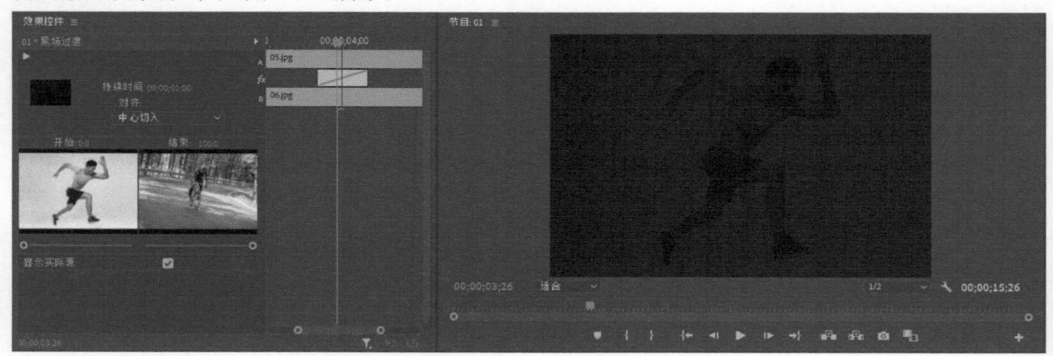

图5-108

5.2.8 “缩放”视频过渡效果

“缩放”视频过渡效果中只有“交叉缩放”效果。此过渡效果先逐渐放大素材A，然后切换到素材B的放大状态，再逐渐将素材B缩小到原始大小，如图5-109所示。

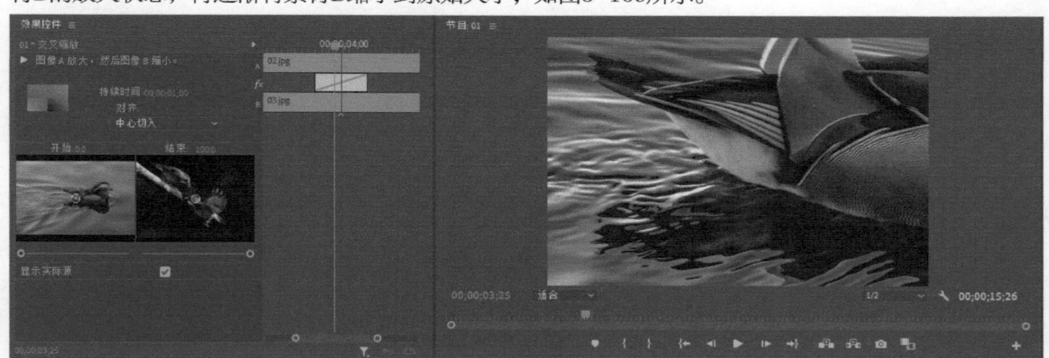

图5-109

5.2.9 “页面剥落”视频过渡效果

“页面剥落”视频过渡效果包括“翻页”和“页面剥落”，如图5-110所示。

图5-110

◆ 1. 翻页

使用此过渡效果，页面将翻转，但不发生卷曲。在翻转呈现出素材B时，可以看见素材A颠倒出现在页面的背面，如图5-111所示。

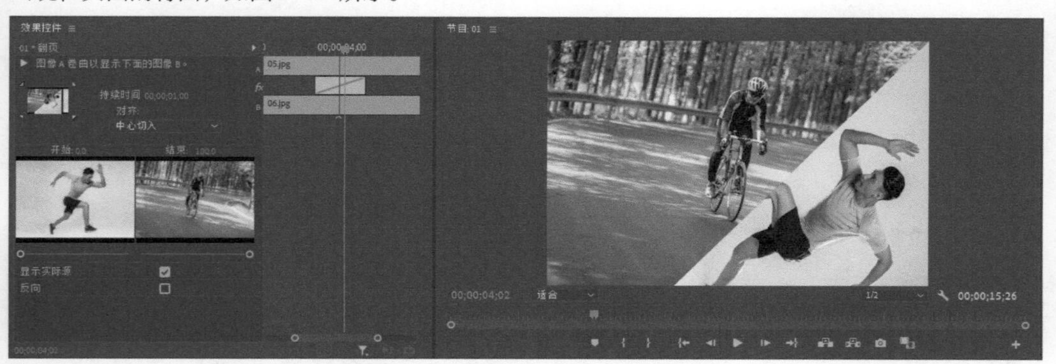

图5-111

◆ 2. 页面剥落

在此过渡效果中，素材A从页面左边滚动到页面右边以呈现出素材B，如图5-112所示。

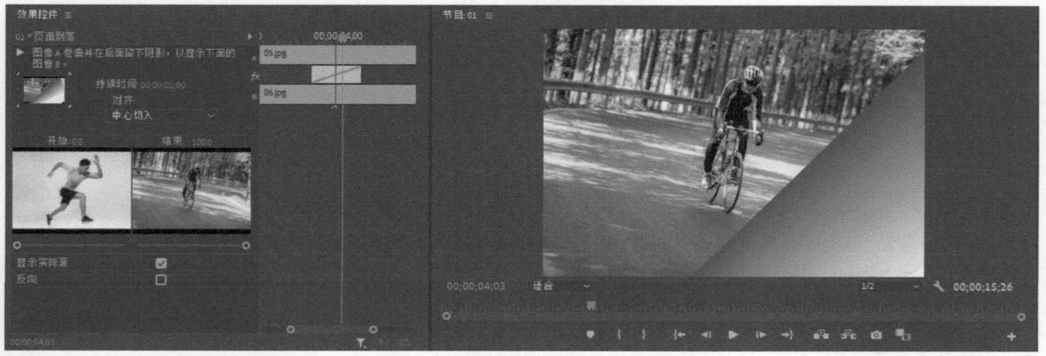

图5-112

5.3 课后习题

通过对本章的学习，相信大家对视频过渡效果有了深入的了解，能灵活掌握其使用方法，可以制作出各式各样的视频过渡效果。

课后习题：可爱宝贝

实例位置	实例文件 >CH05> 可爱宝贝 .prproj
素材位置	素材文件 >CH05> 可爱宝贝
视频名称	可爱宝贝 .mp4
技术掌握	添加视频过渡效果

本例将使用“圆划像”“立方体旋转”“带状擦除”“翻页”“菱形划像”“百叶窗”等过渡效果制作图像间的切换效果，如图5-113所示。

图5-113

01 新建一个名为“可爱宝贝”的项目，在“项目”面板中导入照片、片头和音频素材，如图 5-114 所示。

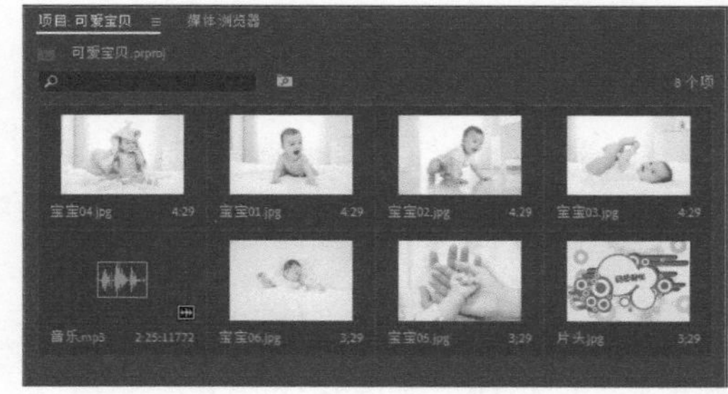

图5-114

02 新建一个序列，将“项目”面板中的片头和照片依次添加到“时间轴”面板的 V1 轨道中，如图 5-115 所示。

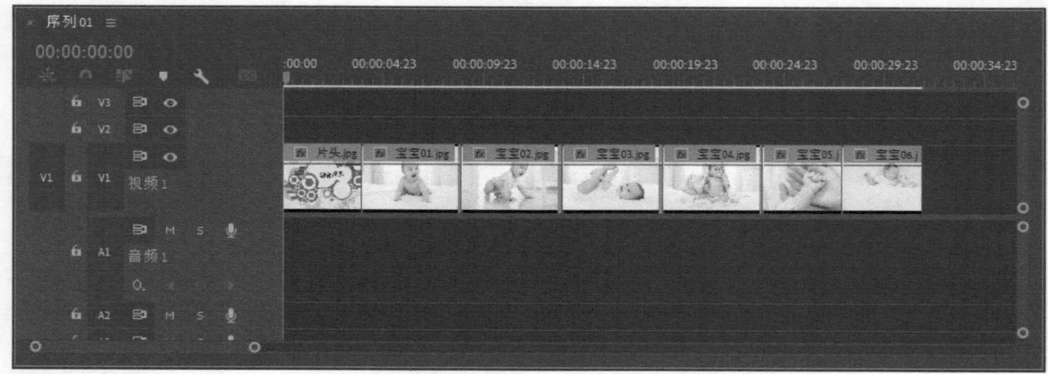

图5-115

03 打开“效果”面板，展开“视频过渡”素材箱，将“圆划像”“立方体旋转”“带状擦除”“翻页”“菱形划像”“百叶窗”过渡效果依次添加到素材间，如图 5-116 和图 5-117 所示。

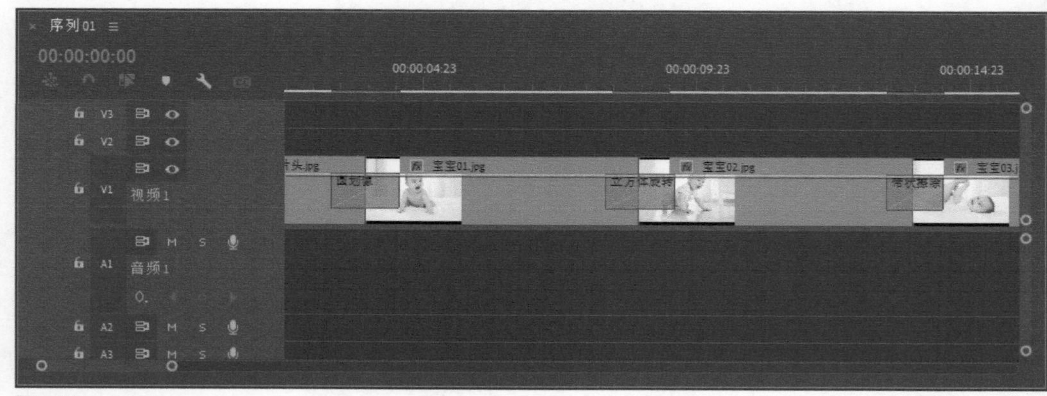

图5-116

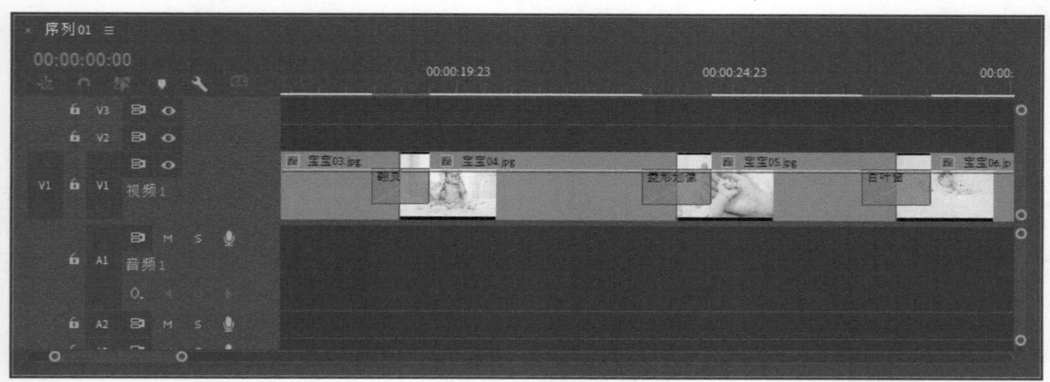

图5-117

04 将“音乐.mp3”素材添加到“时间轴”面板的A1轨道中，然后对音频素材进行切割，将多余部分的音频删除，如图5-118所示。

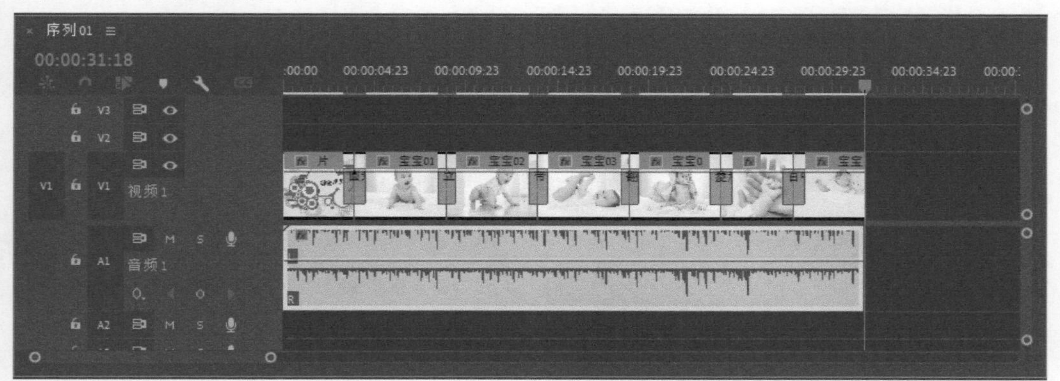

图5-118

05 在“节目”监视器面板中单击“播放-停止切换”按钮▶，对添加过渡效果后的影片进行预览，如图5-119所示。

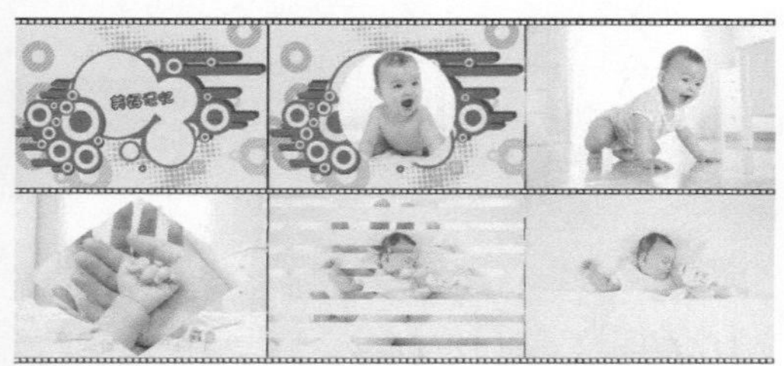

图5-119

课后习题：炫酷汽车

实例位置	实例文件>CH05>炫酷汽车.prproj
素材位置	素材文件>CH05>炫酷汽车
视频名称	炫酷汽车.mp4
技术掌握	应用默认视频过渡效果

本例将通过在素材间添加默认视频过渡效果，制作“炫酷汽车”影片，如图5-120所示。

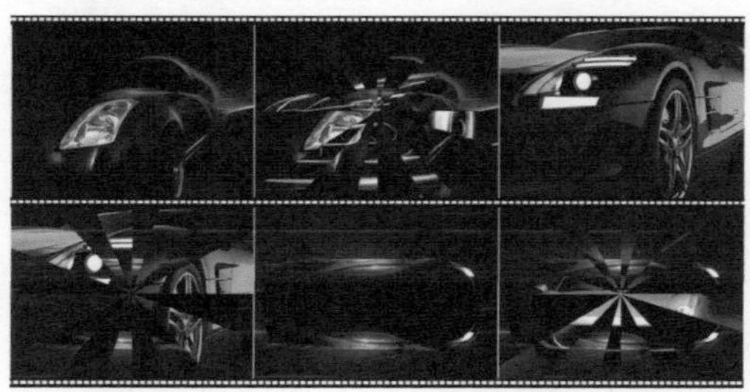

图5-120

01 新建一个项目，在“项目”面板中导入汽车图片，如图5-121所示。

02 新建一个序列，将“项目”面板中的汽车图片素材依次添加到“时间轴”面板的V1轨道中，如图5-122所示。

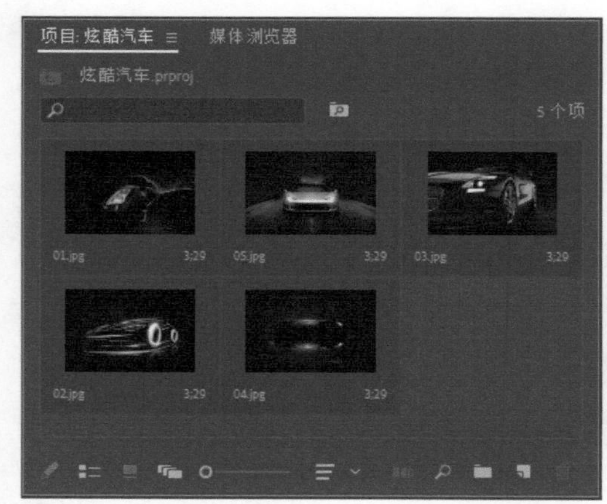

图5-121

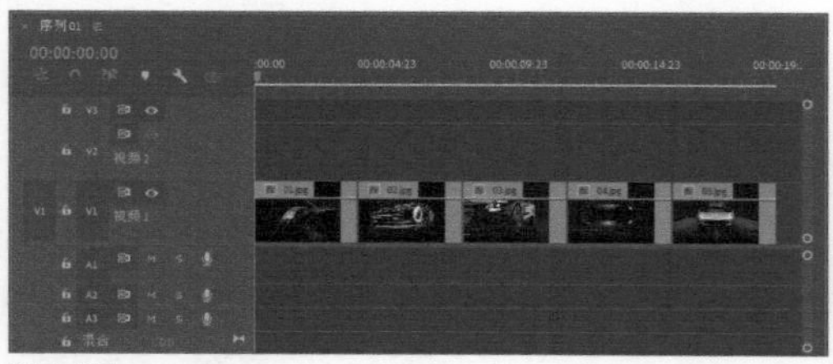

图5-122

03 打开“效果”面板，展开“视频过渡 > 擦除”素材箱，然后在“风车”过渡效果上单击鼠标右键，在弹出的菜单中选择“将所选过渡设置为默认过渡”命令，将其设置为默认过渡效果，如图 5-123 所示。

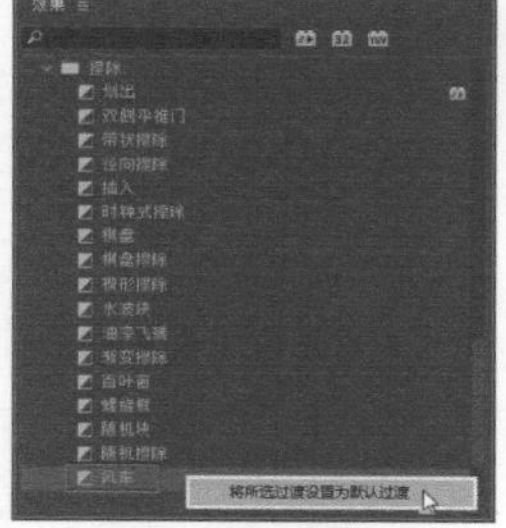

图 5-123

04 选择“工具”面板中的“向前选择轨道工具”按钮，然后单击 V1 轨道中的第一个素材，将该轨道中的所有素材选中，如图 5-124 所示。

图 5-124

05 选择“序列 > 应用默认过渡到选择项”命令，将默认过渡效果添加到 V1 轨道中的各个素材之间，如图 5-125 所示。

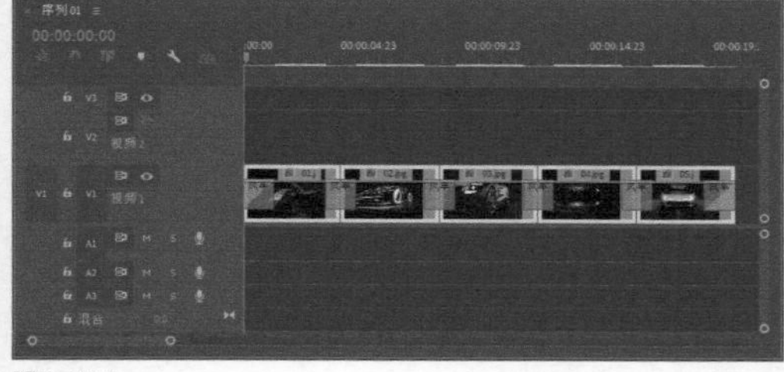

图5-125

06 在“节目”监视器面板中单击“播放 - 停止切换”按钮，对添加过渡效果后的影片进行预览，如图 5-126 所示。

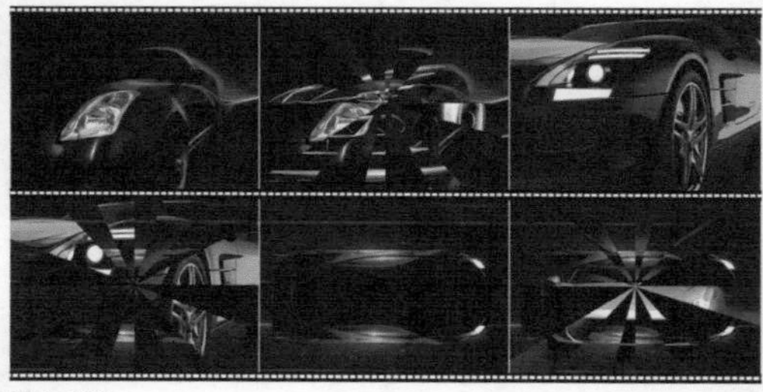

图5-126

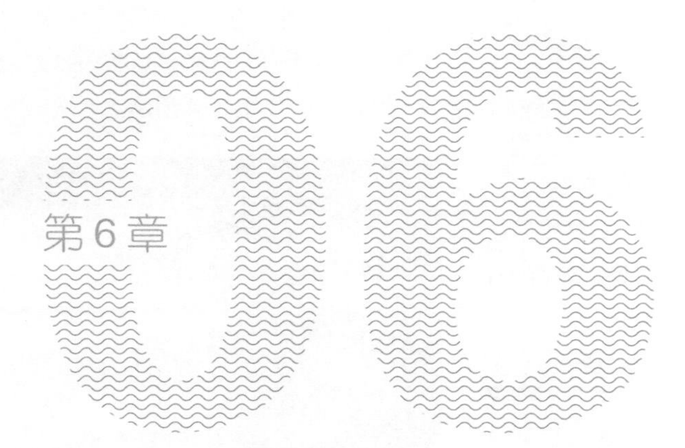

第6章

添加视频效果

本章导读

在 Premiere 中通过添加各种视频效果，可以使视频产生扭曲、模糊、幻影、镜头光晕、闪电等特殊效果。本章将详细介绍在 Premiere Pro 2021 中添加视频效果的操作与应用。

本章主要内容

视频效果应用设置

常用视频效果

6.1 视频效果应用设置

视频效果是一些由Premiere封装好的程序，专门用于处理视频画面，可按照指定的要求实现各种视觉效果。Premiere Pro 2021的视频效果集合在“效果”面板中。

6.1.1 课堂案例：呼吸的桥梁

实例位置	实例文件 >CH06> 呼吸的桥梁 .prproj
素材位置	素材文件 >CH06> 呼吸的桥梁
视频名称	呼吸的桥梁 .mp4
技术掌握	视频效果的添加与设置

本例将对素材应用“球面化”视频效果，通过设置关键帧制作桥梁运动的效果，如图6-1所示。

图6-1

01 选择“文件 > 新建 > 项目”命令，打开“新建项目”对话框，输入项目的名称，新建一个项目，如图 6-2 所示。

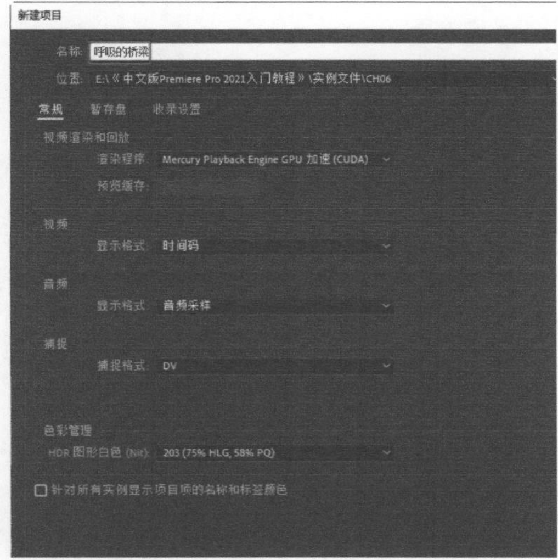

图 6-2

02 选择“文件 > 导入”命令，打开“导入”对话框，在“项目”面板中导入“桥梁 .jpg”素材，如图 6-3 所示。

图 6-3

03 选择“文件 > 新建 > 序列”命令，打开“新建序列”对话框，选择“标准 32kHz”预设，新建一个序列，如图 6-4 所示。

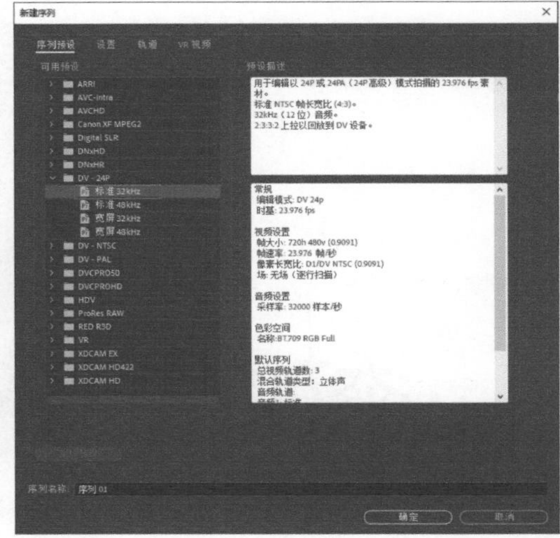

图 6-4

04 将“项目”面板中的素材添加到“时间轴”面板中的 V1 轨道中，如图 6-5 所示。

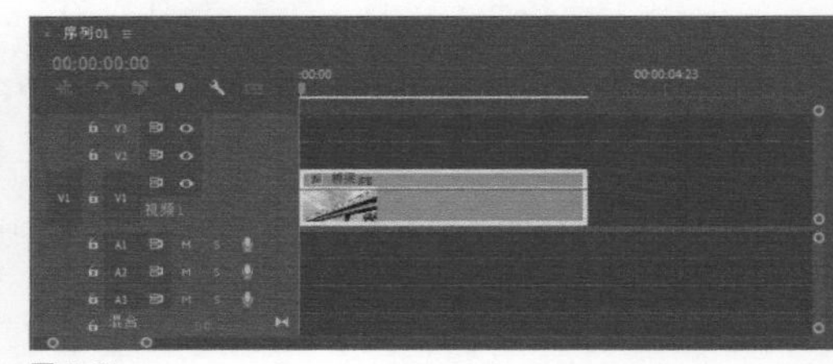

图 6-5

05 选择“窗口 > 效果”命令，打开“效果”面板，选择“视频效果 > 扭曲 > 球面化”视频效果，如图 6-6 所示。

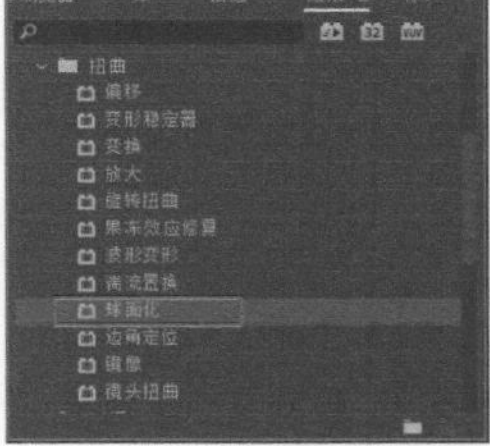

图 6-6

06 将选择的视频效果添加到“时间轴”面板中的素材上，在“效果控件”面板中将显示添加的视频效果，如图 6-7 所示。

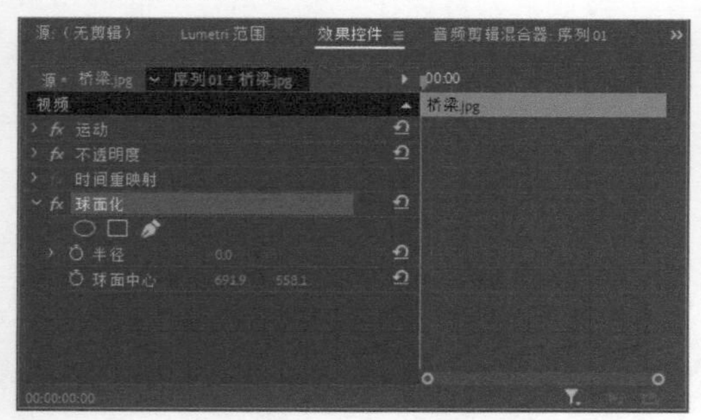

图 6-7

07 将时间指示器移动到第 0 秒，单击“半径”选项前面的“切换动画”按钮开启动画功能，并在此时间位置为该选项添加一个关键帧，如图 6-8 所示。

图 6-8

08 将时间指示器移动到第 1 秒，单击“半径”选项后面的“添加 / 移除关键帧”按钮，在此时间位置为该选项添加一个关键帧，然后设置“半径”的值为 135，如图 6-9 所示，效果如图 6-10 所示。

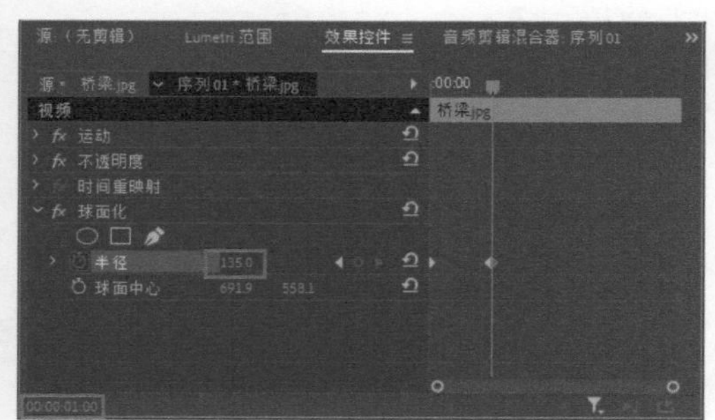

图 6-9

图 6-10

09 依次在第 2 秒、第 3 秒和第 3 秒 23 帧的位置为“半径”选项各添加一个关键帧，设置第 2 秒的“半径”值为 0、第 3 秒的“半径”值为 135、第 3 秒 23 帧的“半径”值为 0，如图 6-11 所示。

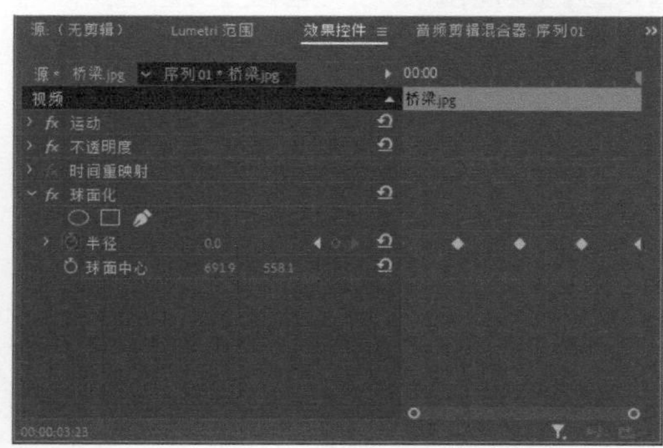

图 6-11

10 在“节目”监视器面板中单击“播放 - 停止切换”按钮，可以预览给素材添加的“球面化”效果，如图 6-12 所示。

图 6-12

6.1.2 视频效果的管理

使用Premiere视频效果与使用视频过渡效果相同，也可以使用“效果”面板的功能选项对其进行辅助管理。

在查找文本框中输入想要查找的效果名称或关键词，即可找到与输入名称相关的视频效果，如图6-13所示。单击“效果”面板底部的“新建自定义素材箱”按钮即可新建一个素材箱。单击两次素材箱，当素材箱名称出现文本框时，在文本框中输入想要的名称即可重命名素材箱，如图6-14所示。

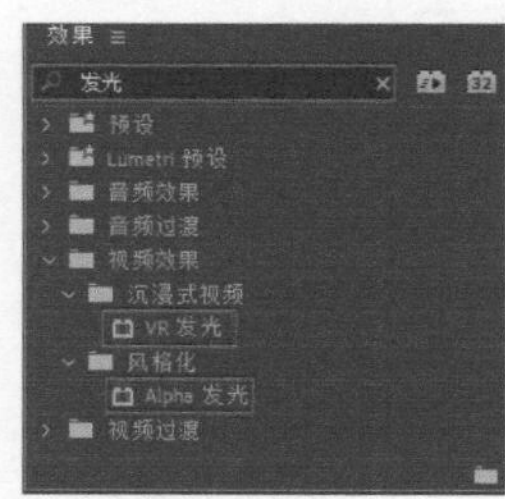

图6-13

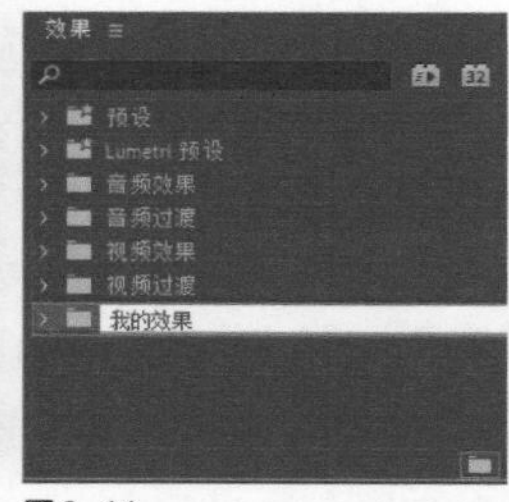

图6-14

6.1.3 添加视频效果

为素材添加视频效果的操作方法与添加视频过渡的操作方法相似。在“效果”面板中选择一个视频效果，将其拖曳到“时间轴”面板中的素材上，就可以将该视频效果应用到素材上。例如，给素材添加“画笔描边”视频效果，对比如图6-15和图6-16所示。

图6-15

图6-16

6.1.4 禁用视频效果

给素材添加视频效果后，如果需要暂时禁用该效果，可以在“效果控件”面板中单击效果前面的“切换效果开关”按钮，如图6-17所示。此时，该效果前面的图标将变成禁用图标，表示该效果已被禁用，如图6-18所示。

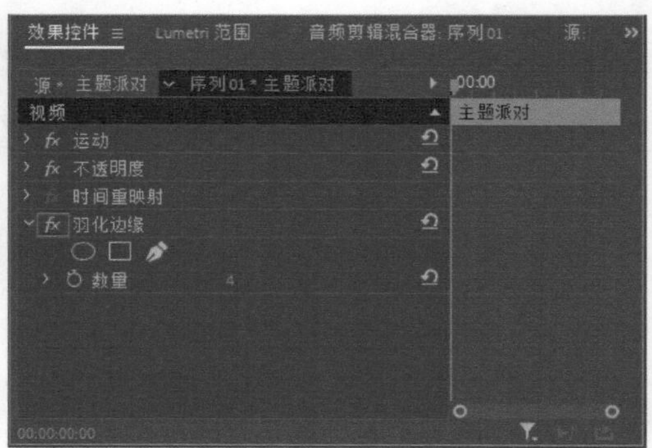

图6-17

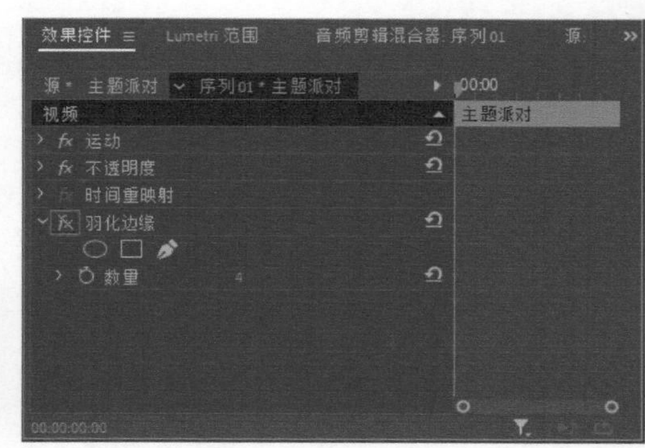

图6-18

> 小提示
>
> 禁用效果后，再次单击效果前面的“切换效果开关”按钮，可以重新启用该效果。

6.1.5 删除视频效果

给素材添加视频效果后，在“效果控件”面板中选中该效果，单击鼠标右键，然后在弹出的菜单中选择“清除”命令，即可将该效果删除，如图6-19所示。

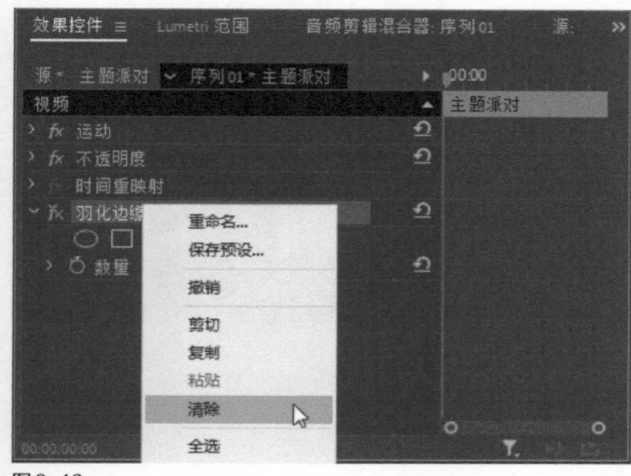

图6-19

如果对某个素材添加了多个视频效果，可以单击“效果控件”面板右上角的菜单按钮，在弹出的菜单中选择“移除效果”命令，如图6-20所示。在打开的“删除属性”对话框中勾选多个要删除的视频效果，单击“确定”按钮即可将其删除，如图6-21所示。

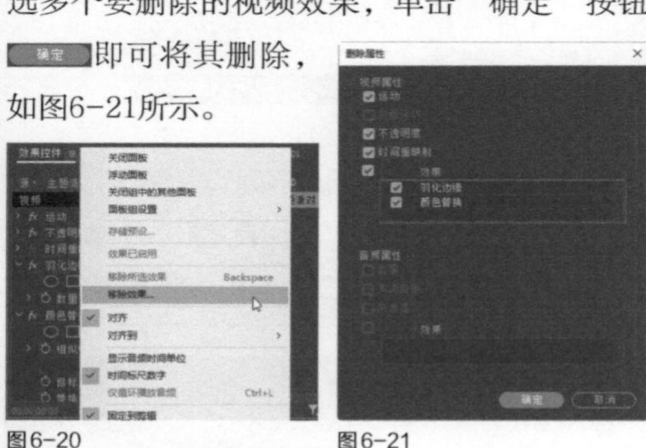
图6-20　　图6-21

> 小提示
>
> 给素材添加视频效果后，在“效果控件”面板中选中该效果，可以按 Delete 键快速将其删除。

6.1.6 设置视频效果参数

在“时间轴”面板中选中已经添加视频效果的素材，在“效果控件”面板中可以看到为素材添加的视频效果。例如，给素材添加了“画笔描边”视频效果，在“效果控件”面板就会显示“画笔描边”选项组，如图6-22所示。单击视频效果选项前面的展开按钮，可以展开选项组，如图6-23所示。

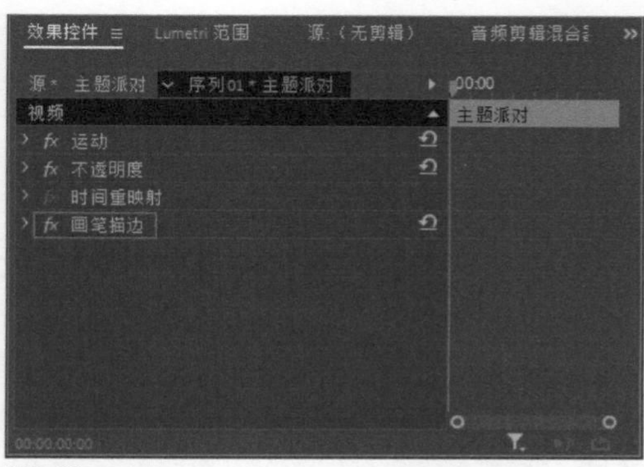

图6-22

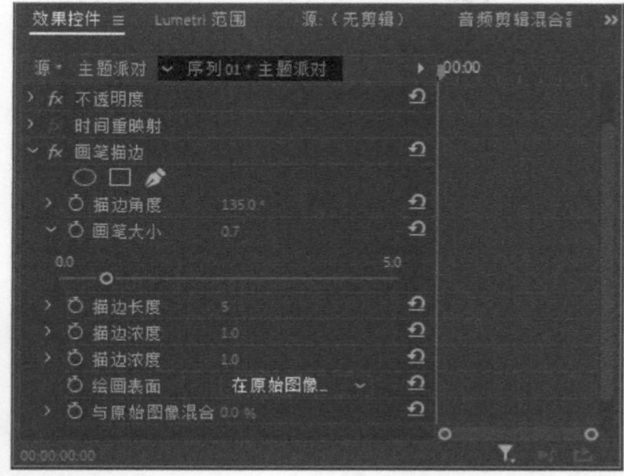

图6-23

> 小提示
>
> 在“效果控件”面板中通过拖曳参数中的滑块，或在参数文本框中输入参数值调节其中的参数，可以更改图像的效果。

6.1.7 设置效果关键帧

为素材添加视频效果后，在“效果控件”面板中单击“切换动画”按钮，将开启视频效果的动画设置功能，同时将在当前时间位置创建一个关键帧，如图6-24所示。开启动画设置功能后，可以通过创建关键帧并编辑关键帧参数对视频效果进行设置。在“效果控件”面板中开启动画设置功能后，将时间指示器移到新的位置，可以单击参数后方的“添加/移除关键帧”按钮，在指定的时间位置添加或删除关键帧。修改关键帧的参数，可以编辑当前时间位置的视频效果，如图6-25所示。

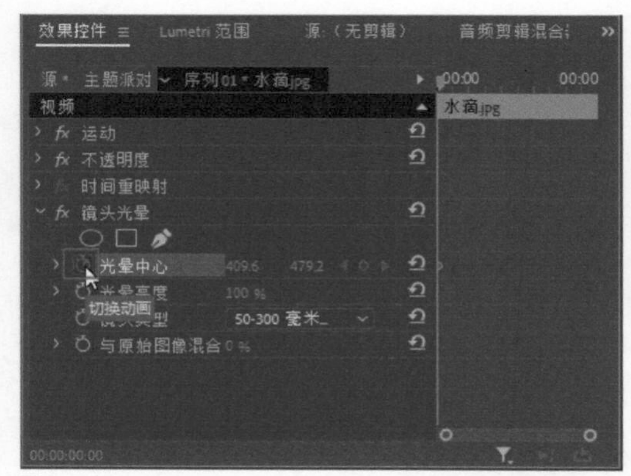

图6-24

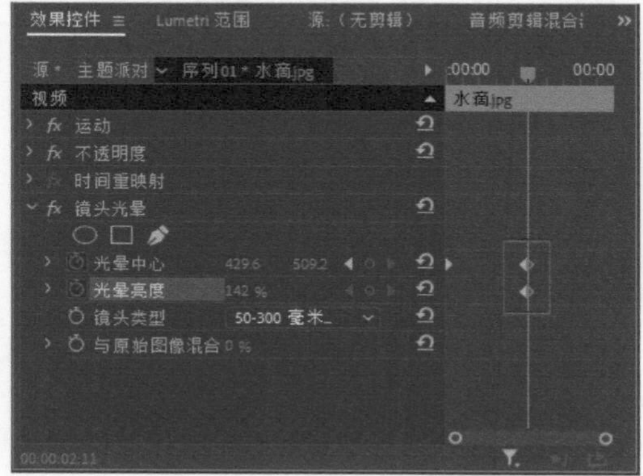

图6-25

6.2 常用视频效果

Premiere Pro 2021中提供了多达100种视频效果，被分类保存在18个素材箱中。由于Premiere Pro 2021中的视频效果太多，这里只对常用的视频效果进行介绍。

6.2.1 课堂案例：城市风光

实例位置	实例文件 >CH06> 城市风光 .prproj
素材位置	素材文件 >CH06> 城市风光
视频名称	城市风光 .mp4
技术掌握	视频效果的添加与设置

本例主要应用“边角定位”视频效果改变视频画面的边角坐标，制作“五画同映”效果，即在视频画面中同时播放5个不同的视频画面，效果如图6-26所示。

图6-26

01 新建一个名为“城市风光”的项目，在“项目”面板中导入所需素材，如图 6-27 所示。

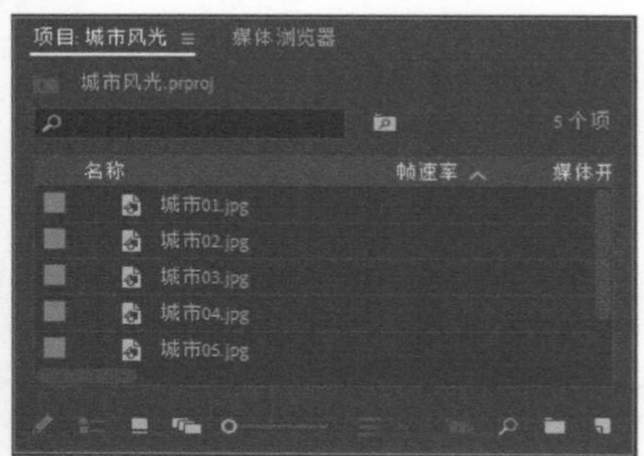

图6-27

02 新建一个序列，在“新建序列”对话框的“设置”选项卡中设置“编辑模式”为“自定义”，“帧大小”的“水平”为720，“垂直”为480，如图6-28所示。

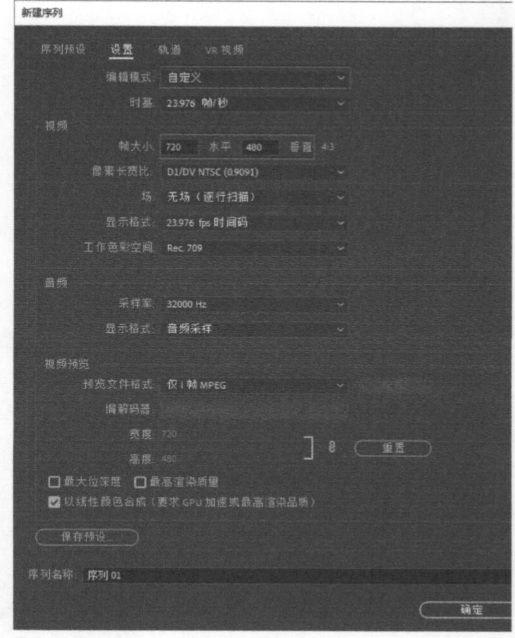

图6-28

03 选择“序列 > 添加轨道”命令，打开“添加轨道”对话框，设置添加视频轨道的数量为 2，如图 6-29 所示。

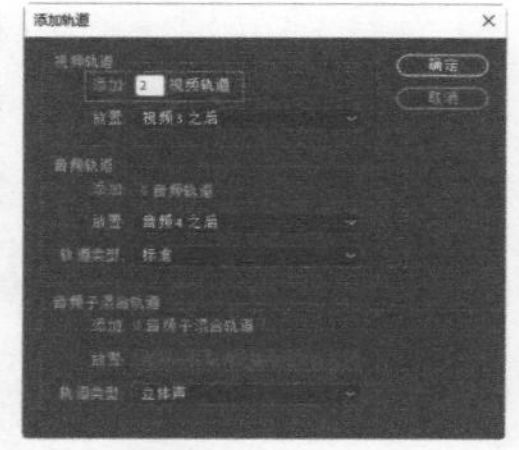

图 6-29

04 在“项目”面板中选中所有的素材，然后选择“剪辑 > 速度 / 持续时间”命令。在打开的“剪辑速度/持续时间”对话框设置所有素材的“持续时间”为 10秒，如图 6-30 所示。

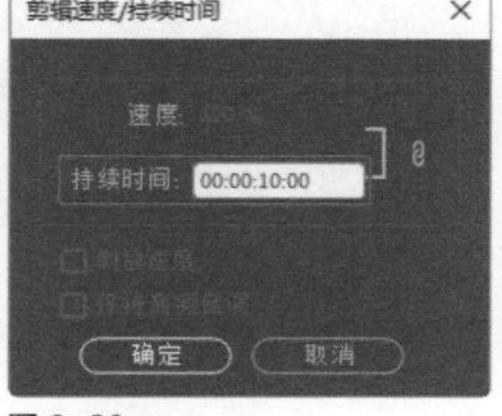

图 6-30

05 将各个素材依次添加到“时间轴”面板的 V1 ~V5 轨道上，如图 6-31 所示。

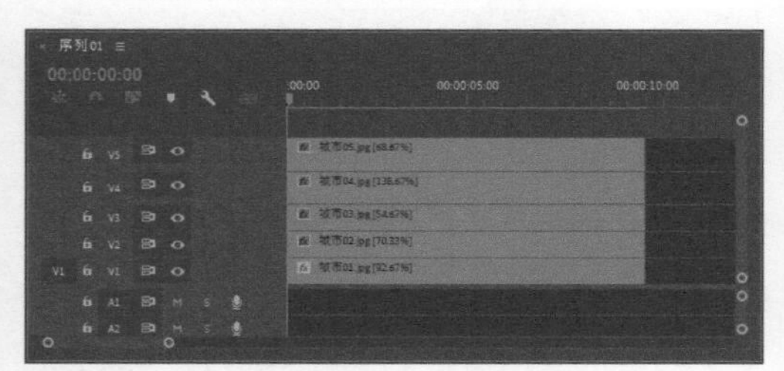

图 6-31

06 打开“效果”面板，选择“视频效果 > 扭曲 > 边角定位”视频效果，如图 6-32 所示。然后将“边角定位”效果依次添加到 V2~V5 轨道相应的素材上。

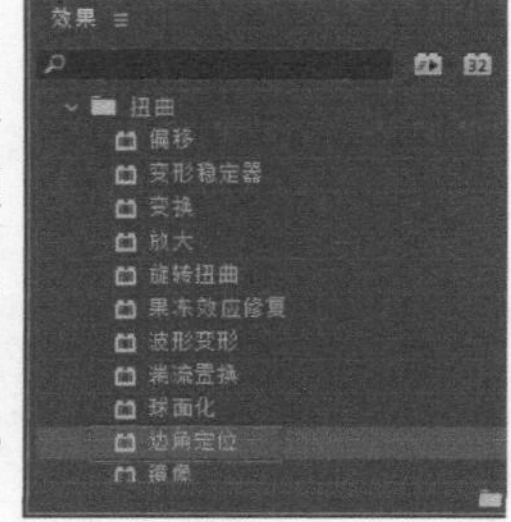

图 6-32

07 选择V5轨道中的素材，打开“效果控件”面板，展开“边角定位”选项组，将时间指示器移动到第 0 秒的位置，然后单击“左下”和“右下”选项前面的“切换动画”按钮，在当前时间位置为这两个选项各添加一个关键帧，如图 6-33 所示。

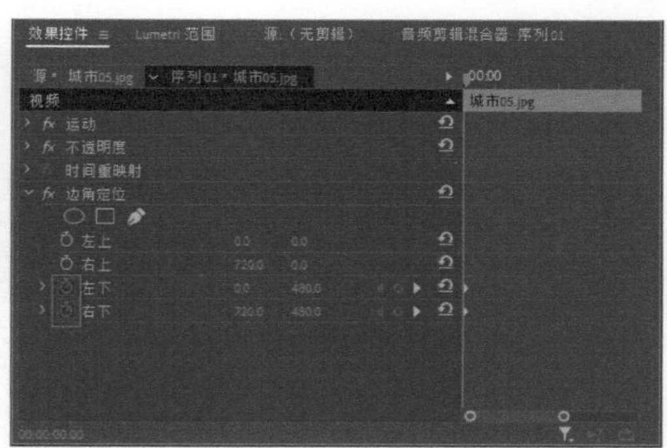

图 6-33

08 将时间指示器移动到第 1 秒，单击“左下”和“右下”选项后面的“添加 / 移除关键帧”按钮，为这两个选项各添加一个关键帧。然后设置“左下”的坐标为（180，120），设置“右下”的坐标为（480，120），如图 6-34 所示。

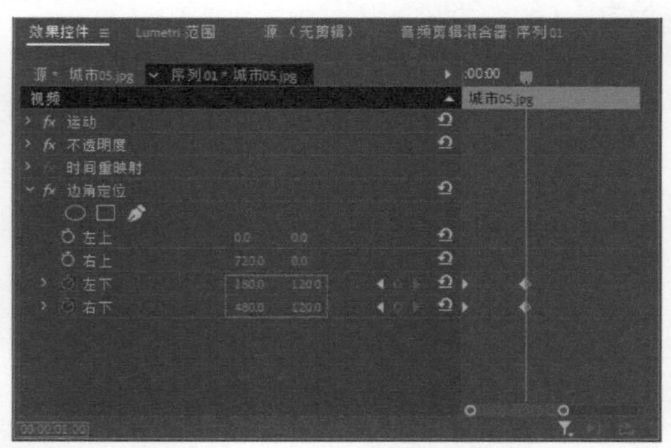

图 6-34

09 将时间指示器移动到第 1 秒，在“节目”监视器面板中对影片进行预览，如图 6-35 所示。

图 6-35

⑩ 选择 V4 轨道中的素材，将时间指示器移动到第 2 秒。在“效果控件”面板中为“右上”和“右下”选项各添加一个关键帧，如图 6-36 所示。

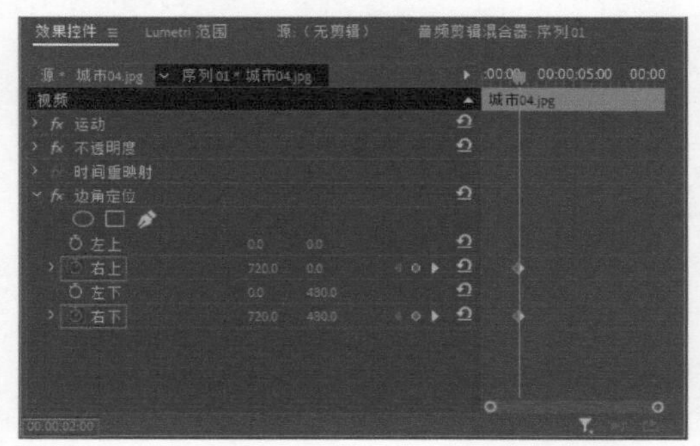

图 6-36

⑪ 将时间指示器移动到第 3 秒，为“右上”和“右下”选项各添加一个关键帧，然后将“右上”的坐标设为（180，120），将“右下”的坐标设为（180，360），如图 6-37 所示。

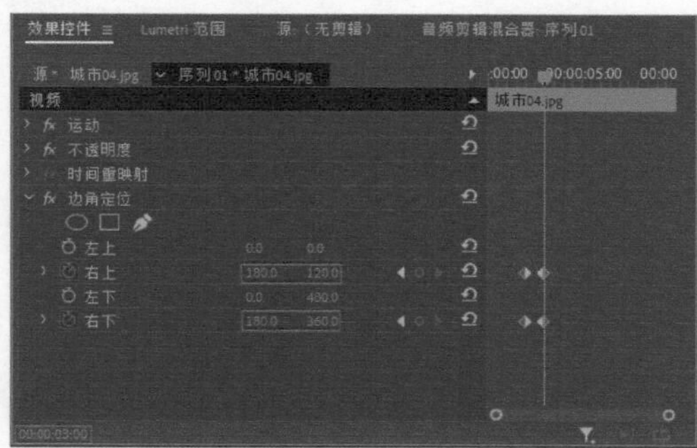

图 6-37

⑫ 将时间指示器移动到第 3 秒，在“节目”监视器面板中对影片进行预览，如图 6-38 所示。

图 6-38

⑬ 选择 V3 轨道中的素材，将时间指示器移动到第 4 秒，在“效果控件”面板中为“左上”和“左下”选项各添加一个关键帧，如图 6-39 所示。

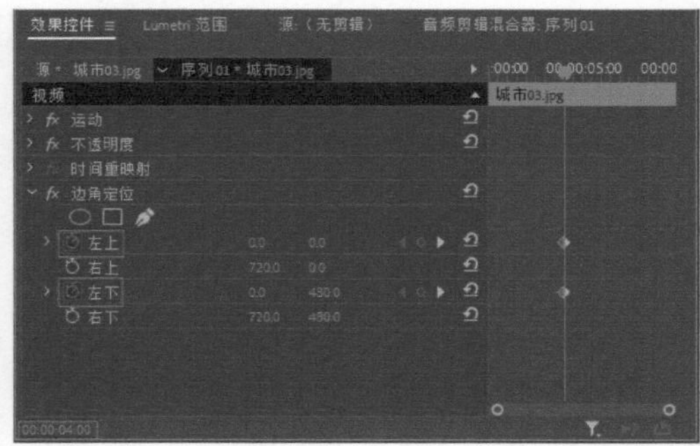

图 6-39

⑭ 将时间指示器移动到第 5 秒，继续为“左上”和“左下”选项各添加一个关键帧，并将“左上”的坐标设为(480,120),“左下”的坐标设为(480，360)，如图 6-40 所示。

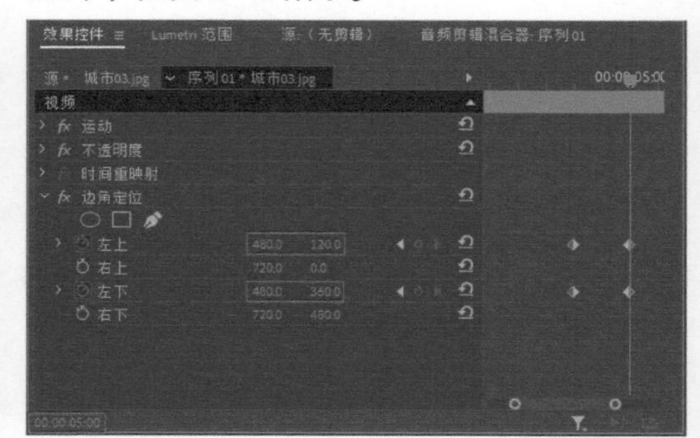

图 6-40

⑮ 将时间指示器移动到第 5 秒，在“节目”监视器面板中对影片进行预览，如图 6-41 所示。

图 6-41

⑯ 选择 V2 轨道中的素材，将时间指示器移动到第 6 秒，在“效果控件”面板中为“左上”和“右上”选项各添加一个关键帧，如图 6-42 所示。

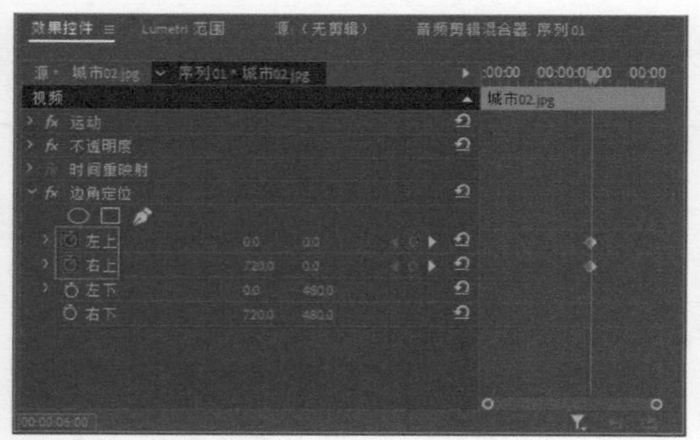

图 6-42

⑰ 将时间指示器移动到第 7 秒，继续为“左上”和“右上”选项各添加一个关键帧，将“左上”的坐标设为（180，360），将“右上”的坐标设为（480，360），如图 6-43 所示。

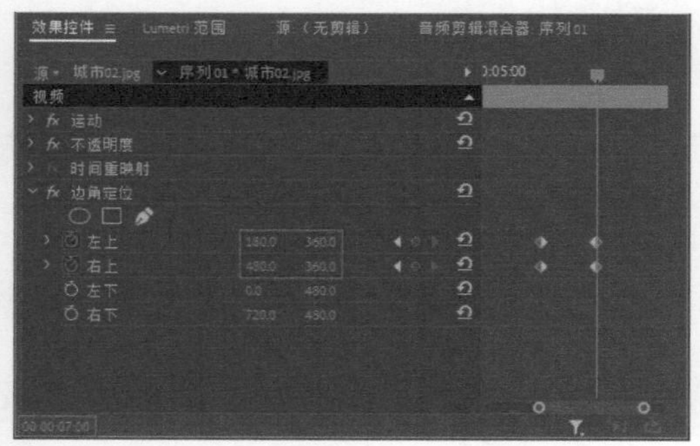

图 6-43

⑱ 将时间指示器移动到第 7 秒，在“节目”监视器面板中对影片进行预览，如图 6-44 所示。

图 6-44

⑲ 选择 V1 轨道中的素材，将时间指示器移动到第 8 秒，在“效果控件”面板中展开“运动”选项组，在“缩放”选项中添加一个关键帧，如图 6-45 所示。

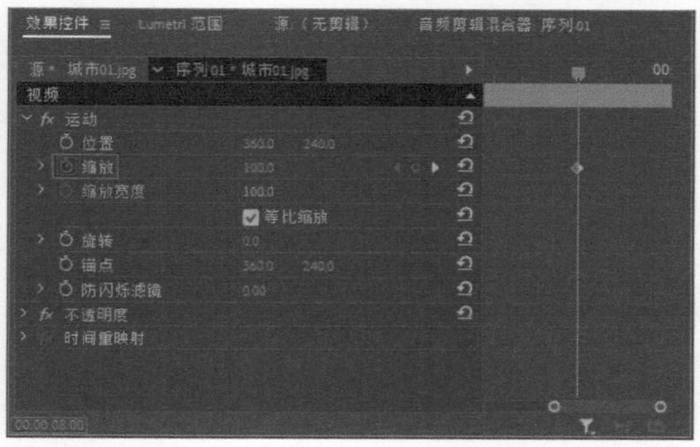

图 6-45

⑳ 将时间指示器移动到第 9 秒，继续为“缩放”选项添加一个关键帧，设置“缩放”选项的值为 50，如图 6-46 所示。本例的最终效果如图 6-47 所示。

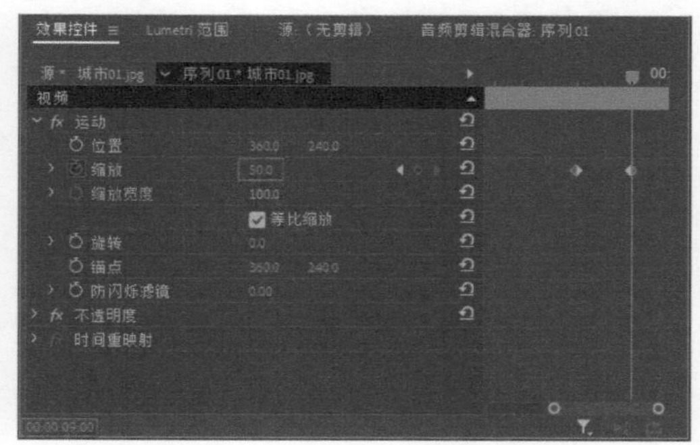

图 6-46

图 6-47

6.2.2 “变换”效果

“变换”素材箱中包含5种效果，主要用于

变换画面，如图6-48所示。下面将对同一个素材应用不同的“变换”视频效果，对比介绍其效果变化，源素材效果如图6-49所示。

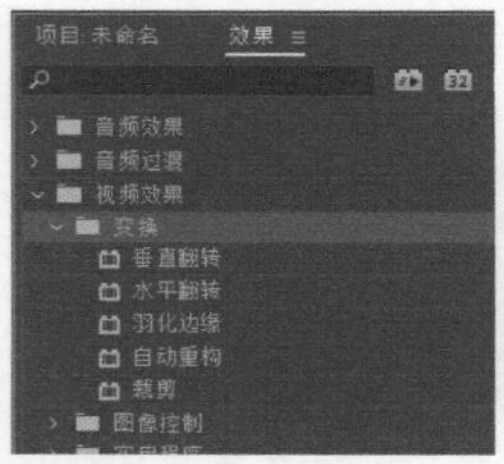

图 6-48

图 6-49

◆ 1. 垂直翻转

在素材上运用该效果，可以将画面沿水平中心翻转180°，将素材上下颠倒，如图6-50所示。

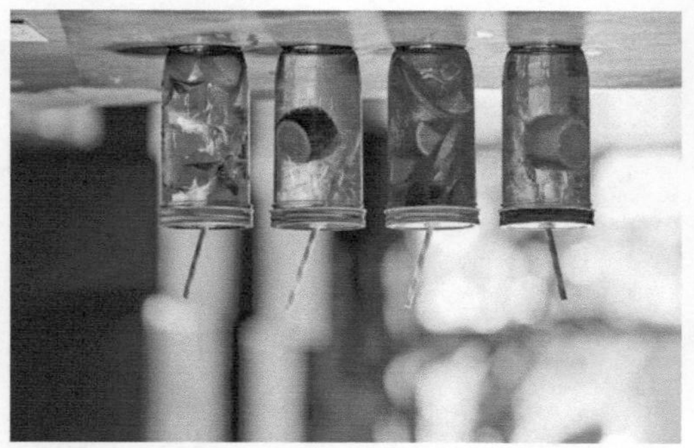
图 6-50

◆ 2. 水平翻转

在素材上运用该效果，可以将画面沿垂直中心翻转180°，将素材画面进行左右翻转，如图6-51所示。

图 6-51

◆ 3. 羽化边缘

在素材上运用该效果，可以在“效果控件”面板中调节羽化边缘的数量，如图6-52所示；素材的画面周围会产生羽化效果，如图6-53所示。

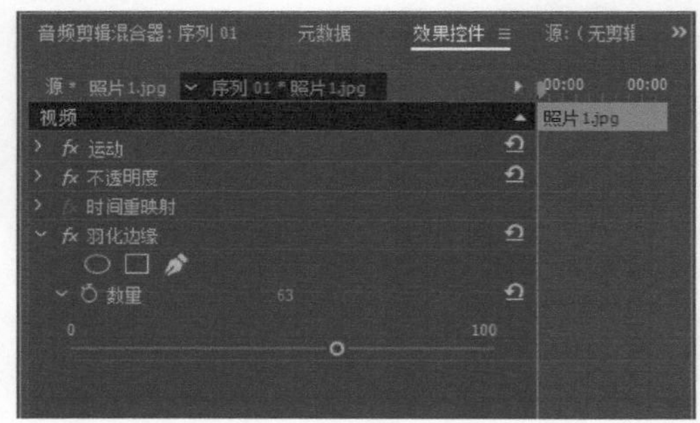

图 6-52

图 6-53

◆ 4. 裁剪

“裁剪”效果用于裁剪素材的画面，通过调节“效果控件”面板中的参数，可以从上、下、左、右4个方向裁剪画面，如图6-54和图6-55所示。

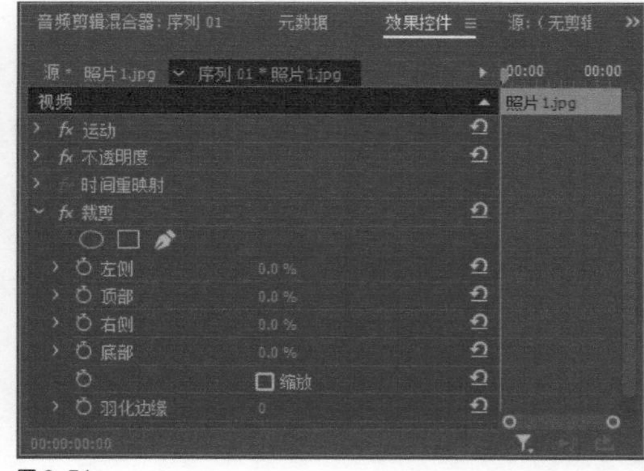

图 6-54

图 6-55

6.2.3 “图像控制”效果

“图像控制”素材箱中包含5种视频效果，如图6-56所示，该类效果主要用于改变影片的色彩。下面将对同一个素材应用不同的“图像控制”视频效果，对比其效果变化，源素材效果如图6-57所示。

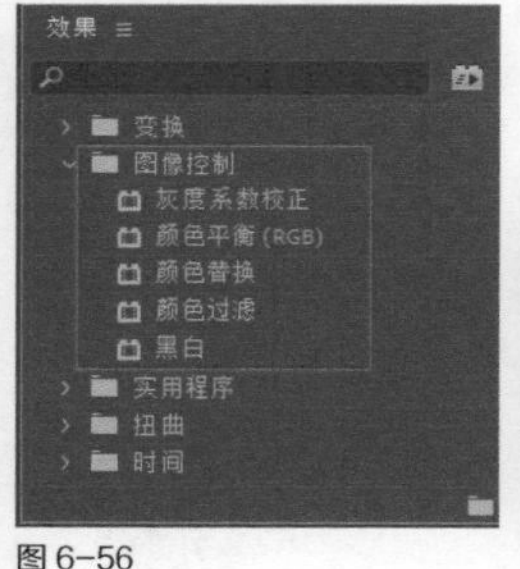

图 6-56

图 6-57

◆ 1. 灰度系数校正

在素材上运用该效果，可以在不改变图像的高亮区域和低亮区域的情况下，使图像变亮或变暗，如图6-58所示。在“效果控件”面板中可以设置灰度系数，如图6-59所示。

图 6-58

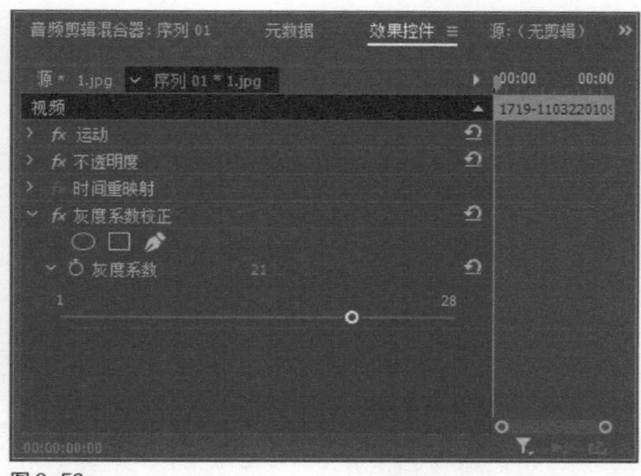

图 6-59

◆ 2. 颜色平衡（RGB）

在素材上运用该效果，可以通过调节“效果控件”面板中的“红色”“绿色”“蓝色”参数改变画面的色彩，以达到校色的目的，参数、效果如图6-60和图6-61所示。

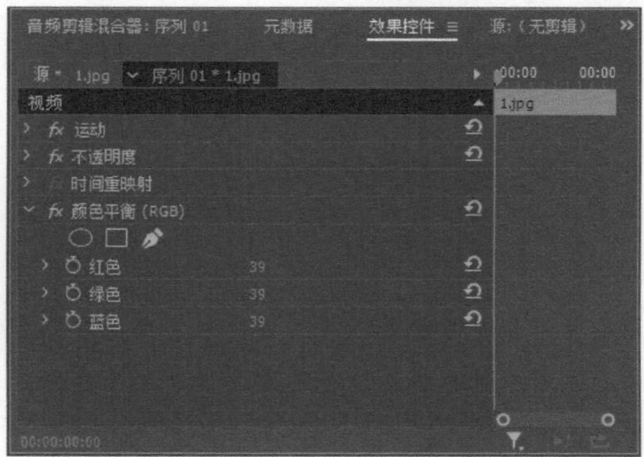

图 6-60

图 6-61

◆ 3. 颜色替换

在素材上运用该效果，可以将一种颜色或某一范围内的颜色替换为其他颜色。在“效果控件”面板中可以设置目标颜色和替换颜色，以及颜色的相似性，如图6-62所示。在“效果控件”面板中单击“目标颜色”或“替换颜色”后面的色块，可以在打开的“拾色器”对话框中选择目标颜色或替换颜色，如图6-63所示。

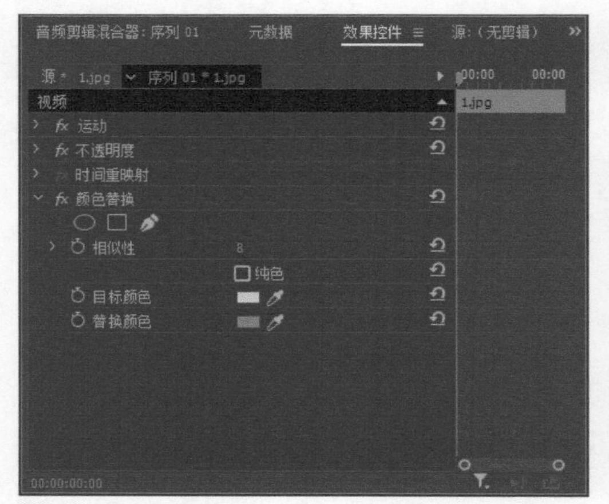

图6-62

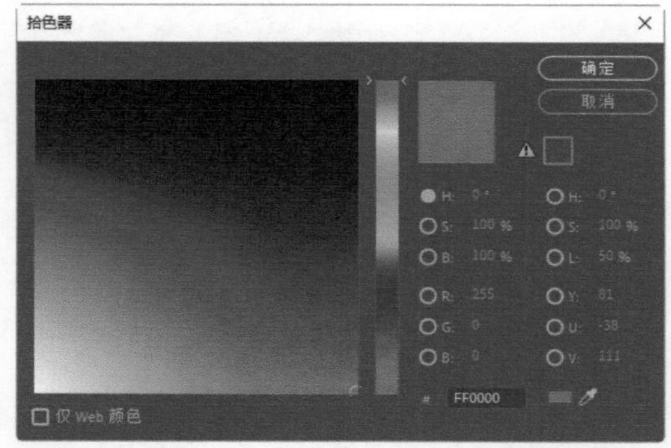

图6-63

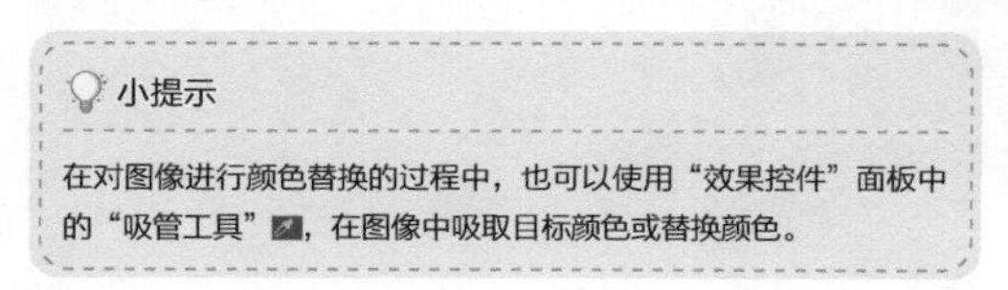
小提示

在对图像进行颜色替换的过程中，也可以使用“效果控件”面板中的“吸管工具”，在图像中吸取目标颜色或替换颜色。

◆ 4. 颜色过滤

“颜色过滤”效果可以将图像中指定的单种颜色转换成灰度颜色，如图6-64所示。勾选“反相”复选框，即可将指定颜色以外的色彩区域转换为灰度颜色。例如，将图像中橙红色以外的颜色转换为灰度颜色，如图6-65所示。

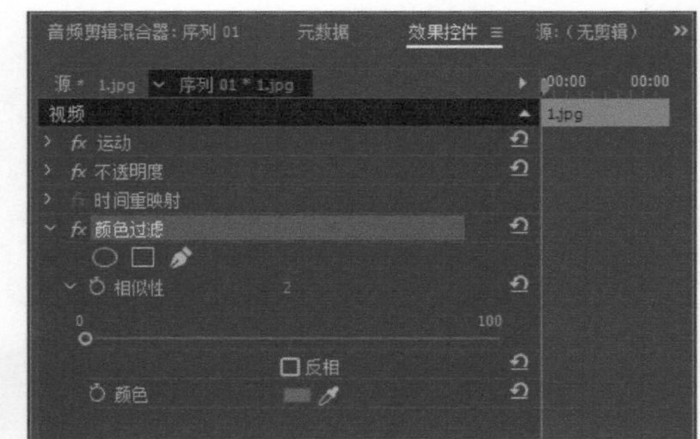

图6-64

图6-65

◆ 5. 黑白

在素材上运用该效果，可以直接将彩色图像转换成灰度图像，如图6-66所示。

图6-66

6.2.4 “扭曲”效果

“扭曲”素材箱中包含12种视频效果，如图6-67所示，该类效果主要用于对图像进行扭曲变形。下面将对同一个素材应用不同的“扭曲”视频效果，对比介绍其效果变化，源素材效果如图6-68所示。

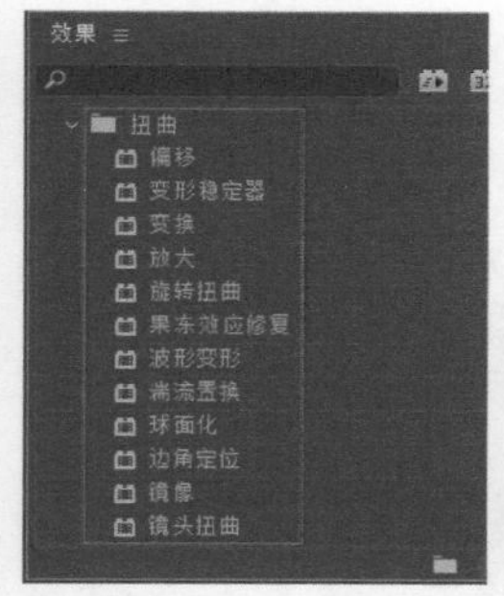

图6-67

图6-68

◆ 1. 偏移

在素材上运用该效果，可以在垂直方向和水平方向上移动素材，创建平面效应。调整“将中心移位至”参数，可以垂直或水平移动素材，如图6-69所示。如果想要将偏移后的效果与原始素材混合使用，可以调整“与原始图像混合”参数，效果如图6-70所示。

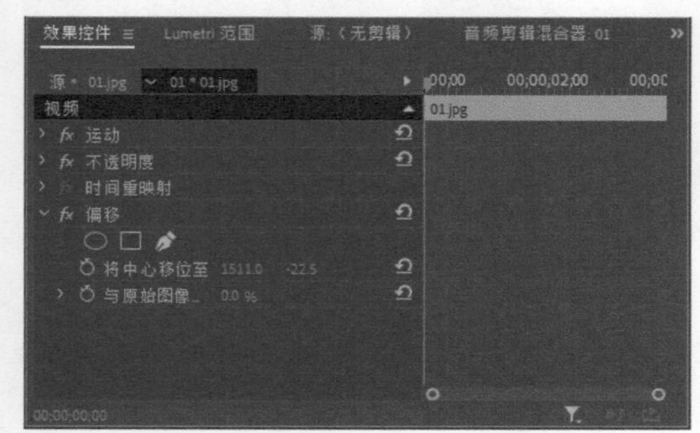

图6-69

图6-70

◆ 2. 变换

该效果可以对图像的位置、大小、倾斜、旋转和不透明度等进行设置，参数、效果如图6-71和图6-72所示。

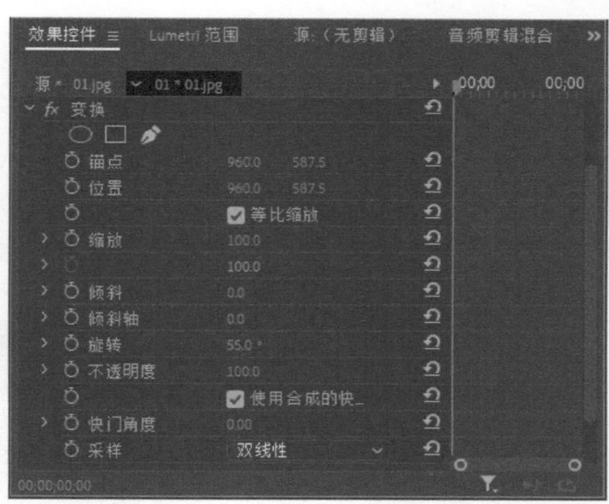

图6-71

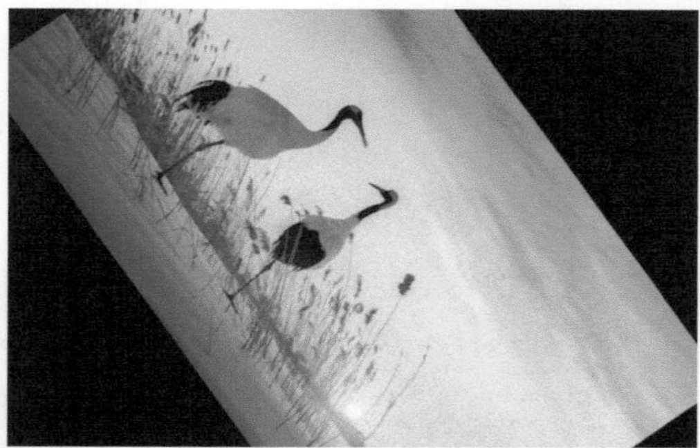
图6-72

◆ 3. 放大

在素材上运用该效果，可以对图像的局部进行放大处理。通过设置该效果的“形状”，可以选择圆形放大或正方形放大，参数、效果如图6-73和图6-74所示。

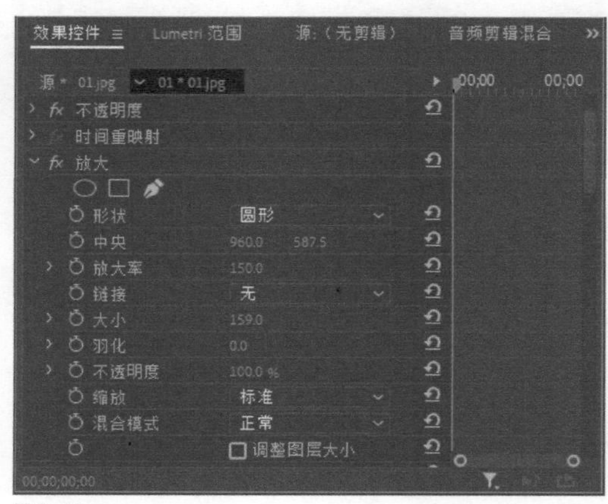

图6-73

图 6-74

◆ 4. 旋转扭曲

在素材上运用该效果，可以通过效果参数调整扭曲的角度和强度，制作出图像沿中心轴旋转扭曲的效果，参数、效果如图6-75和图6-76所示。

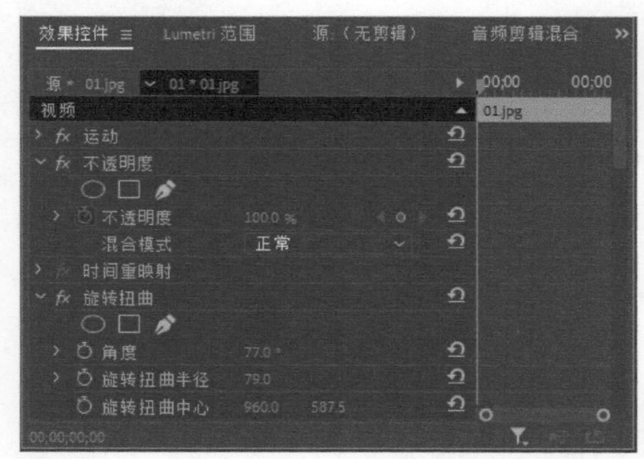

图 6-75

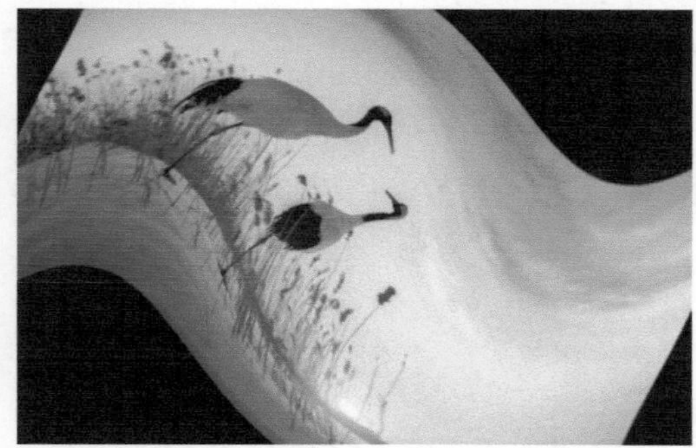

图 6-76

◆ 5. 波形变形

在素材上运用该效果，可以设置波形的类型、方向和强度等，制作出波浪效果，参数、效果如图6-77和图6-78所示。

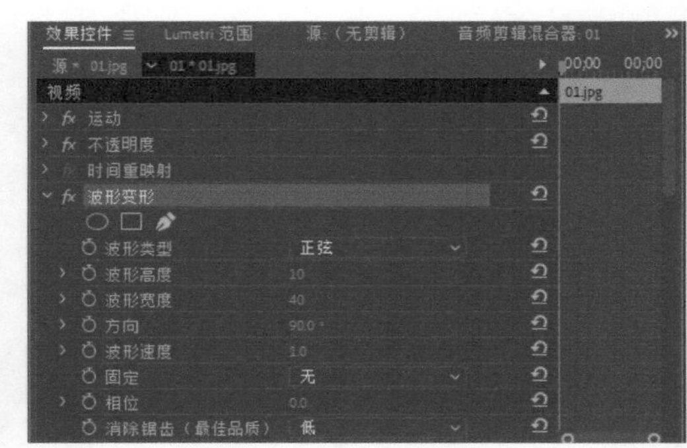

图 6-77

图 6-78

◆ 6. 球面化

在素材上运用该效果，可以将平面图像转换成球面图像，参数、效果如图6-79和图6-80所示。

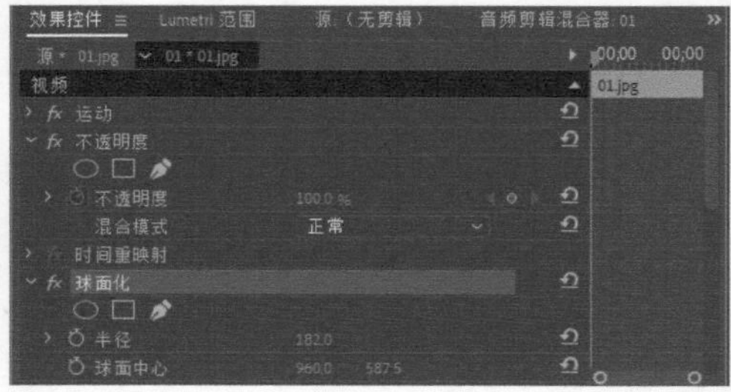

图 6-79

图 6-80

◆ 7. 边角定位

在素材上运用该效果，可以使图像的4个角点发生位移，改变画面的位置和透视。该效果中的4个参数分别代表图像4个角点的坐标，参数、效果如图6-81和图6-82所示。

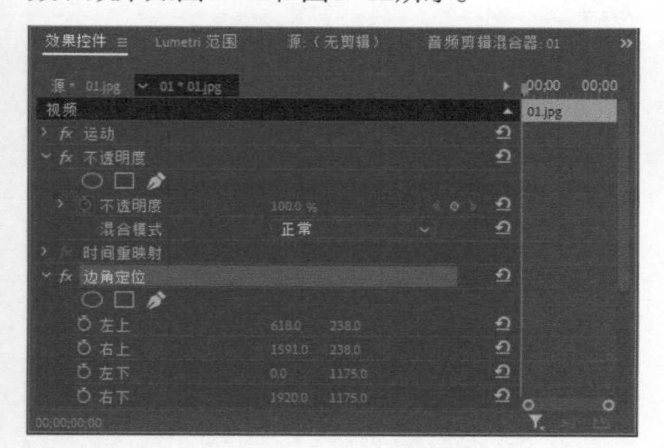

图 6-81

图 6-82

◆ 8. 镜像

在素材上运用该效果，可以将图像沿一条直线分割为两部分，并制作出镜像效果，参数、效果如图6-83和图6-84所示。

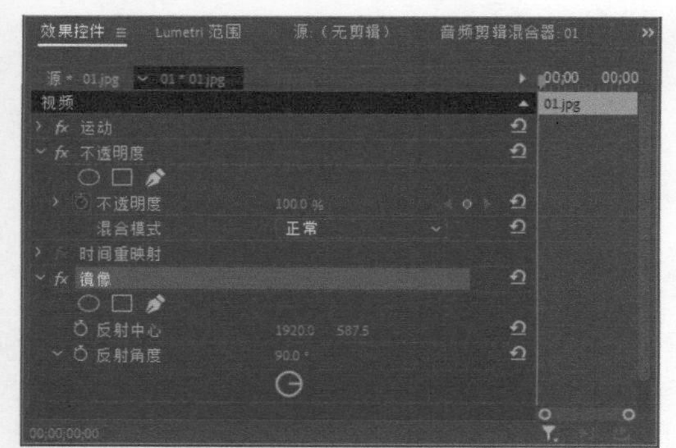

图 6-83

图 6-84

◆ 9. 镜头扭曲

在素材上运用该效果，可以使画面沿垂直轴和水平轴扭曲，制作出如同用变形透视镜观察素材的效果，参数、效果如图6-85和图6-86所示。

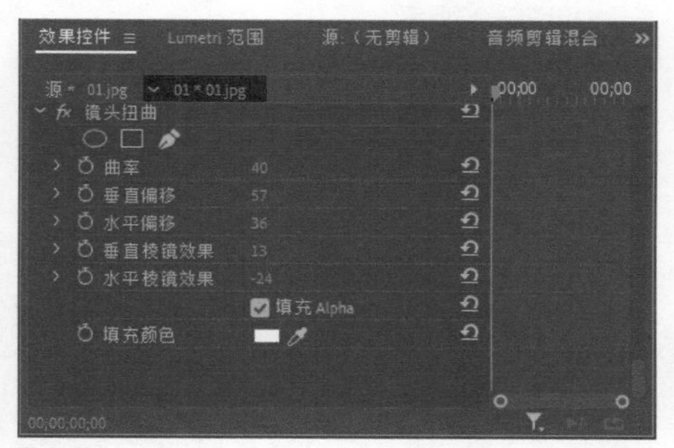

图 6-85

图 6-86

6.2.5 “模糊与锐化”效果

“模糊与锐化”素材箱中包含8种效果，主要用于调整画面的模糊和锐化效果，如图6-87所示。下面将对同一个素材应用不同的“模糊与锐化”视频效果，对比介绍其效果变化，源素材效果如图6-88所示。

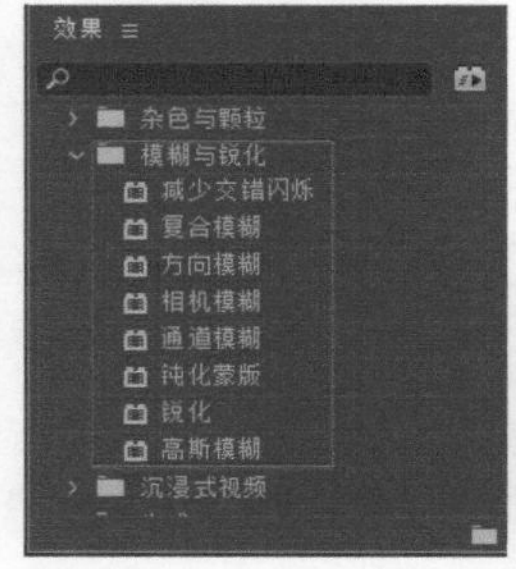

图6-87

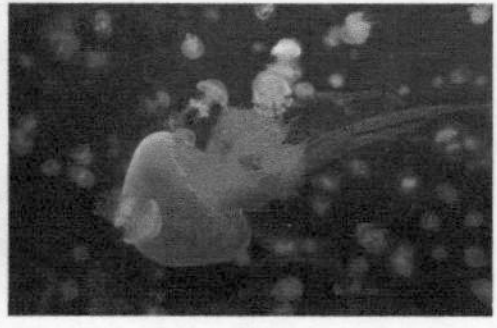
图6-88

◆ 1. 复合模糊

该效果可以使“时间轴”面板中指定视频轨道的素材产生模糊效果，参数、效果如图6-89和图6-90所示。

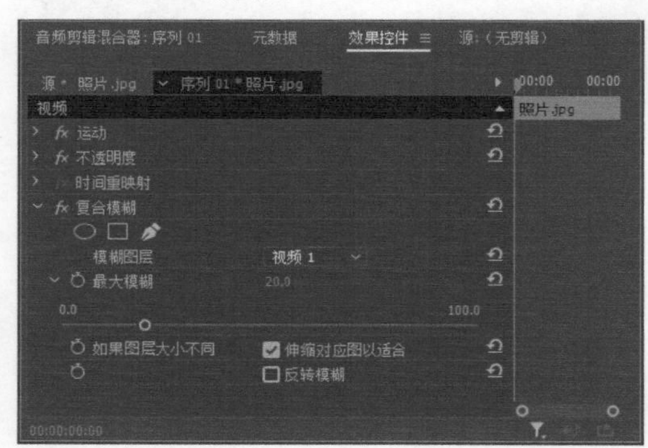

图6-89

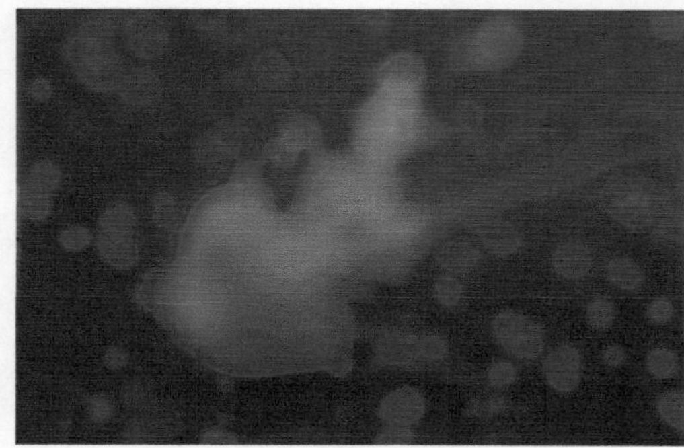
图6-90

◆ 2. 方向模糊

在素材上运用该效果，可以设置画面的模糊方向和模糊长度，使画面产生一种运动的效果，参数、效果如图6-91和图6-92所示。

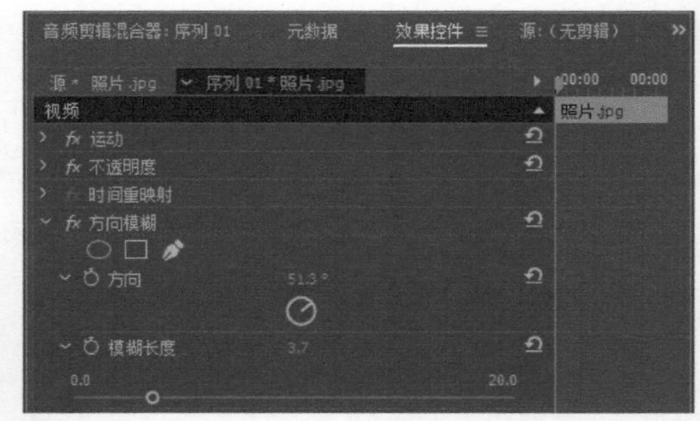

图6-91

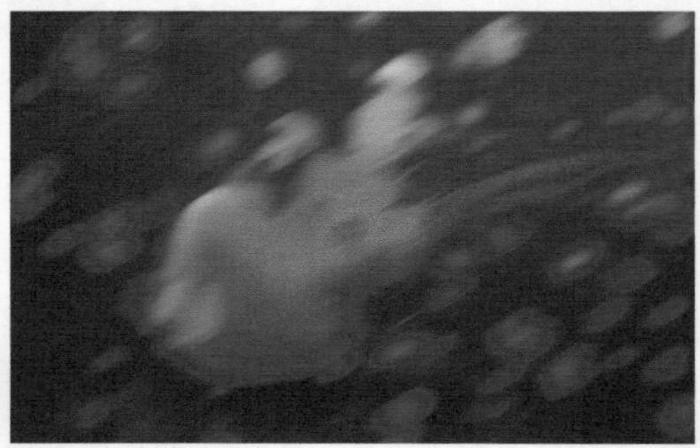
图6-92

◆ 3. 相机模糊

在素材上运用该效果，可以产生图像离开相机焦点范围时产生的“虚焦”效果，参数、效果如图6-93和图6-94所示。

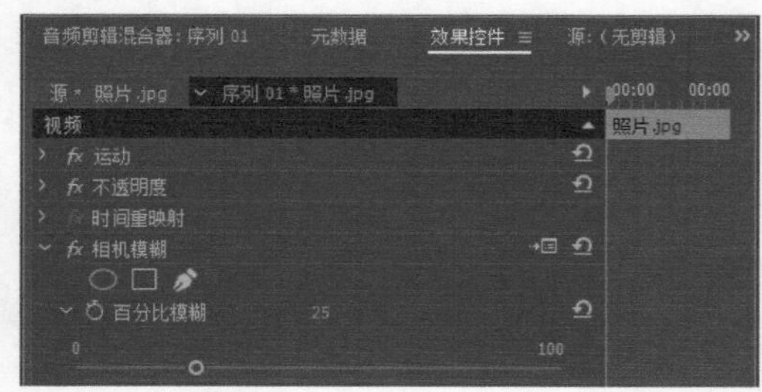

图6-93

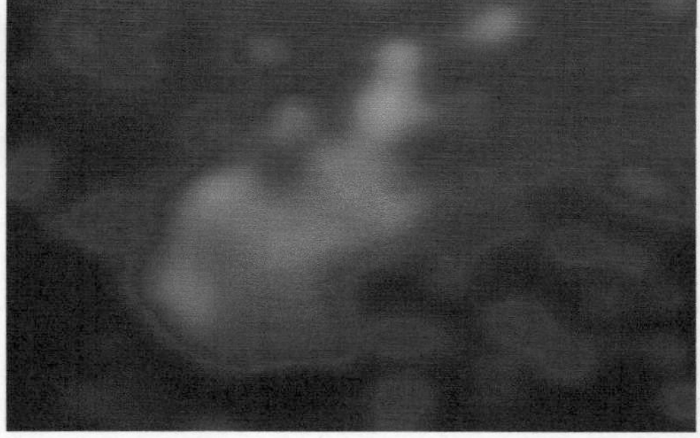
图6-94

◆ 4. 通道模糊

在素材上运用该效果，可以对素材的不同通道进行模糊，包括对“红色模糊度”“绿色模糊度”“蓝色模糊度”“Alpha模糊度”等进行调整，参数、效果如图6-95和图6-96所示。

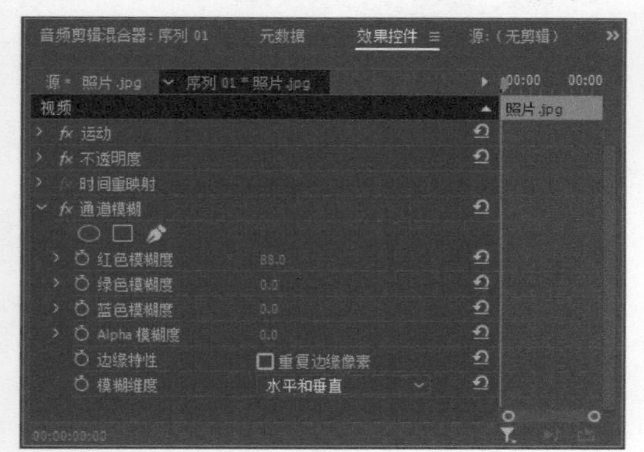

图 6-95

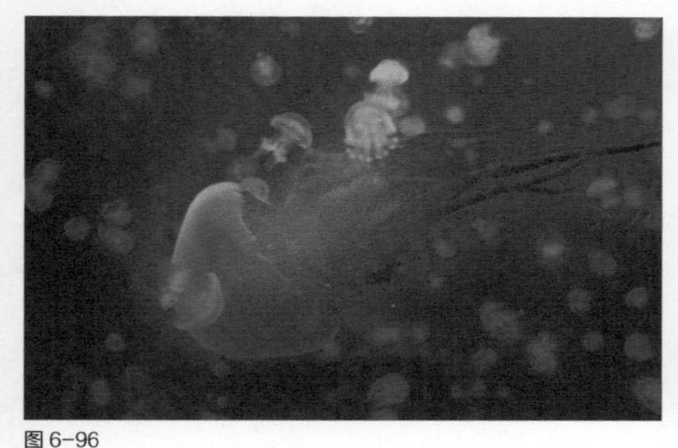

图 6-96

◆ 5. 钝化蒙版

该效果用于调整图像的色彩锐化程度，可以使相邻像素的边缘高亮显示，参数、效果如图6-97和图6-98所示。

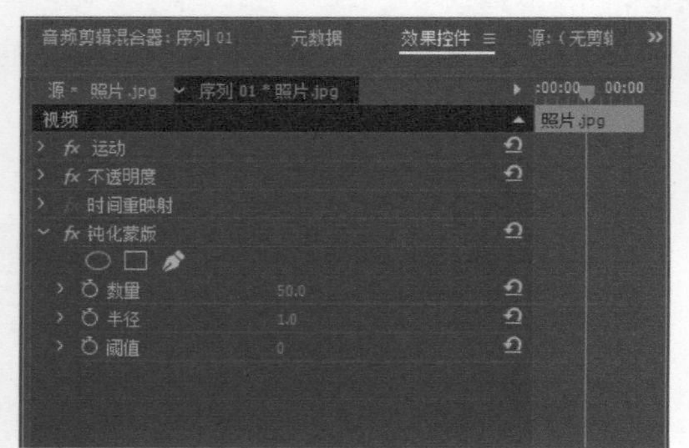

图 6-97

图 6-98

◆ 6. 锐化

在素材上运用该效果，可以通过调节其中的“锐化量”参数，增加相邻像素间的对比度，使图像变得更清晰，参数、效果如图6-99和图6-100所示。

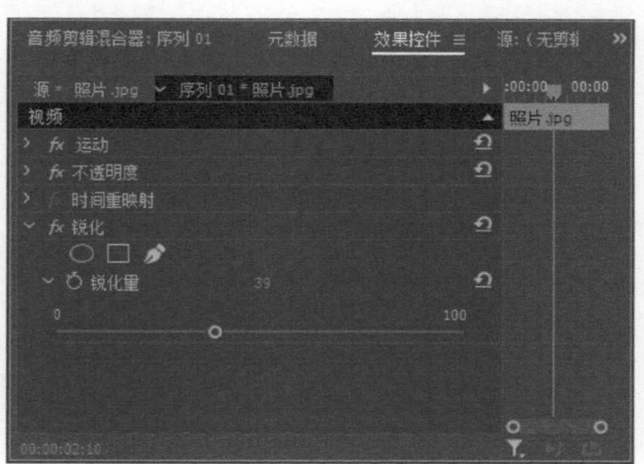

图 6-99

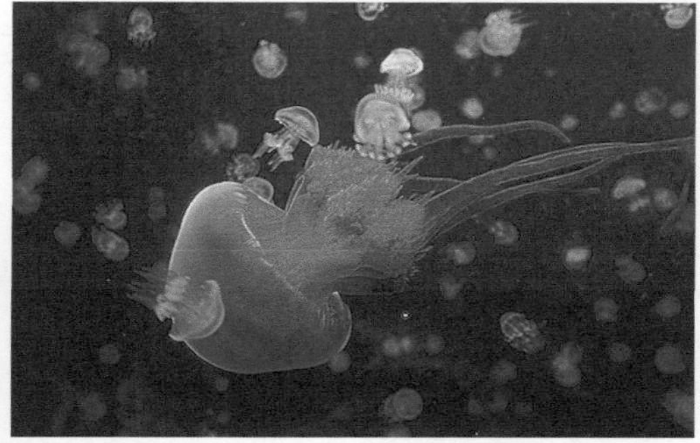

图 6-100

◆ 7. 高斯模糊

在素材上运用该效果，可以通过设置图像的模糊度，大幅度地模糊图像，使其产生虚化效果，参数、效果如图6-101和图6-102所示。

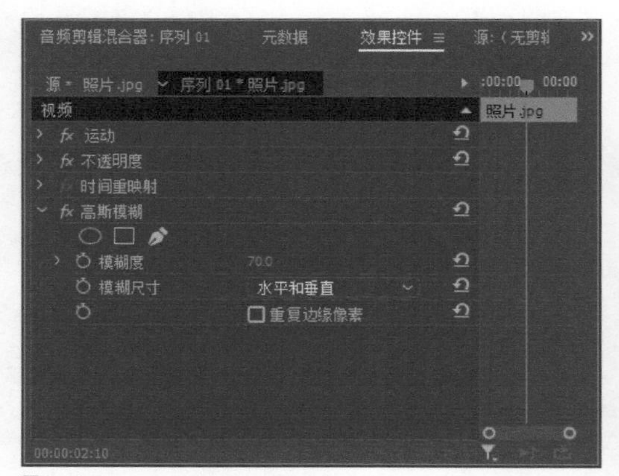

图6-101

图6-102

6.2.6 “生成”效果

“生成”素材箱中包含12种效果，主要用于创建一些特殊的画面效果，如图6-103所示。下面将对同一个素材应用不同的“生成”视频效果，对比介绍其效果变化，源素材效果如图6-104所示。

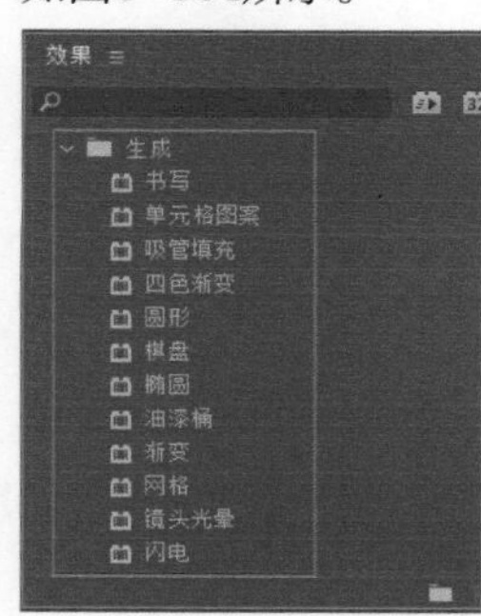

图6-103

图6-104

◆ 1. 书写

利用该效果可以在素材上制作笔触动画。通过设置“书写”的关键帧和参数，可以模拟手写笔触，参数、效果如图6-105和图6-106所示。

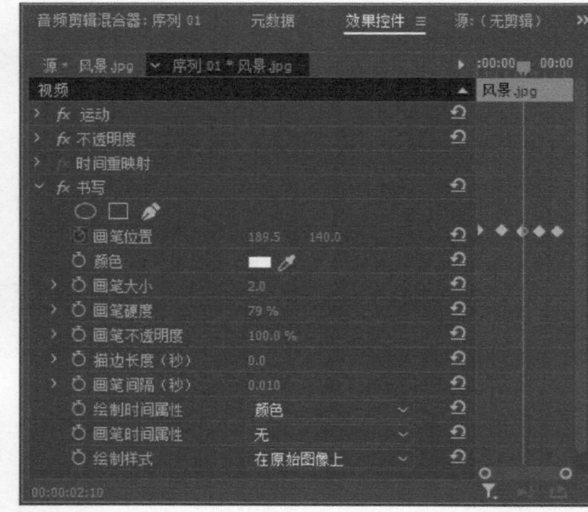

图6-105

图6-106

◆ 2. 单元格图案

该效果用于在画面中创建蜂巢图案，通过效果中的参数可以设置图案的类型、大小等，参数、效果如图6-107和图6-108所示。

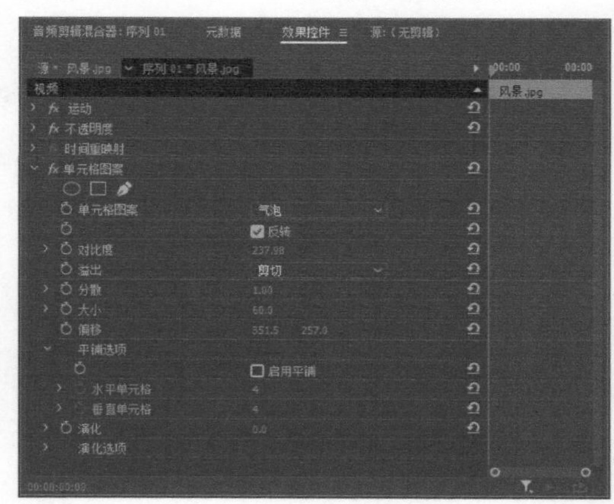

图6-107

图6-108

◆ 3. 棋盘

该效果用于在画面中创建棋盘图形，通过效果中的参数可以控制棋盘的位置、大小、颜色及羽化效果等，如图6-109所示。也可以设置棋盘与原画面的混合模式，如将“混合模式”设置为“滤色”，效果如图6-110所示。

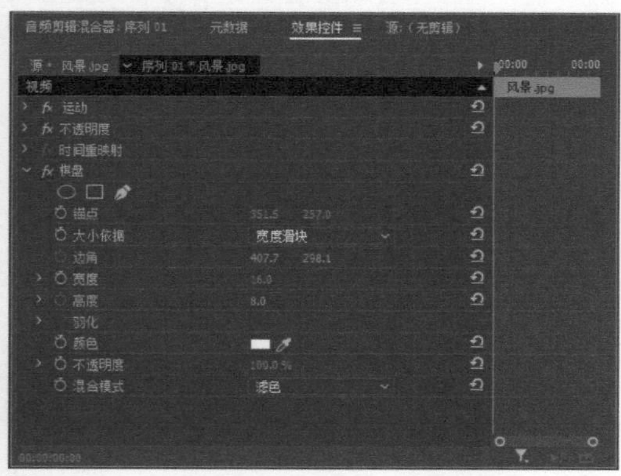

图6-109

图6-110

◆ 4. 椭圆

该效果用于在画面中创建一个椭圆形的圆环，通过设置参数可以控制圆环的大小、位置和内外环的颜色，勾选“在原始图像上合成”复选框，可以使创建的圆环与原画面进行合成，参数、效果如图6-111和图6-112所示。

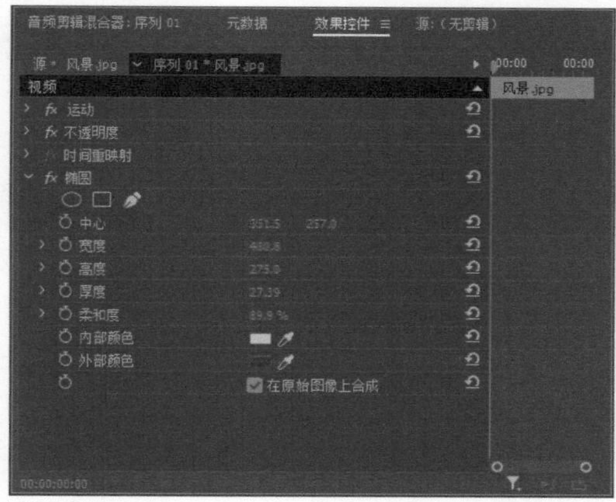

图6-111

图6-112

◆ 5. 油漆桶

该效果是使用一种颜色填充画面中的某个色彩范围，通过设置参数可以控制填充的颜色和范围，以及填充颜色与原画面的混合模式，参数、效果如图6-113和图6-114所示。

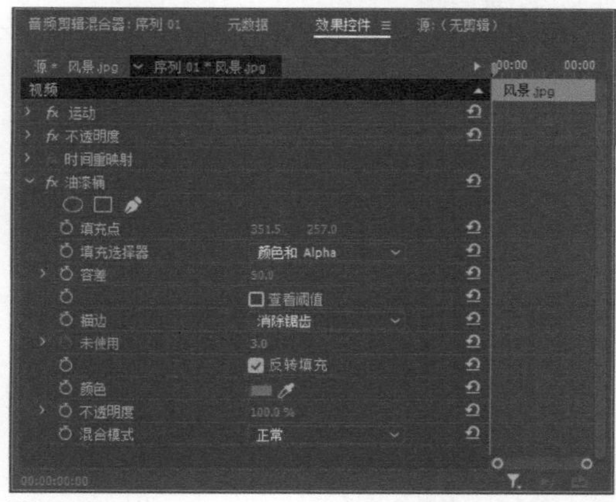

图6-113

图6-114

◆ 6. 渐变

该效果用于在画面中创建渐变效果，通过设置参数可以控制渐变的颜色，并且可以设置渐变效果与原画面的混合程度，如图6-115所示。例如，设置渐变颜色为从黑色到白色，渐变效果与原始图像的混合比例为40%，效果如图6-116所示。

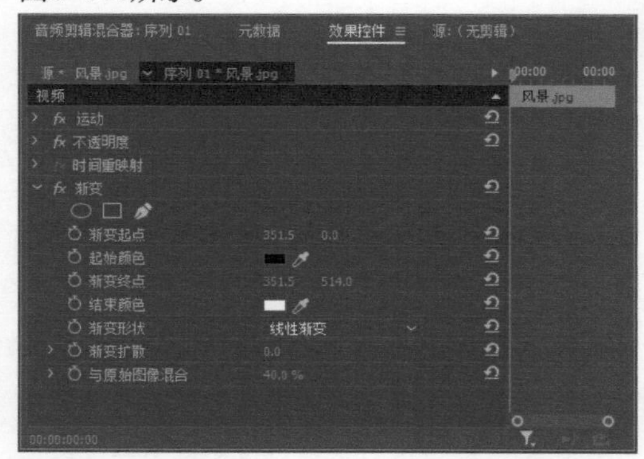

图6-115

图6-116

◆ 7. 网格

该效果用于在画面中创建网格效果，通过设置参数可以控制网格的颜色、边框大小、羽化效果等，并且可以设置网格效果与原画面的混合模式，参数、效果如图6-117和图6-118所示。

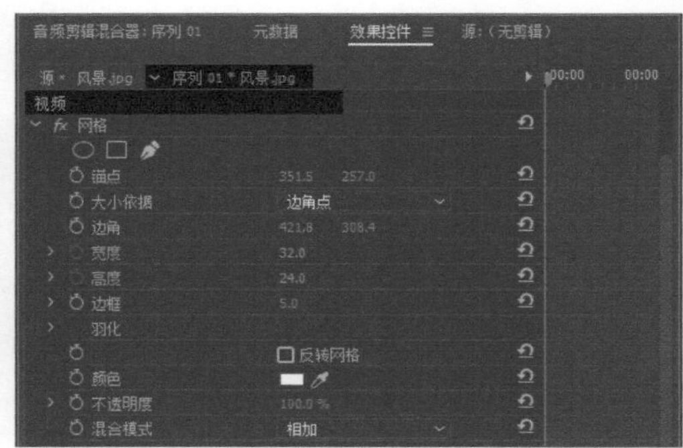

图6-117

图6-118

◆ 8. 镜头光晕

该效果用于在画面中创建镜头光晕，模拟强光折射进画面的效果，通过设置参数可以改变镜头光晕中心的坐标、亮度和镜头类型等，参数、效果如图6-119和图6-120所示。

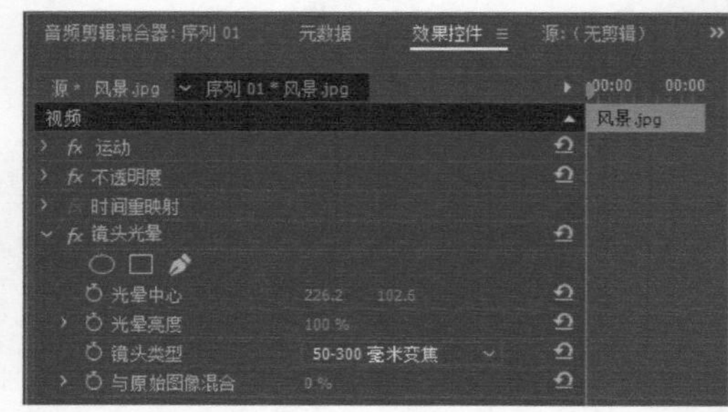

图6-119

图6-120

◆ 9. 闪电

该效果用于在画面中创建闪电效果，在“效果控件”面板中可以设置闪电的起始点和结束点，以及闪电的振幅等参数，参数、效果如图6-121和图6-122所示。

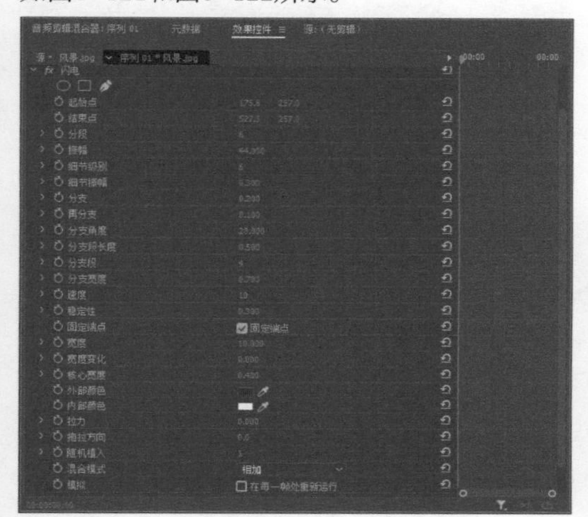

图6-121

图6-122

6.2.7 “键控”效果

“键控”类效果用于创建各种叠加特效，包括“亮度键”“轨道遮罩键”“颜色键”等，如图6-123所示。

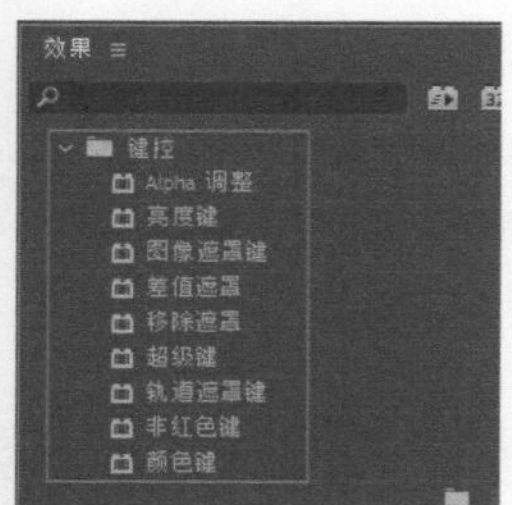

图6-123

◆ 1. 亮度键

该效果在对明暗对比十分强烈的图像进行画面叠加时非常有用。在素材上运用该效果，可以将被叠加图像的灰度值设为透明，并保持色度不变。

将图6-124所示的素材放在V1轨道中，将图6-125所示的素材放在V2轨道中，对V2轨道中的素材应用“亮度键”效果，参数设置如图6-126所示，效果如图6-127所示。

图6-124

图6-125

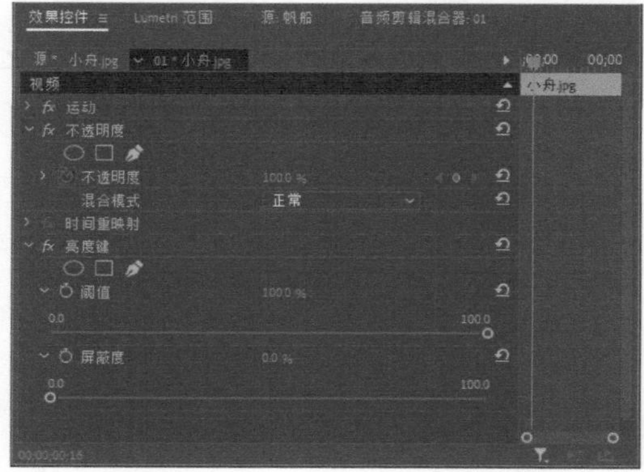

图6-126

图6-127

◆ 2. 轨道遮罩键

该效果可用于通过一个素材（叠加的素材）显示另一个素材（背景素材），此过程中使用第三个图像作为遮罩，在叠加的素材中创建透明区域。此效果需要两个素材和一个遮罩，每个素材位于自身的轨道上。

将图6-128所示的素材放在V1轨道中，将图6-129所示的素材放在V3轨道中，将图6-130所示的遮罩图像放在V2轨道中，对V2轨道的遮罩图像应用“轨道遮罩键”效果，设置遮罩轨道和合成方式，如图6-131所示，效果如图6-132所示。

图6-128

图6-129

图6-130

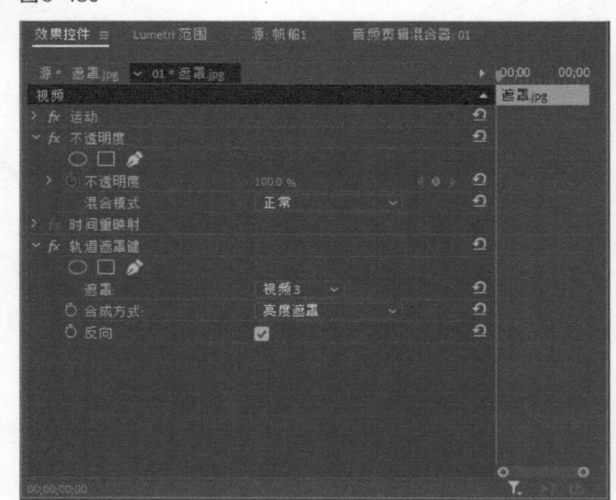

图6-131

图6-132

◆ 3. 颜色键

该效果用于抠出所有类似于指定的主要颜色的图像像素。此效果仅修改素材的Alpha通道。在该效果的参数设置中，可以通过调整容差级别控制透明颜色的范围，也可以对透明区域的边缘进行羽化，以便让透明和不透明区域之间平滑过渡，如图6-133所示。单击“主要颜色”选项右方的色块，可以打开“拾色器”对话框，对需要指定的颜色进行设置，如图6-134所示。

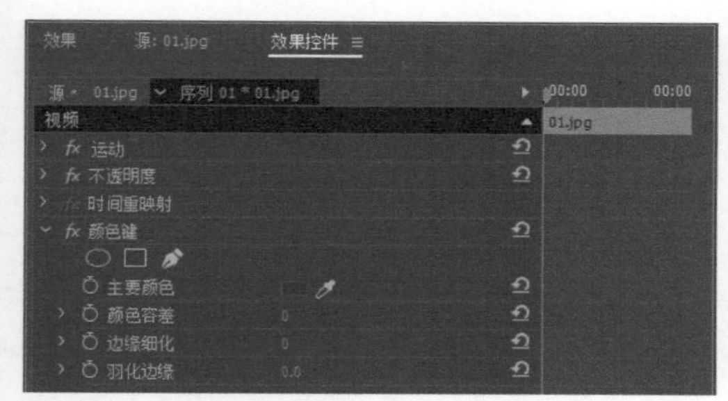

图6-133

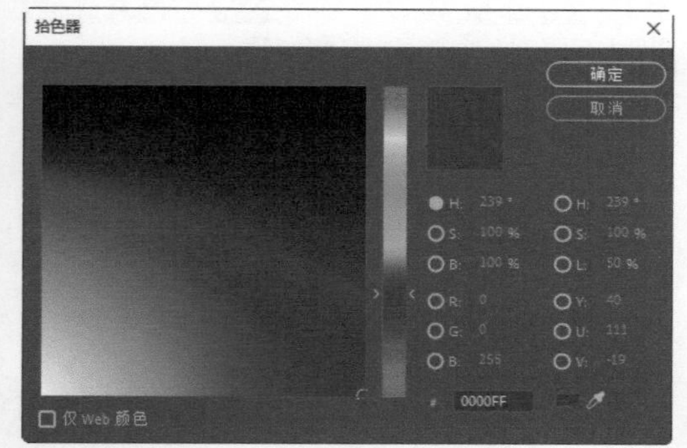

图6-134

抠出素材中的颜色时，该颜色或颜色范围将变成透明的。将图6-135所示的素材放在V1轨道中，将图6-136所示的素材放在V2轨道中，对V2轨道的素材应用“颜色键”效果，吸取蓝色为“主要颜色”，效果如图3-137所示。

图6-135

图6-136

图6-137

6.2.8 “颜色校正”效果

“颜色校正”素材箱中包含12种效果，如图6-138所示，该类效果主要用于校正画面的色彩。下面将对同一个素材应用不同的“颜色校正”视频效果，对比介绍其效果变化，源素材效果如图6-139所示。

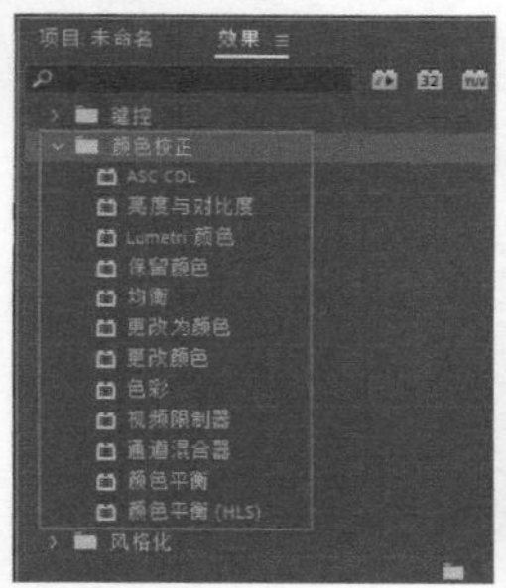

图6-138

图6-139

◆ 1. 亮度与对比度

该效果用于调整素材的亮度和对比度，同时调节所有像素的亮部、暗部和中间色，参数、效果如图6-140和图6-141所示。

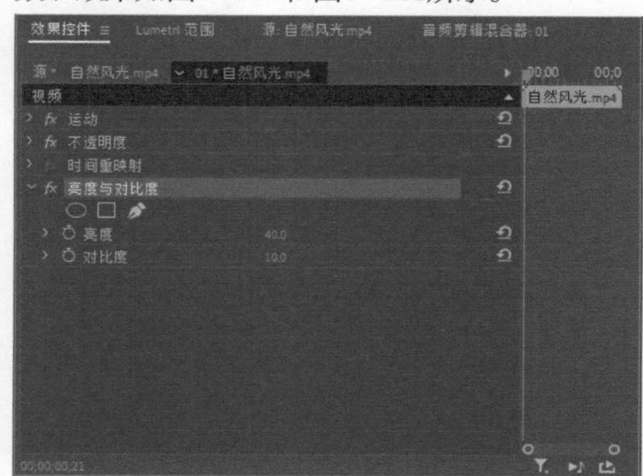

图6-140

图6-141

◆ 2. 颜色平衡

该效果主要通过阴影颜色平衡、中间调颜色平衡和高光颜色平衡参数调整素材的色彩，参数、效果如图6-142和图6-143所示。

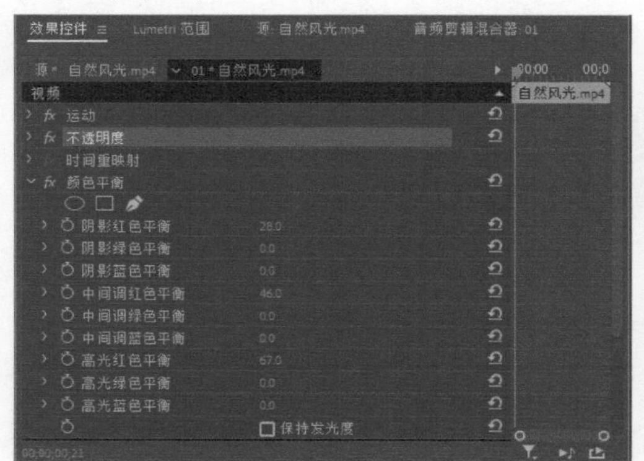

图6-142

图6-143

6.2.9 “风格化”效果

“风格化”素材箱中包含13种效果，主要用于在素材上制作发光、浮雕、马赛克、纹理等效果，如图6-144所示。下面将对同一个素材应用不同的“风格化”视频效果，对比介绍其效果变化，源素材效果如图6-145所示。

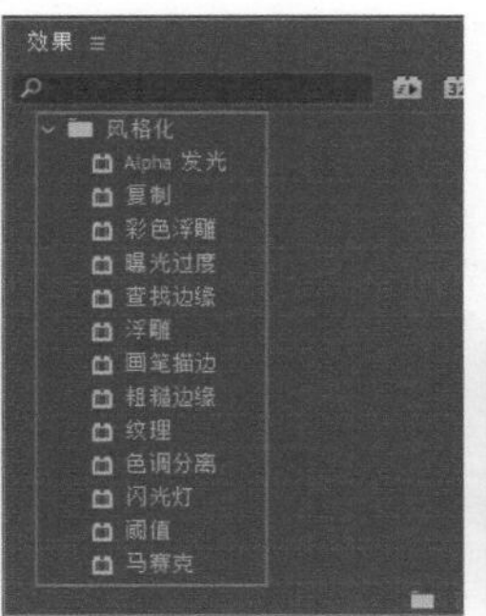

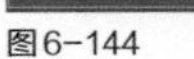

图6-144

图6-145

◆ 1. 复制

在素材上运用该效果，可将整个画面复制成若干份，然后将它们并排显示，参数、效果如图6-146和图6-147所示。

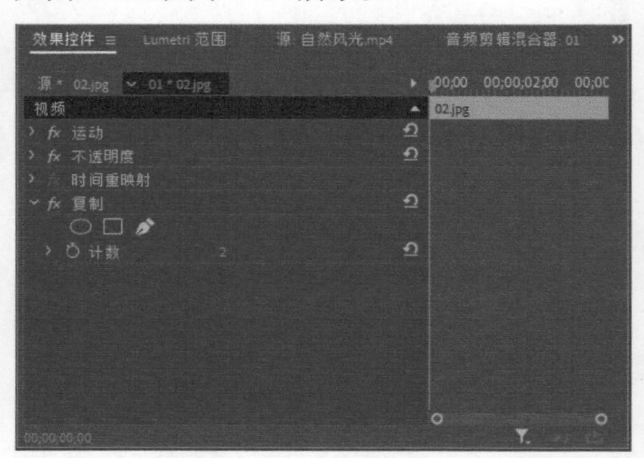

图6-146

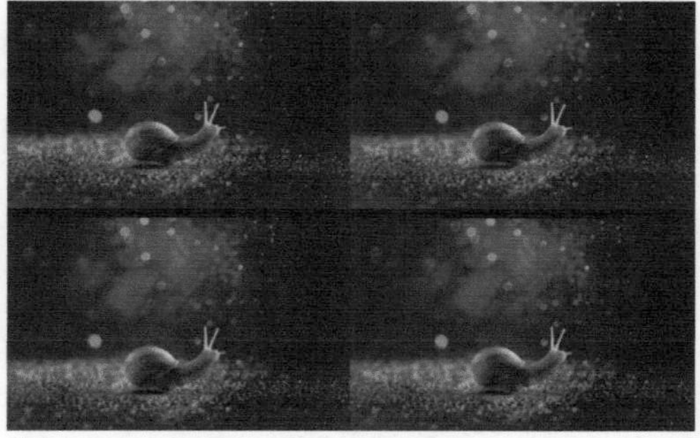

图6-147

◆ 2. 彩色浮雕

在素材上运用该效果，可以使画面产生浮雕效果，同时不影响画面的初始色彩，产生的效果和“浮雕”效果类似，参数、效果如图6-148和图6-149所示。

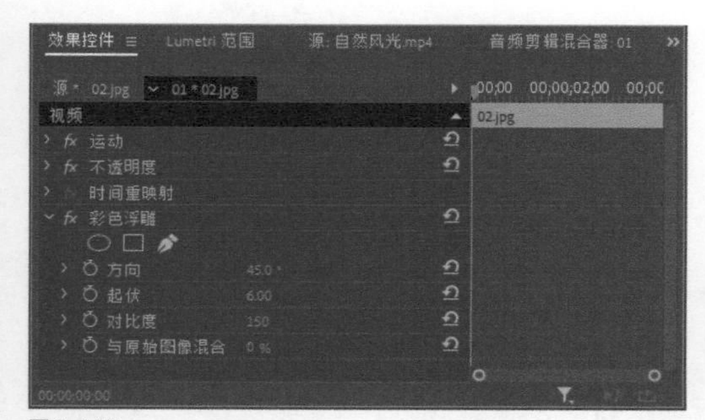

图6-148

图6-149

◆ 3. 曝光过度

在素材上运用该效果，可以将画面处理成底片的效果，参数中的“阈值”选项用于调整曝光度，参数、效果如图6-150和图6-151所示。

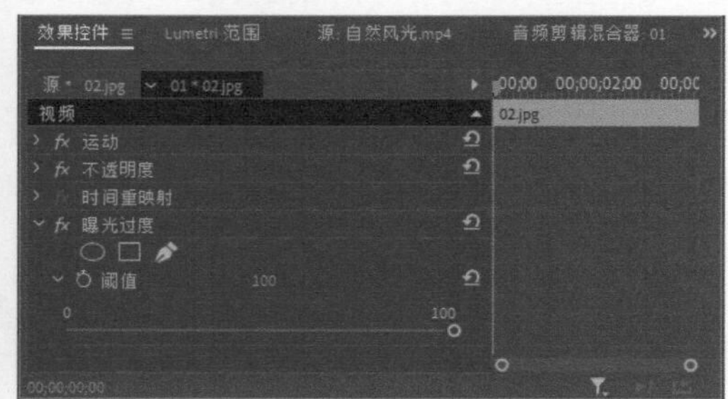

图6-150

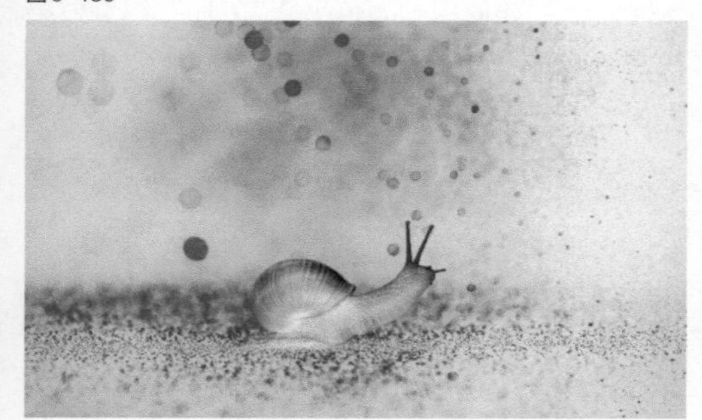
图6-151

◆ 4. 查找边缘

在素材上运用该效果，可以对图像的边缘进行勾勒，并用线条表示，参数、效果如图6-152和图6-153所示。

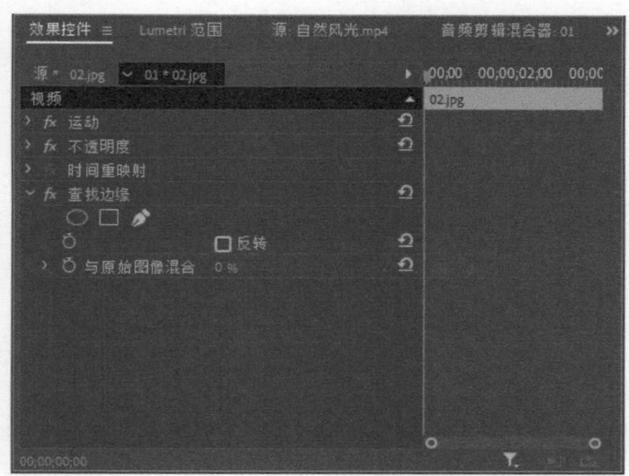

图6-152

图6-153

◆ 5. 浮雕

在素材上运用该效果，可以使画面产生浮雕效果，同时摒弃原图的颜色，参数、效果如图6-154和图6-155所示。

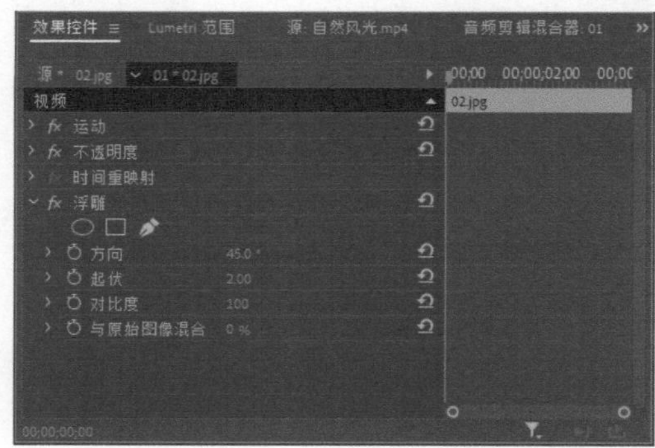

图6-154

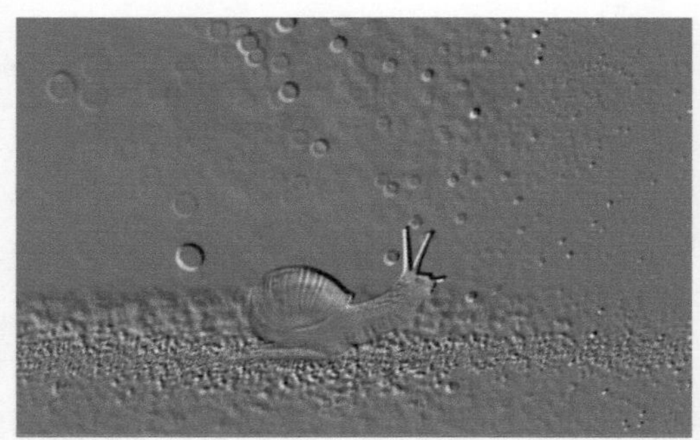

图6-155

◆ 6. 纹理

在素材上运用该效果，可以改变素材的材质，在参数中可以控制材质的厚度和光源，参数、效果如图6-156和图6-157所示。

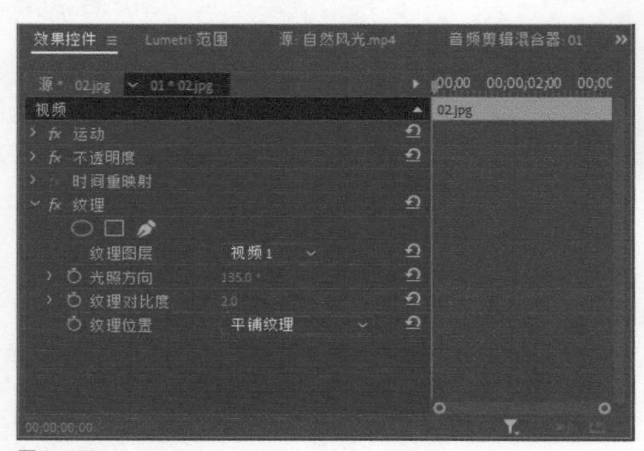

图6-156

图6-157

◆ 7. 马赛克

在素材上运用该效果，可以使画面产生马赛克效果。该效果将画面分成若干网格，每一格都用本格内所有颜色的平均色进行填充，参数、效果如图6-158和图6-159所示。

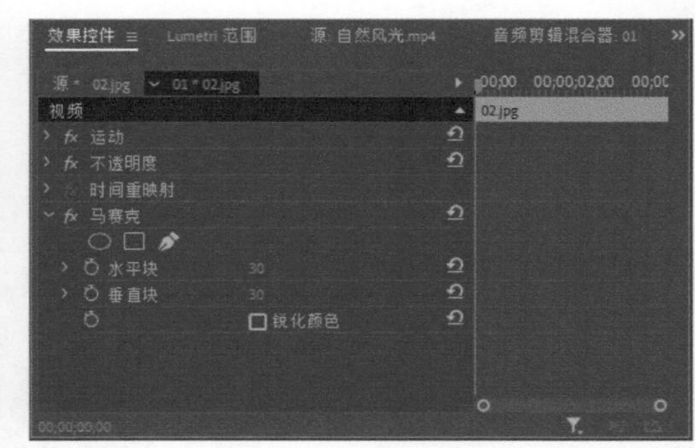

图6-158

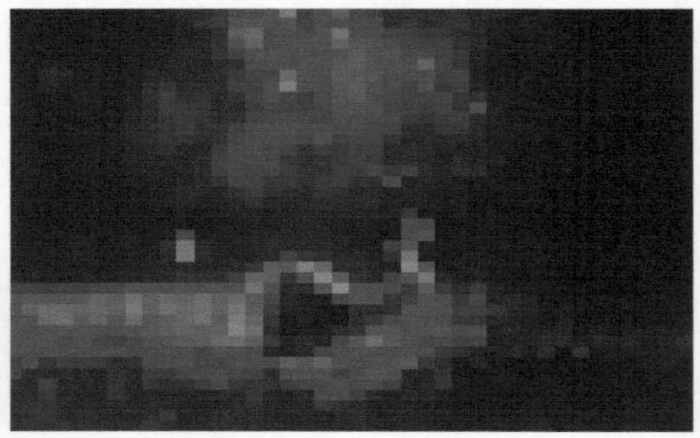

图6-159

6.3 课后习题

通过对本章的学习，相信大家对视频效果有了深入的了解，能灵活掌握其使用方法，可以制作出各式各样的视频效果。

课后习题：夕阳更红	
实例位置	实例文件 >CH06> 夕阳更红 .prproj
素材位置	素材文件 >CH06> 夕阳更红
视频名称	夕阳更红 .mp4
技术掌握	“颜色平衡 (RGB)”视频效果的添加与设置

本例主要使用“颜色平衡(RGB)”视频效果修改素材的色彩，制作素材色彩变换的效果，如图6-160所示。

图6-160

01 新建一个名为“夕阳更红”的项目，然后导入“大海 .jpg”素材，如图 6-161 所示。

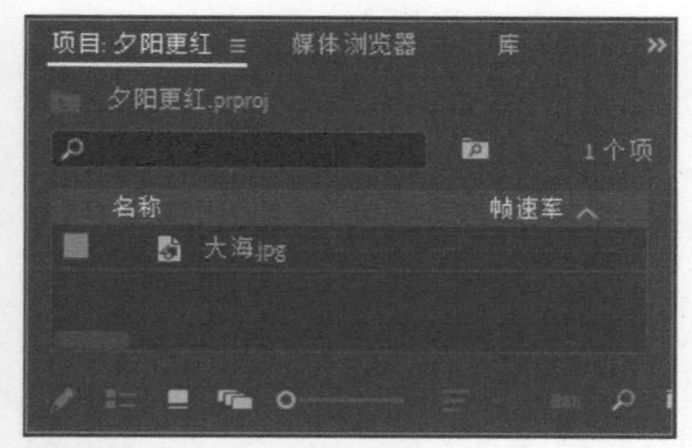

图6-161

02 新建一个序列，将“大海 .jpg”素材添加到序列的 V1 轨道中，如图 6-162 所示。

图6-162

03 在“效果”面板中选择“视频效果 > 图像控制 > 颜色平衡(RGB)”效果，然后将该效果添加到 V1 轨道中的“大海 .jpg”素材上，如图 6-163 所示。

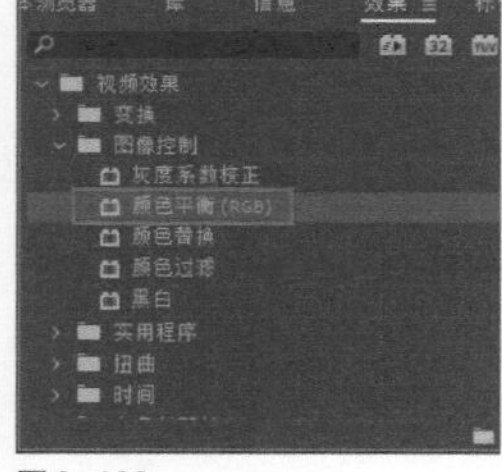

图6-163

04 选择 V1 轨道中的“大海 .jpg”素材，然后在“效果控件”面板中展开“颜色平衡 (RGB)”选项组，在第 0 秒的位置，单击“红色”选项前面的“切换动画”按钮开启动画功能，并添加一个关键帧，如图 6-164 所示。

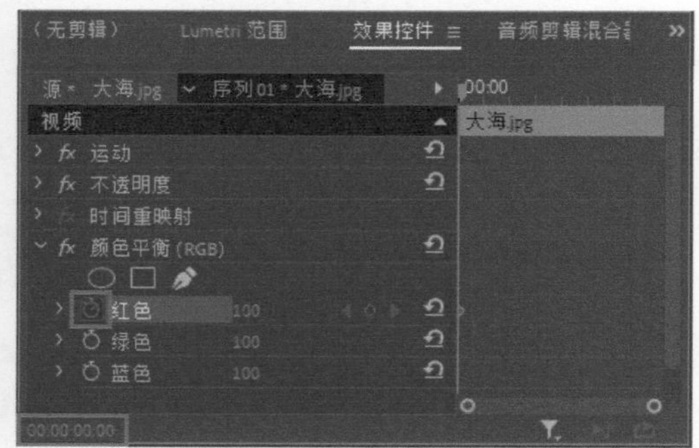

图6-164

05 将时间指示器移动到第 3 秒 22 帧的位置，单击“红色”选项后面的“添加 / 移除关键帧”按钮，在此时间位置添加一个关键帧，设置“红色”的值为 180，如图 6-165 所示。

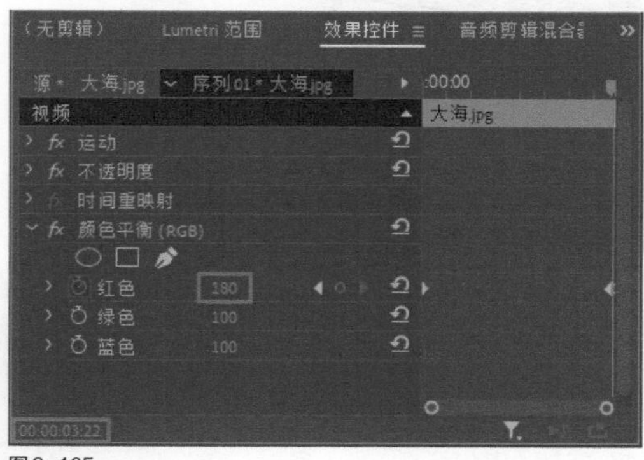

图6-165

06 在“节目”监视器面板中单击“播放 - 停止切换”按钮，预览给素材添加的效果，如图 6-166 所示。

图6-166

课后习题：镜头光晕

实例位置	实例文件 >CH06> 镜头光晕 .prproj
素材位置	素材文件 >CH06> 镜头光晕
视频名称	镜头光晕 .mp4
技术掌握	“镜头光晕”视频效果的添加与设置

本例将对素材应用“镜头光晕”效果，通过设置“镜头光晕”参数制作自然的镜头光晕效果，如图6-167所示。

图6-167

01 新建一个项目，在“项目”面板中导入素材，如图 6-168 所示。

02 新建一个序列，将“项目”面板中的素材添加到“时间轴”面板中的 V1 轨道中，如图 6-169 所示。

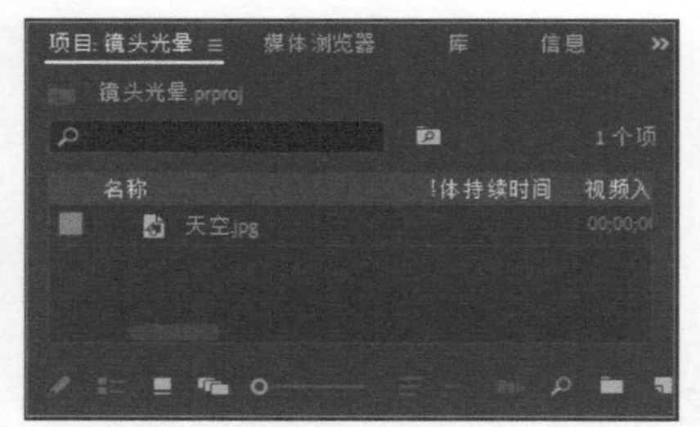

图6-168

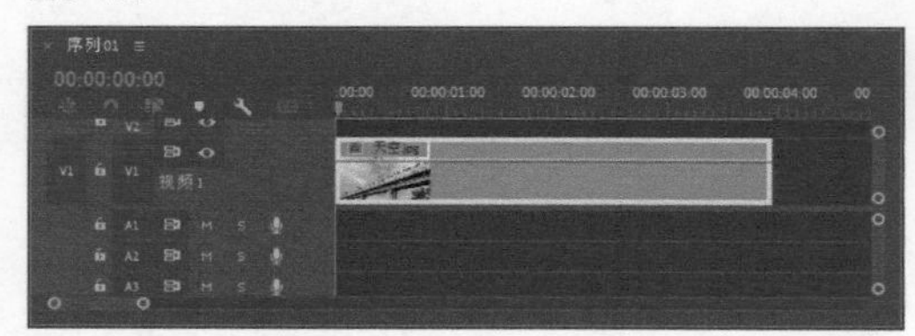

图6-169

03 选择“窗口 > 效果”命令,打开“效果”面板,选择“视频效果 > 生成 > 镜头光晕”视频效果,如图 6-170 所示。

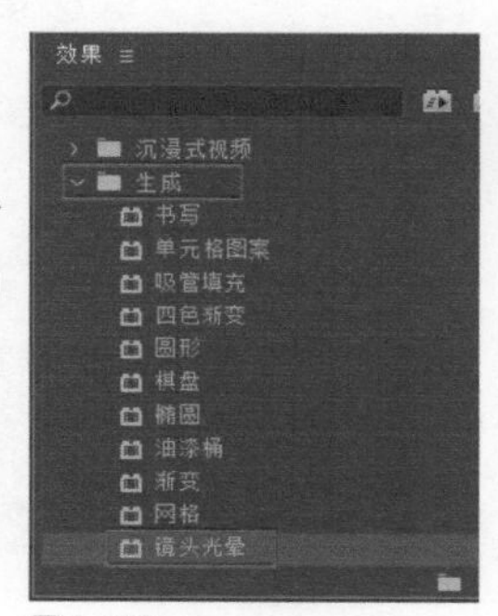

图6-170

04 将选择的视频效果拖曳到“时间轴”面板 V1 轨道中的素材上，然后在“效果控件”面板中添加关键帧并设置“光晕中心”参数,如图 6-171 所示。

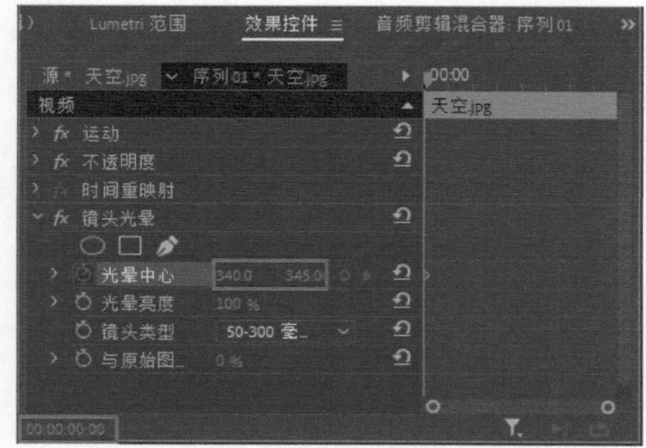

图6-171

05 移动时间指示器，继续添加下一个关键帧并设置“光晕中心”参数，如图 6-172 所示。

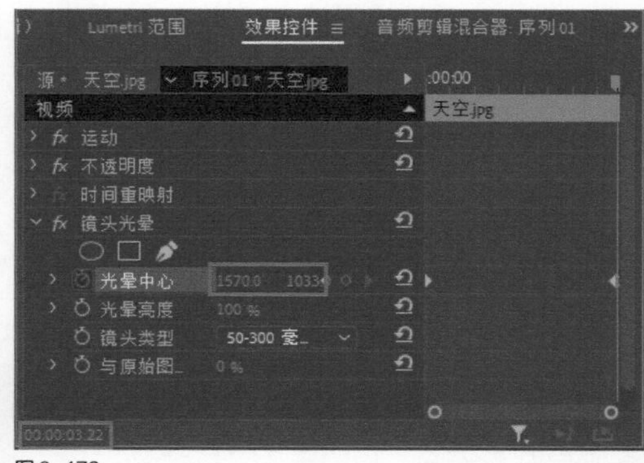

图6-172

06 在“节目”监视器面板中对添加的“镜头光晕”效果进行预览，如图 6-173 所示。

图6-173

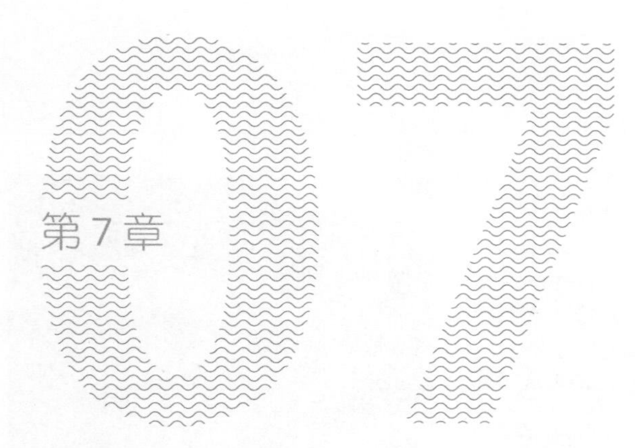

第 7 章

字幕与图形设计

本章导读

字幕是影视制作中重要的信息表现元素，纯画面信息不能完全取代文字信息。本章将针对字幕和图形的制作方法及其应用进行详细讲解。

本章主要内容

创建标题字幕

绘制与编辑图形

应用预设的字幕与图形

7.1 创建标题字幕

影视的片头和片尾通常会用到字幕，以使影片显得更为完整。标题字幕功能适合用于创建内容简短或具有文字效果（如描边、阴影等）的字幕。

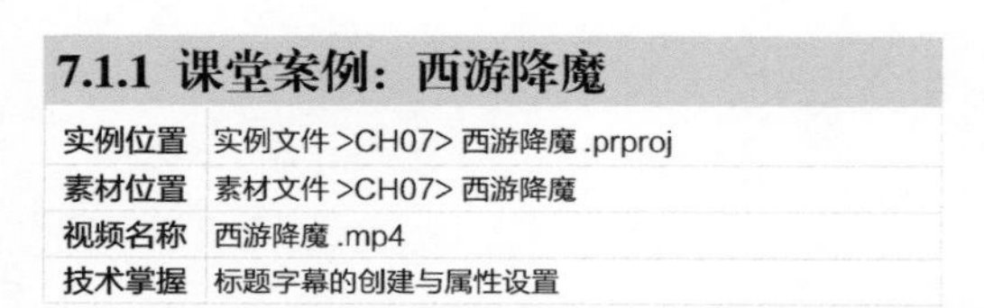

7.1.1 课堂案例：西游降魔

实例位置	实例文件 >CH07> 西游降魔 .prproj
素材位置	素材文件 >CH07> 西游降魔
视频名称	西游降魔 .mp4
技术掌握	标题字幕的创建与属性设置

本例将通过创建标题字幕和设置文字属性，讲解标题字幕的应用，本例效果如图7-1所示。

图7-1

01 选择“文件 > 新建 > 项目”命令，打开“新建项目”对话框，输入项目文件名称，新建一个项目，如图 7-2 所示。

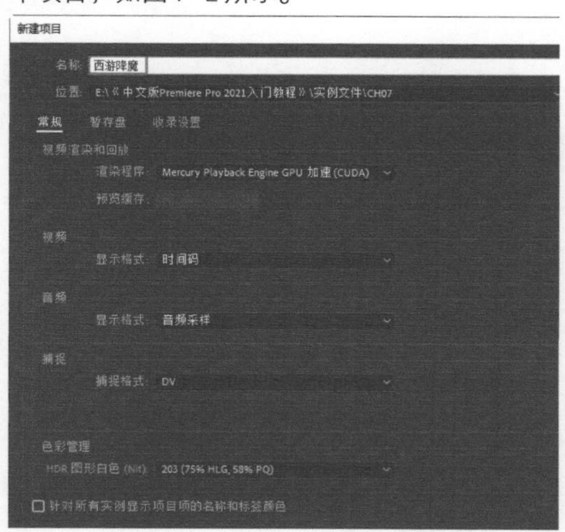

图7-2

02 选择“文件 > 导入”命令，打开“导入”对话框，如图 7-3 所示。将所需素材导入“项目”面板，如图 7-4 所示。

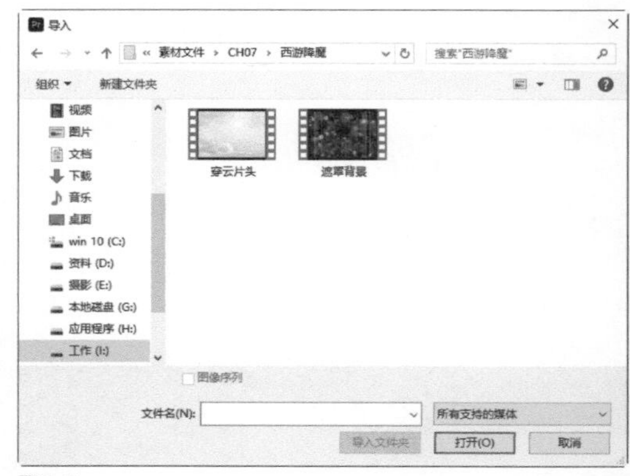

图7-3

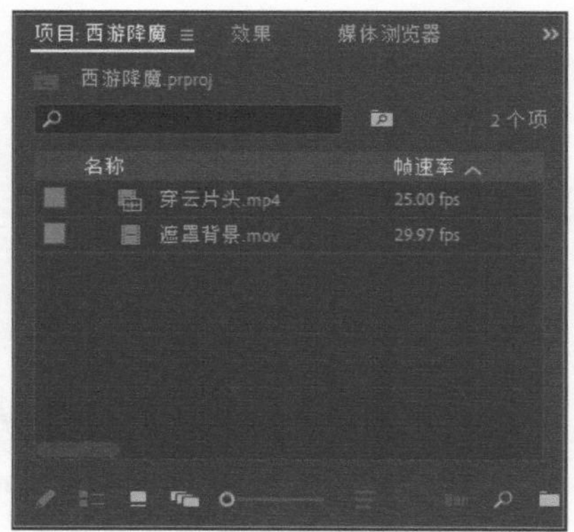

图7-4

03 选择“文件 > 新建 > 序列”命令，打开“新建序列”对话框，选择“ARRI 1080p 23.976”预设，新建一个序列，如图 7-5 所示。

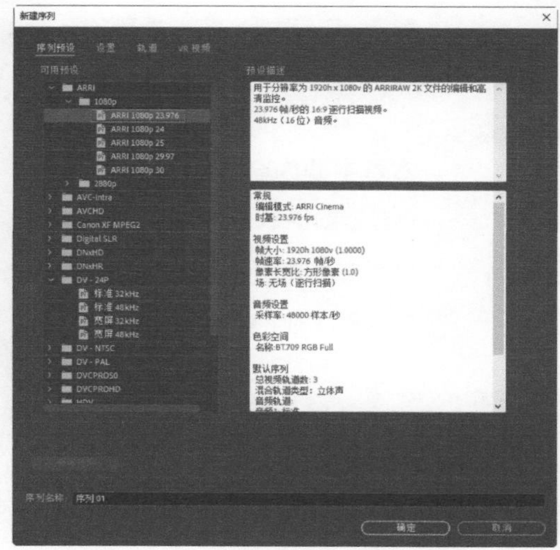

图7-5

04 选择“文件 > 新建 > 旧版标题”命令，打开“新建字幕”对话框，设置字幕的名称，如图 7-6 所示。单击“确定”按钮，打开字幕设计窗口，如图 7-7 所示。

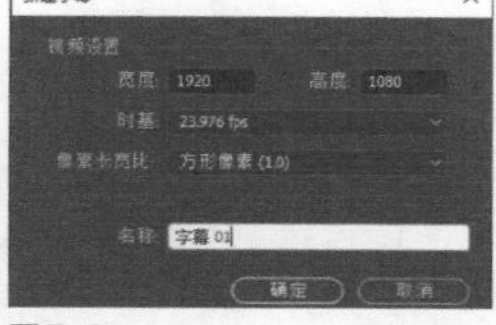
图7-6

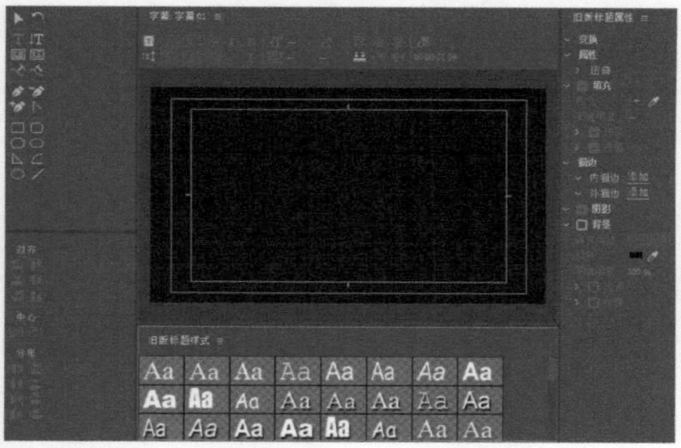

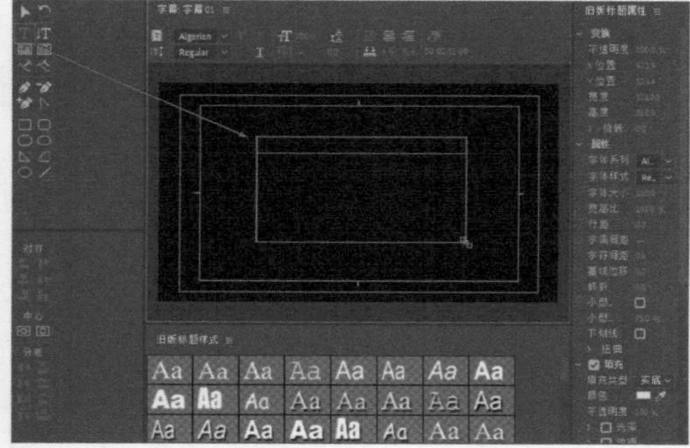
图7-7

05 在字幕设计窗口的“工具”面板中单击“文字工具”，在绘图区通过单击指定创建文字的位置，如图 7-8 所示。输入需要创建的文字内容，并设置文字的字体为“汉仪行楷简”，如图 7-9 所示。

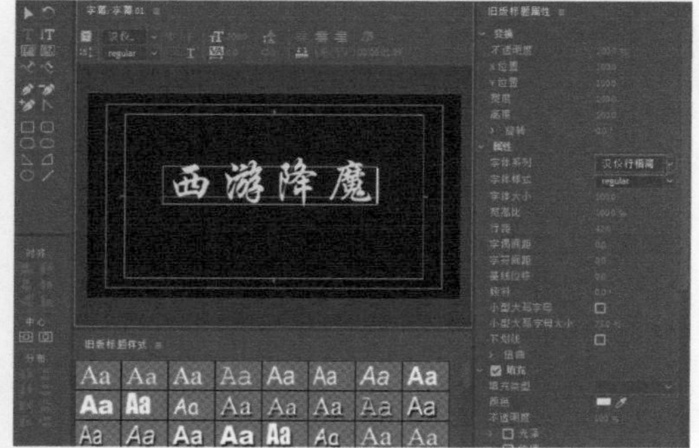
图7-8

图7-9

06 单击字幕设计窗口右上方的“关闭”按钮，关闭字幕设计窗口，新建的字幕将显示在“项目”面板中，如图 7-10 所示。

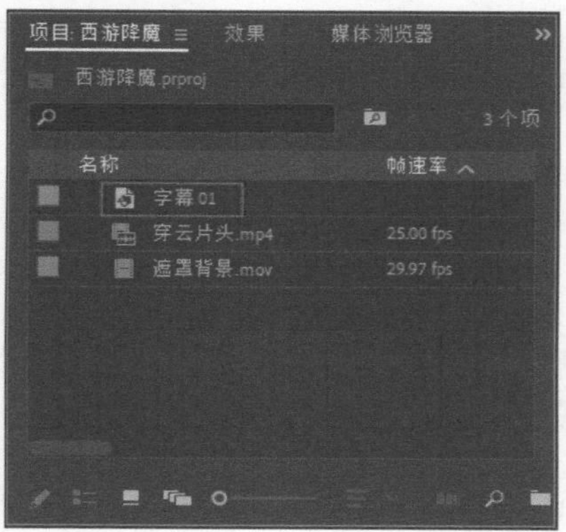

图7-10

07 在“项目”面板中选择创建的“字幕 01”素材，选择“剪辑 > 速度 / 持续时间”命令，在打开的“剪辑速度 / 持续时间”对话框中设置素材的“持续时间”为 11 秒 13 帧，如图 7-11 所示。

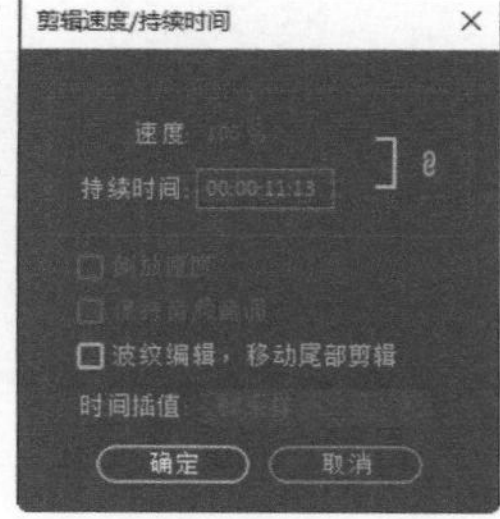

图7-11

08 将“项目”面板中的“穿云片头 .mp4”素材添加到“时间轴”面板的 V1 轨道中，如图 7-12 所示。

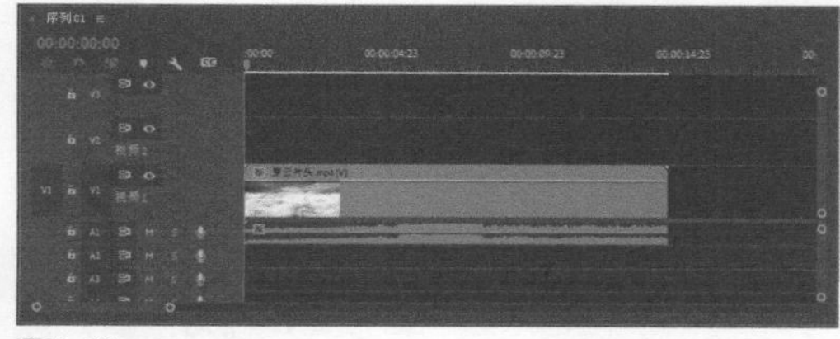
图7-12

09 将“项目”面板中的“遮罩背景 .mov”素材添加到“时间轴”面板的 V2 轨道中，将其入点设置在第 3 秒，如图 7-13 所示。

10 在“时间轴”面板中向左拖曳 V2 轨道中“遮罩背景 .mov”素材的出点，将出点与 V1 轨道中素材的出点对齐，如图 7-14 所示。

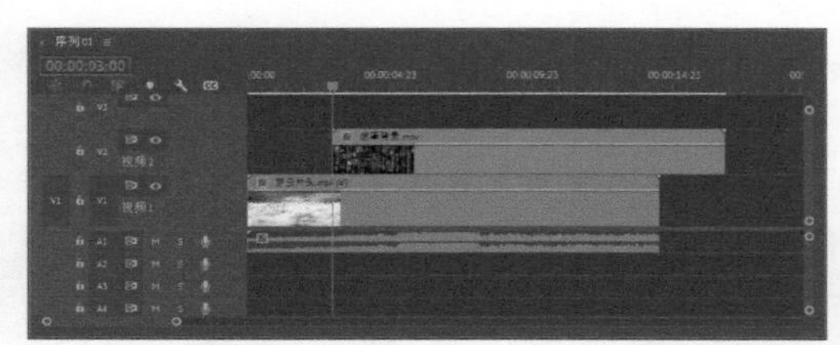
图7-13

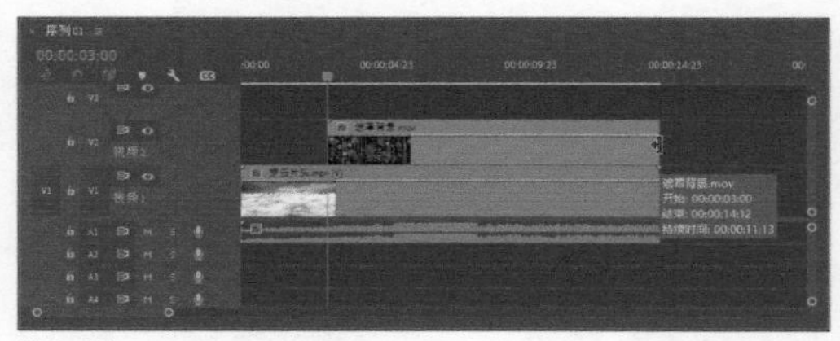
图7-14

⑪ 将“项目”面板中的“字幕01”素材添加到“时间轴”面板的V3轨道中，将其入点设置在第3秒，如图7-15所示。

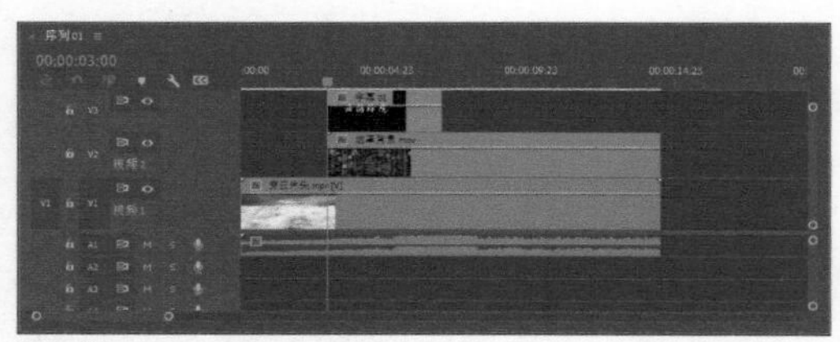
图7-15

⑫ 在“时间轴”面板中向右拖曳V3轨道中“字幕01”素材的出点，将出点与V2轨道中素材的出点对齐，如图7-16所示。

图7-16

⑬ 选择“窗口>效果”命令，打开“效果”面板，选择“视频效果>键控>轨道遮罩键”效果，如图7-17所示，将该效果拖曳到V2轨道中的“遮罩背景.mp4”素材上。

图7-17

⑭ 打开“效果控件”面板，展开“轨道遮罩键”选项组，设置“遮罩”为“视频3”，“合成方式”为“Alpha遮罩”，如图7-18所示。

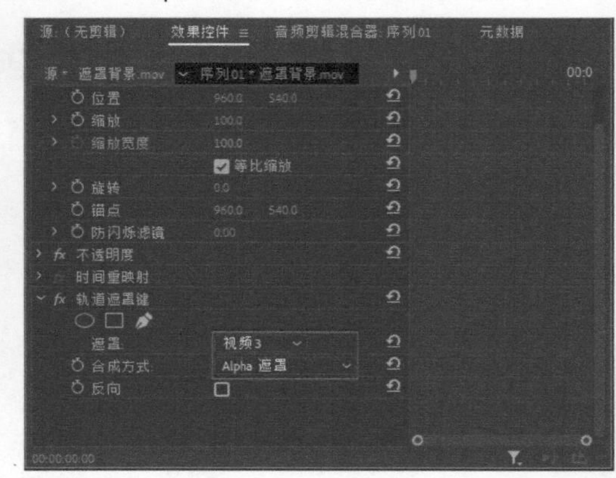

图7-18

⑮ 将时间指示器移动到第3秒，选择V3轨道中的“字幕01”素材，在“效果控件”面板中单击“不透明度”选项前面的“切换动画”按钮开启不透明度动画功能，为素材添加一个关键帧，然后设置该处“不透明度”的值为0%，如图7-19所示。

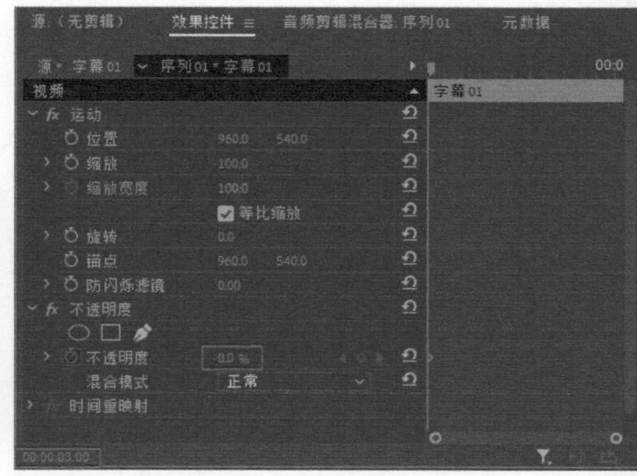

图7-19

⑯ 将时间指示器移动到第6秒，单击“不透明度”选项中的“添加/移除关键帧”按钮，在此时间位置为该选项添加一个关键帧，并设置“不透明度”的值为100%，如图7-20所示。

⑰ 在“节目”监视器面板中单击“播放-停止切换”按钮，预览影片效果，如图7-21所示。

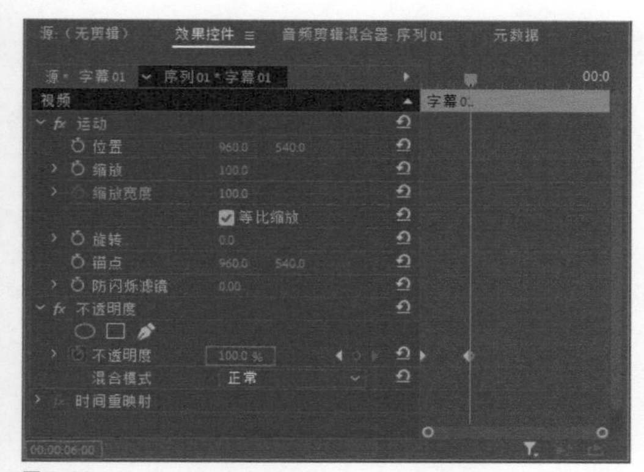

图7-20

图7-21

7.1.2 认识字幕设计窗口

在Premiere的字幕设计窗口中可以进行文字与图形的创建和编辑操作，字幕设计窗口由绘图区、主工具栏、“工具”面板、“对齐”面板、“旧版标题样式”面板和“旧版标题属性”面板组成，如图7-22所示。

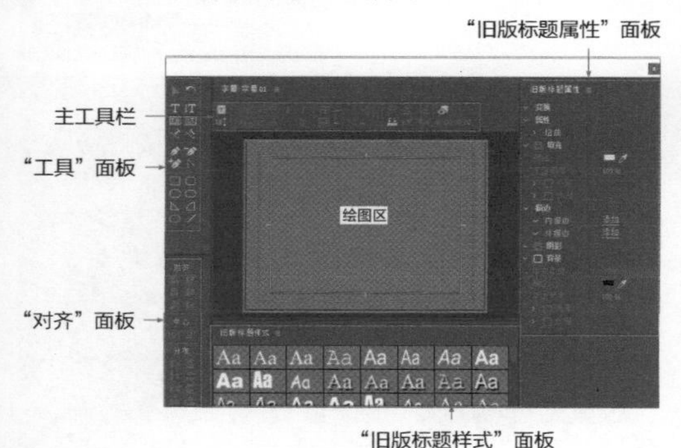

图7-22

- **主工具栏**：用于创建静态文字、游动文字或滚动文字，以及设置文字字体和对齐方式等。
- **“工具”面板**：包括文字工具和图形工具，用于创建文字和图形。
- **“对齐”面板**：用于对齐文字或图形。
- **“旧版标题样式”面板**：用于对文字和图形应用预设样式。
- **“旧版标题属性”面板**：用于编辑文字或图形的详细参数信息。
- **绘图区**：用于编辑文字内容或创建图形。

使用字幕设计窗口中相应的字幕工具，可以创建横排文字、竖排文字、区域文字、路径文字和图形等，字幕设计窗口的“工具”面板如图7-23所示。

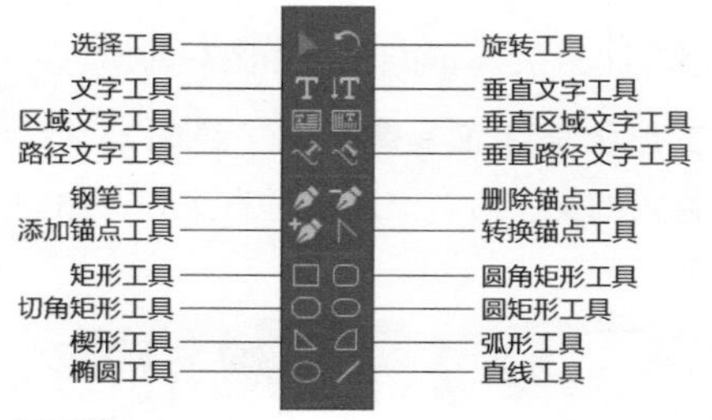

图7-23

- **选择工具**：用于在绘图区选择文字。
- **旋转工具**：用于在绘图区旋转文字，如图7-24和图7-25所示。

图7-24

图7-25

- **文字工具**：用于在绘图区创建横排文字，如图7-26所示。
- **垂直文字工具**：用于在绘图区创建竖排文字，如图7-27所示。

图7-26

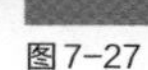

图7-27

- **区域文字工具**：用于创建横排文本框，输入的文字不会超出框定区域，如图7-28所示。
- **垂直区域文字工具**：用于创建竖排文本框，输入的文字不会超出框定区域，如图7-29所示。

图7-28

图7-29

- **路径文字工具**：用于绘制一条路径，让输入的文字沿着该路径横向排列，如图7-30所示。
- **垂直路径文字工具**：用于绘制一条路径，让输入的文字沿着该路径垂直排列，如图7-31所示。

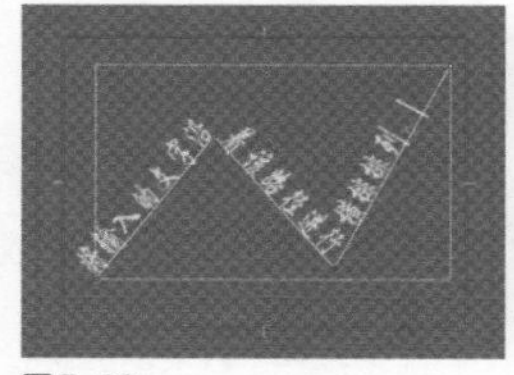
图7-30

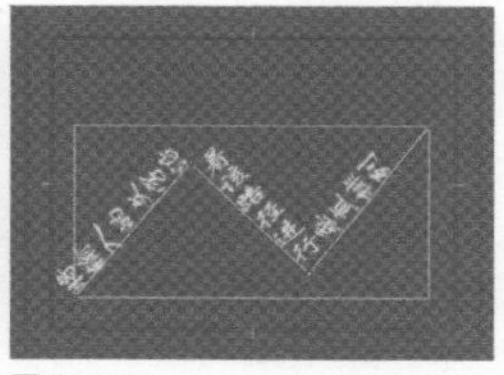
图7-31

- **钢笔工具**：用于绘制图形，可以绘制角点图形，也可以使用贝塞尔曲线在绘图区创建曲线图形，如图7-32所示。
- **添加锚点工具**：用于在已有路径上添加锚点，如图7-33所示。

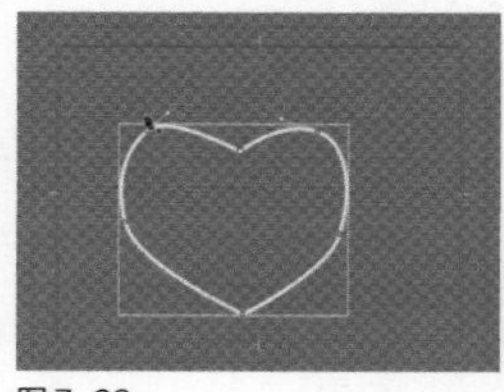
图7-32

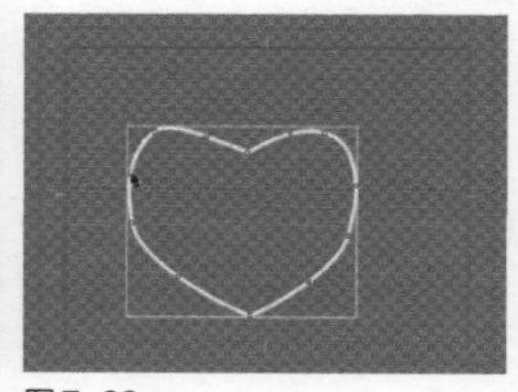
图7-33

- **删除锚点工具**：用于在已有路径上删除锚点，如图7-34所示。
- **转换锚点工具**：用于在绘图区将曲线点转换成角点，或将角点转换成曲线点，如图7-35所示。

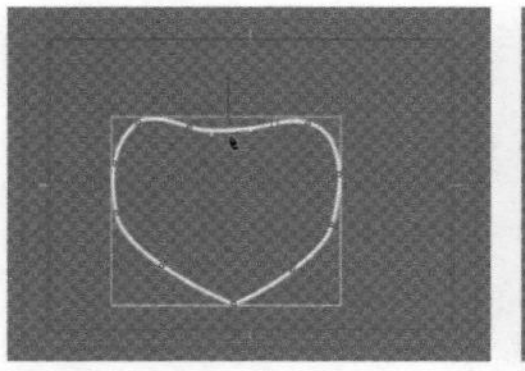
图7-34

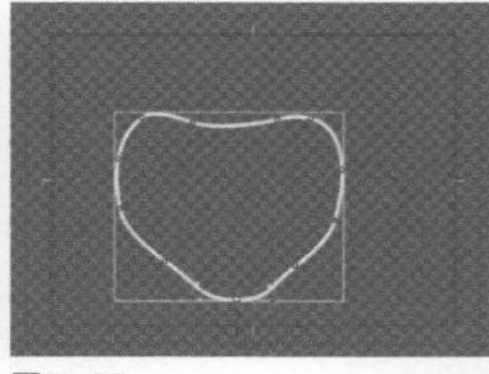
图7-35

> 小提示
>
> 各类图形工具用于在绘图区创建相应的图形，绘图操作将在后面进行详细讲解。

7.1.3 新建标题字幕

Premiere中默认的标题字幕包括静态字幕、滚动字幕和游动字幕。

◆ 1. 静态字幕

如果在视频画面中需要添加标题文字或其他简单文字，可以通过创建默认静态字幕完成文字的添加。

选择“文件>新建>旧版标题”命令，打开“新建字幕”对话框，可以设置字幕的名称，如图7-36所示。单击“确定”按钮，将打开字幕设计窗口，如图7-37所示。

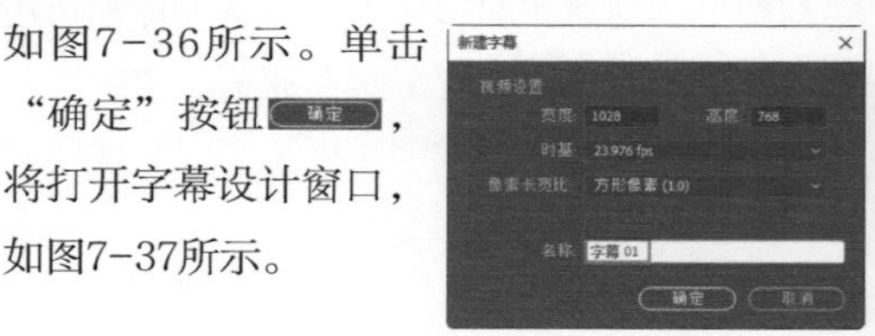

图7-36

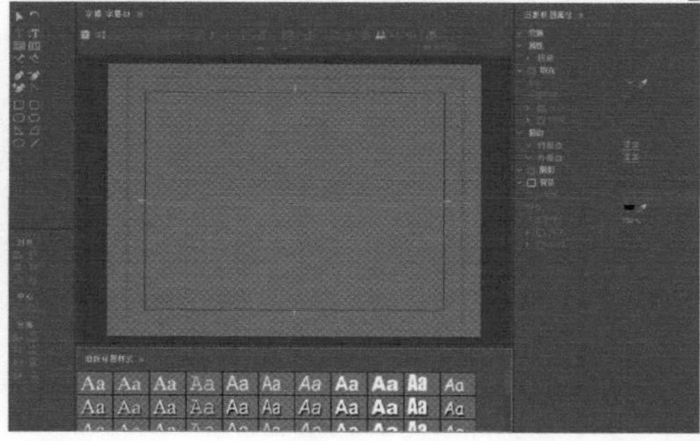
图7-37

在字幕设计窗口的“工具”面板中单击“文字工具”，在绘图区单击指定创建文字的位置后即可输入文字内容，如图7-38所示。

单击字幕设计窗口右上方的“关闭”按钮，关闭字幕设计窗口，新建的字幕将显示在“项目”面板中，如图7-39所示。

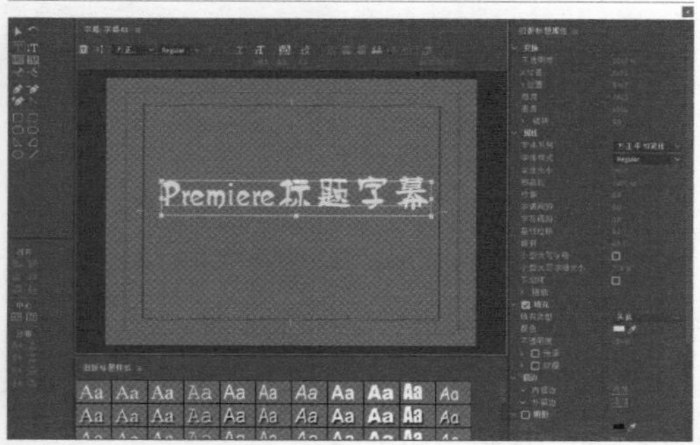

图7-38

图7-39

小提示

在字幕设计窗口中单击“显示背景视频”按钮，在字幕设计窗口的绘图区可以显示视频素材作为参考背景，如图 7-40 所示。

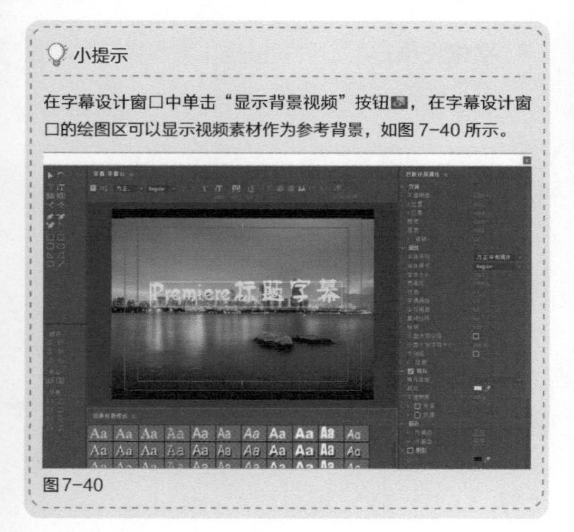

图7-40

◆ 2. 滚动字幕

在Premiere中，用户可以创建由下向上滚动的字幕，还可以根据需要设置字幕是否开始或结束于屏幕外，滚动的字幕效果如图7-41所示。

图7-41

创建文字内容后，在字幕设计窗口中单击“滚动/游动选项”按钮，如图7-42所示。打开“滚动/游动选项”对话框，选择“滚动”单选钮，再确定是否勾选“开始于屏幕外”和“结束于屏幕外”复选框，单击“确定”按钮，即可将字幕设置为滚动效果，如图7-43所示。

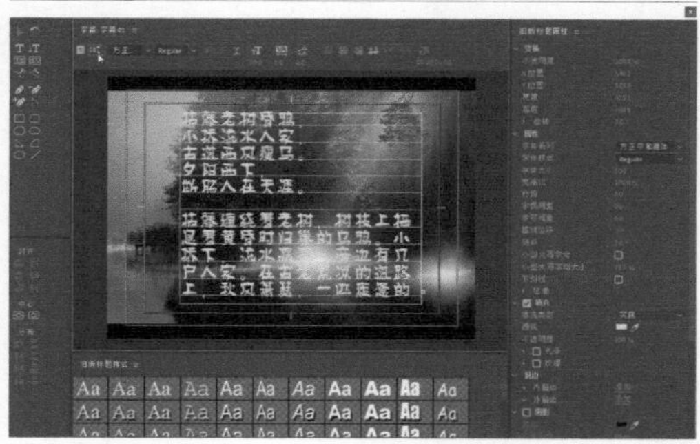

图7-42

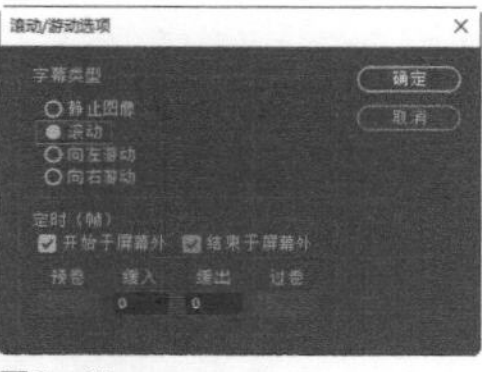

图7-43

“滚动/游动选项”对话框中常用选项的作用如下。

- **开始于屏幕外**：勾选这个复选框可以使滚动或游动效果从屏幕外开始。
- **结束于屏幕外**：勾选这个复选框可以使滚动或游动效果在屏幕外结束。
- **预卷**：如果希望文字在动作开始之前静止不动，可在这个文本框中输入静止状态的帧数。
- **缓入**：如果希望字幕滚动或游动的速度逐渐增加到正常播放速度，可在该文本框内输入加速过程的帧数。
- **缓出**：如果希望字幕滚动或游动的速度逐渐变慢直到静止不动，可在该文本框内输入减速过程的帧数。

- **过卷：**如果希望文字在动作结束之后静止不动，可在这个文本框中输入静止状态的帧数。

◆ 3. 游动字幕

在Premiere中，不仅可以创建滚动字幕，还可以创建由左向右或由右向左游动的字幕，如图7-44所示。在字幕设计窗口中创建字幕文字，单击“滚动/游动选项”按钮，打开“滚动/游动选项”对话框，选择“向左游动”或“向右游动”单选钮，再设置是否“开始于屏幕外”和“结束于屏幕外”，单击“确定”按钮，即可将字幕设置为游动效果，如图7-45所示。

图7-44

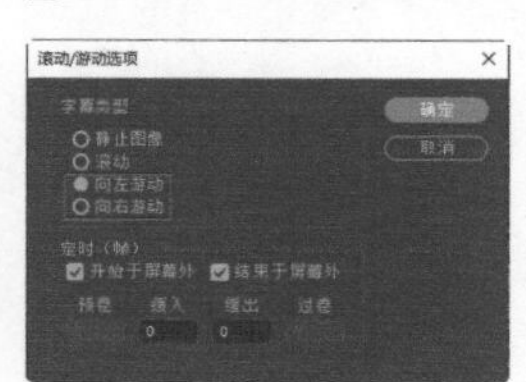

图7-45

7.1.4 设置文字属性

在字幕设计窗口的“旧版标题属性”面板中可以设置文字属性，包括文字的字体、大小、颜色、轮廓线和阴影等。“旧版标题属性”面板中包含6个参数设置选项组，分别是“变换”“属性”“填充”“描边”“阴影”“背景”，如图7-46所示。

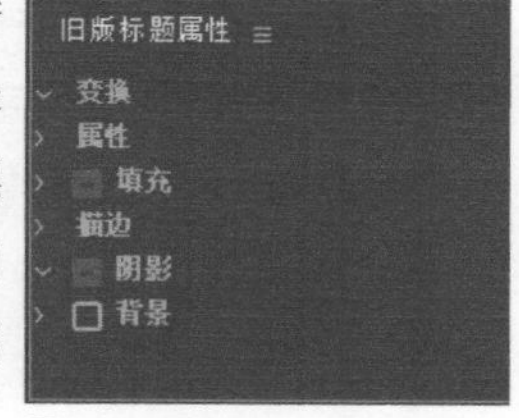

图7-46

◆ 1. 变换

创建文字内容后，在“旧版标题属性”面板中单击“变换”选项组前面的展开按钮，可以展开该选项组中的选项，在该选项组可以设置文字在画面中的不透明度、位置、尺寸、旋转角度等，如图7-47所示。

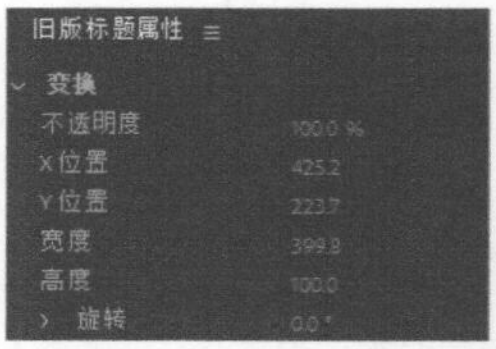

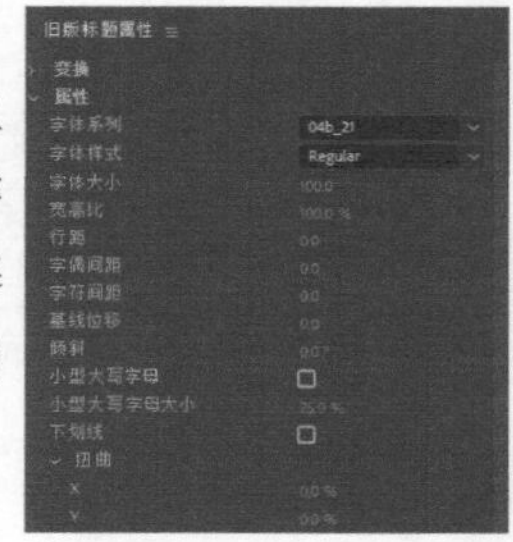

图7-47

◆ 2. 属性

“旧版标题属性”面板的“属性”选项组中提供了多种针对文字的字体、字号和其他基本属性的参数，如图7-48所示。

图7-48

“属性”选项组中各个选项的作用如下。

- **字体系列：**在右方的下拉列表框中可以指定被选中文字的字体。
- **字体样式：**在右方的下拉列表框中可以指定被选中文字的样式。
- **字体大小：**用于设置被选中文字的大小。
- **宽高比：**用于设置被选中文字的宽高比例。
- **行距：**用于调整输入文字的行间距。
- **字偶间距：**用于设置选中文字的字符间距。
- **字符间距：**用于设置所有文字的字符间距。
- **基线位移：**用于调整输入文字的基线，该项只对英文有效，对中文无效。
- **倾斜：**用于设置输入文字的倾斜度。
- **小型大写字母：**可以把所有的英文都改为大写。
- **小型大写字母大小：**配合“小型大写字母”选项使用，调整转换后大写字母的大小。
- **下划线：**用于为编辑的文字添加下划线。
- **扭曲：**用于将文字分别向x轴和y轴方向变形。

◆ 3. 填充

“旧版标题属性”面板中的“填充”选项组用于设置文字的填充色。“填充”选项组中包含“填充类型”“颜色”“不透明度”选项，以及“光泽”“纹理”选项组，如图7-49所示。

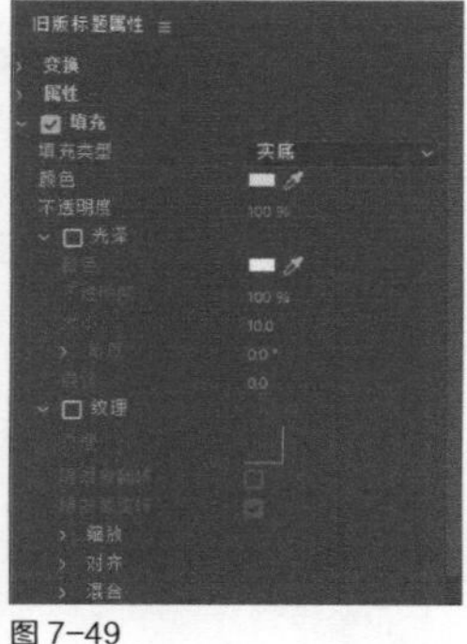
图7-49

“填充”选项组中各个选项、选项组的作用如下。

- **填充类型**：字幕设计窗口中包含7种填充类型，分别是“实底”“线性渐变”“径向渐变”“四色渐变”“斜面”“消除”“重影”，如图7-50所示。

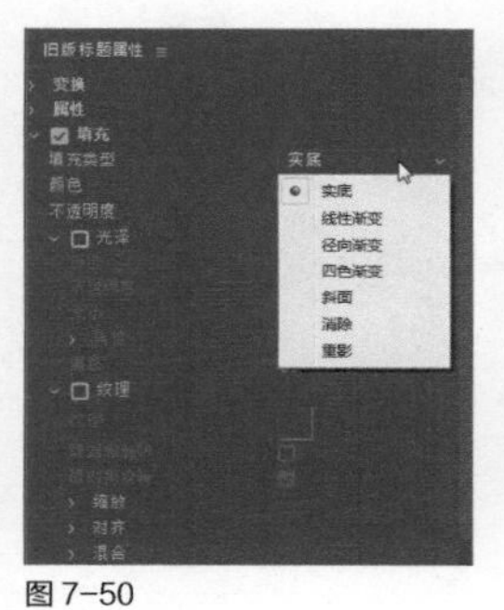

图7-50

- **颜色**：该选项用于设置填充的颜色。
- **不透明度**：该选项用于设置填充颜色的不透明度。
- **光泽**：该选项组用于为对象添加一条光泽，如图7-51所示。“光泽”选项组中的“颜色”选项用于改变光泽的颜色；“不透明度”选项用于设置光泽的不透明度；“大小”选项用于设置光泽的宽度；“角度”选项组用于设置光泽的角度；“偏移”选项用于调整光泽的位置。
- **纹理**：该选项组用于设置填充的纹理效果，如图7-52所示。

图7-51

图7-52

◆ 4. 描边

“旧版标题属性”面板中的“描边”选项组用于给文字添加描边，可以设置文字的内描边和外描边。展开“描边”选项组，单击“内描边”和“外描边”后面的“添加”，就可以展开“内描边”和“外描边”包含的选项，如图7-53所示。Premiere提供了“深度”“边缘”“凹进”3种描边类型，如图7-54所示。根据需要为对象添加描边的效果，如图7-55所示。

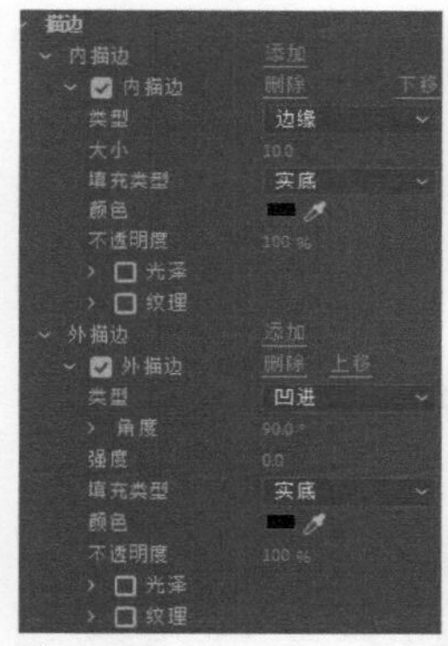

图7-53

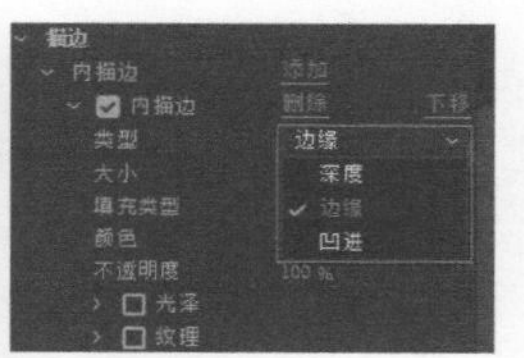

图7-54

图7-55

◆ 5. 阴影

“旧版标题属性”面板中的“阴影”选项组用于为文字添加阴影，效果如图7-56所示。在“阴影”选项组中可以设置阴影的“颜色”“不透明度”“角度”“距离”“大小”“扩展”等，如图7-57所示。

图7-56

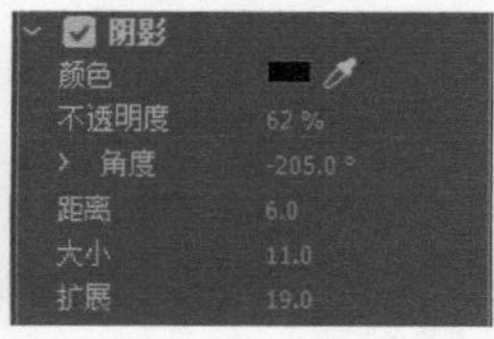

图7-57

◆ 6. 背景

“旧版标题属性”面板中的“背景”选项组用于为字幕添加背景，可以设置背景的填充类型、颜色、角度、光泽和纹理等，如图7-58所示。添加渐变色背景的效果如图7-59所示。

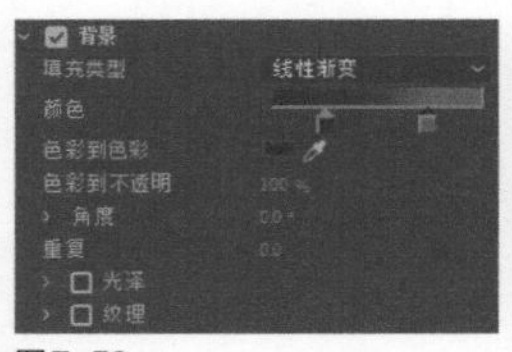

图7-58

图7-59

7.1.5 应用字幕样式

在调整好字幕的文字属性后，可以将设置好的属性样式保存下来，方便以后应用到其他字幕上，以提高工作效率。

◆ 1. 预设字幕样式

在Premiere的字幕设计窗口中，“旧版标题样式”面板为文字和图形提供了保存和载入预设样式的功能。

打开字幕设计窗口，单击“文字工具”T，在字幕设计窗口的绘图区创建文字，如图7-60所示。在“旧版标题样式”面板中选择一种字幕样式，即可对当前文字应用该样式，如图7-61所示。

图7-60

图7-61

小提示

在“旧版标题样式”面板中拖曳垂直滚动条，可以浏览和应用其他的字幕样式，如图7-62和图7-63所示。

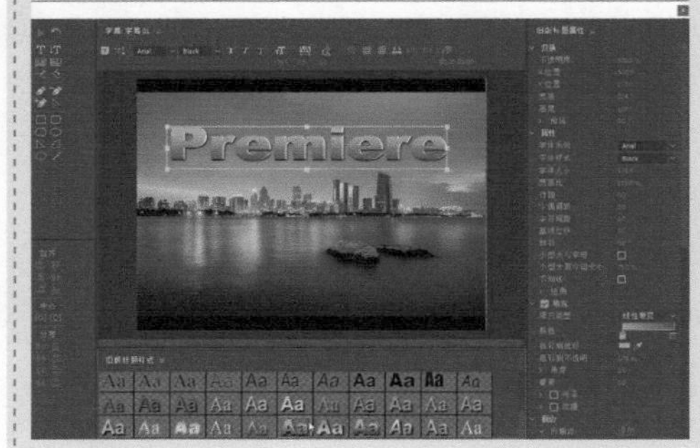

图7-62

图7-63

◆ 2. 新建字幕样式

在字幕设计窗口中输入文字内容，并设置文字的字体、大小、填充颜色、描边和阴影效果，如图7-64所示。在“旧版标题样式”面板中单击标题旁边的菜单按钮≡，在弹出的菜单中选择“新建样式”命令，如图7-65所示。

图7-64

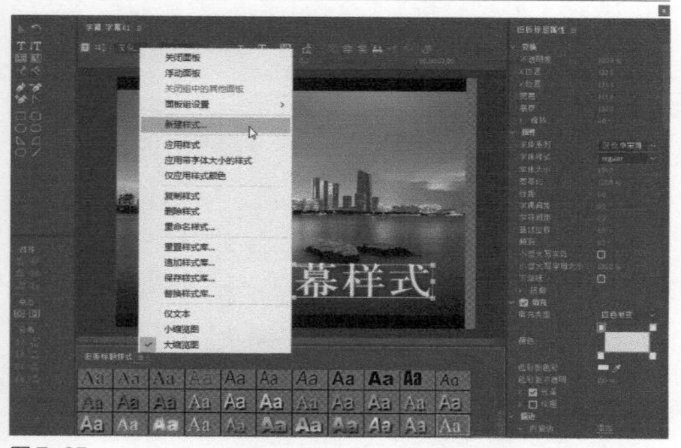
图 7-65

在打开的“新建样式”对话框中输入新样式的名称并确定，如图7-66所示。新建的样式将在“旧版标题样式”面板的末尾处显示，拖曳垂直滚动条可以查找新建的字幕样式，如图7-67所示。

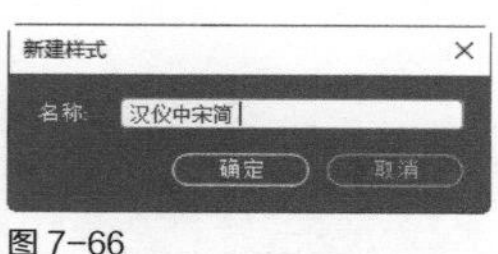

图 7-66

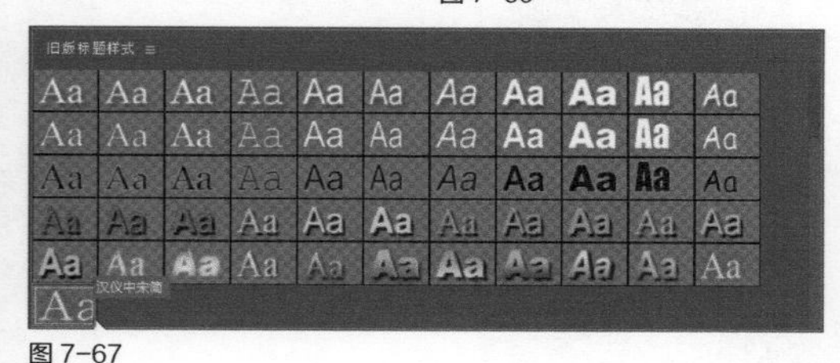

图 7-67

◆ 3. 保存字幕样式

在“旧版标题样式”面板中单击标题旁边的菜单按钮▤，在弹出的菜单中选择“保存样式库”命令，如图7-68所示。在打开的“保存样式库”对话框中指定保存的路径，输入样式库的名称并确定，对当前样式库进行保存，如图7-69所示。

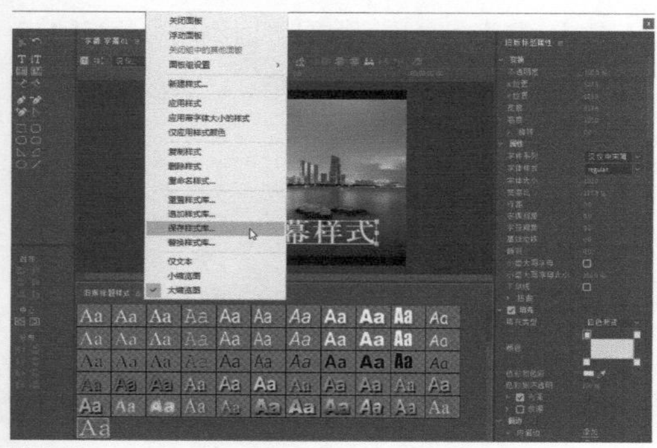
图 7-68

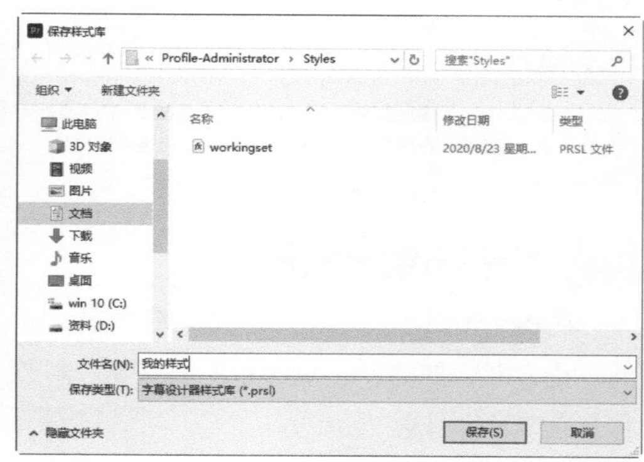

图 7-69

◆ 4. 载入字幕样式

在“旧版标题样式”面板中单击标题旁边的菜单按钮▤，在弹出的菜单中选择“追加样式库”命令，如图7-70所示。在打开的“打开样式库”对话框中选择要载入的字幕样式库，将其打开，即可载入指定的字幕样式，如图7-71所示。

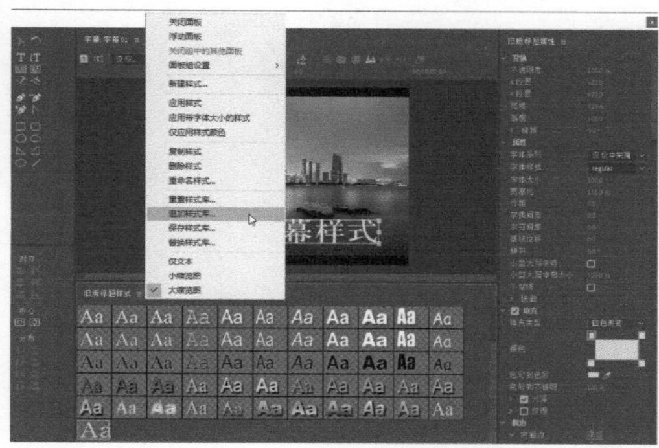
图 7-70

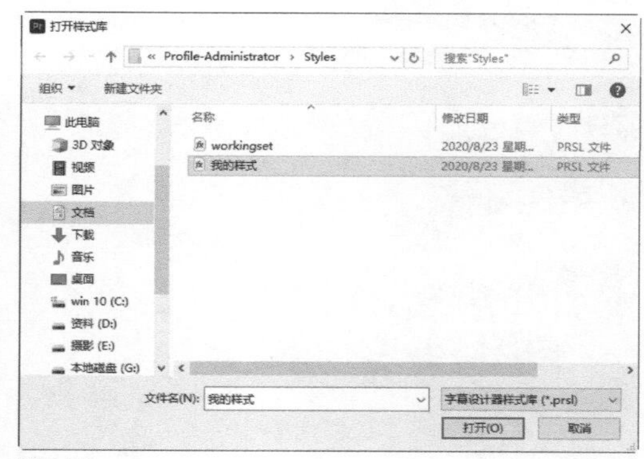

图 7-71

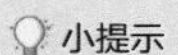小提示

在“旧版标题样式”面板中拖曳垂直滚动条可以查看载入的字幕样式库，单击其中的一种样式，可以将该样式应用到被选中的文字对象上。

7.2 绘制与编辑图形

在Premiere中可以创建并编辑图形，如线、正方形、椭圆形、矩形和多边形等。本节将介绍图形的创建与编辑方法。

7.2.1 课堂案例：爱心气球

实例位置	实例文件 >CH07> 爱心气球 .prproj
素材位置	素材文件 >CH07> 爱心气球
视频名称	爱心气球 .mp4
技术掌握	掌握图形的绘制与编辑方法

本例将通过绘制爱心气球图形，讲解图形的绘制与编辑操作，本例的最终效果如图7-72所示。

图 7-72

01 选择“文件 > 新建 > 项目”命令，打开“新建项目”对话框，输入项目名称，新建一个项目，如图 7-73 所示。

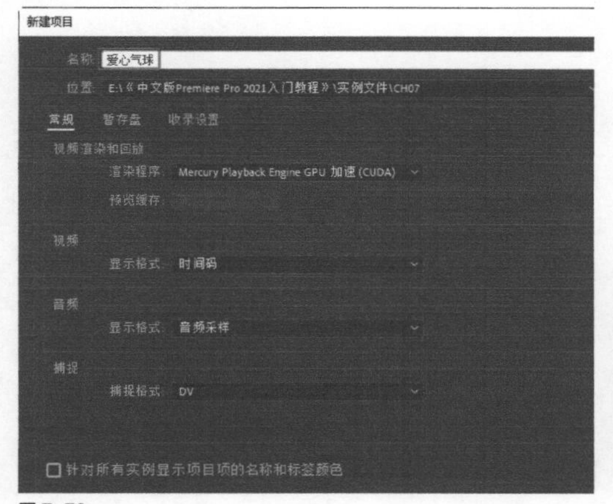

图 7-73

02 选择“文件 > 导入”命令，将所需素材导入“项目”面板中，如图 7-74 所示。

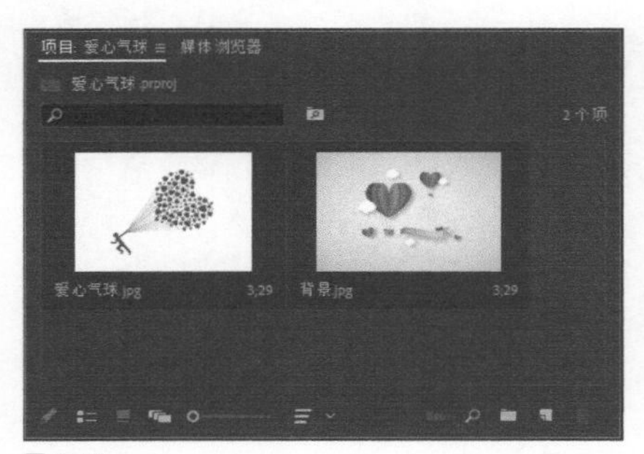

图 7-74

03 选择“文件 > 新建 > 序列”命令，打开“新建序列”对话框，新建一个序列，如图 7-75 所示。

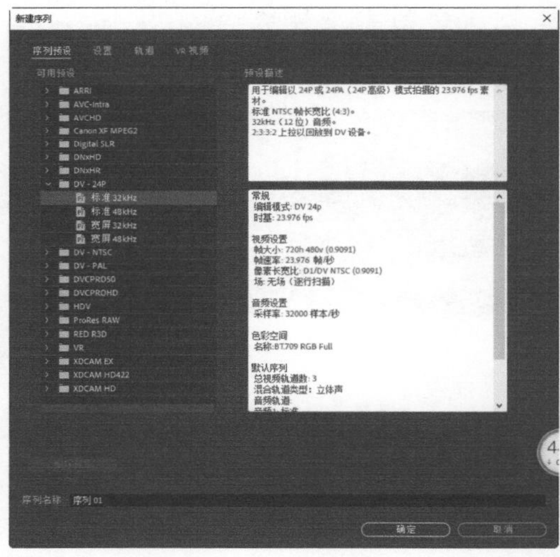

图 7-75

04 将“项目”面板中的“背景 .jpg”和“爱心气球 .jpg”素材分别添加到“时间轴”面板的 V1 和 V2 轨道中，如图 7-76 所示。“爱心气球 .jpg”素材效果如图 7-77 所示。

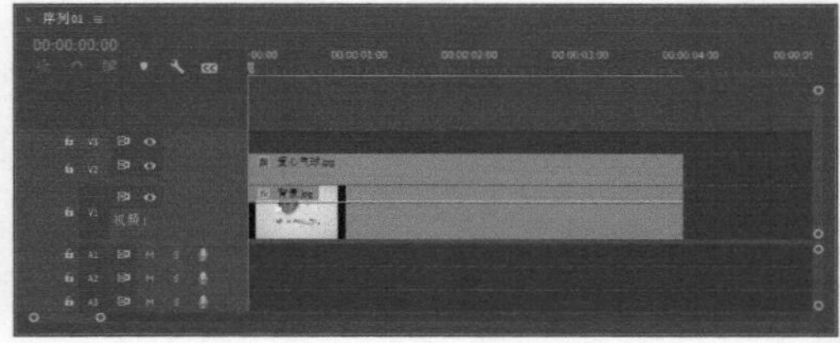

图 7-76

图 7-77

05 打开“效果”面板，展开“键控”素材箱，将“颜色键”效果添加到 V2 轨道中的“爱心气球 .jpg”素材上，如图 7-78 所示。

图 7-78

06 打开“效果控件”面板，展开“颜色键”选项组，设置“主要颜色”为白色，“颜色容差”为 70，如图 7-79 所示。设置后效果如图 7-80 所示。

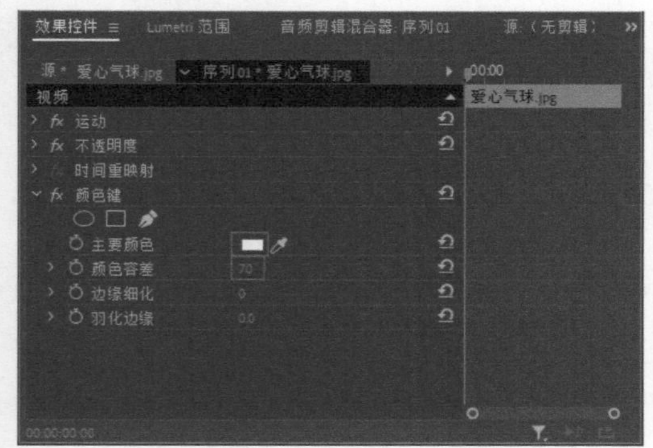

图 7-79

图 7-80

07 展开“运动”选项组，设置“位置”坐标为(500, 208)，“缩放”值为 70，如图 7-81 所示。设置后的效果如图 7-82 所示。

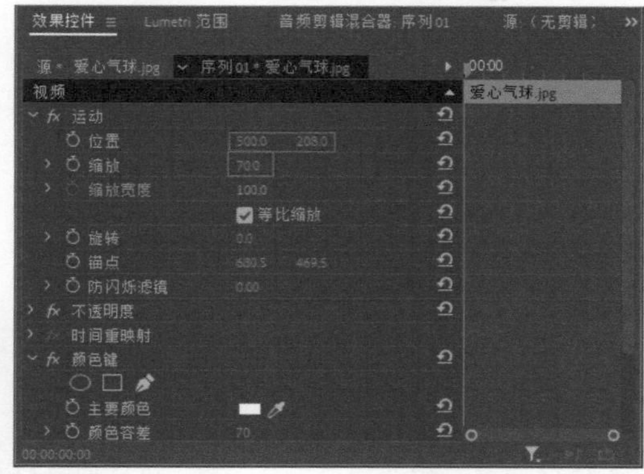

图 7-81

图 7-82

08 选择“文件 > 新建 > 旧版标题”命令，打开“新建字幕”对话框，如图 7-83 所示。单击“确定”按钮 确定 ，打开字幕设计窗口，单击“显示背景视频”按钮，显示背景视频，如图 7-84 所示。

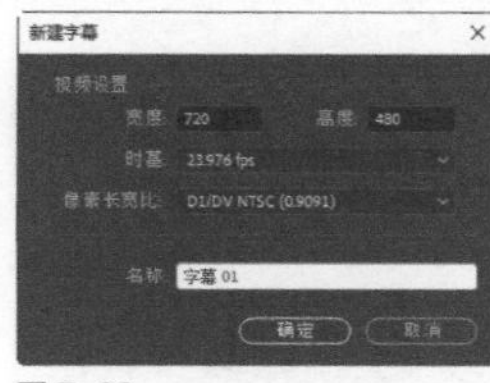

图 7-83

图 7-84

09 选择“钢笔工具”，参照背景图形绘制一个粗略的爱心，如图 7-85 所示。

图 7-85

10 选择“转换锚点工具”，拖曳路径上的锚点，将角点转换成曲线点，如图 7-86 所示。

11 继续使用“转换锚点工具”，将其他角点转换成曲线点，并调整爱心的形状，效果如图 7-87 所示。

图 7-86

图 7-87

12 在字幕设计窗口的“旧版标题属性”面板中展开“属性”选项组，打开“图形类型”下拉列表框，选择“填充贝塞尔曲线”选项，如图 7-88 所示。填充后的效果如图 7-89 所示。

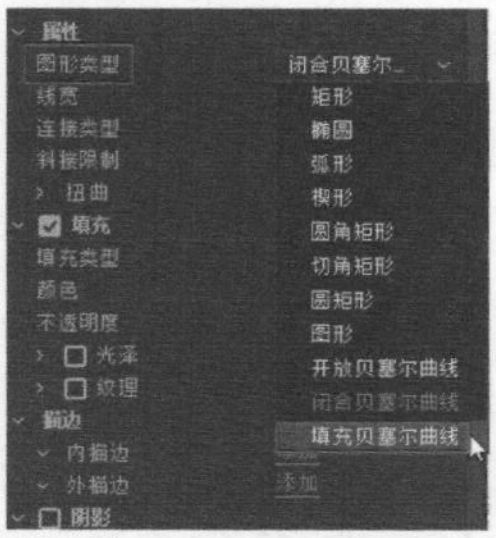

图 7-88

图 7-89

13 在“填充”选项组中打开“填充类型”下拉列表框，选择“径向渐变”选项，如图 7-90 所示。

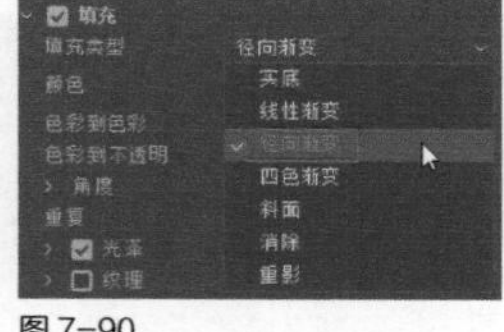

图 7-90

14 在“颜色”后面的渐变条中，双击左边的色标，在弹出的“拾色器”对话框中设置颜色为（R:230，G:116，B:142）；双击右边的色标，在弹出的“拾色器”对话框中设置颜色为（R:139，G:49，B:75），如图 7-91 所示。填充渐变色后的效果如图 7-92 所示。

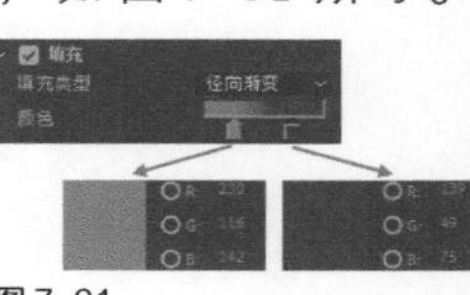

图 7-91

图 7-92

15 在字幕设计窗口的“旧版标题属性”面板中勾选“阴影”复选框，展开“阴影”选项组，设置阴影的“颜色”为白色、“不透明度”为 80%、“角度”为 100°、“距离”为 0、“大小”为 5、“扩展”为 10，如图 7-93 所示。

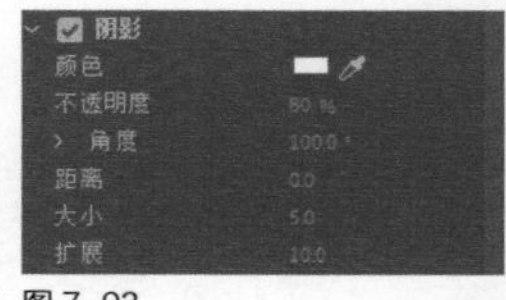

图 7-93

16 单击字幕设计窗口右上方的“关闭”按钮，关闭字幕设计窗口，新建的图形将显示在“项目”面板中，如图 7-94 所示。

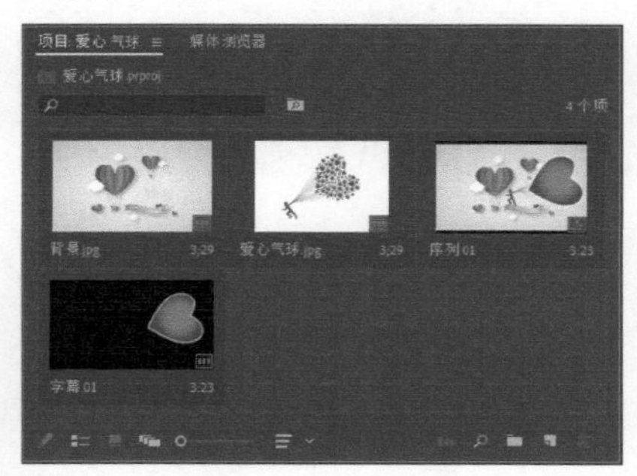

图 7-94

17 将“项目”面板中的“字幕 01”素材添加到“时间轴”面板的 V3 轨道中，如图 7-95 所示。最终效果如图 7-96 所示。

图 7-95

图 7-96

7.2.2 绘制图形

使用字幕设计窗口“工具”面板中的绘图工具可以在绘图区绘制相应的图形，如矩形、圆角矩形、切角矩形、圆矩形、楔形、弧形、椭圆形和直线等。

◆ 1. 绘制矩形

选择字幕设计窗口“工具”面板中的“矩形工具”，在绘图区按住鼠标左键并拖曳鼠标，即可创建一个矩形，如图7-97所示。

图 7-97

小提示

选择“矩形工具”后，按住 Shift 键在绘图区按住鼠标左键并拖曳鼠标，可以创建正方形。

◆ 2. 绘制圆角矩形

选择字幕设计窗口“工具”面板中的“圆角矩形工具”，在绘图区按住鼠标左键并拖曳鼠标，即可创建一个圆角矩形，如图7-98所示。

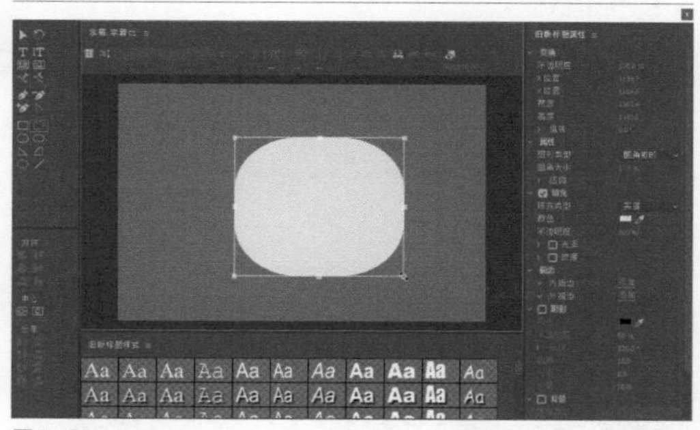

图 7-98

◆ 3. 绘制切角矩形

选择字幕设计窗口“工具”面板中的“切角矩形工具”，在绘图区按住鼠标左键并拖曳鼠标，即可创建一个切角矩形，如图7-99所示。

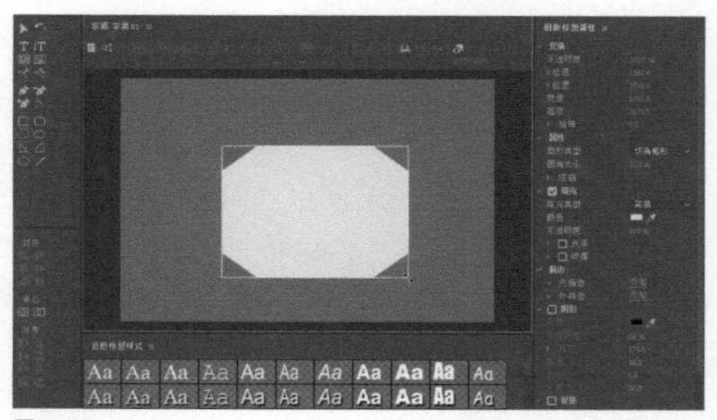

图 7-99

◆ 4. 绘制圆矩形

选择字幕设计窗口“工具”面板中的“圆矩形工具”，在绘图区按住鼠标左键并拖曳鼠标，即可创建一个圆矩形，如图7-100所示。

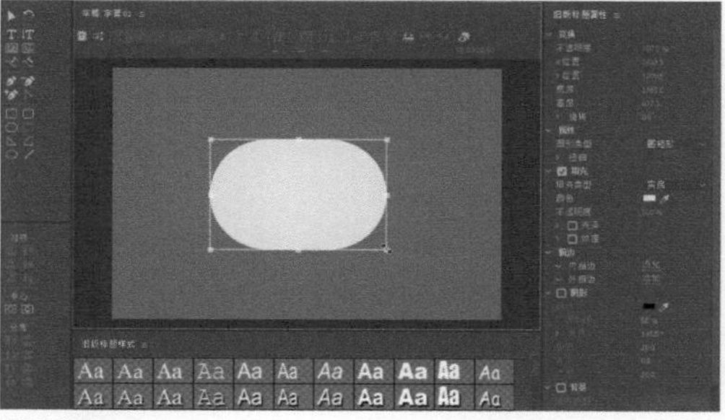

图7-100

> 小提示
>
> 圆矩形与圆角矩形的区别：圆矩形由两个半圆和一个矩形构成，而圆角矩形的 4 个角都是圆弧。

◆ 5. 绘制楔形

选择字幕设计窗口“工具”面板中的“楔形工具”，在绘图区按住鼠标左键并拖曳鼠标，即可创建一个楔形，如图7-101所示。

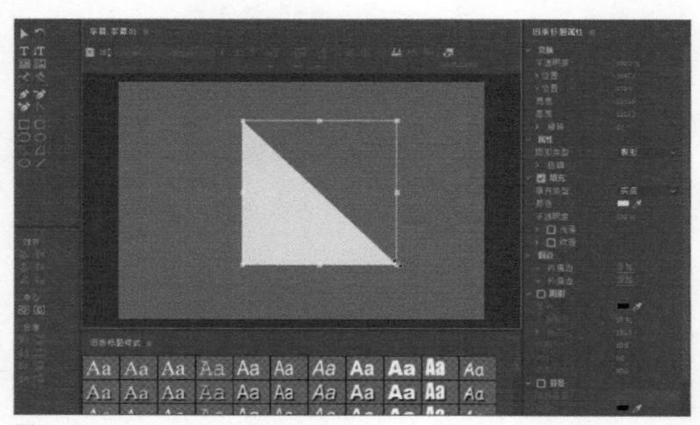
图7-101

◆ 6. 绘制弧形

选择字幕设计窗口“工具”面板中的“弧形工具”，在绘图区按住鼠标左键并拖曳鼠标，即可创建一个弧形，如图7-102所示。

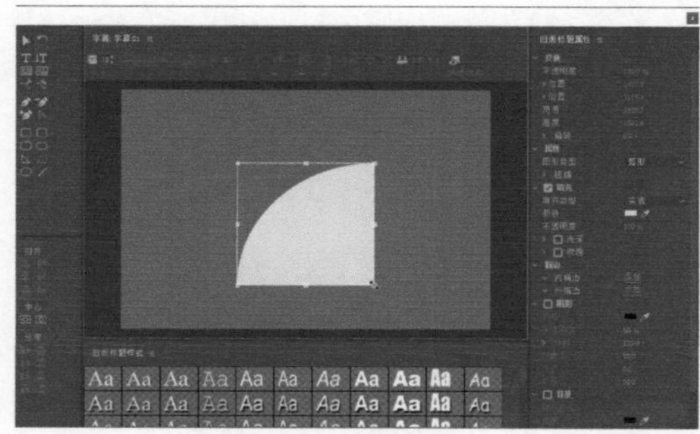
图7-102

◆ 7. 绘制椭圆形

选择字幕设计窗口“工具”面板中的“椭圆工具”，在绘图区按住鼠标左键并拖曳鼠标，即可创建一个椭圆形，如图7-103所示。

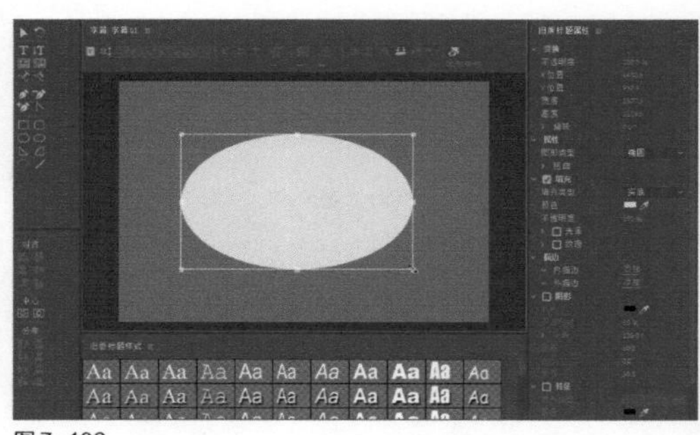
图7-103

> 小提示
>
> 选择“椭圆工具”后，按住 Shift 键在绘图区按住鼠标左键并拖曳鼠标，可以创建一个圆形。

◆ 8. 绘制直线

选择字幕设计窗口“工具”面板中的“直线工具”，在绘图区按住鼠标左键并拖曳鼠标，即可创建一条直线，如图7-104所示。

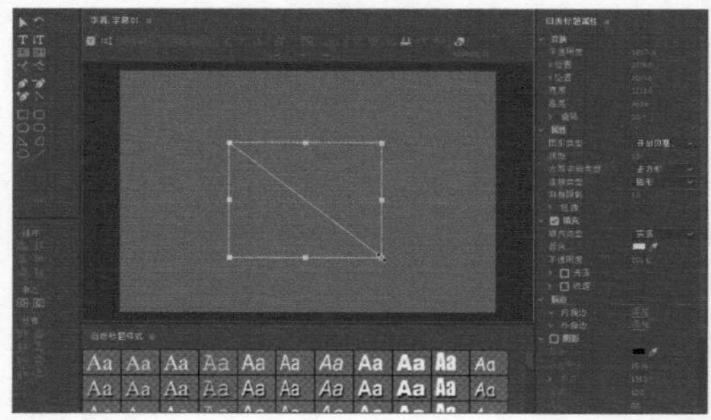
图7-104

> 小提示
>
> 在“属性”选项组的“图形类型”下拉列表框中也可以设置图形的类型。使用“矩形工具”在绘图区创建一个矩形，在“属性”选项组中“图形类型”下拉列表框中可以更改当前图形的类型。例如，在该下拉列表框中选择“椭圆”选项，如图 7-105 所示，当前图形即可改为椭圆形，如图 7-106 所示。
>
> 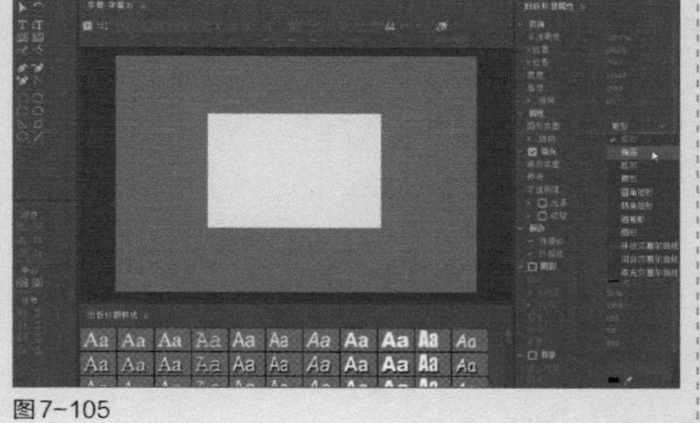
> 图7-105

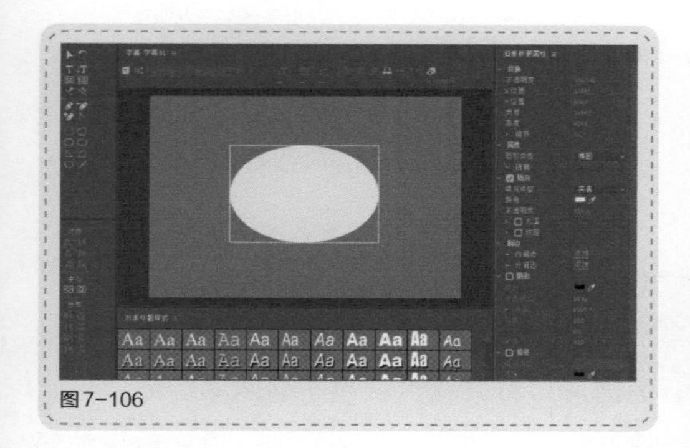
图 7-106

7.2.3 设置图形色彩

创建一个图形后，可以设置图形的填充颜色、透明度、描边和阴影等。这些效果可以在字幕设计窗口的“旧版标题属性”面板中进行设置。

◆ 1. 设置图形填充类型

绘制一个图形，在“填充”选项组“填充类型”下拉列表框中选择一种填充类型，然后在“颜色”选项处设置填充颜色。例如，将“填充类型”设为“径向渐变”，将“颜色”设为从红色到黄色的渐变，如图7-107和图7-108所示。

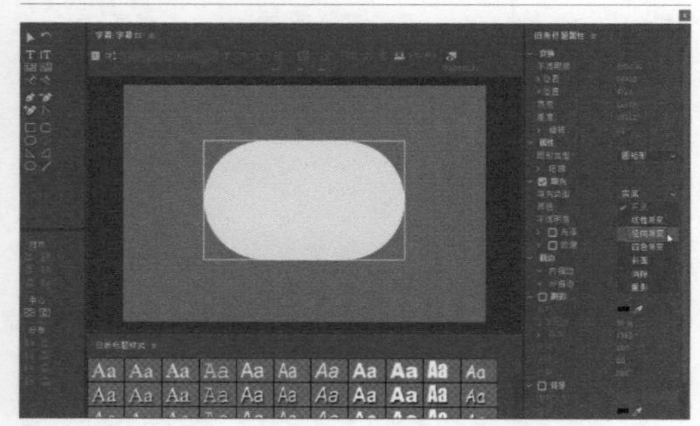
图 7-107

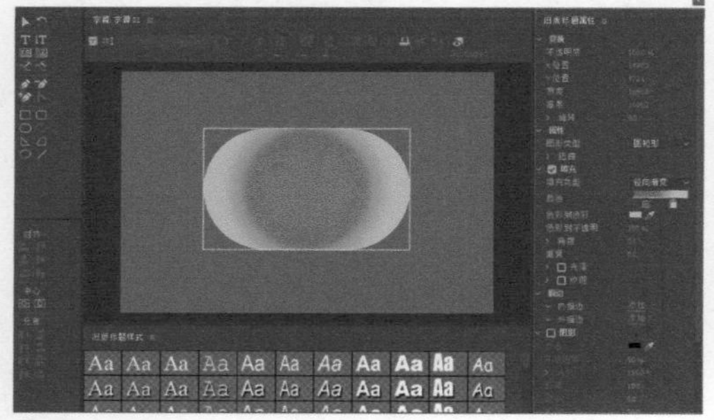
图 7-108

小提示

在“填充”选项组中勾选“光泽”复选框，展开“光泽”选项组，可以设置光泽大小和角度，如图 7-109 所示。勾选“纹理”复选框，展开“纹理”选项组，可以设置纹理的效果，如图 7-110 所示。

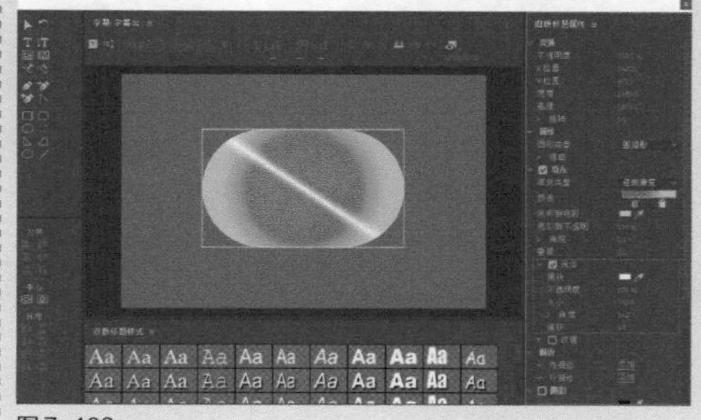
图 7-109

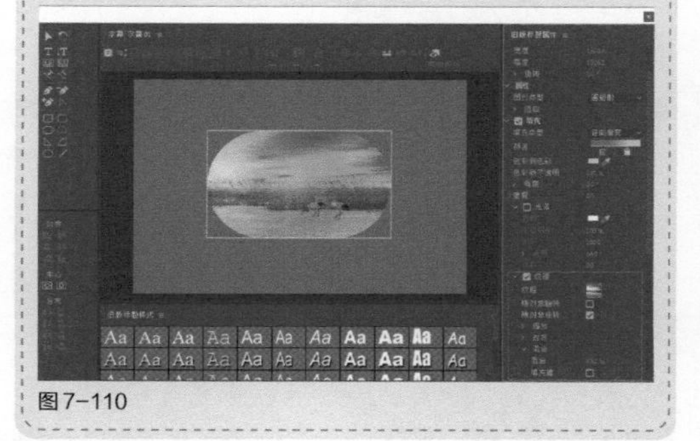
图 7-110

◆ 2. 设置图形描边

在字幕设计窗口中可以设置图形的描边效果，包括内描边和外描边。

在“描边”选项组中单击“内描边”右方的“添加”，可以展开“内描边”选项组，设置内描边的大小和颜色，如图7-111所示。

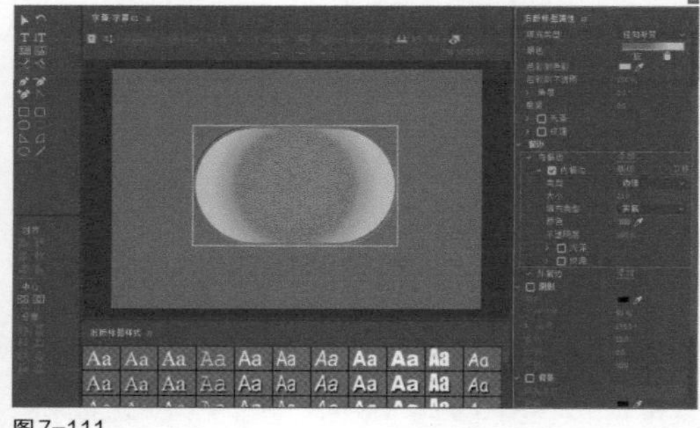
图 7-111

在“描边”选项组中单击“外描边”右方

的“添加”，可以展开“外描边”选项组，设置外描边的大小和颜色，如图7-112所示。

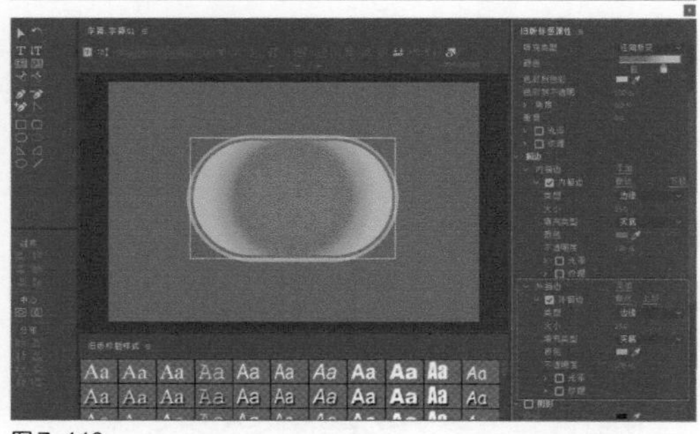

图7-112

◆ 3. 设置图形阴影

在“阴影”选项组中勾选“阴影”复选框，可以设置阴影的颜色、不透明度、距离、大小、扩展等参数，为图形添加阴影效果，如图7-113所示。

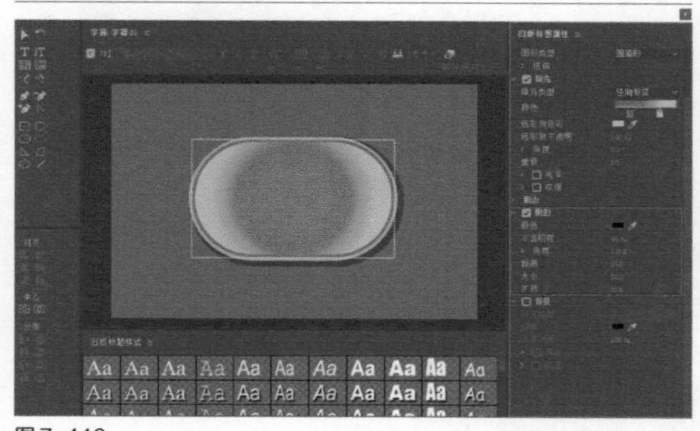

图7-113

◆ 4. 设置图形背景

在“背景”选项组中勾选“背景”复选框，可以设置其中的参数，为图形添加背景颜色，如图7-114所示。

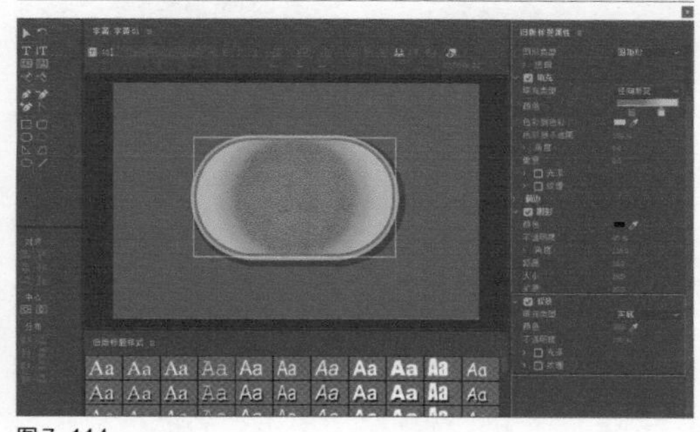

图7-114

7.2.4 修改图形

在Premiere中创建图形后，想要达到理想的效果，还应该对其进行移动位置、调整大小、改变方向等操作。

◆ 1. 调整图形的大小

使用“选择工具”选择需要调整大小的图形，将鼠标指针移动到图形四周的任意控制点上，如图7-115所示。当鼠标指针变成两端各有一个箭头的线段时，拖曳控制点，即可调整图形的大小。此时，“旧版标题属性”面板“变换”选项组中的“宽度”和“高度”参数也会相应发生变化，如图7-116所示。

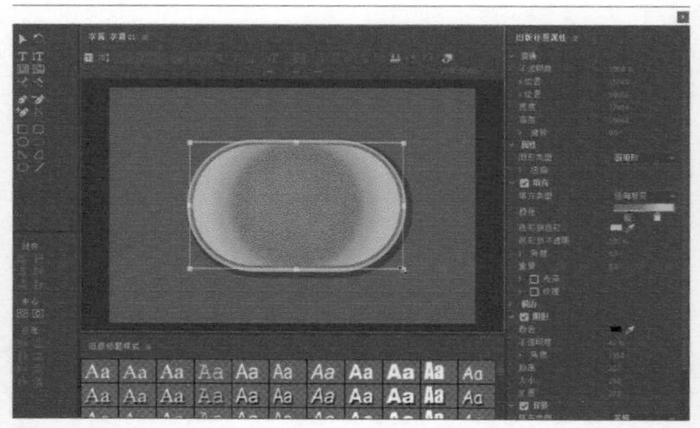

图7-115

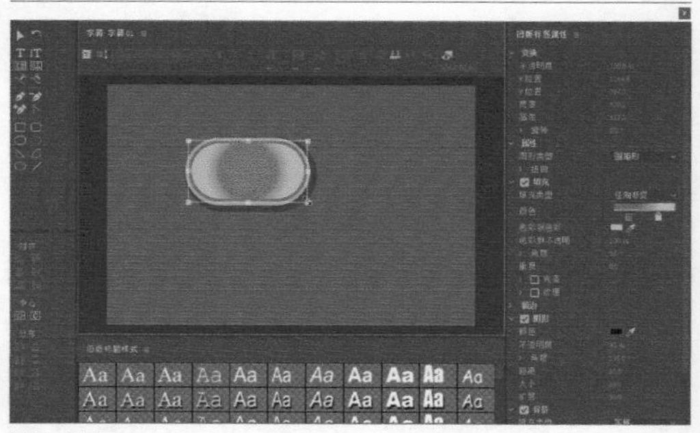

图7-116

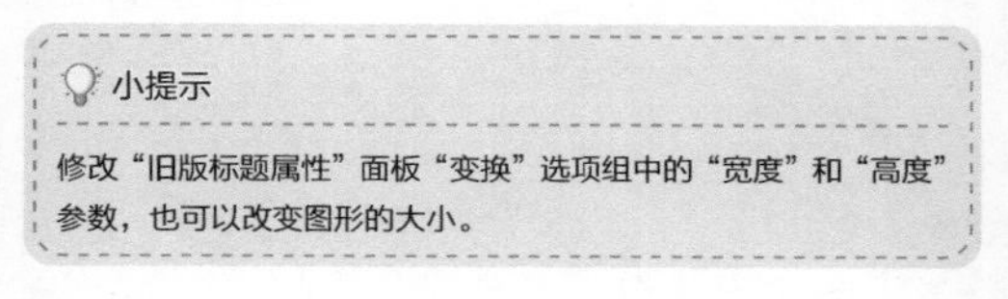

小提示

修改“旧版标题属性”面板“变换”选项组中的“宽度”和“高度”参数，也可以改变图形的大小。

◆ 2. 移动图形

使用“选择工具”选择需要移动的图

形，按住鼠标左键并拖曳鼠标，即可移动图形，如图7-117和图7-118所示。

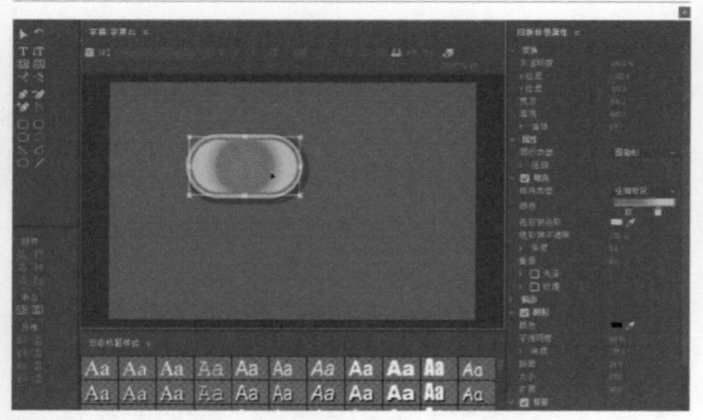

图7-117

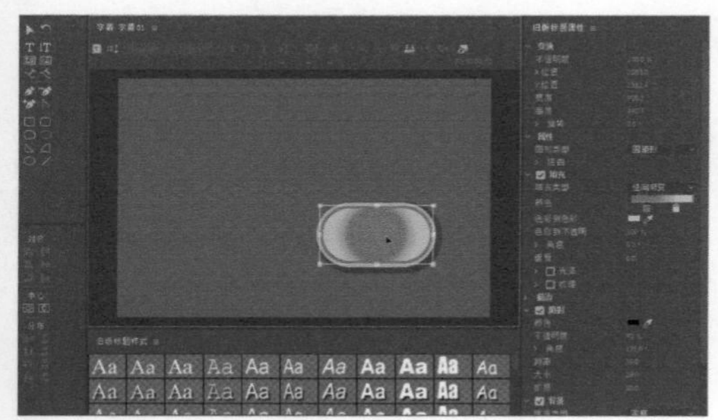

图7-118

> 小提示
>
> 修改“旧版标题属性”面板“变换”选项组中的“X 位置”和“Y 位置”参数，也可以调整图形的位置。

◆ 3. 旋转图形

使用“选择工具”▶选择需要旋转的图形，将鼠标指针移动到图形四周的任意控制点上，当鼠标指针变成两端各有一个箭头的曲线形状时，如图7-119所示，拖曳控制点，即可旋转图形，如图7-120所示。

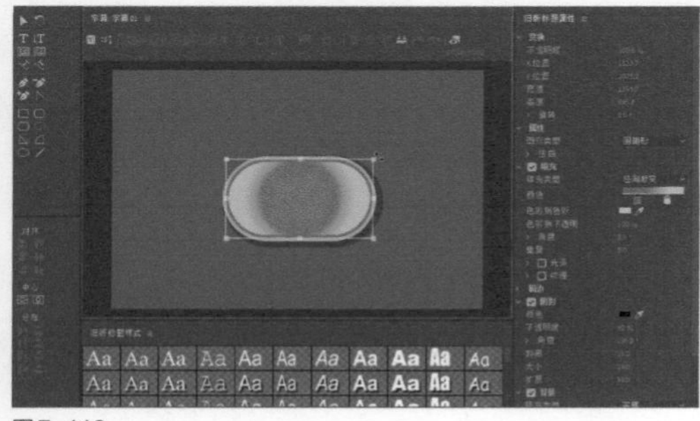

图7-119

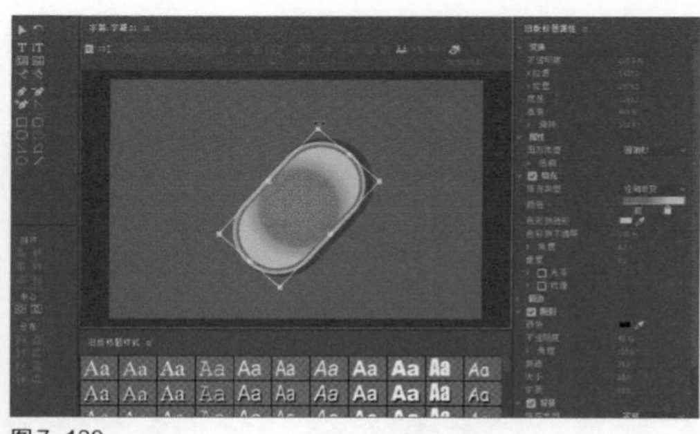

图7-120

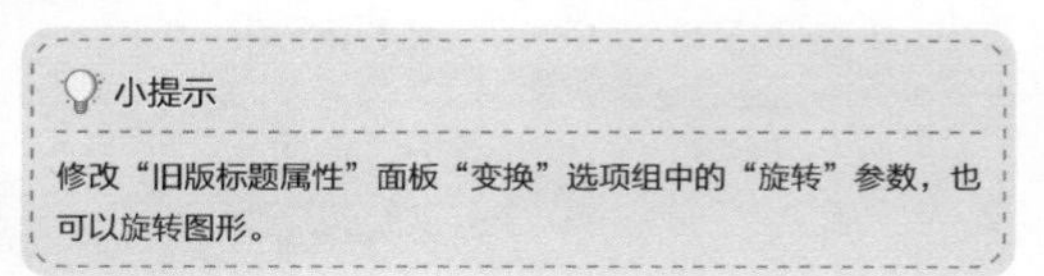

小提示

修改“旧版标题属性”面板“变换”选项组中的“旋转”参数，也可以旋转图形。

7.3 预设的字幕与图形

在“基本图形”面板中，用户可以直接调用预设的字幕和图形，从而提高影片的编辑效率。

7.3.1 课堂案例：游戏播放界面

实例位置	实例文件 >CH07> 游戏播放界面 .prproj
素材位置	素材文件 >CH07> 游戏播放界面
视频名称	游戏播放界面 .mp4
技术掌握	调用和修改预设的字幕和图形

本例将通过创建“游戏播放界面”视频，讲解调用和修改预设字幕和图形的方法，本例效果如图7-121所示。

图7-121

01 选择“文件 > 新建 > 项目”命令，打开“新建项目”对话框，输入项目名称，新建一个项目，如图 7-122 所示。

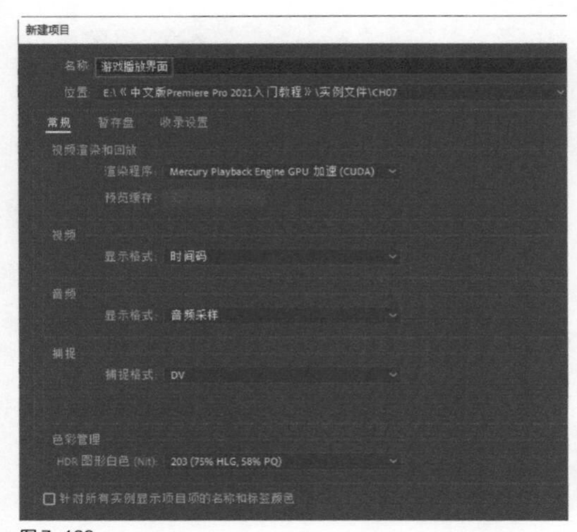

图7-122

02 选择“文件>新建>序列”命令，打开“新建序列”对话框，新建一个序列，如图7-123所示。

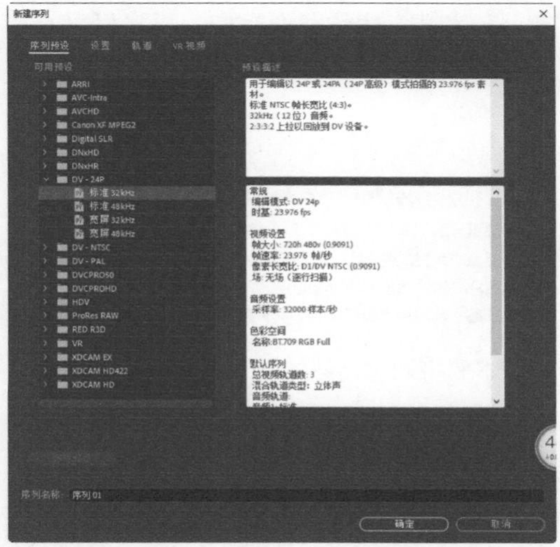

图7-123

03 将“国际象棋.jpg”素材导入“项目”面板中，将其添加到“时间轴”面板的V1轨道中，如图7-124所示。

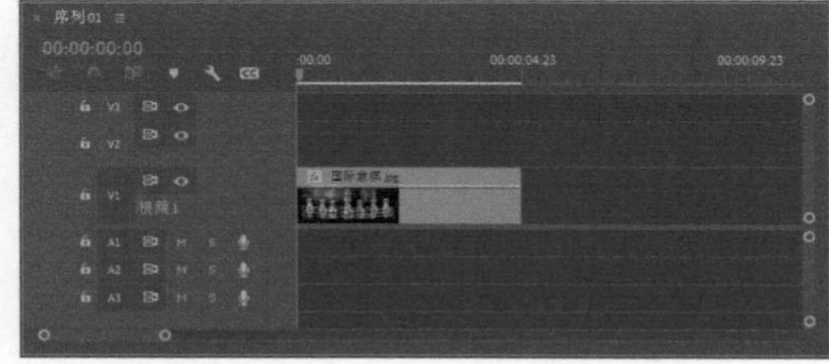

图7-124

04 选择“窗口>工作区>图形”命令，切换到“图形”工作区，如图7-125所示。

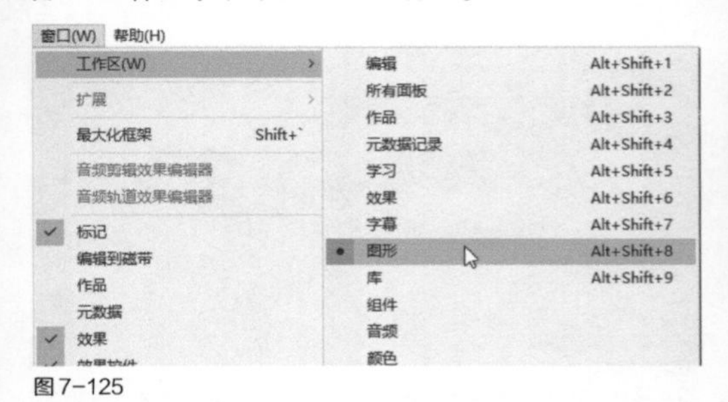

图7-125

05 在“基本图形”面板中选择“浏览”选项卡，选择“游戏下方三分之一靠右”预设图形，如图7-126所示。

图7-126

06 将“游戏下方三分之一靠右”预设图形拖曳到“时间轴”面板的V2轨道中，如图7-127所示。

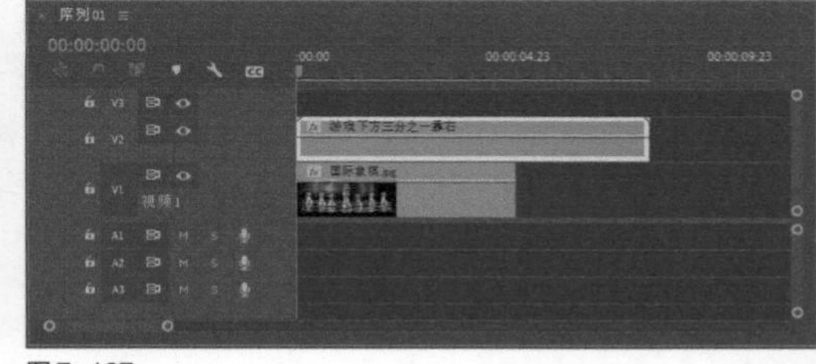

图7-127

07 在“时间轴”面板中向左拖曳预设图形的出点，使其与 V1 轨道中素材的出点对齐，如图 7-128 所示。

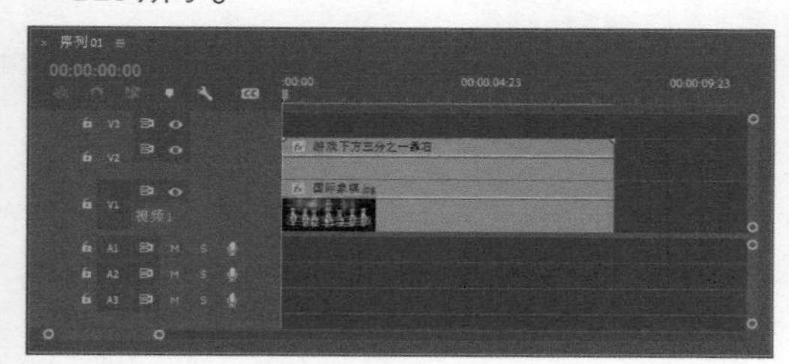
图 7-128

08 在“节目”监视器面板中对影片进行预览，效果如图 7-129 所示。

图 7-129

09 在“基本图形”面板中选择“编辑”选项卡，修改字幕“玩家 1 是否准备好？”的字体为“FZYaSong-M-GBK”，单击字形选项组中的“仿斜体”按钮，如图 7-130 所示。

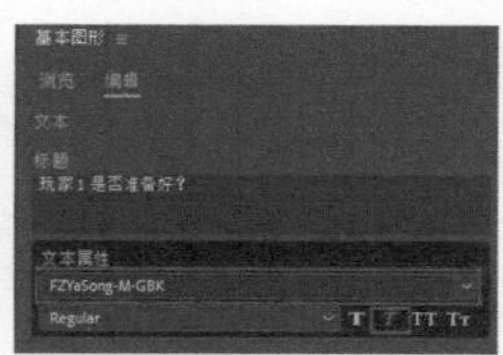
图 7-130

10 将“各就各位，预备，开始！”字幕文本改为“倒计时 10”，并设置字体为“STKaiti”，如图 7-131 所示，效果如图 7-132 所示。

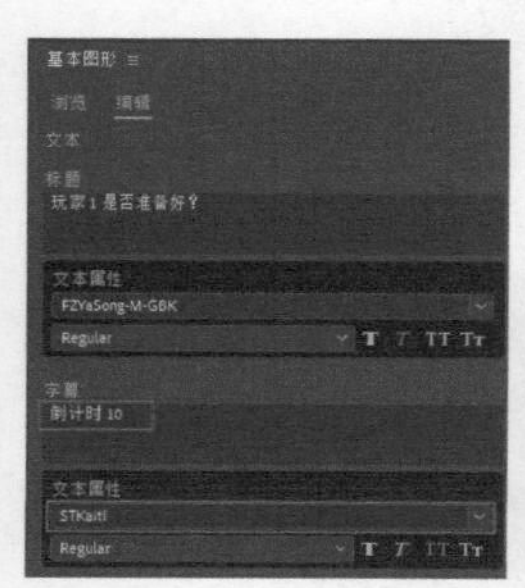
图 7-131

图 7-132

11 在“设置样式”选项组中单击“主颜色”前面的色块，如图 7-133 所示。在打开的“拾色器”对话框中设置颜色为（R:37，G:44，B:64），如图 7-134 所示。

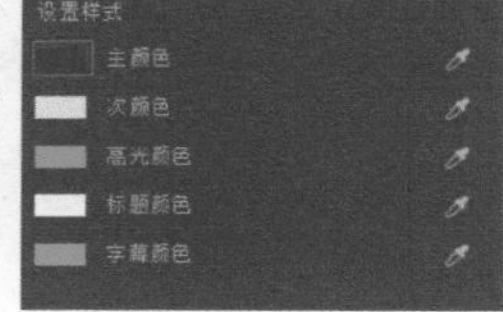
图 7-133

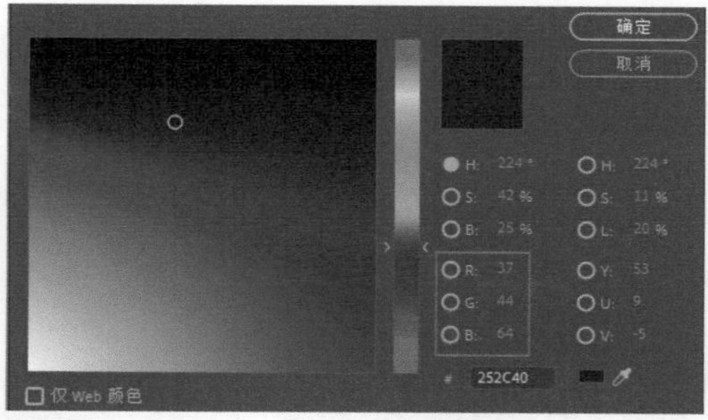
图 7-134

12 在“设置样式”选项组中单击“高光颜色”前面的色块，如图 7-135 所示。在打开的“拾色器”对话框中设置颜色为（R:120，G:124，B:135），如图 7-136 所示。

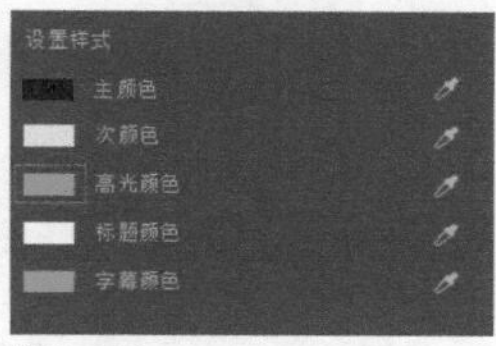
图 7-135

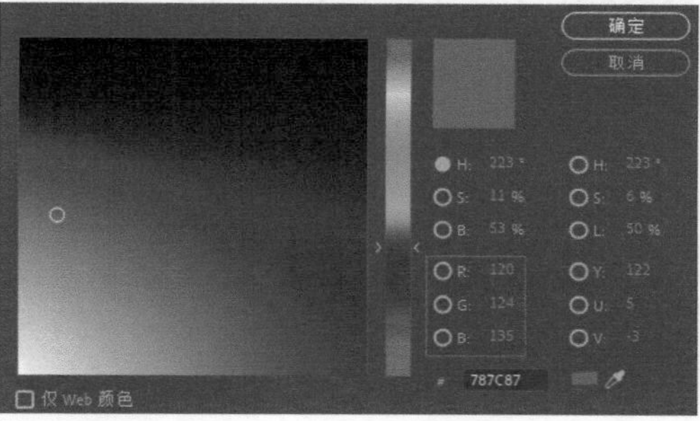
图 7-136

13 在“设置样式”选项组中单击“标题颜色”前面的色块，如图 7-137 所示。在打开的“拾色器”对话框中设置颜色为（R:239，G:165，B:22），如图 7-138 所示。

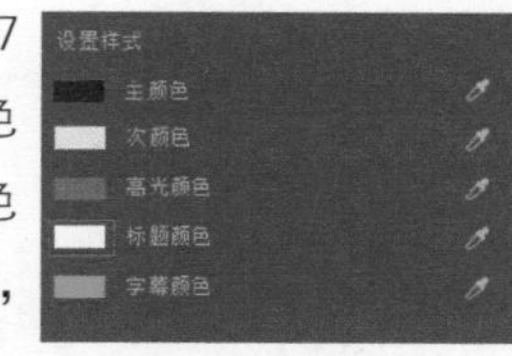
图 7-137

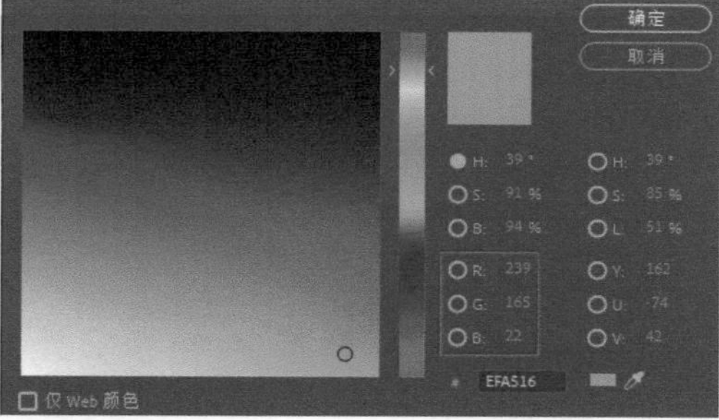
图 7-138

⑭ 在“设置样式”选项组中单击“字幕颜色”前面的色块，在打开的“拾色器”对话框中设置颜色为（R:172，G:179，B:232），如图 7-139 所示。调整颜色后的效果如图 7-140 所示。

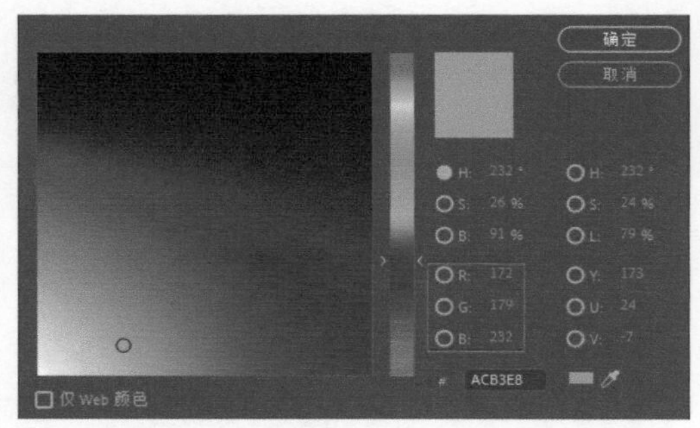

图7-139

图7-140

⑮ 打开“效果控件”面板，展开“运动”选项组，在“位置”选项中设置坐标为（1200，620），如图 7-141 所示。本例最终效果如图 7-142 所示。

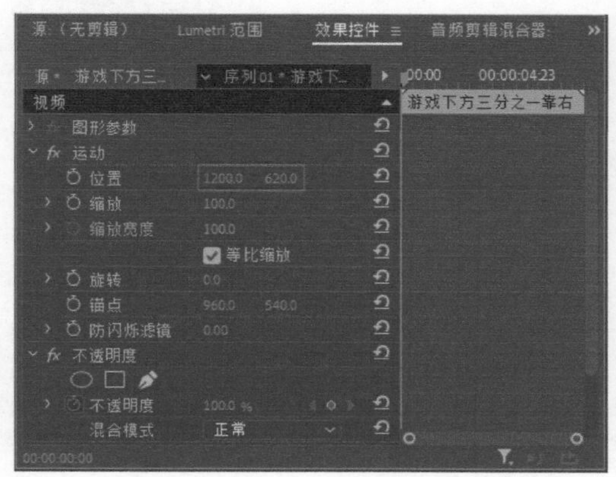

图7-141

图7-142

7.3.2 应用预设的字幕与图形

选择“窗口>基本图形”命令，打开“基本图形”面板，如图7-143所示。在“基本图形”面板中将预设的字幕（如“影片标题”）拖曳到“时间轴”面板的视频轨道中，如图7-144所示。

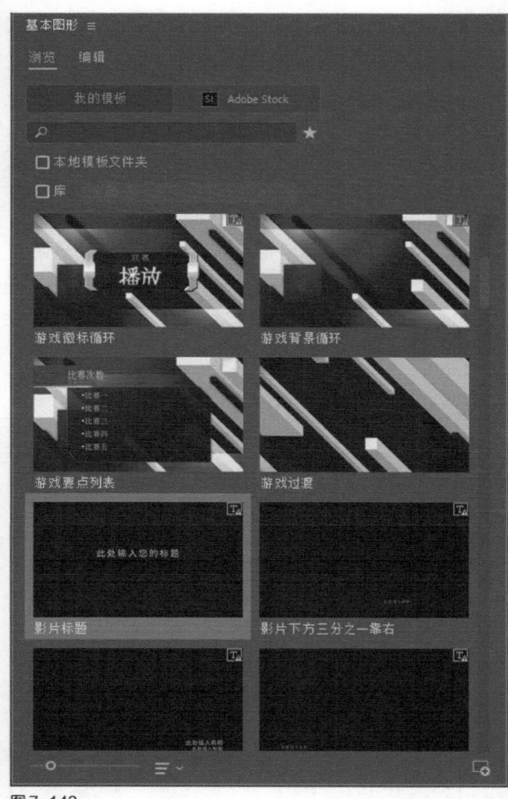

图7-143

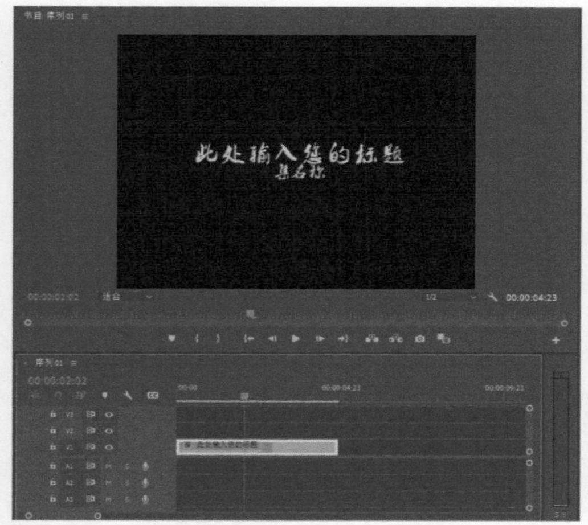

图7-144

选择“工具”面板中的“文字工具”T，再选择预设图形中的文字，重新输入文字，可以对文字内容进行修改，如图7-145所示。也可以在“基本图形”面板中选择“编辑”选项卡，对字幕内容进行详细设置，如图7-146和图7-147所示。

图7-145

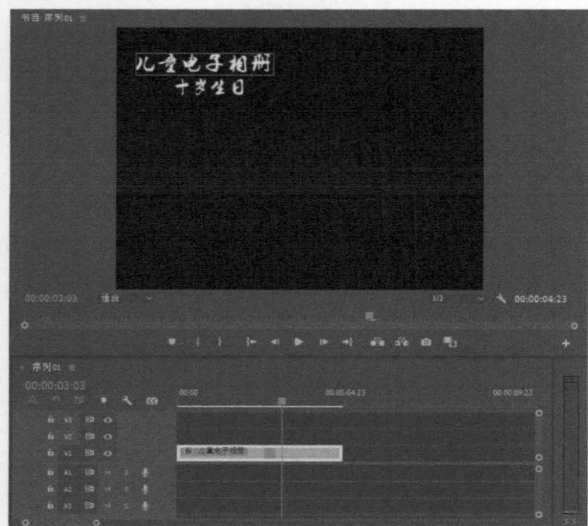

图7-146

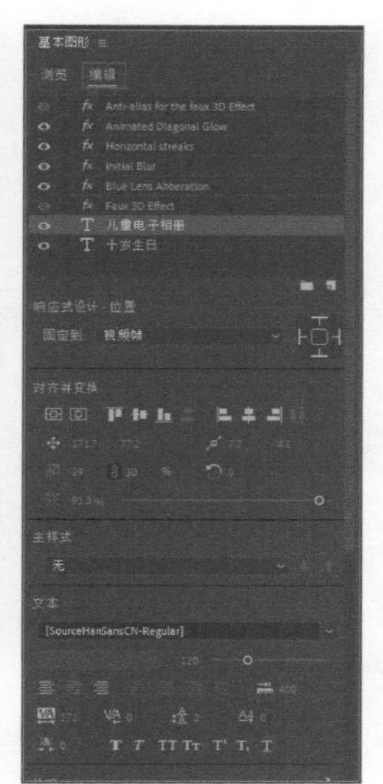

图7-147

7.4 课后习题

通过对本章的学习，相信大家对字幕和图形有了深入的了解，能灵活掌握其使用方法，可以制作各种字幕和图形效果。

课后习题：成都印象

实例位置	实例文件 >CH07> 成都印象 .prproj
素材位置	素材文件 >CH07> 成都印象
视频名称	成都印象 .mp4
技术掌握	标题字幕的创建与设置方法

本例将创建“成都印象”字幕效果，巩固标题字幕的创建与设置方法，本例最终效果如图7-148所示。

图7-148

01 新建一个项目，导入所需的素材，如图7-149所示。

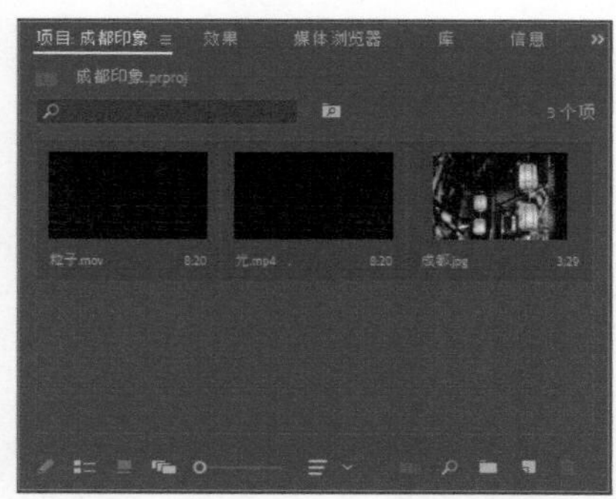

图7-149

02 选择“文件>新建>旧版标题”命令，新建一个字幕，在字幕设计窗口中，用“垂直文字工具”输入“成都”“印象”文字，并设置文字的字体、大小和字符间距。选择“直线工具”，按住Shift键，按住鼠标左键并拖曳鼠标绘制一条竖线，设置其颜色为红色，如图7-150和图7-151所示。

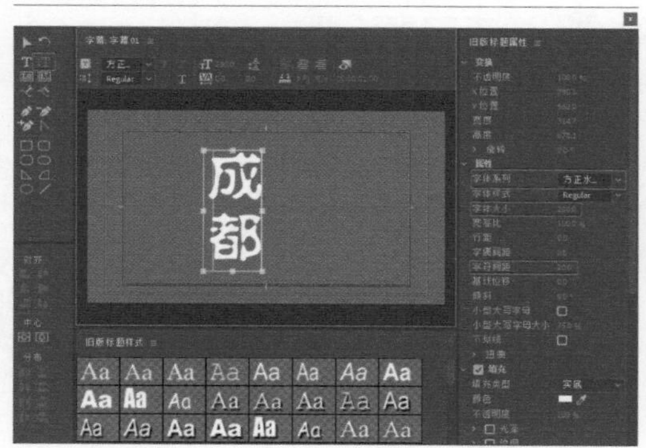

图7-150

图7-151

03 新建一个序列，设置视频轨道数为4，将“项目”面板中的素材分别添加到“时间轴”面板的V1~V4轨道中，并将各素材的持续时间设为8秒，如图7-152所示。

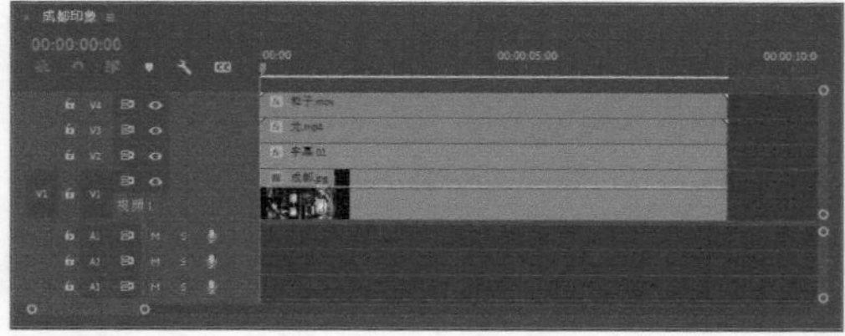

图7-152

04 将时间指示器移动到第1秒，选择V2轨道中的“字幕01”素材，为素材的“缩放”和“不透明度”选项设置关键帧，并设置“缩放”值为80，“不透明度”值为0%，如图7-153所示。在第3秒15帧，设置“不透明度”值为100%；在第6秒，设置“缩放”值为100，“不透明度”值为100%；在第8秒，设置“不透明度”值为0%，如图7-154所示。

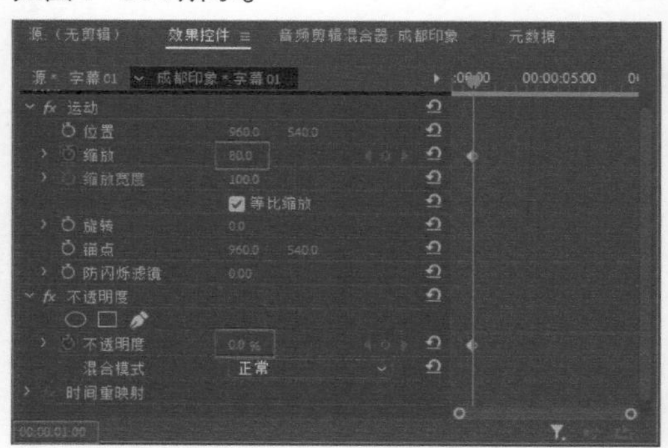

图7-153

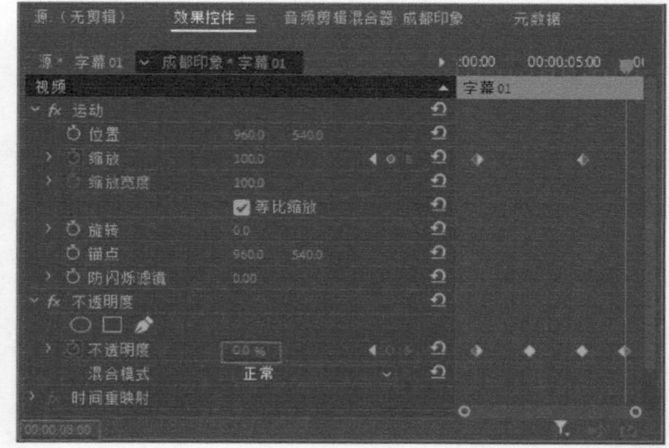

图7-154

05 在“节目”监视器面板中单击“播放-停止切换”按钮，预览影片效果，如图7-155所示。

图7-155

课后习题：片尾字幕

实例位置	实例文件 >CH07> 片尾字幕 .prproj
素材位置	素材文件 >CH07> 片尾字幕
视频名称	片尾字幕 .mp4
技术掌握	滚动字幕创建与设置方法

本例将通过制作片尾字幕效果，巩固滚动字幕的创建与设置方法，效果如图7-156所示。

图7-156

01 新建一个项目，导入所需的素材，如图7-157所示。

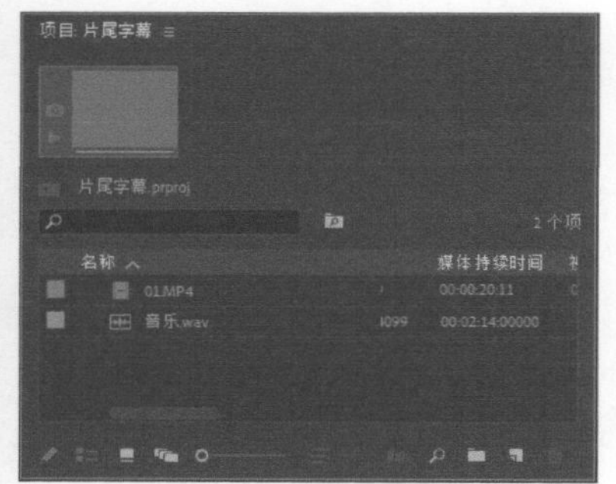

图7-157

02 选择“文件 > 新建 > 旧版标题”命令，新建一个名为“片尾字幕”的字幕，在字幕设计窗口中输入文字，设置文字的字体、大小和行距，如图7-158所示。

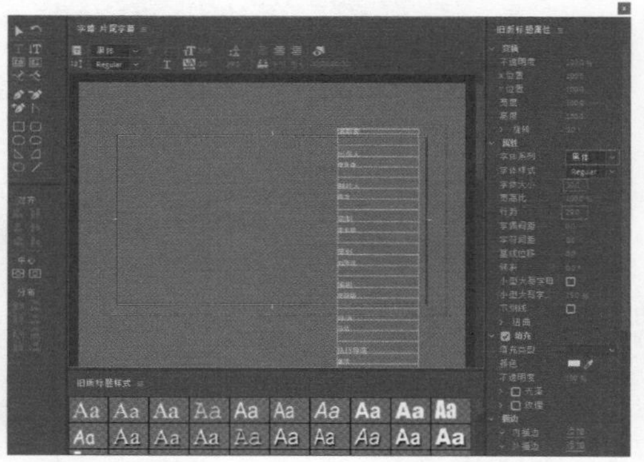
图7-158

03 在字幕设计窗口中单击“滚动 / 游动选项”按钮，在打开的“滚动 / 游动选项”对话框中选择“滚动”单选钮，并勾选“开始于屏幕外”和“结束于屏幕外”复选框，如图7-159所示。

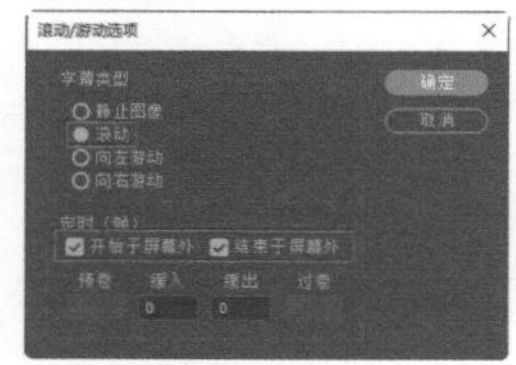

图7-159

04 新建一个序列，将创建的“片尾字幕”素材添加到“时间轴”面板的V1轨道中，将“01.mp4”素材添加到V2轨道中，如图7-160所示。

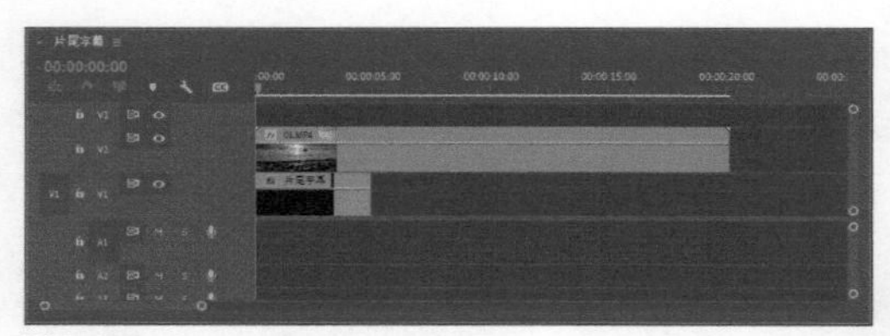

图7-160

05 调整 V1 轨道中“片尾字幕”素材的出点，将其与 V2 轨道中的素材出点对齐，添加音频素材，并调整音频素材的出点，如图 7-161 所示。

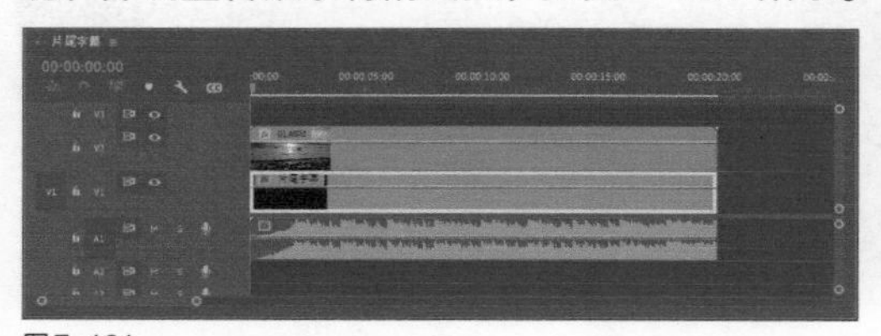

图7-161

06 选择 V2 轨道中的影片素材，打开“效果控件”面板，设置“位置”坐标为（640，540），“缩放”值为 60，如图 7-162 所示。

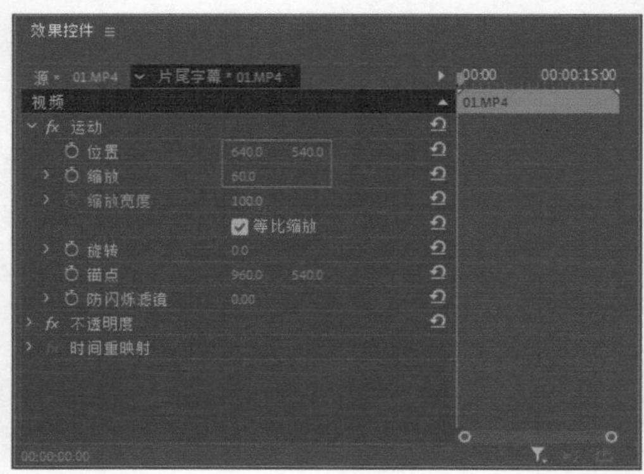

图7-162

07 在“节目”监视器面板中单击“播放 - 停止切换”按钮，预览影片效果，如图 7-163 所示。

图7-163

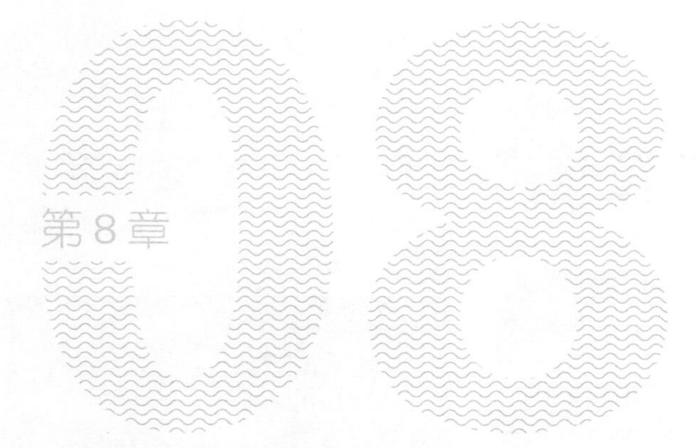

音频编辑

本章导读

音频是影视作品中不可缺少的元素，添加和编辑音频，可以更加完美地表现影片的内容。本章将针对音频基础、音频添加和编辑等知识进行详细讲解。

本章主要内容

添加和编辑音频

音频效果

音轨混合器

Premiere

8.1 添加和编辑音频

在Premiere的“时间轴”面板中可以进行音频编辑。本节将讲解如何为影片添加和编辑音频，以及音频的基础知识。

8.1.1 课堂案例：音乐相册

实例位置	实例文件 >CH08> 音乐相册 .prproj
素材位置	素材文件 >CH08> 音乐相册
视频名称	音乐相册 .mp4
技术掌握	添加和编辑音频素材

本例将通过创建音乐相册，讲解为影片添加音频和编辑音频素材的操作，本例效果如图8-1所示。

图8-1

01 选择“文件 > 新建 > 项目”命令，打开“新建项目”对话框，输入项目名称，新建一个项目，如图 8-2 所示。

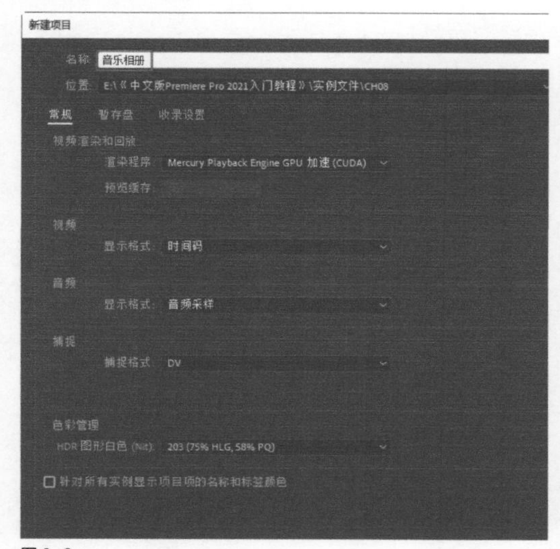

图 8-2

02 选择“文件 > 导入”命令，打开“导入”对话框，如图 8-3 所示，将所需素材导入“项目”面板中，如图 8-4 所示。

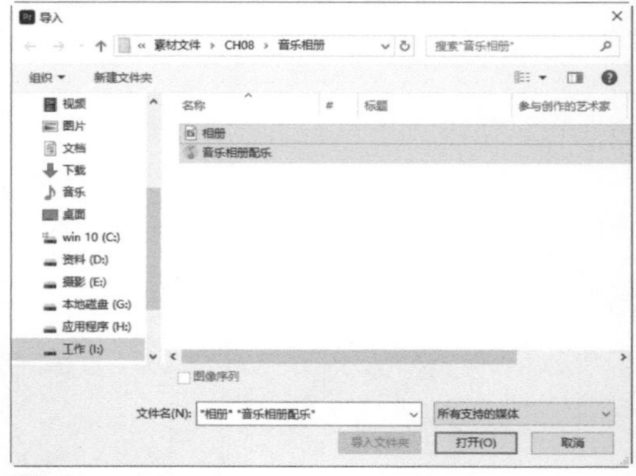

图 8-3

图 8-4

03 选择“文件 > 新建 > 序列”命令，打开“新建序列”对话框，新建一个序列，如图 8-5 所示。

图 8-5

04 将“项目”面板中的视频素材“相册 .mp4”添加到“时间轴”面板的 V1 轨道中，如图 8-6 所示。

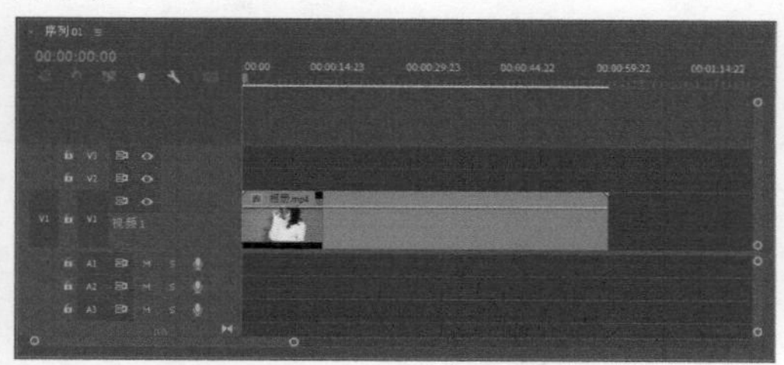

图 8-6

05 将“项目”面板中的音频素材“音乐相册配乐 .mp3”添加到“时间轴”面板的 A1 轨道中，如图 8-7 所示。

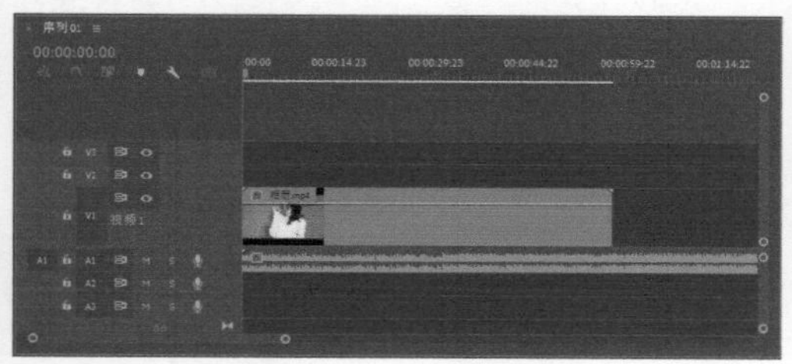

图 8-7

06 将时间指示器移动到第 57 秒 16 帧，用“剃刀工具”对音频素材进行切割，如图 8-8 所示。选中后半段音频素材，按 Delete 键删除，如图 8-9 所示。

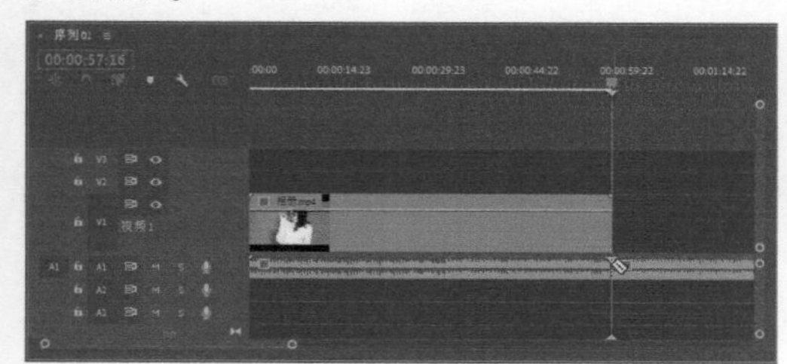

图 8-8

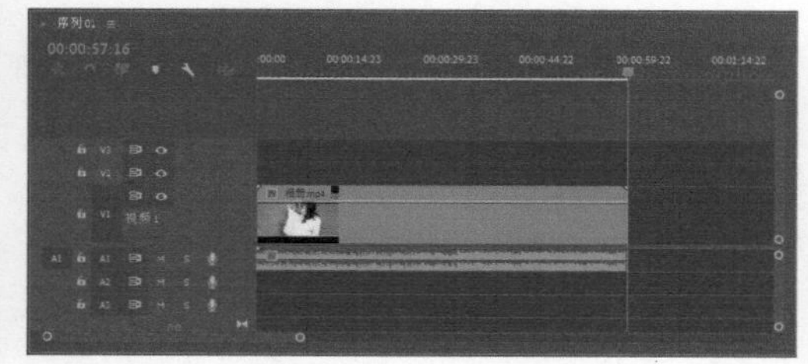

图 8-9

07 拓宽 A1 轨道，在第 0 秒和第 2 秒分别单击“添加 - 移除关键帧”按钮，为音频素材添加两个关键帧，如图 8-10 所示。

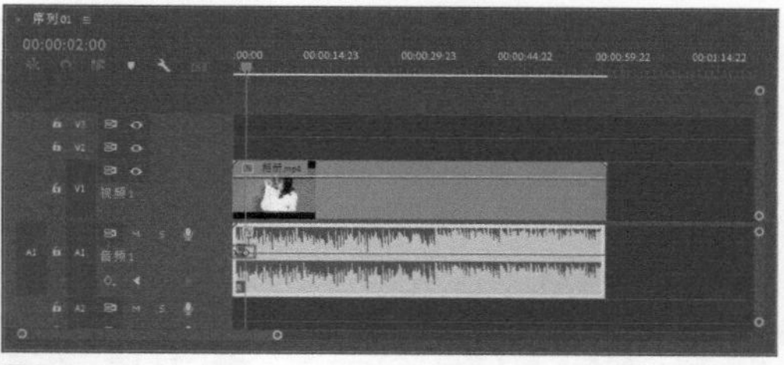

图 8-10

08 将第 0 秒的关键帧向下拖曳到 A1 轨道最下端，将音频素材的音量调整到最低，制作声音淡入效果，如图 8-11 所示。

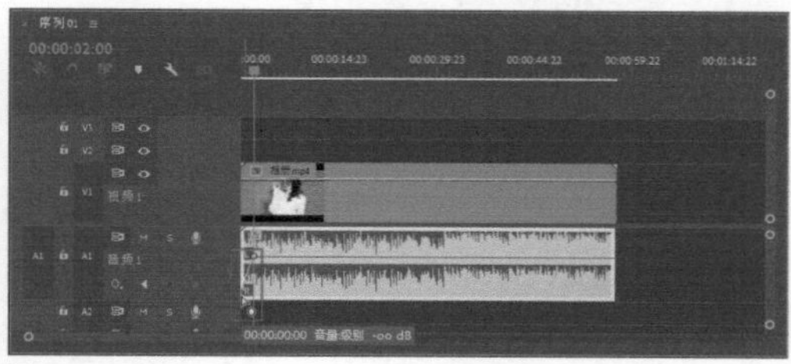

图 8-11

09 在第 55 秒和音频素材出点位置分别单击“添加 - 移除关键帧”按钮，为音频素材添加两个关键帧，如图 8-12 所示。

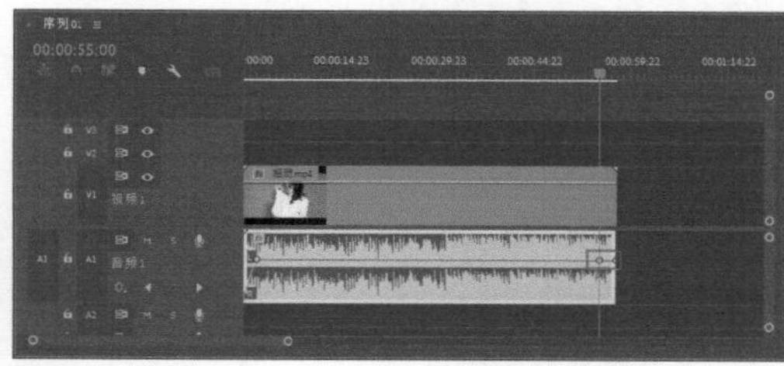

图 8-12

10 将出点位置的关键帧向下拖曳到 A1 轨道最下端，将音频素材的音量调整到最低，制作声音淡出效果，如图 8-13 所示。

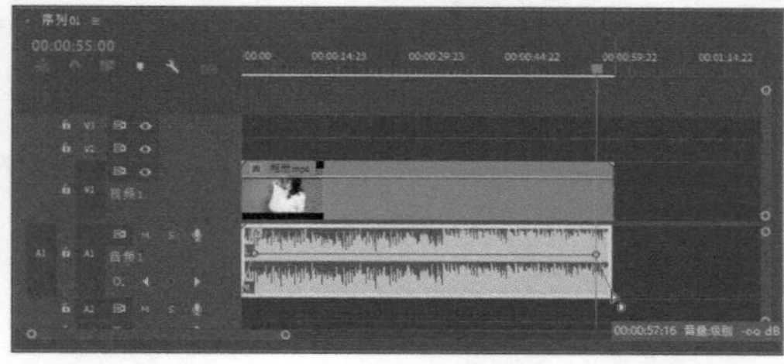

图 8-13

11 在“节目”监视器面板中单击“播放-停止切换”按钮▶，对影片效果进行预览，如图 8-14 所示。

图 8-14

8.1.2 Premiere 的音频声道

Premiere中自带3种音频声道：单声道、立体声和5.1声道。各种声道的特点如下。

- **单声道：**只包含一个声道，是比较原始的声音复制形式。
- **立体声：**包含左右两个声道。立体声技术彻底改变了单声道缺乏对声音位置的定位这一状况，声音在录制过程中被分配到两个独立的声道，可以达到很好的声音定位效果。
- **5.1声道：**5.1声音系统来源于4.1环绕声音系统，不同之处在于它增加了一个中置单元，以增加整体效果。

选中音频素材，选择“剪辑>修改>音频声道”命令。在打开的“修改剪辑”对话框的“剪辑声道格式”下拉列表框中选择一种声道，如图8-15所示。在“项目”面板中可以看到修改声道后的音频素材的声道信息发生了改变，如图8-16所示。

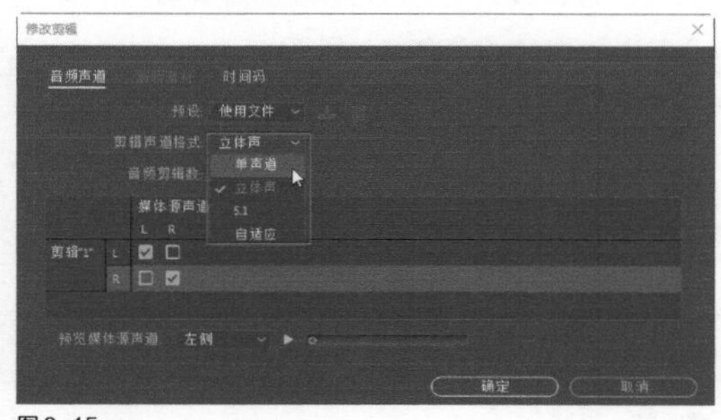

图 8-15

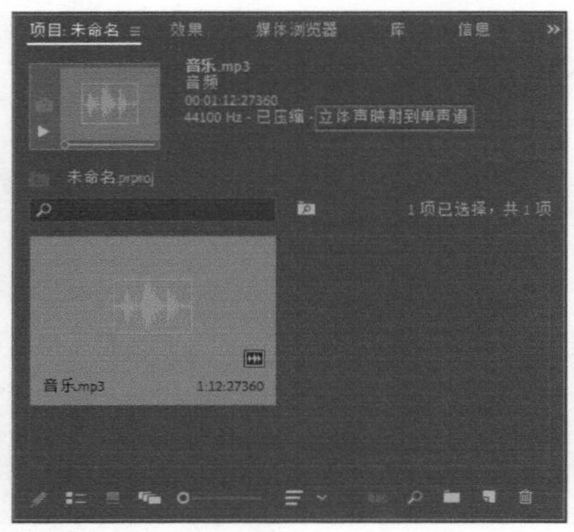

图 8-16

8.1.3 添加和删除音频轨道

选择“序列>添加轨道”命令，在打开的“添加轨道”对话框中可以设置添加音频轨道的数量。在“音频轨道”选项组的“轨道类型”下拉列表框中可以选择添加的音频轨道类型，如图8-17所示。选择“序列>删除轨道”命令，在打开的“删除轨道”对话框中可以删除音频轨道。在“音频轨道”选项组的下拉列表框中可以选择要删除的音频轨道，如图8-18所示。

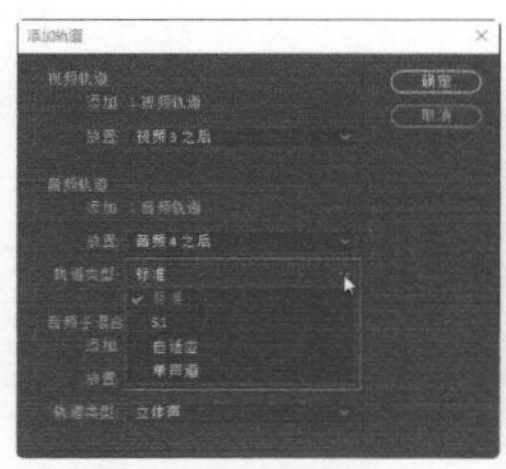

图 8-17

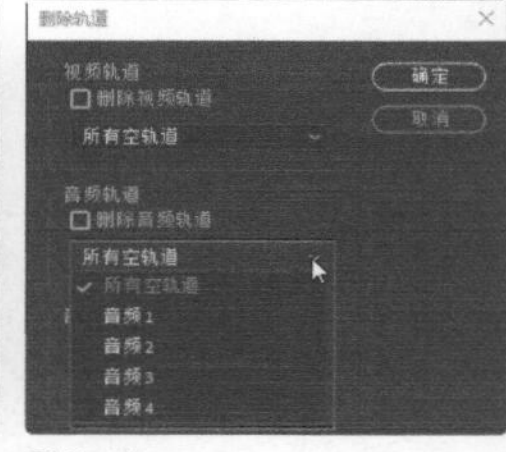

图 8-18

8.1.4 在影片中添加音频

将视频素材编辑好以后，将音频素材添加到“时间轴”面板的音频轨道上，即可为影片添加音频。选择“窗口>音频仪表”命令，打开“音频仪表”面板，如图8-19所示。单击“节目”监视器面板下方的“播放-停止切换”按钮▶，可以试听添加的音频，在“音频仪表”面板中会显示声音的波段，如图8-20所示。

图8-19

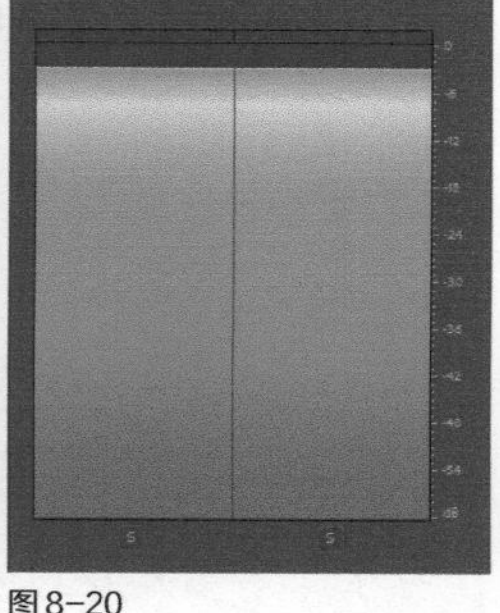
图8-20

8.1.5 设置音频单位格式

在监视器面板中进行编辑时，标准测量单位是帧。这种测量单位适合于视频的编辑，如果要精确地编辑音频，就需要使用与帧对应的音频单位。选择“文件>项目设置>常规”命令，打开“项目设置”对话框，在“音频”选项组的“显示格式”下拉列表框中可以设置音频单位的格式为“毫秒”或“音频采样”，如图8-21所示。

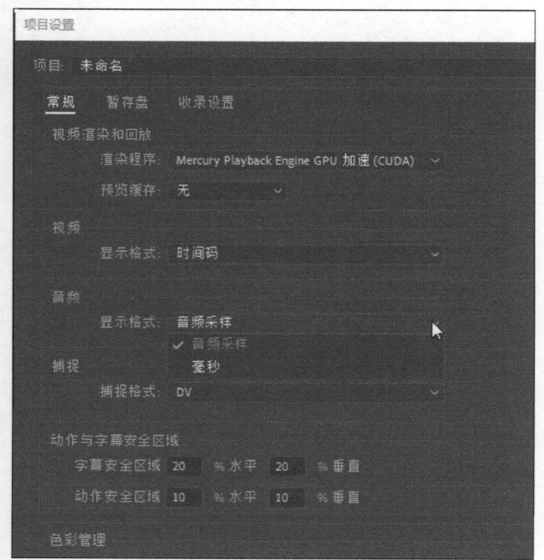

图8-21

8.1.6 显示音频时间单位

默认情况下，“时间轴”面板中的时间单位以帧为单位，用户可以通过设置，将其设为音频时间单位。

单击“时间轴”面板标题旁边的按钮▤，在弹出的菜单中选择“显示音频时间单位”命令，如图8-22所示。可以将单位设为音频时间单位，“时间轴”面板中的音频单位为音频样本或毫秒，如图8-23所示。

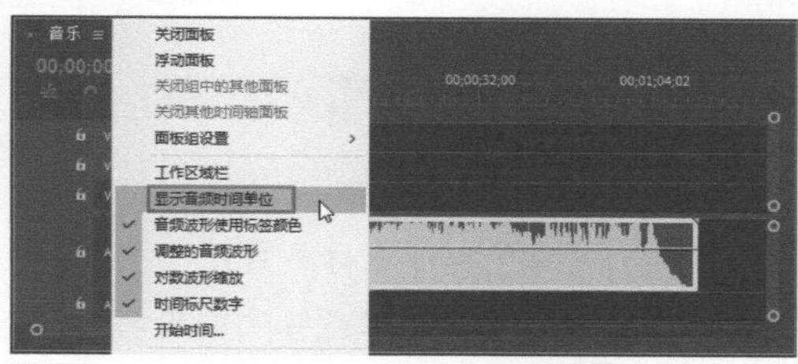

图8-22

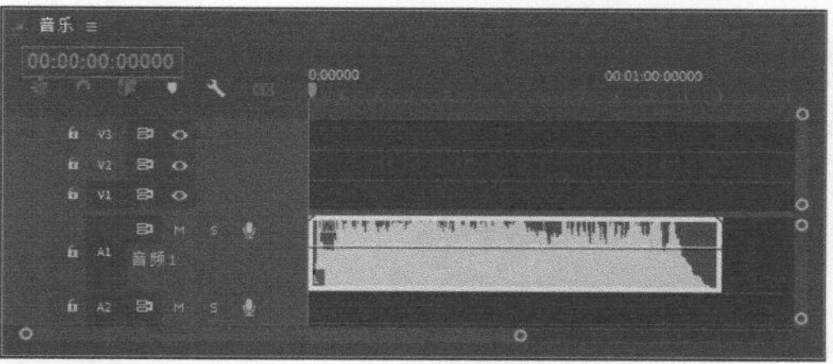

图8-23

8.1.7 设置音频播放速度和持续时间

在Premiere中，不仅可以修剪音频素材的长度，也可以通过修改音频素材的播放速度或持续时间，增长或缩短音频素材的长度。在“时间轴”面板中选中要调整的音频素材，然后选择“剪辑>速度/持续时间”命令，打开“剪辑速度/持续时间”对话框。在“持续时间”文本框中可以对音频的长度进行调整，如图8-24所示。

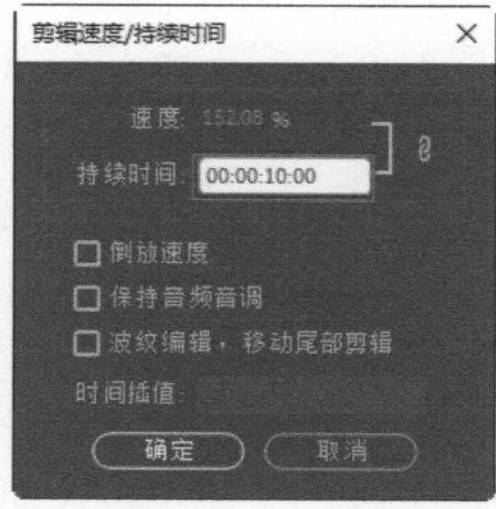

图8-24

> 小提示
>
> 改变音频的播放速度后，不仅音频的持续时间会发生改变，音频节奏也会发生改变。当音频素材过长时，为了不影响音频素材的播放速度，可以在“时间轴”面板中向左拖曳音频的出点，或者使用“剃刀工具”▧对音频素材进行切割，删掉多出的部分，从而改变音频素材的长度。

8.1.8 音频和视频链接

默认情况下，将带有声音的视频素材添加到

“时间轴”面板中时，其视频和音频为链接状态。在对该素材进行编辑时，会同时选中该素材的视频和音频。例如，在移动或删除视频（或音频）时，与之链接的音频（或视频）也将被移动或删除。因此，如果需要单独对素材的视频或音频进行编辑，就需要解除音频与视频的链接。

◆ 1. 解除音频和视频的链接

将带有音频的视频素材添加到“时间轴”面板中并将其选中，然后选择“剪辑>取消链接”命令，或者在素材上单击鼠标右键，在弹出的菜单中选择“取消链接”命令，即可解除音频和视频的链接，如图8-25所示。解除链接后，就可以单独选择音频或视频进行编辑。

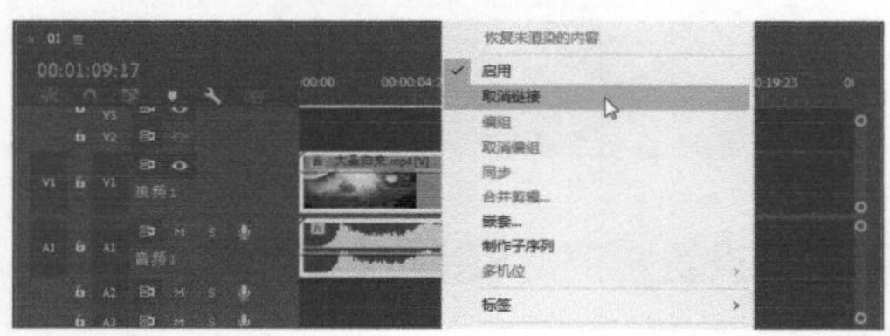

图8-25

◆ 2. 重新链接音频和视频

在“时间轴”面板中同时选中要链接的视频和音频素材，然后选择“剪辑>链接”命令，或者同时选中视频和音频素材后，单击鼠标右键，在弹出的菜单中选择“链接”命令，即可链接音频和视频素材，如图8-26所示。

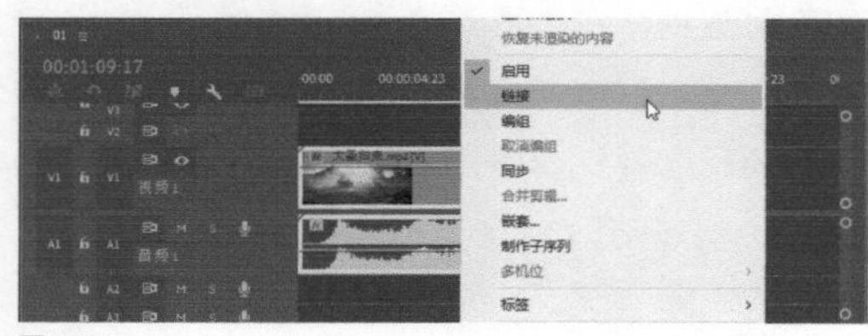

图8-26

◆ 3. 暂时解除音频与视频的链接

先按住Alt键，然后单击素材的音频或视频部分将其选中，再松开Alt键，可以暂时解除音频与视频的链接，如图8-27所示。暂时解除音频与视频的链接后，可以直接拖曳选中的音频或视频，在释放鼠标之前，素材的音频和视频仍然处于链接状态，但是音频和视频不再处于同步状态，如图8-28所示。

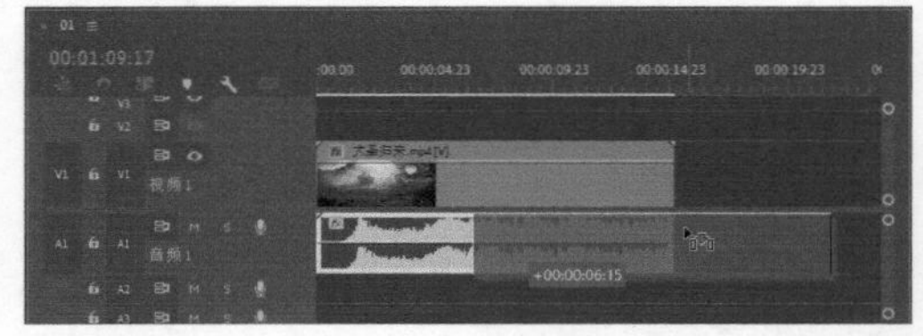

图8-27

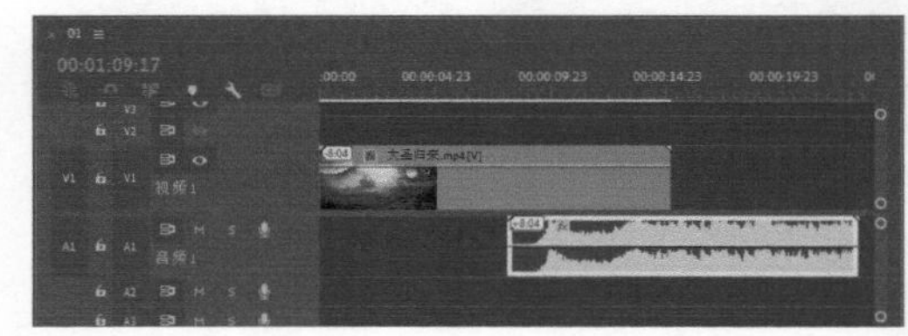

图8-28

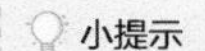

小提示

如果在按住 Alt 键的同时直接拖曳素材的音频或视频，将对选中的对象进行复制，如图 8-29 和图 8-30 所示。

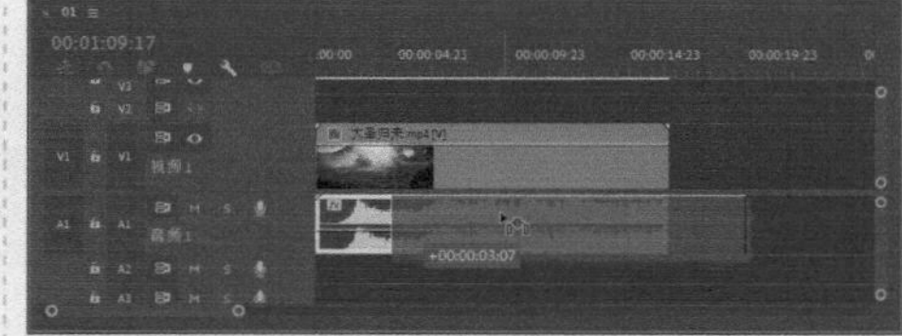

图8-29

图8-30

◆ 4. 设置音频与视频同步

如果素材的音频和视频不处于同步状态，可以重新调整音频与视频素材，使其处于同步状态。在“时间轴”面板中选中要同步的音频和视频，再选择“剪辑>同步”命令，打开“同步剪辑”对话框，在该对话框中可以设置素材同步的方式，如图8-31所示。

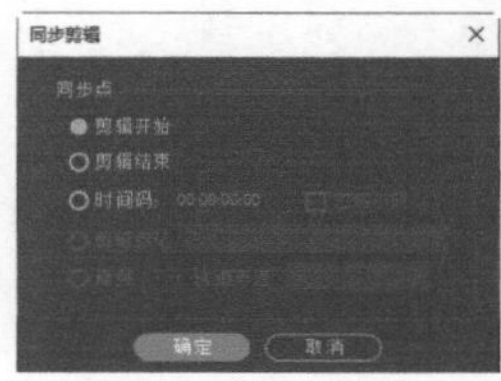

图8-31

8.2 音频效果

在Premiere中可以为音频添加音频效果，如设置声像器平衡和添加系统自带的音频效果等，从而使音频产生特殊效果。

8.2.1 课堂案例：激情与速度

实例位置	实例文件 >CH08> 激情与速度 .prproj
素材位置	素材文件 >CH08> 激情与速度
视频名称	激情与速度 .mp4
技术掌握	为音频添加音频效果

本例将通过创建“激情与速度”影片，讲解为音频添加音频效果的操作，如图8-32所示。

图 8-32

01 选择“文件 > 新建 > 项目”命令，打开“新建项目”对话框，输入项目名称，新建一个项目，如图 8-33 所示。

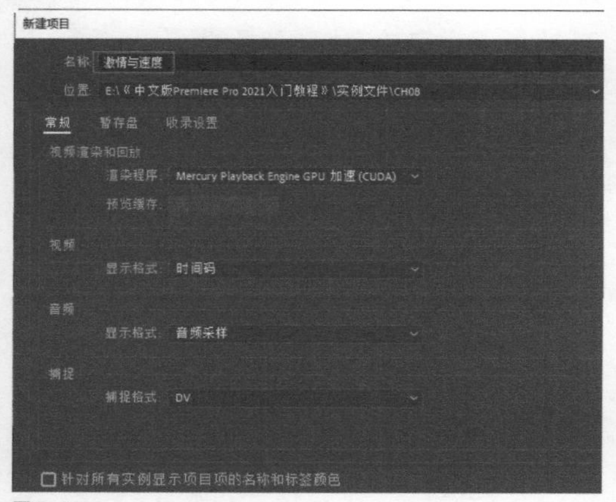

图 8-33

02 选择“文件 > 导入”命令，打开“导入”对话框，如图 8-34 所示。将所需素材导入“项目”面板中，如图 8-35 所示。

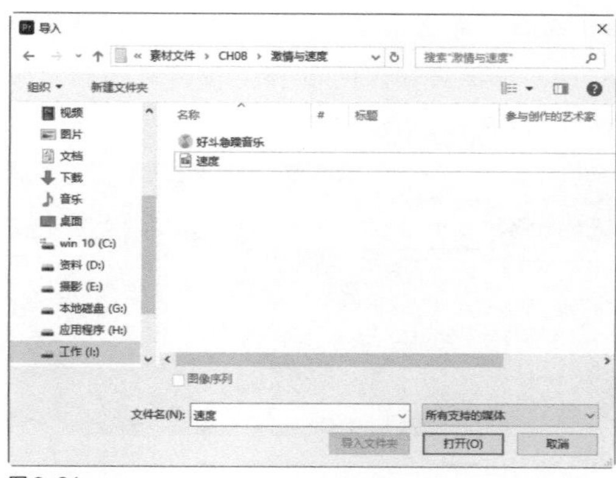

图 8-34

图 8-35

03 新建一个序列，将“项目”面板中的“速度 .mp4”素材添加到“时间轴”面板的 V1 轨道中，其音频素材将自动添加到 A1 轨道中，如图 8-36 所示。

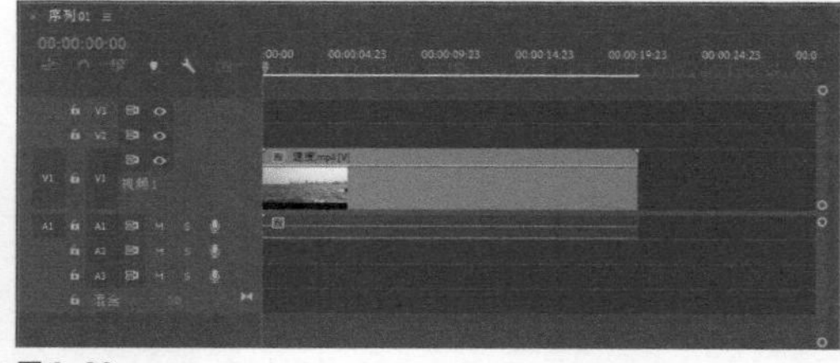

图 8-36

04 选中“时间轴”面板中的“速度 .mp4”素材，单击鼠标右键，在弹出的菜单中选择“取消链接”命令，如图 8-37 所示。

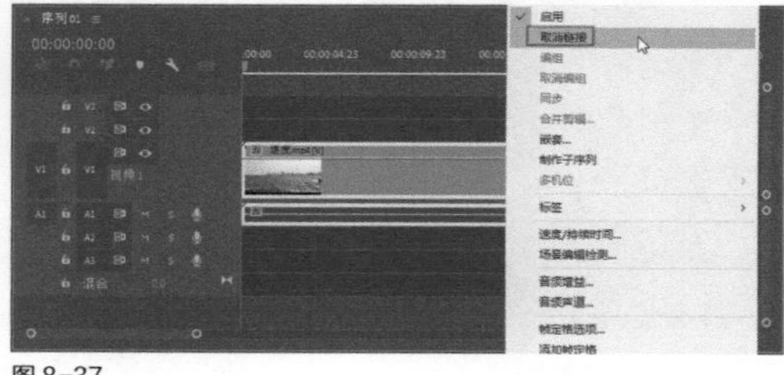

图 8-37

05 取消“速度 .mp4”素材的音频与视频的链接后，选择音频，按 Delete 键将其删除，如图 8-38 所示。

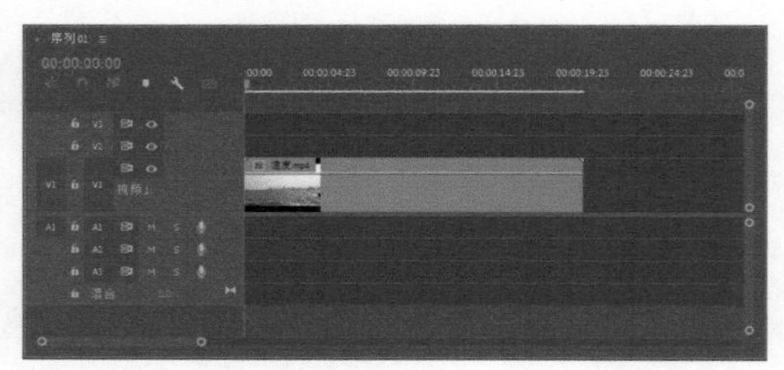
图 8-38

06 将“项目”面板中的“好斗急躁音乐 .wav”素材添加到“时间轴”面板的 A1 轨道中，如图 8-39 所示。

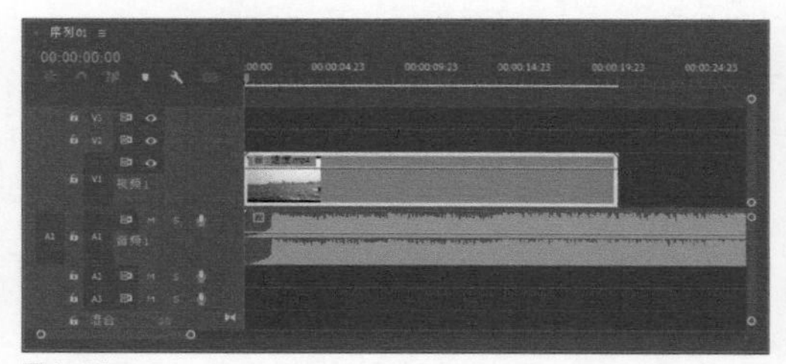
图 8-39

07 将时间指示器移动到第 20 秒 2 帧，用“剃刀工具”对音频素材进行切割，如图 8-40 所示。选中后半部分音频，按 Delete 键将其删除，如图 8-41 所示。

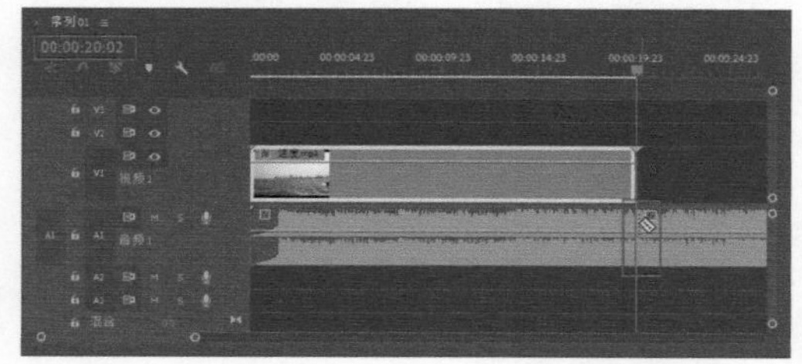
图 8-40

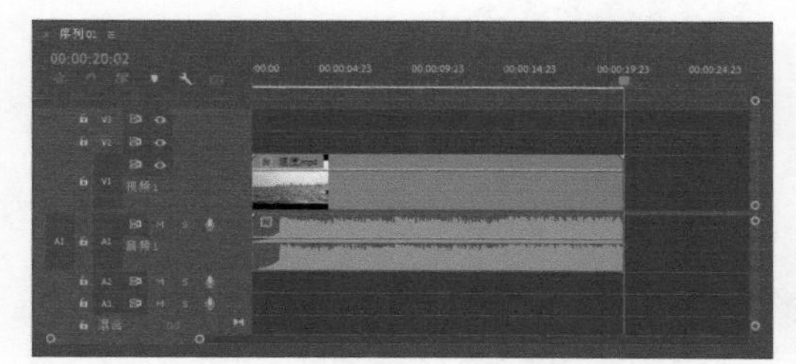
图 8-41

08 打开“效果”面板，展开“音频效果 > 振幅与压限”素材箱，选择“增幅”效果，如图 8-42 所示，将其拖曳到 A1 轨道中的音频素材上。

图 8-42

09 打开“效果控件”面板，展开“增幅”选项组，单击“编辑”按钮，如图 8-43 所示。

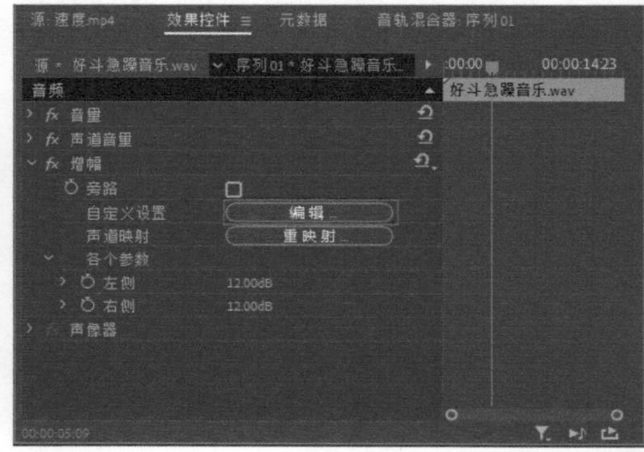

图 8-43

10 在打开的“剪辑效果编辑器”对话框中设置“左侧”和“右侧”的增益值均为 12dB，如图 8-44 所示，完成音频效果的添加与编辑。

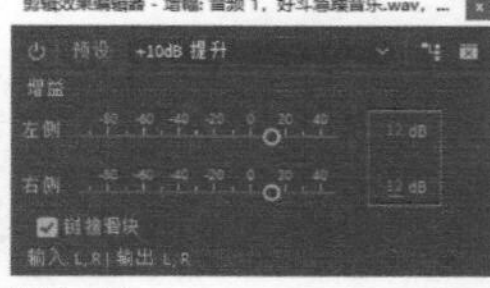
图 8-44

11 在“节目”监视器面板中单击“播放 - 停止切换”按钮，对影片效果进行预览，如图 8-45 所示。

图 8-45

8.2.2 声像器平衡

在“时间轴”面板中进行音频素材的编辑时，在音频素材的效果图标fx上单击鼠标右键，在弹出的菜单中选择“声像器>平衡”命令，如图8-46所示。可以通过添加关键帧设置音频素材声音的摇摆效果，也就是把立体声道的声音制作出在左右声道间来回切换播放的效果，如图8-47所示。

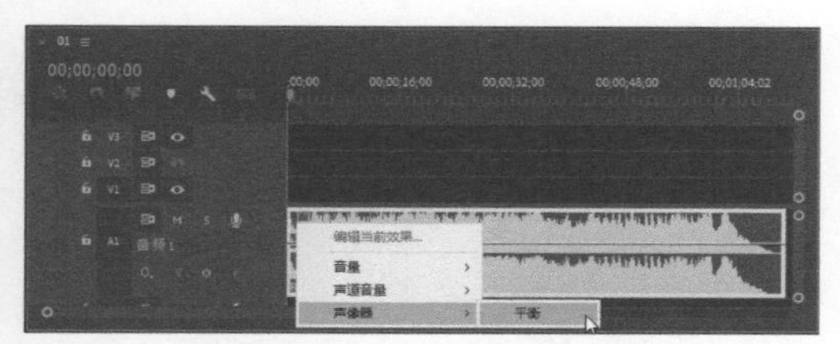

图 8-46

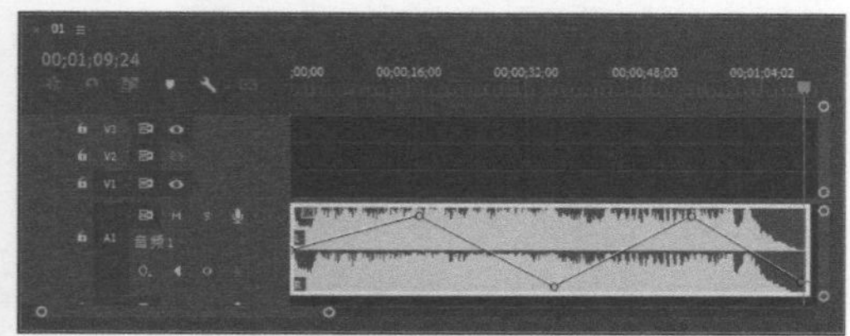
图 8-47

8.2.3 音频过渡效果

在Premiere的“效果”面板中预存了很多音频过渡和音频效果。“音频过渡”素材箱中提供了3个“交叉淡化”过渡效果，如图8-48所示。在使用音频过渡效果时，将其拖曳到音频素材的入点或出点位置，然后在“效果控件”面板中进行具体设置即可。

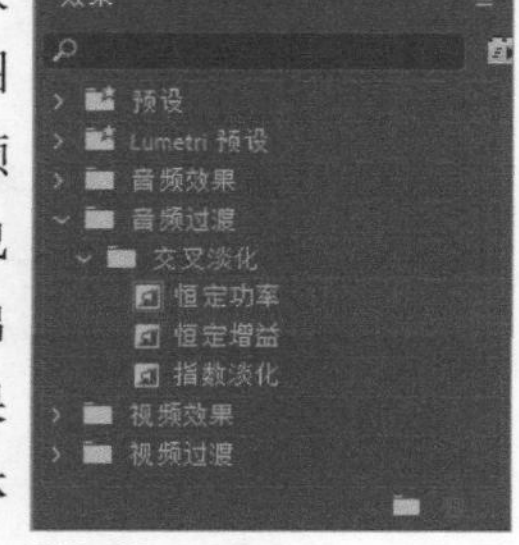

图 8-48

8.2.4 常用音频效果

“音频效果”素材箱中存放着50多种音频效果，如图8-49所示。将这些效果直接拖曳到“时间轴”面板中的音频素材上，即可对音频素材应用相应的音频效果。

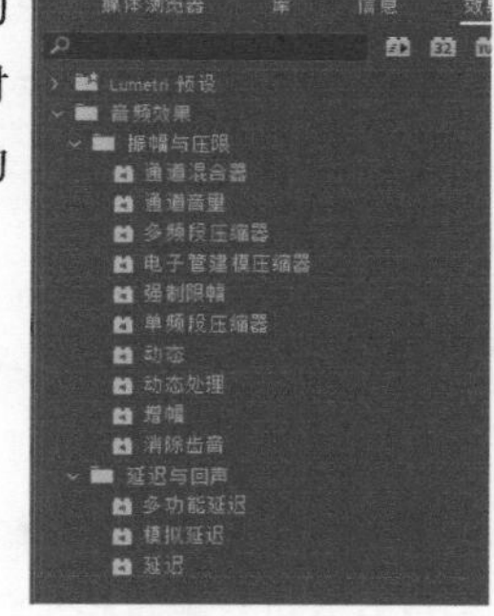

图 8-49

常用音频效果的作用如下。

- **多功能延迟：**一种多重延迟效果，可以对素材中的音频添加多达4次的回声效果。
- **多频段压缩器：**可以分波段控制的三波段压缩器。
- **低音：**允许增加或减少较低的频率（等于或低于200Hz）。
- **平衡：**允许控制左右声道的相对音量，正值可增大右声道的音量，负值可增大左声道的音量。
- **通道音量：**允许单独控制素材或轨道的立体声或5.1声道中每一个声道的音量，每一个声道的电平单位为分贝。
- **室内混响：**通过模拟室内音频播放的声音，为音频素材添加气氛和温馨感。
- **消除嗡嗡声：**一种滤波效果，可以删除超出指定范围或波段的频率。
- **高通：**删除低于指定频率界限的频率。
- **低通：**删除高于指定频率界限的频率。
- **延迟：**可以添加音频素材的回声。
- **参数均衡器：**可以增大或减小与指定中心频率接近的频率。
- **互换通道：**可以交换左右声道信息的布置，只能应用于立体声素材。
- **高音：**用于增高或降低高频（4000Hz及以上）。

● **音量**：可以通过调整“级别”的数值更改音频的音量，正值表示增加音量，负值表示降低音量。

8.3 音轨混合器

Premiere的音轨混合器是编辑音频的强大工具之一。运用音轨混合器可以对音轨素材的播放效果进行编辑和实时控制。

8.3.1 课堂案例：婚礼配乐

实例位置	实例文件 >CH08> 婚礼配乐 .prproj
素材位置	素材文件 >CH08> 婚礼配乐
视频名称	婚礼配乐 .mp4
技术掌握	使用音轨混合器编辑音频的操作

本例将通过对婚礼预告片进行音频编辑操作，讲解使用音轨混合器编辑音频的方法，本例的最终效果如图8-50所示。

图 8-50

01 选择“文件 > 新建 > 项目”命令，打开“新建项目”对话框，输入项目名称，新建一个项目，如图 8-51 所示。

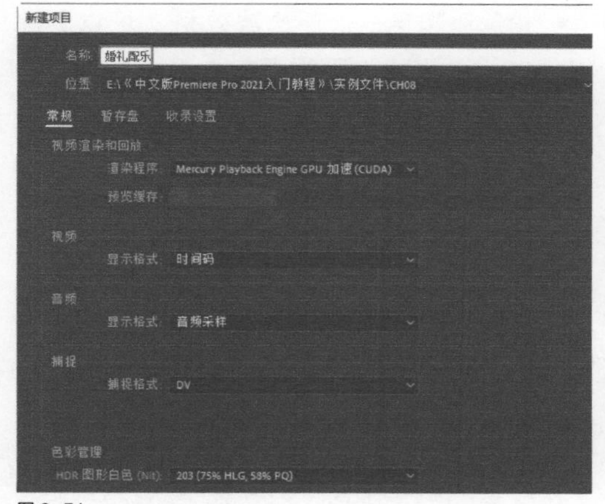

图 8-51

02 选择“文件 > 导入”命令，打开“导入”对话框，如图 8-52 所示。将所需素材导入“项目”面板中，如图 8-53 所示。

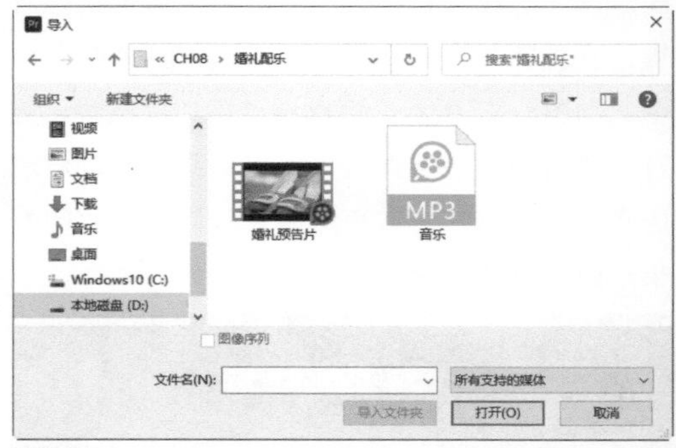

图 8-52

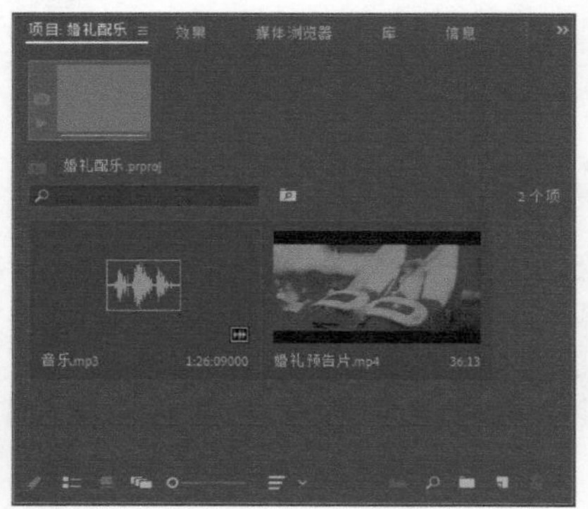

图 8-53

03 新建一个序列，将“婚礼预告片 .mp4”视频素材添加到“时间轴”面板的 V1 轨道中，如图 8-54 所示。在弹出的“剪辑不匹配警告”对话框中单击“更改序列设置”按钮更改序列设置，如图 8-55 所示。

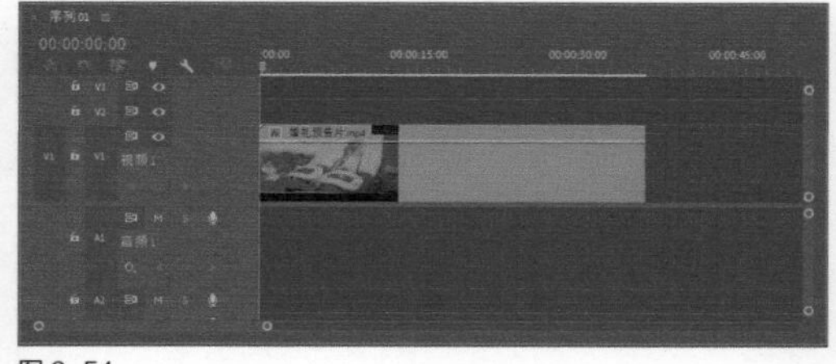

图 8-54

图 8-55

04 将“项目”面板中的音频素材“音乐 .mp3”添加到“时间轴”面板的 A1 轨道中，如图 8-56 所示。

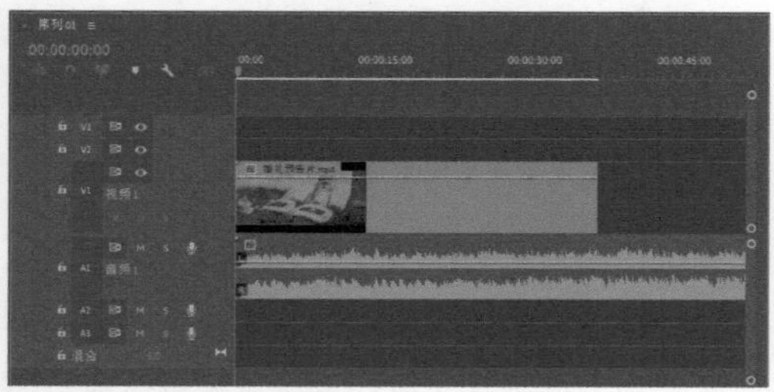

图 8-56

05 将时间指示器移动第 36 秒 13 帧，用“剃刀工具”对音频素材进行切割，如图 8-57 所示。选中后半段音频素材，按 Delete 键将其删除，如图 8-58 所示。

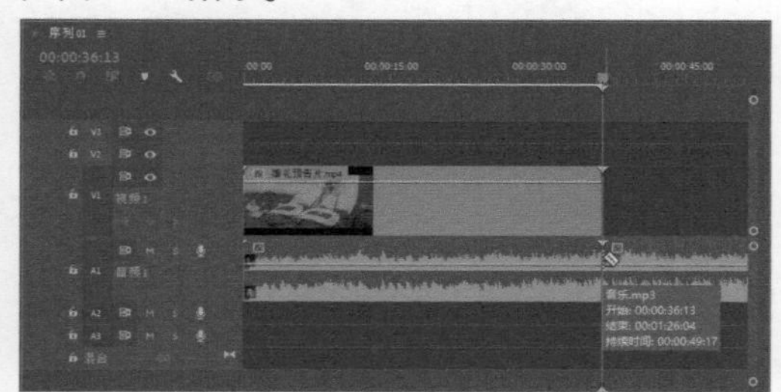

图 8-57

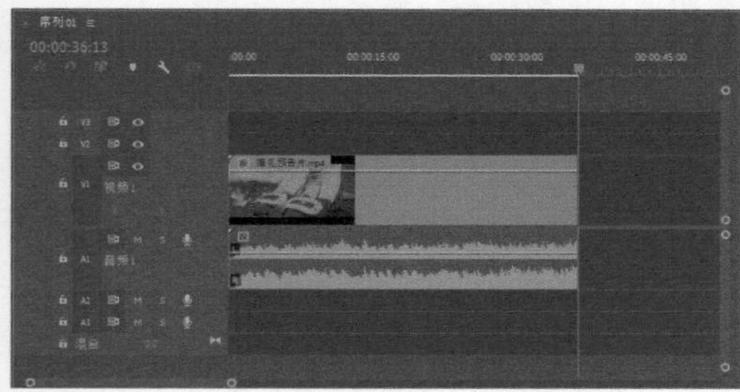

图 8-58

06 拓宽 A1 轨道，在第 34 秒和音频出点位置分别单击“添加 - 移除关键帧”按钮，为音频素材添加关键帧，如图 8-59 所示。

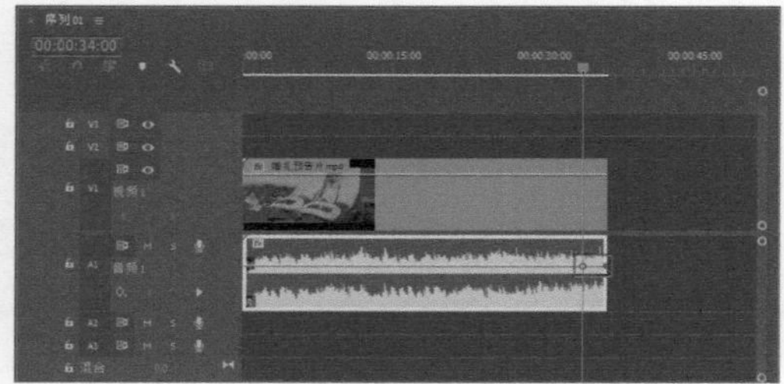

图 8-59

07 将出点位置的关键帧向下拖曳到 A1 轨道最下端，将音频素材音量调整到最低，制作声音淡出效果，如图 8-60 所示。

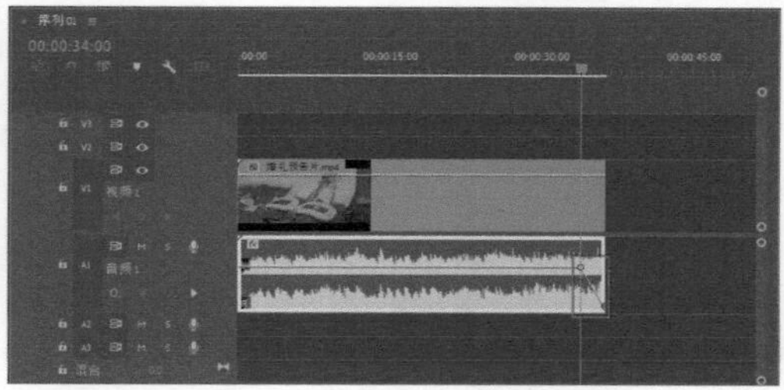

图 8-60

08 选择“窗口 > 音轨混合器 > 序列 01”命令，打开“音轨混合器”面板，如图 8-61 所示。

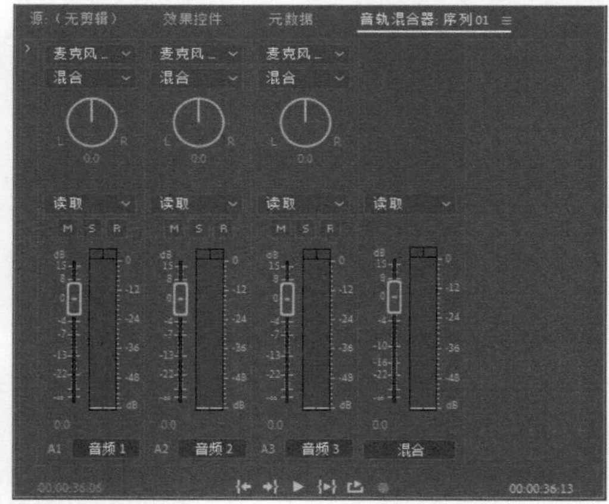

图 8-61

09 单击“显示 / 隐藏效果和发送”按钮，展开效果区域，如图 8-62 所示。

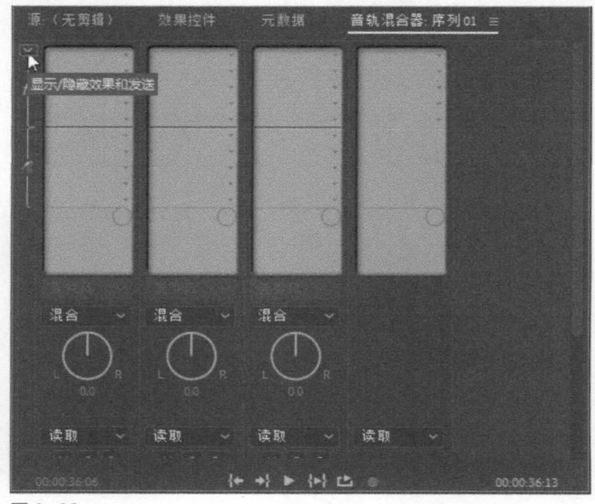

图 8-62

⑩ 单击“效果选择”按钮，如图 8-63 所示，在打开的效果下拉列表框中选择“特殊效果 > 吉他套件”音频效果，如图 8-64 所示，完成音频效果的添加。

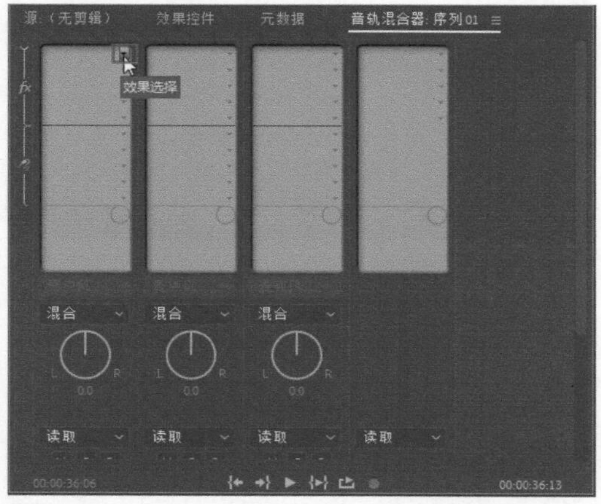

图 8-63

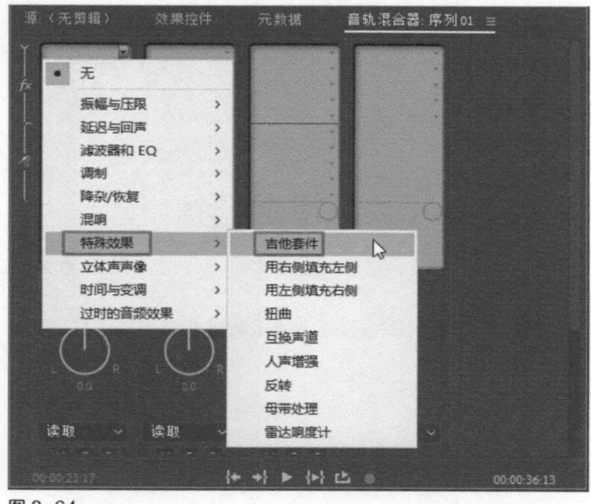

图 8-64

⑪ 在“节目”监视器面板中单击“播放－停止切换”按钮，对影片效果进行预览，如图 8-65 所示。

图 8-65

8.3.2 认识“音轨混合器”面板

选择“窗口>音轨混合器”命令（在有序列的情况下，会展开包含序列名称的子菜单，选择相应的序列名称即可），打开“音轨混合器”面板，如图8-66所示。“音轨混合器”面板为每一条音轨都提供了一套控制方法，每条音轨也根据“时间轴”面板中的相应音频轨道进行编号。使用该面板，可以设置每条轨道的音量大小、音轨号等。

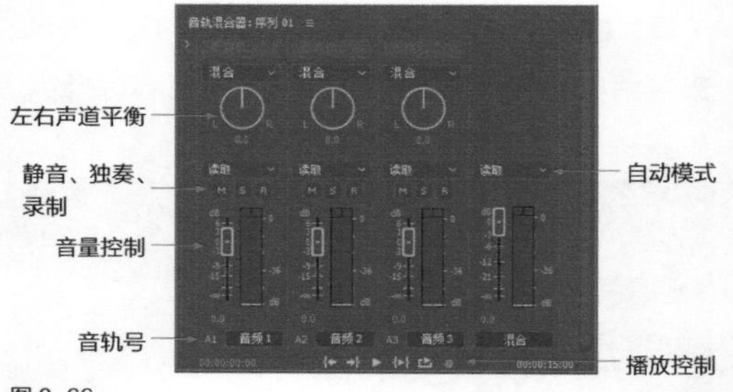

图 8-66

- **左右声道平衡**：将该旋钮向左转用于控制左声道，向右转用于控制右声道，也可以单击旋钮下面的数值栏，输入数值控制左右声道，如图8-67所示。

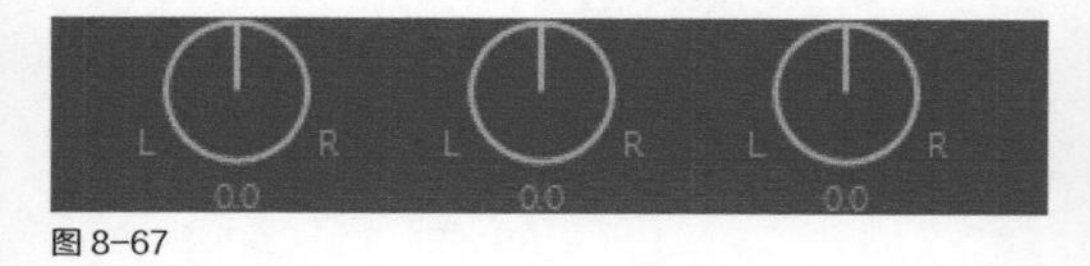

图 8-67

- **静音、独奏、录音**：M（静音轨道）按钮控制静音效果；S（独奏轨道）按钮可以使其他音轨上的片段静音，只播放该音轨的声音；R（启用轨道以进行录制）按钮用于录音控制，如图8-68所示。

M S R M S R M S R

图 8-68

- **音量控制**：将滑块上下拖曳，可以调节音量的大小，旁边的刻度用来显示音量值，如图8-69所示。
- **音轨号**：对应着“时间轴”面板中的各个

音频轨道，如图8-70所示。如果在“时间轴”面板中增加一条音频轨道，则在“音轨混合器”面板中也会显示出相应的音轨号。

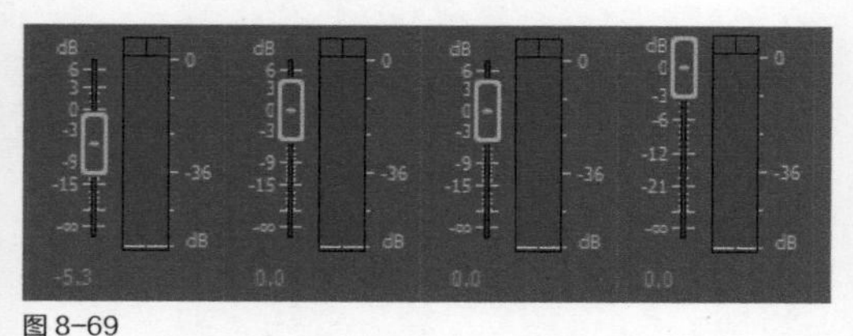

图 8-69

图 8-70

- **自动模式：**在该下拉列表框中可以选择一种音频控制模式，如图8-71所示。

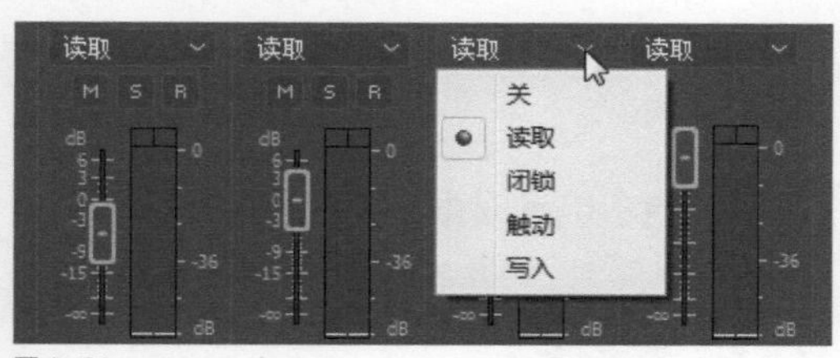

图 8-71

- **播放控制：**包括“转到入点”“转到出点”“播放-停止切换”“从入点到出点播放视频”“循环”“录制”等按钮，如图8-72所示。

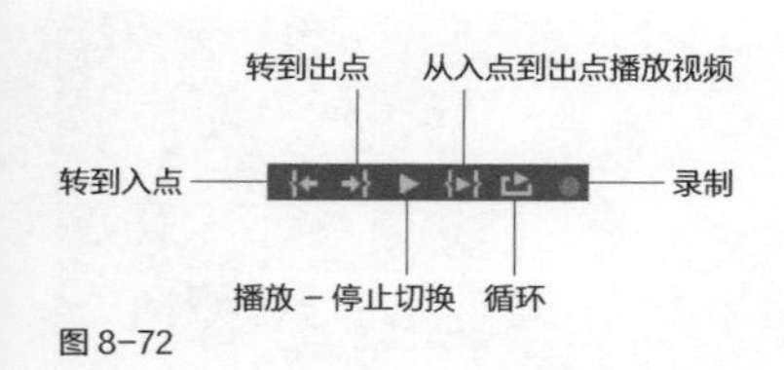

图 8-72

8.3.3 声音调节和平衡控件

平衡控件用于重新分配立体声轨道和5.1声道轨道的输出。在声音输出到立体声轨道或5.1声道轨道时，“左/右平衡”旋钮用于控制单声道轨道的级别。在一条声道中增加声音级别的同时，另一条声道的声音级别将减少，反之亦然。在使用声像器调节或平衡时，可以单击并拖曳“左/右平衡”旋钮，或单击数值栏并输入一个数值改变声音平衡，如图8-73和图8-74所示。

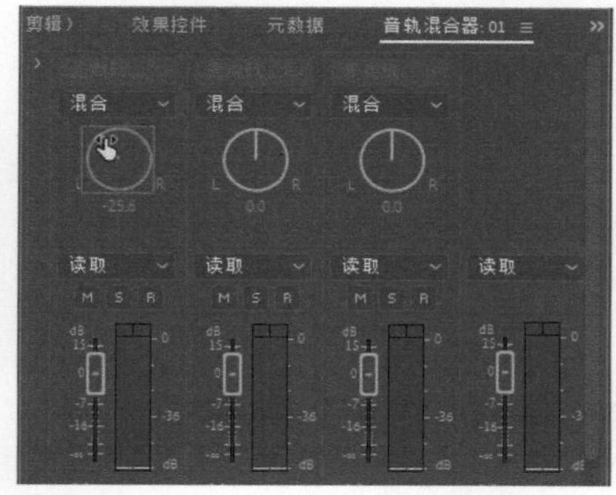

图 8-73

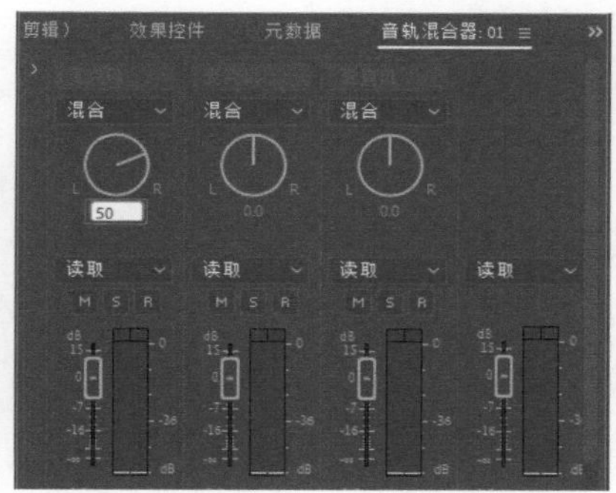

图 8-74

8.3.4 添加效果

在进行音频编辑操作时，可以将效果添加到音轨混合器中。先在“音轨混合器”面板的左上角单击“显示/隐藏效果和发送”按钮，展开效果区域，如图8-75所示。将效果加载到效果区域，再调整效果的个别控件，如图8-76所示。

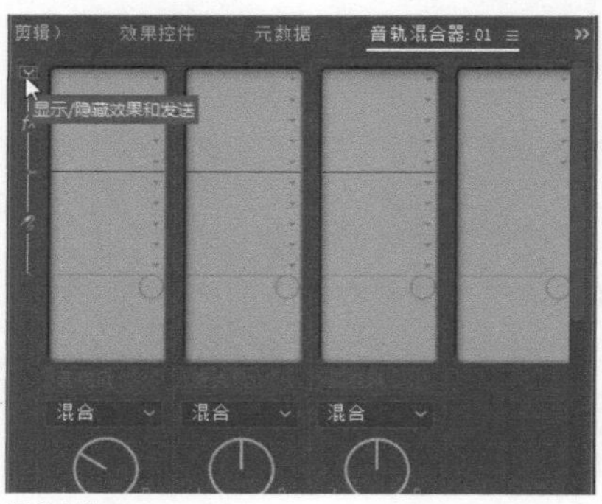

图 8-75

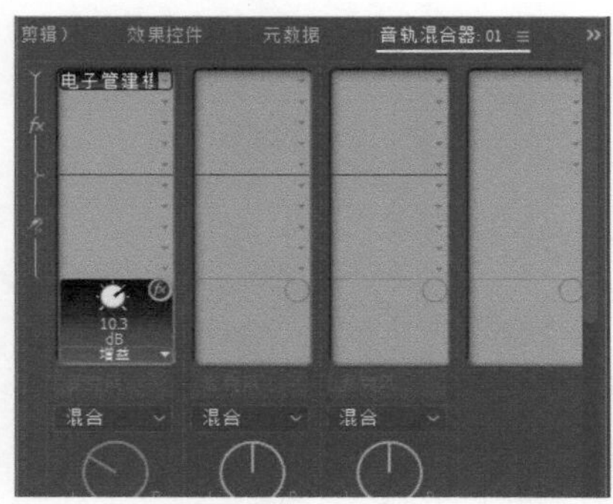

图 8-76

> 小提示
>
> 用户可以在“音轨混合器”面板中同时对一条音频轨道添加 1 到 5 种效果。

8.3.5 关闭效果

在“音轨混合器”面板中单击效果控件旋钮右方的旁路开关按钮，在该图标上会出现一条斜线，此时会关闭相应的效果，如图8-77所示。如果要重新开启该效果，只需再次单击旁路开关按钮即可。

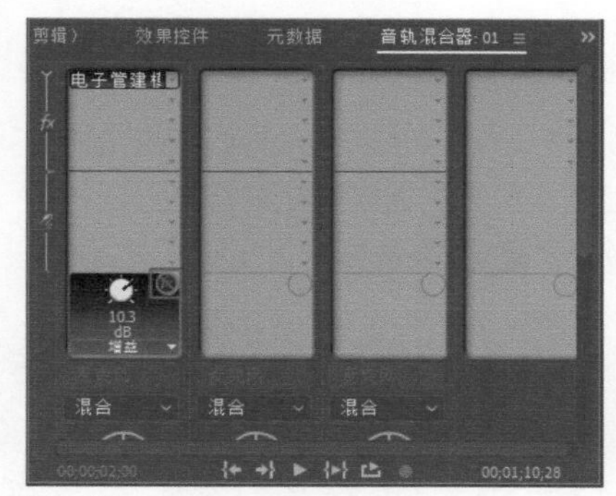

图 8-77

8.3.6 移除效果

如果要移除“音轨混合器”面板中的音频效果，可以单击效果名称右方的“效果选择”按钮，在弹出的菜单中选择“无”选项即可，如图8-78所示。

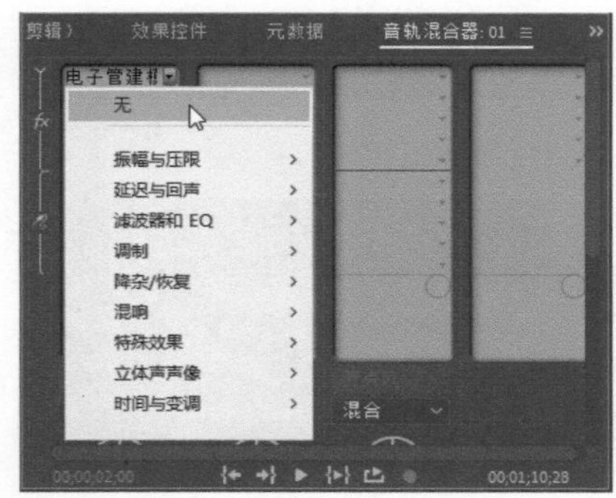

图 8-78

8.4 课后习题

通过对本章的学习，相信大家对音频编辑有了深入的了解，本节将通过两个课后习题，巩固所学知识。

课后习题：倒计时配音

实例位置	实例文件 >CH08> 倒计时配音 .prproj
素材位置	素材文件 >CH08> 倒计时配音
视频名称	倒计时配音 .mp4
技术掌握	音频素材的添加与编辑方法

本例将通过为倒计时影片添加配音效果，巩固音频素材的添加与编辑方法，本例最终效果如图8-79所示。

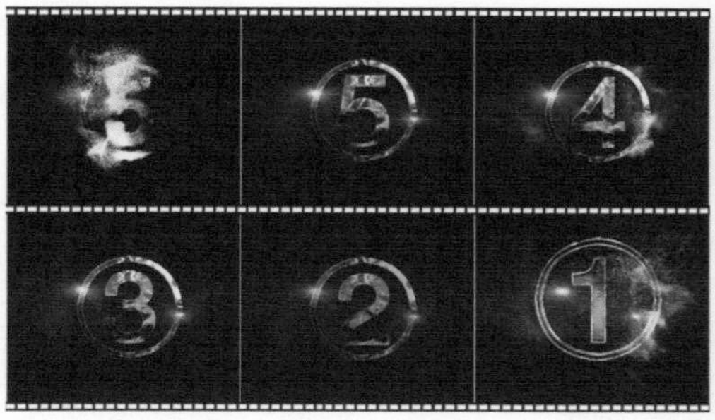
图 8-79

01 新建一个项目，将“倒计时 .mp4”和“配乐 .mp3”素材导入“项目”面板中，如图 8-80 所示。

02 新建一个序列，将“项目”面板中的“倒计时 .mp4”和“配乐 .mp3”素材分别导入“时间轴”面板的 V1 轨道和 A1 轨道中，如图 8-81 所示。

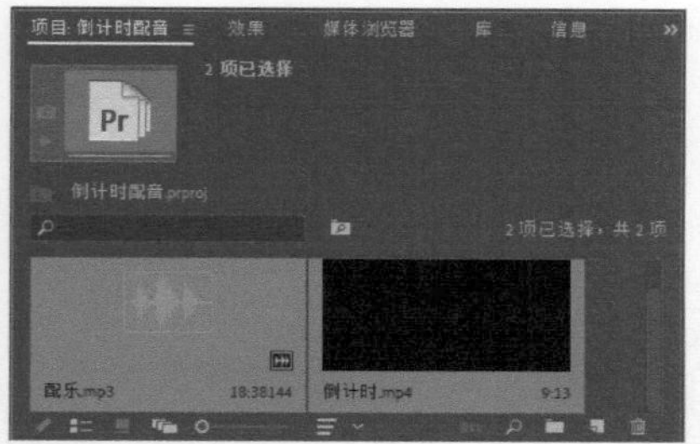

图 8-80

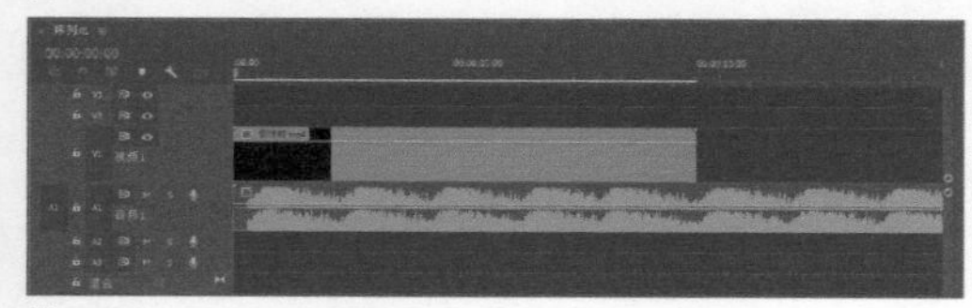
图 8-81

03 在第 2 秒 3 帧和第 4 秒 1 帧的位置对音频素材进行切割，如图 8-82 和图 8-83 所示。

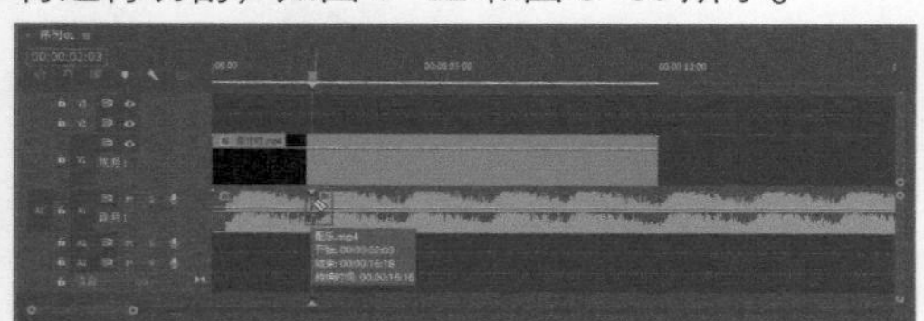
图 8-82

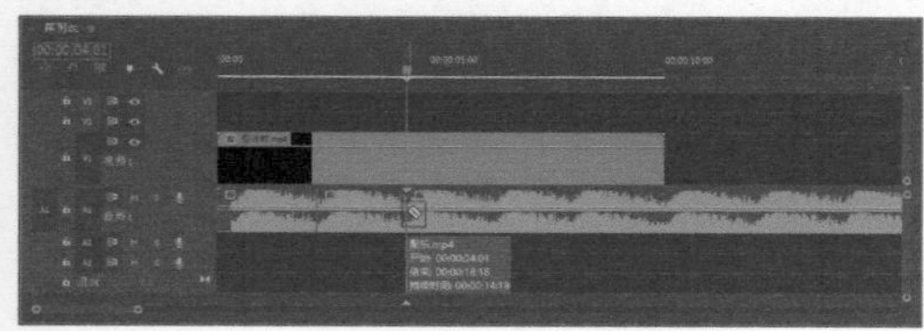
图 8-83

04 将音频的前面部分和后面部分删除，如图 8-84 所示。

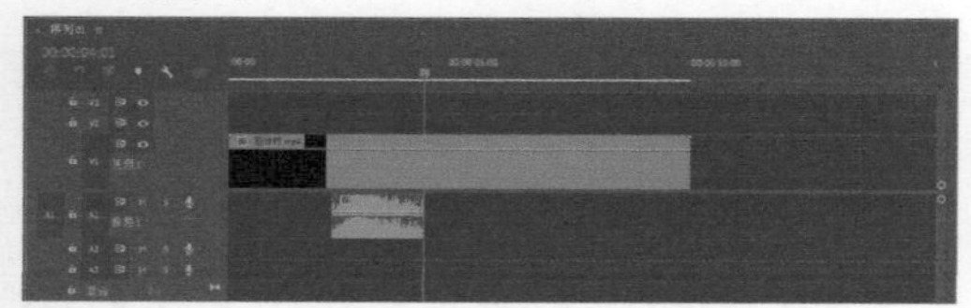
图 8-84

05 将剩余音频向前移动，使其入点在第 0 秒的位置，如图 8-85 所示。

图 8-85

06 按住 Alt 键的同时向右拖曳该音频，即可将该音频复制，再重复此操作 3 次，如图 8-86 所示。

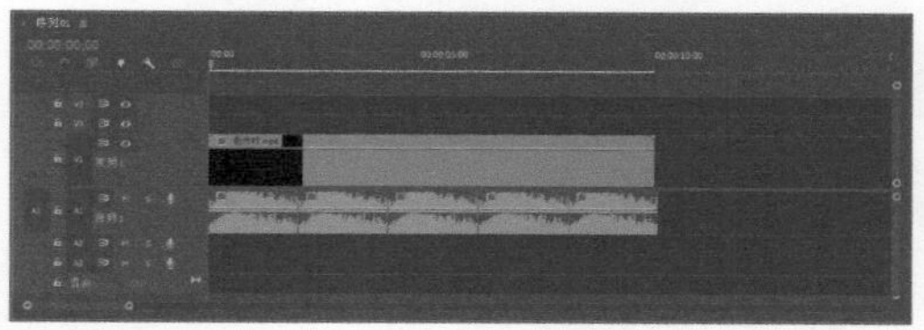
图 8-86

07 在“节目”监视器面板中单击“播放 - 停止切换”按钮▶，对影片效果进行预览，如图 8-87 所示。

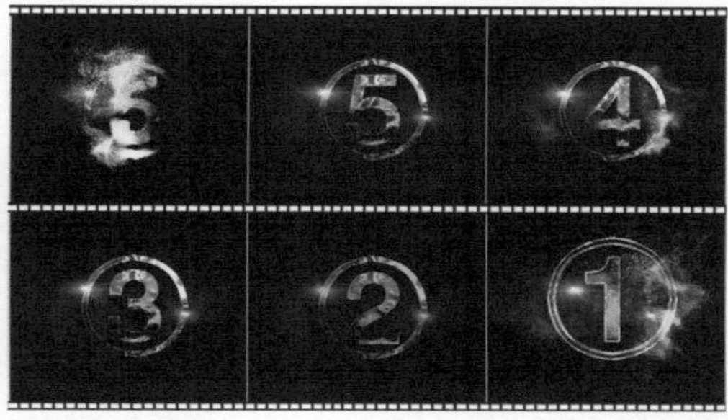
图 8-87

课后习题：去除噪音

实例位置	实例文件 >CH08> 去除噪音 .prproj
素材位置	素材文件 >CH08> 去除噪音
视频名称	去除噪音 .mp4
技术掌握	为音频添加音频效果的操作方法

本例将通过为音频素材去除噪音的操作，巩固为音频添加音频效果的操作方法，本例最终效果如图8-88所示。

图 8-88

01 新建一个项目，导入所需的素材，如图 8-89 所示。

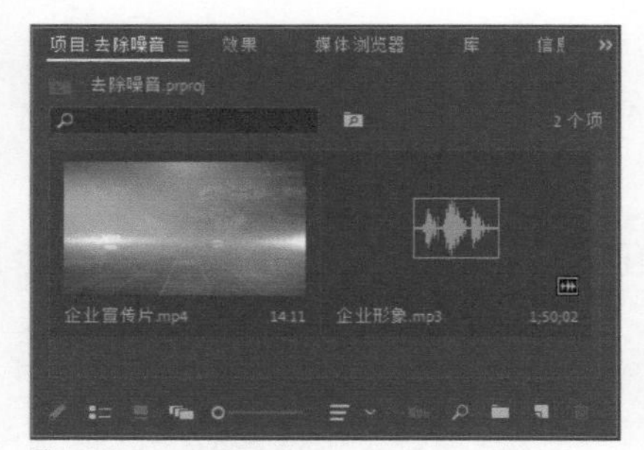

图 8-89

02 新建一个序列，将“项目”面板中的“企业宣传片 .mp4”和“企业形象 .mp3”素材分别导入“时间轴”面板的 V1 轨道和 A1 轨道中，如图 8-90 所示。

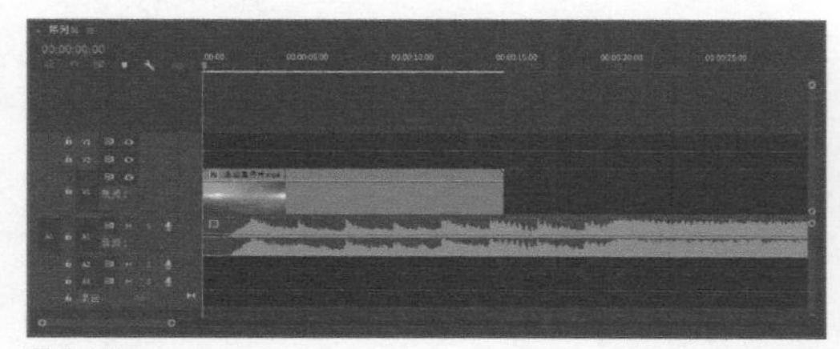

图 8-90

03 对音频素材进行切割，并将多余的音频素材删除，如图 8-91 所示。

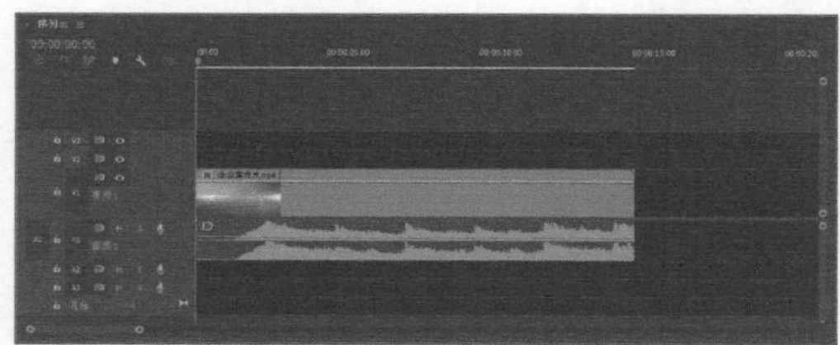

图 8-91

04 打开“效果”面板，展开“音频效果 > 降杂 / 恢复”素材箱，选择“降噪”效果，如图 8-92 所示，将其拖曳到 A1 轨道中的音频素材上。

图 8-92

05 打开“效果控件”面板，展开“降噪”选项组，单击“编辑”按钮，如图 8-93 所示。

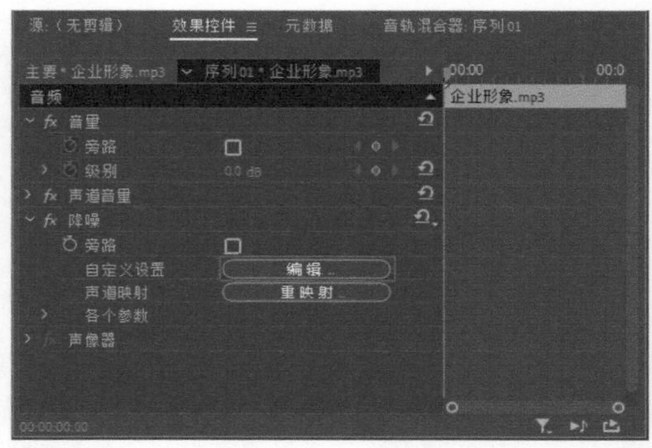

图 8-93

06 在打开的“剪辑效果编辑器”面板中设置“数量”为 40%，如图 8-94 所示，完成音频效果的添加与编辑。

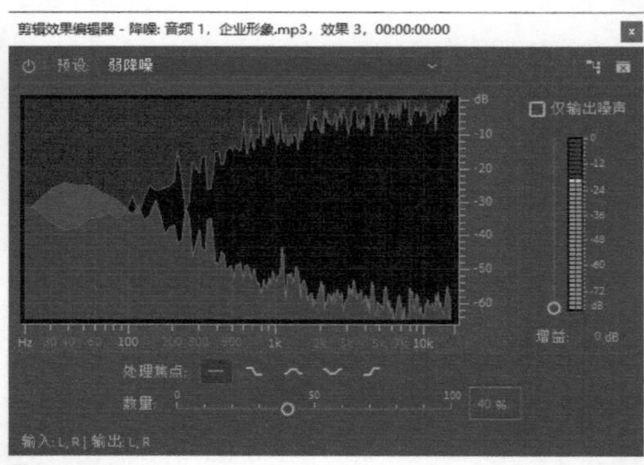

图 8-94

07 在“节目”监视器面板中单击“播放 - 停止切换”按钮，对影片效果进行预览，如图 8-95 所示。

图 8-95

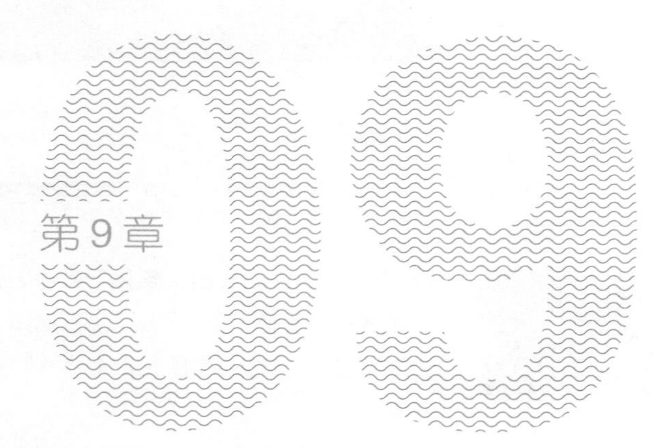

导出文件

本章导读

在 Premiere 中，可以将编辑的项目导出为视频文件，也可以将其导出为图片文件或音频文件。用户可以根据不同的导出格式需求，用 Premiere 导出相应的文件格式。本章将介绍文件导出的操作方法及相关知识。

本章主要内容

导出视频文件

导出图片文件

导出音频文件

Premiere

9.1 导出视频文件

在Premiere中，可以将编辑的项目导出为视频，常用格式有AVI、H.264、MPEG4、QuickTime、Windows Media等。

9.1.1 课堂案例：导出影片片头

实例位置	实例文件 >CH09> 导出影片片头 .prproj
素材位置	素材文件 >CH09> 导出影片片头
视频名称	导出影片片头 .mp4
技术掌握	Premiere 导出视频的操作

在Premiere中可以将创建的作品导出为指定的视频文件，本例导出的影片片头效果如图9-1所示。

图9-1

01 打开“导出影片片头.prproj”项目，选择“时间轴”面板中的“01”序列，如图 9-2 所示。

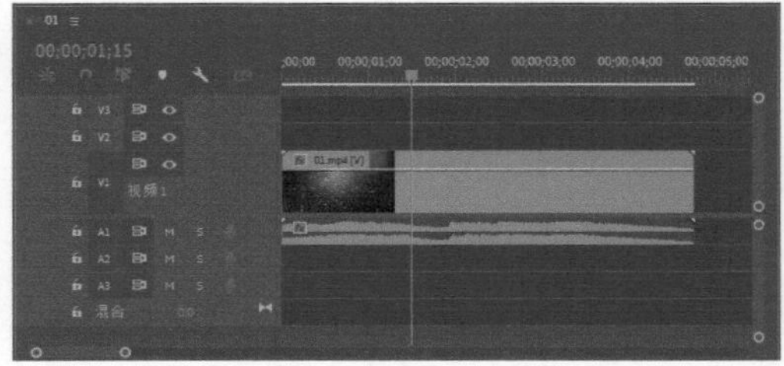

图 9-2

> 小提示
>
> 要导出编辑好的序列，首先在“时间轴”面板中选中要导出的序列，然后选择“文件 > 导出 > 媒体”命令。

02 选择“文件 > 导出 > 媒体”命令，打开“导出设置”对话框。在“导出设置”选项组的“格式”下拉列表框中选择 H.264 格式，如图 9-3 所示。

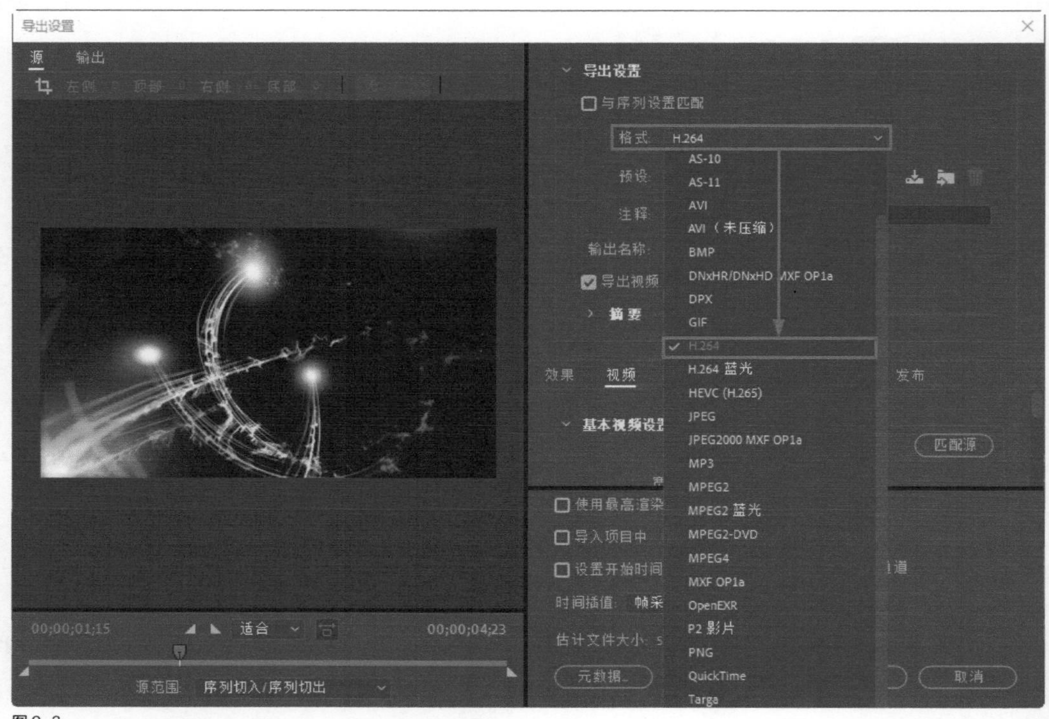

图 9-3

03 在“导出设置”选项组中单击“输出名称”旁边的蓝色名称，如图 9-4 所示。在打开的“另存为”对话框中设置导出的路径和文件名，如图 9-5 所示。

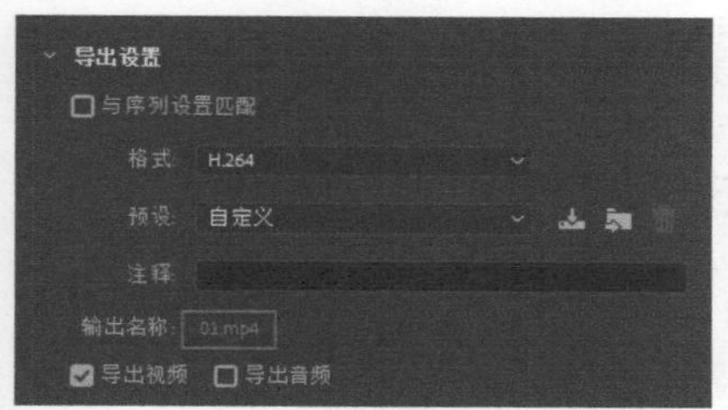

图 9-4

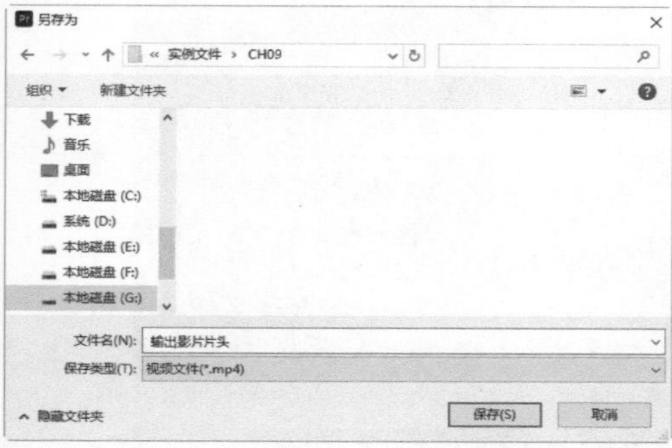

图 9-5

小提示

用户可以根据需要设置是否导出音频，如果不想导出音频，可以取消勾选“导出音频”复选框，如图 9-6 所示。

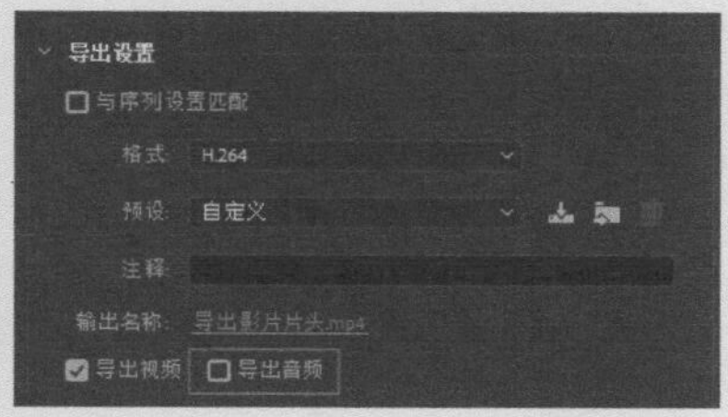

图 9-6

04 选择“视频”选项卡，在其中可更改视频设置，如“高度”“宽度”“帧速率”“电视标准”等，如图 9-7 所示。

图 9-7

05 在“导出设置”对话框下方的“源范围”下拉列表框中，选择“整个序列”选项，如图 9-8 所示。

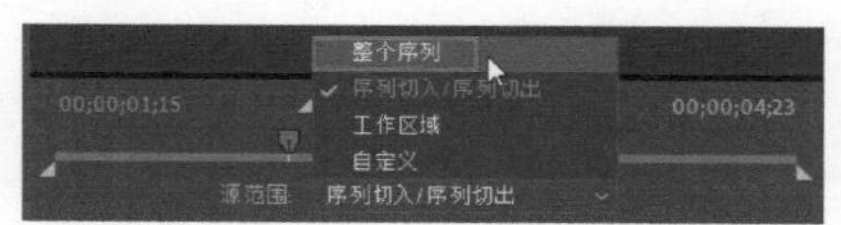

图 9-8

06 在“导出设置”对话框下方的“适合”下拉列表框中选择 100% 选项，如图 9-9 所示。

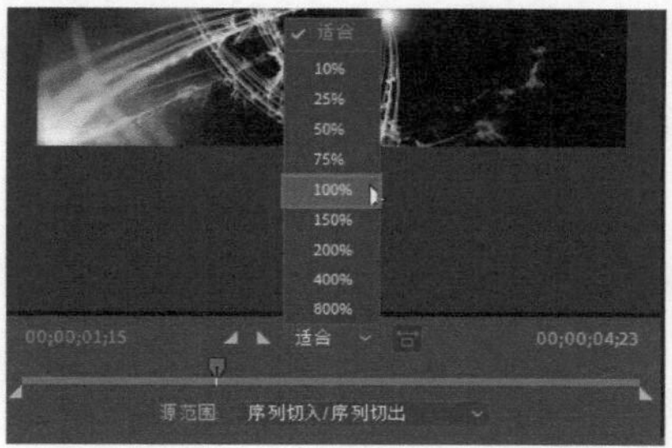

图 9-9

07 单击“导出”按钮，即可将项目序列导出为指定的视频文件。使用播放软件可以播放导出的视频文件，如图 9-10 所示。

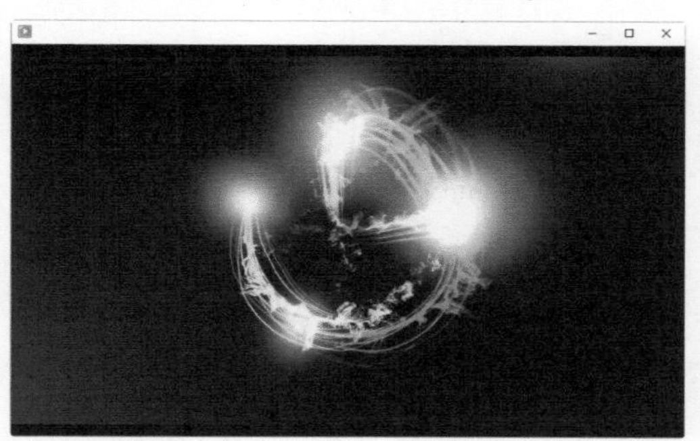

图 9-10

9.1.2 文件导出的方法

选择“文件>导出”命令，可以在“导出”的子菜单中选择导出文件的类型，如图9-11所示。在Premiere中，通常将编辑好的序列导出为影片媒体。选择“文件>导出>媒体”命令，打开“导出设置”对话框，可以进行详细的导出设置，如图9-12所示。

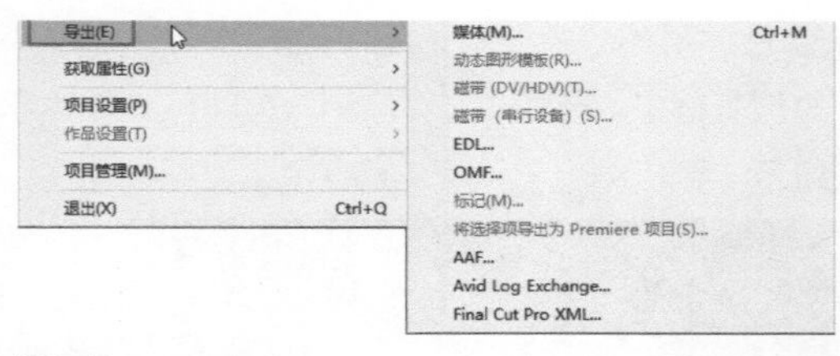

图9-11

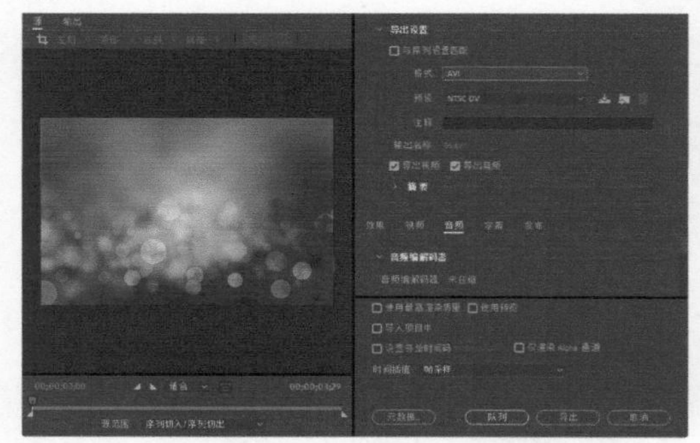

图9-12

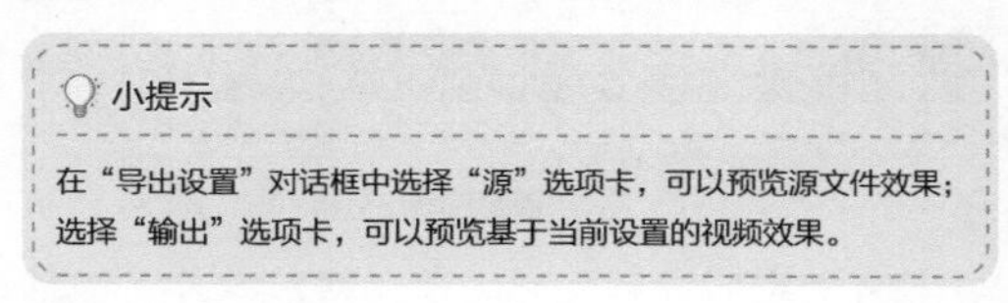

> 小提示
>
> 在“导出设置”对话框中选择“源”选项卡，可以预览源文件效果；选择“输出”选项卡，可以预览基于当前设置的视频效果。

9.1.3 文件导出的常用设置

◆ 1. 导出范围

在“导出设置”对话框下方的“源范围”下拉列表框中可以选择要导出内容的范围，如图9-13所示。

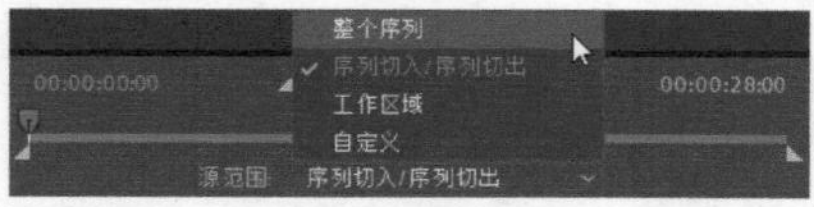

图9-13

◆ 2. 导出设置

在“导出设置”选项组的“格式”下拉列表框中可以选择导出项目的格式，如图9-14所示。

◆ 3. 视频编解码器

在“导出设置”选项组下方选择“视频”选项卡，在“视频编解码器”下拉列表框中可以选择导出影片的视频编解码器，如图9-15所示。

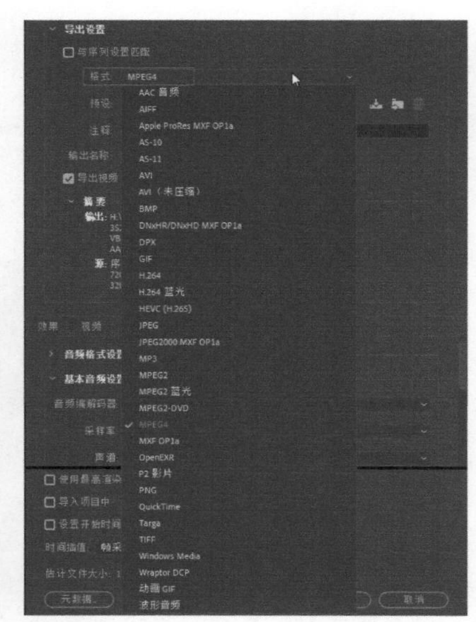

图9-14

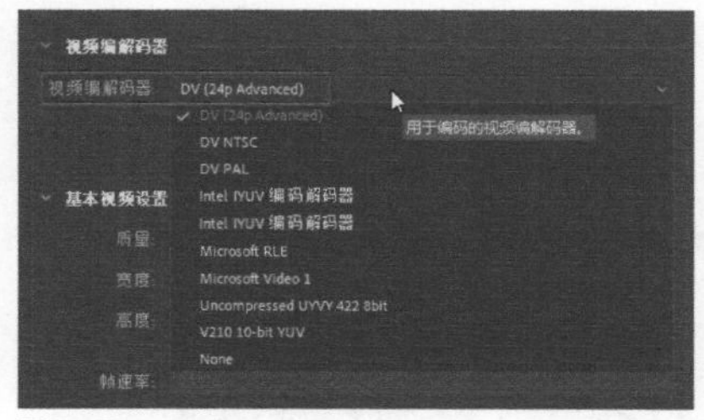

图9-15

◆ 4. 基本视频设置

在“视频”选项卡中展开“基本视频设置”选项组，在其中可以设置视频的质量、宽度、高度和帧速率等，如图9-16所示。

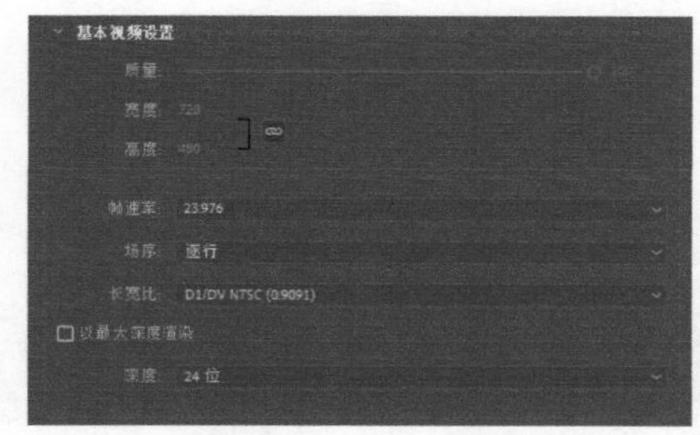

图9-16

◆ 5. 剪裁画面

在导出文件前，用户可以根据需要对源视频进行剪裁，还可以对画面剪裁的长宽比进行设置。选择“源”选项卡，然后选择“剪裁导出视频”工具进行剪裁。如果要精确地进行剪裁，可以在“左侧”“顶部”“右侧”“底部”后面输入精确的数值。可以将鼠标指针移动到裁切框的边线或4个控制点上，当鼠标指针变为双向箭头时，旁边会显示框选范围的像素大小，此时按住鼠标左键并拖曳鼠标即可自由调整剪裁范围，如图9-17所示。

图9-17

如果想更改剪裁的长宽比，可以在“剪裁比例”下拉列表框中选择剪裁长宽比，如图9-18所示。

图9-18

要预览剪裁的视频效果，可以选择“输出”选项卡。如果想缩放视频以适合裁切框，可以在“源缩放”下拉列表框中选择“缩放以适合”选项，如图9-19所示。

图9-19

9.2 导出图片文件

完成项目的创建后，有时需要将项目中的某一帧画面导出为静态图片文件。在Premiere中可以将编辑的项目以图片的形式进行导出，可以导出单帧的图片，也可以导出序列图片，以满足对项目中制作的视频特效画面进行取样等需求。

9.2.1 课堂案例：导出单帧图片

实例位置	实例文件 >CH09> 导出单帧图片 .prproj
素材位置	素材文件 >CH09> 导出单帧图片
视频名称	导出单帧图片 .mp4
技术掌握	将项目导出为单帧图片

本例将通过将项目导出为图片，讲解导出单帧图片的方法，本例最终效果如图9-20所示。

图9-20

01 打开“导出单帧图片 .prproj”项目，在“时间轴”面板中将时间指示器拖曳到需要导出帧的位置，如图 9-21 所示。

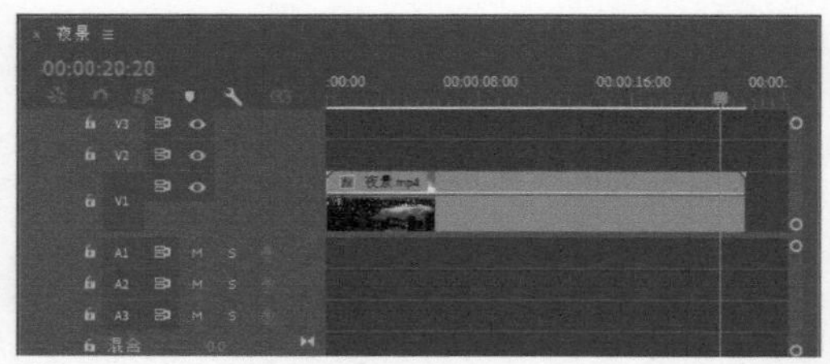

图 9-21

02 在“节目”监视器面板中可以预览当前帧的画面，将时间指示器定位在需要导出画面的帧，如图 9-22 所示。

图 9-22

03 选择“文件 > 导出 > 媒体”命令，打开“导出设置”对话框，在“格式”下拉列表框中选择导出的图片格式为 JPEG，如图 9-23 所示。

图 9-23

04 在“导出设置”选项组下方的“视频”选项卡中，将“基本设置”选项组中的“导出为序列”复选框取消勾选，如图 9-24 所示。

图 9-24

05 单击“导出设置”对话框右下方的“导出”按钮导出，即可导出单帧图片，如图 9-25 所示。

图 9-25

9.2.2 图片的导出格式

在Premiere中可以将编辑好的项目导出为图片，其中常用格式包括BMP、GIF、JPG、PNG、TGA和TIF格式。

- **BMP（Windows Bitmap）**：这是一种由微软公司开发的位图文件格式，几乎所有的常用图像软件都支持这种格式，它的缺点是占用空间大。
- **GIF**：这是一种流行于网络的图像格式，是一种较为特殊的格式，可用于展现动态图像。
- **TGA（Targa）**：此图像文件格式的结构比较简单，属于一种图形、图像数据的通用格式，是计算机生成图像向电视转换的一种首选格式。
- **TIF（TIFF）**：这是一种由Aldus公司开发的位图文件格式，支持大部分操作系统，支持24位颜色，对图像大小无限制，支持RLE、LZW、CCITT和JPEG压缩。
- **JPG（JPEG）**：JPG图片以24位颜色存储单个光栅图像，JPG是与平台无关的格式，支持最高级别的压缩，不过这种压缩是有损耗的。
- **PNG**：这是一种于20世纪90年代中期开始开发的图像文件存储格式，它可以替代GIF和TIFF文件格式，同时增加一些GIF文件格式所不具备的特性，它的特点是可以保留透明像素。

9.2.3 序列图片和单帧图片

在Premiere中可以将编辑好的视频导出为序列图片和单帧图片。默认情况下，导出视频时，会将序列中编辑的整个视频导出为序列图片。要将视频导出为单帧图片，首先要将时间指示器定位在需要导出的帧，然后在“导出设置”对话框选择“视频”选项卡，再取消勾选“基本设置”选项组中的“导出为序列”复选框，如图9-26所示。

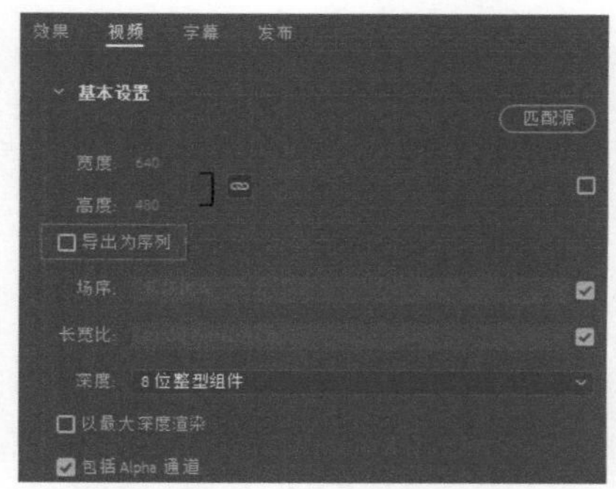

图 9-26

9.3 导出音频文件

在Premiere中，除了可以将编辑好的项目导出为图片文件和视频文件外，也可以将项目导出为纯音频文件，Premiere可以导出的音频文件包括WAV、MP3、ACC等格式。

9.3.1 课堂案例：导出音乐

实例位置	实例文件 >CH09> 导出音乐 .prproj
素材位置	素材文件 >CH09> 导出音乐
视频名称	导出音乐 .mp4
技术掌握	导出音频的操作

如果只需要影片中的音频，可以将其单独导出来。本例将通过导出影片中的音频，讲解导出音频文件的操作，导出的效果如图9-27所示。

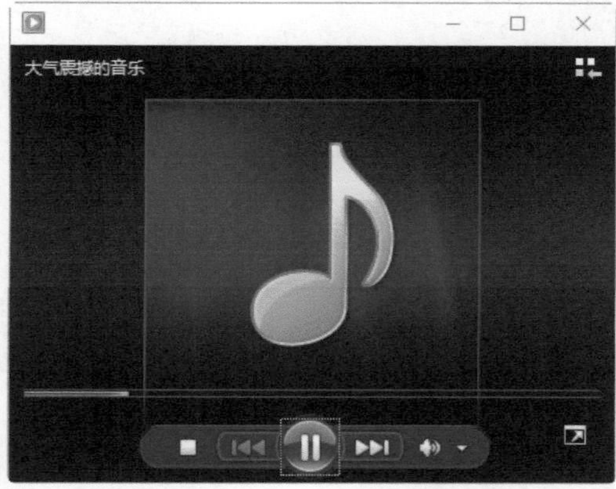

图 9-27

01 选择“文件 > 新建 > 项目”命令，打开“新建项目”对话框，输入项目名称，新建一个项目，如图 9-28 所示。

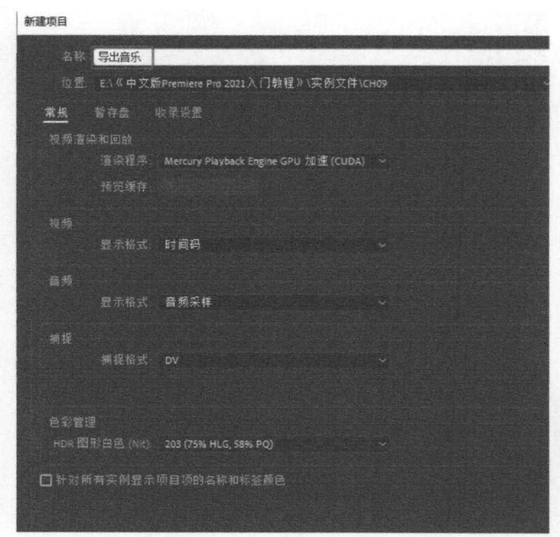

图 9-28

图 9-29

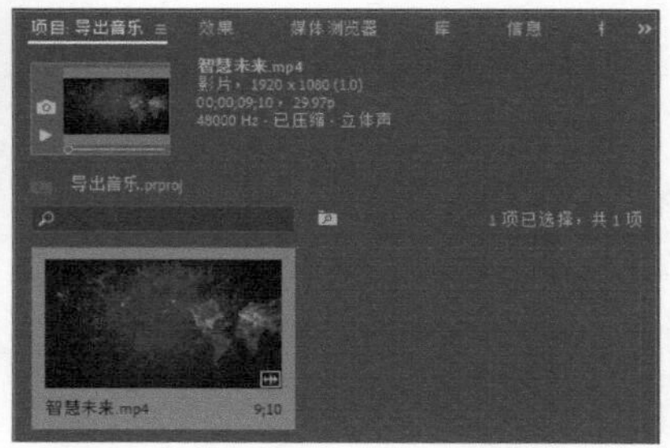

图 9-30

02 选择“文件 > 导入”命令，打开“导入”对话框，如图 9-29 所示。将“智慧未来 .mp4”素材导入“项目”面板中，如图 9-30 所示。

03 选择“项目”面板中的“智慧未来 .mp4”素材，然后选择“文件 > 导出 > 媒体”命令，打开“导出设置”对话框，在“格式”下拉列表框中选择 MP3 格式，如图 9-31 所示。

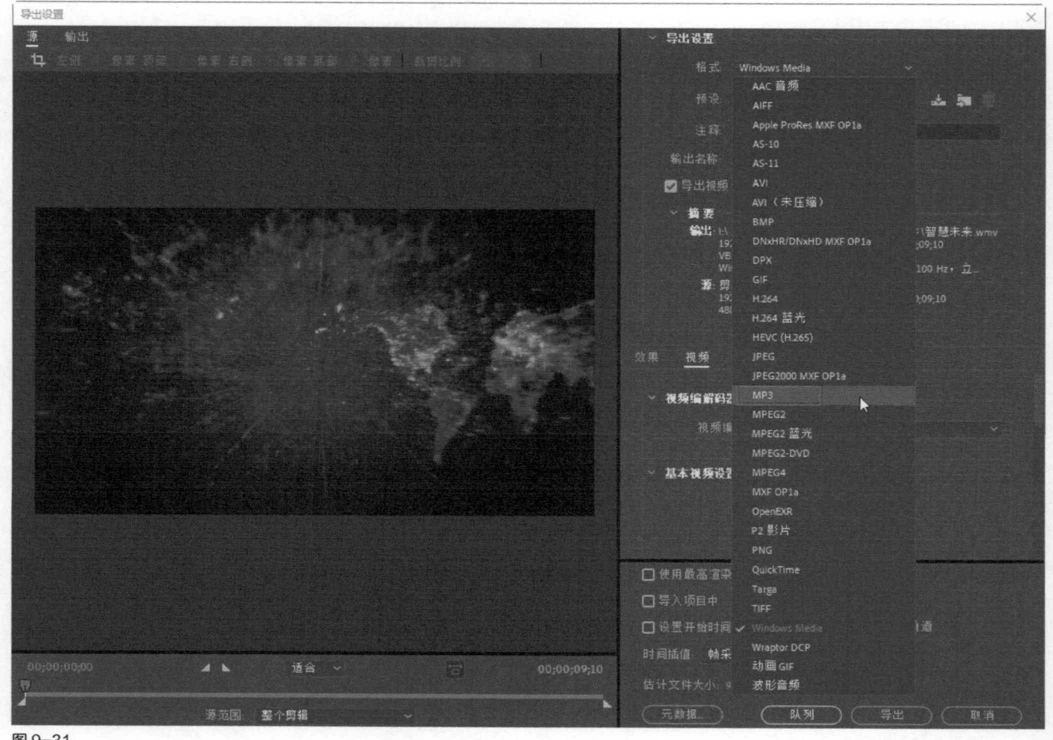

图 9-31

04 单击“输出名称”后的蓝色名称，如图 9-32 所示。在打开的“另存为”对话框中设置导出文件的名称和路径，如图 9-33 所示。

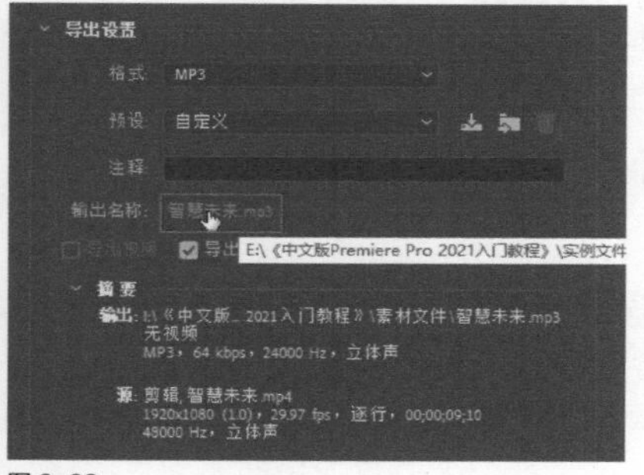

图 9-32

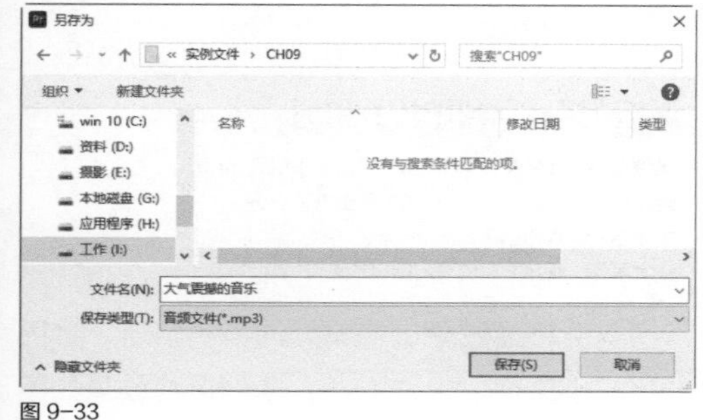

图 9-33

05 在“导出设置”对话框中选择“音频”选项卡，设置音频的声道、音频比特率和编解码器质量，然后单击“导出”按钮，即可将影片中的音频单独导出来，如图 9-34 所示。

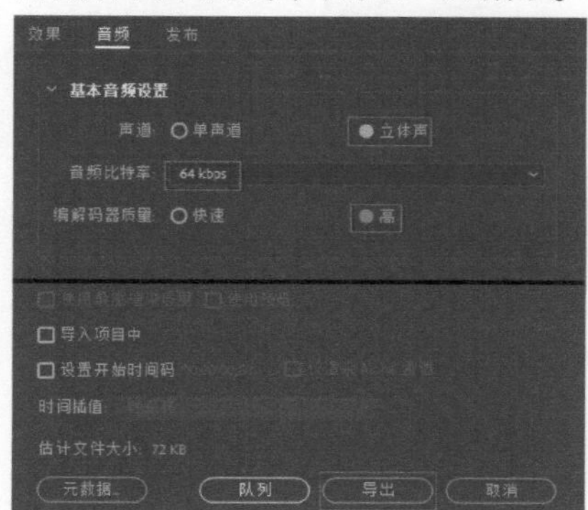

图 9-34

06 找到导出的音频文件并进行播放，如图 9-35 所示。

图 9-35

9.3.2 导出音频的方法

选择“文件 > 导出 > 媒体”命令，打开“导出设置”对话框，在“格式”下拉列表框中选择一种音频格式（如“波形音频”），如图 9-36所示。

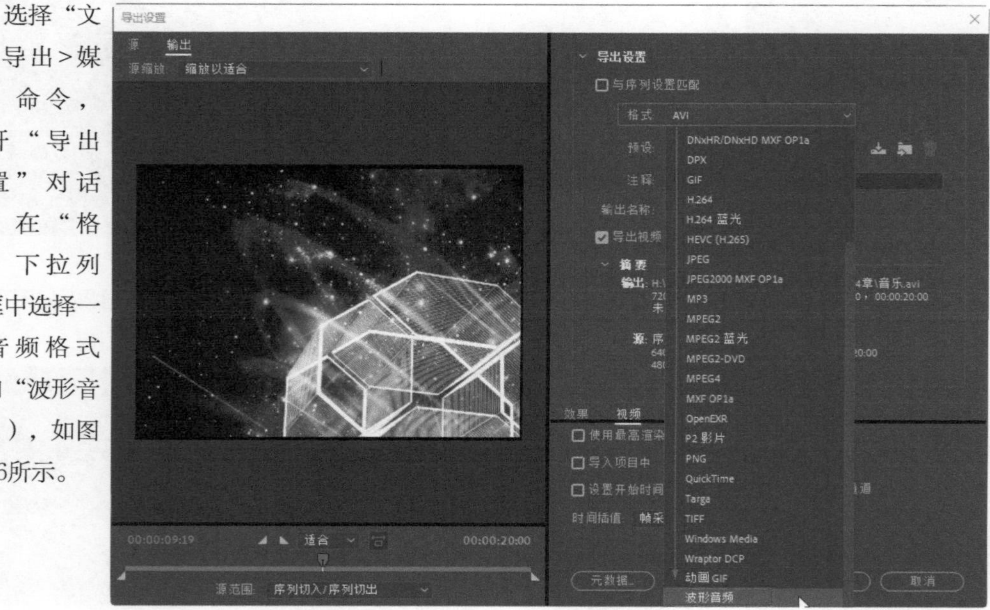

图 9-36

在“导出设置”选项组下方的“音频”选项卡的“音频编解码器”下拉列表框中可以选择需要的音频编解码器，如图9-37所示。

图 9-37

单击“输出名称”后面的蓝色名称，打开“另存为”对话框，设置存储文件的名称和路径，然后单击“导出设置”对话框右下方的“导出”按钮导出即可导出音频。

9.3.3 基本音频设置

在“基本音频设置”选项组中的“样本大小”选项中可以设置音频的位数。在“声道”选项中可以选择声道模式，如图9-38所示。在“采样率”下拉列表框中可以选择需要的音频采样率，如图9-39所示。

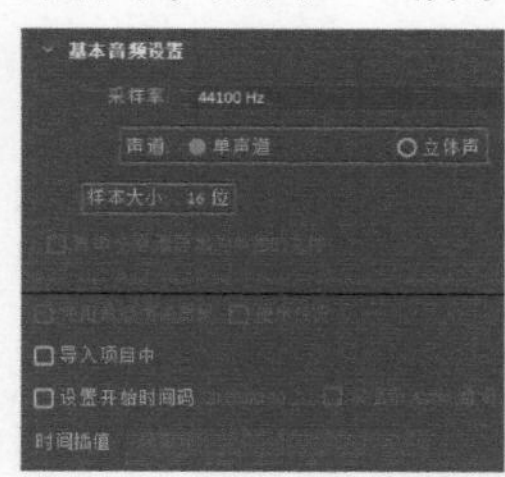

图 9-38

图 9-39

- **采样率：** 降低采样率可以减少文件大小，并加速最终产品的渲染，采样率越高，渲染质量越好，但处理时间也越长。

- **样本大小：** 32位立体声是最高设置，8位单声是最低设置，位深度越低，生成的文件越小，渲染时间越短。

9.4 课后习题

通过对本章的学习，相信大家已经掌握了导出文件的方法，本节将通过两个课后习题，巩固所学知识。

课后习题：导出电子相册

实例位置	实例文件 >CH09> 导出电子相册 .prproj
素材位置	素材文件 >CH09> 导出电子相册
视频名称	导出电子相册 .mp4
技术掌握	视频文件的导出操作方法

本例将通过导出编辑好的电子相册，巩固导出视频文件的操作方法，本例最终效果如图9-40所示。

图 9-40

01 打开“导出电子相册 .prproj”项目，选择“时间轴”面板中的“合成”序列作为导出对象，如图 9-41 所示。

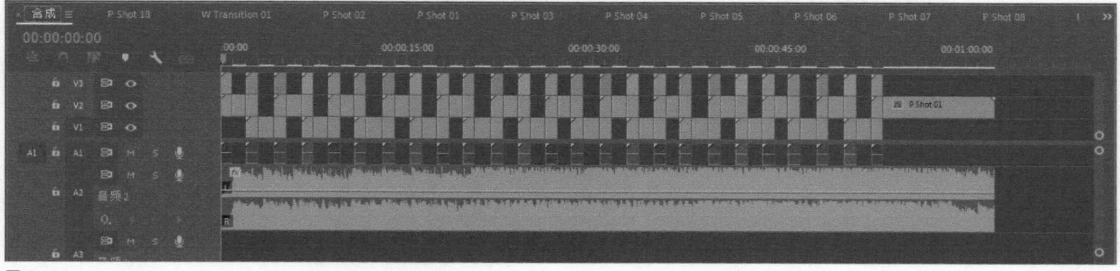

图 9-41

02 选择“文件 > 导出 > 媒体”命令，打开“导出设置”对话框，设置导出格式、输出名称，然后单击“导出”按钮，如图 9-42 所示。

图 9-42

03 找到导出的视频文件并进行播放，如图 9-43 所示。

图 9-43

课后习题：导出序列图片

实例位置	实例文件 >CH09> 导出序列图片 .prproj
素材位置	素材文件 >CH09> 导出序列图片
视频名称	导出序列图片 .mp4
技术掌握	导出图片的操作方法

本例通过将编辑好的视频导出为序列图片，巩固导出图片文件的操作方法，本例最终效果如图9-44所示。

图 9-44

01 打开“导出序列图片 .prproj”项目，选择“时间轴”面板中的“合成”序列作为导出对象，如图 9-45 所示。

02 选择“文件 > 导出 > 媒体”命令，打开“导出设置”对话框，设置导出格式为 JPEG 图片格式、再设置输出名称，并勾选“导出为序列”复选框，然后单击“导出”按钮，如图 9-46 所示。

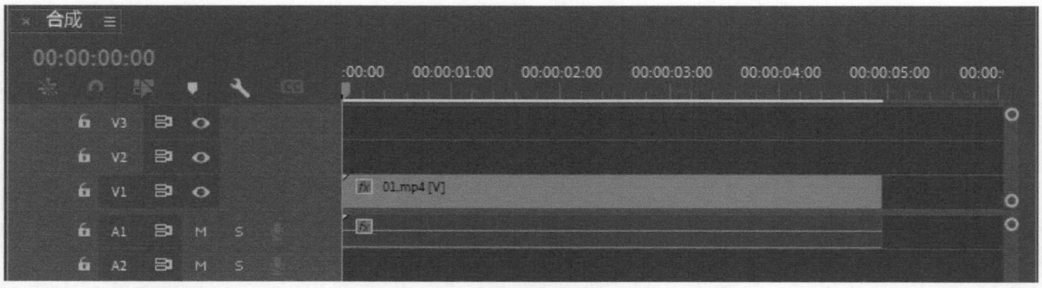

图 9-45

图 9-46

03 在保存文件的位置查看导出的序列图片，如图 9-47 所示。

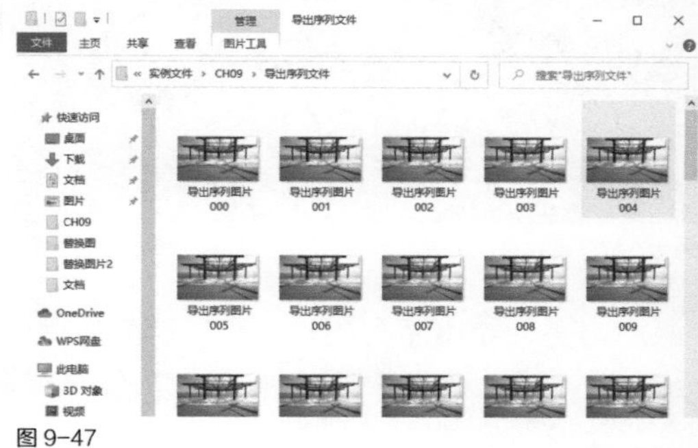

图 9-47

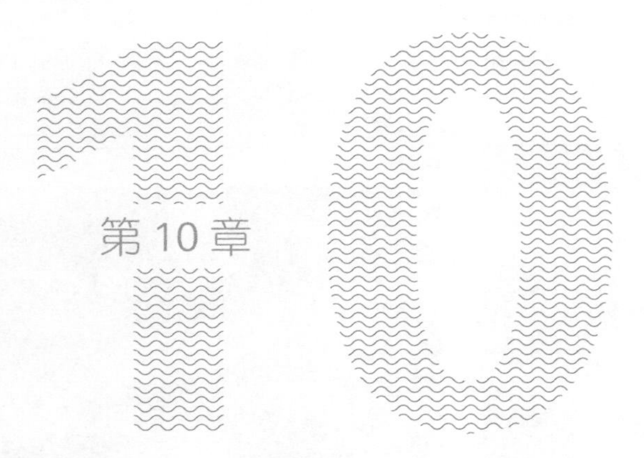

第 10 章

综合案例

本章导读

通过前面的学习，读者能够掌握使用 Premiere 进行视频编辑的流程和技巧。本章将通过多个实际案例讲解本书所学知识的具体应用，帮助读者为以后进行影视后期制作打下基础。

本章主要内容

视频编辑的方法

动画的制作方法

视频合成的方法

10.1 综合案例：穿墙术

实例位置	实例文件 >CH10> 穿墙术 .prproj
素材位置	素材文件 >CH10> 穿墙术
视频名称	穿墙术 .mp4
技术掌握	使用 Premiere 进行视频编辑的方法

本例将截取不同视频的片段，再无缝衔接组合成新的影片。在本例中，主要用到了在“源”监视器面板中选取需要的视频片段，再在“时间轴”面板中对视频进行编辑的方法，效果如图 10-1 所示。

图 10-1

01 启动 Premiere Pro 2021，新建一个名为“穿墙术”的项目，如图 10-2 所示。

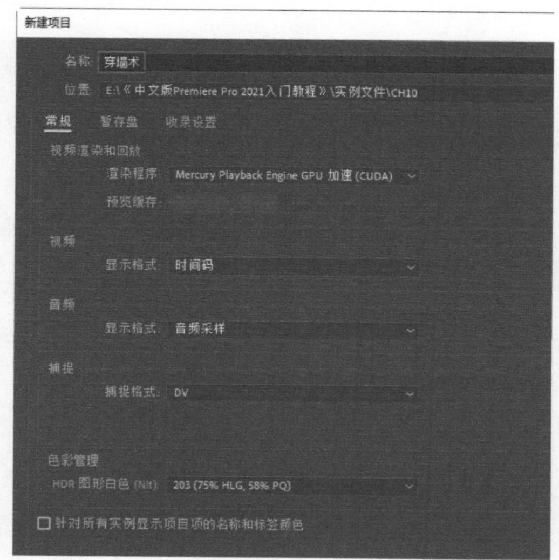

图 10-2

02 选择“文件 > 导入”命令，打开“导入”对话框，选择需要的素材，单击“打开”按钮 打开(O)，如图 10-3 所示。将选择的素材导入“项目”面板中，如图 10-4 所示。

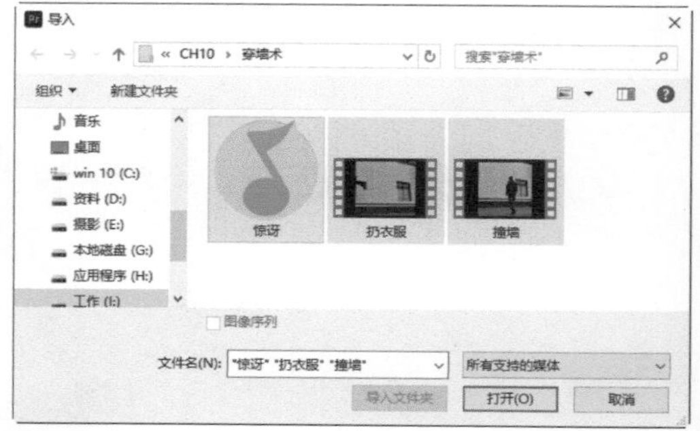

图 10-3

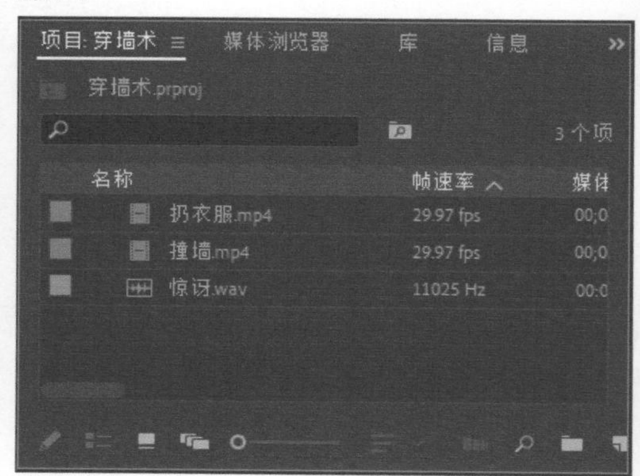

图 10-4

03 在“项目”面板中双击导入的“撞墙 .mp4”素材，可以在“源”监视器面板中预览该素材，如图 10-5 所示。

图 10-5

04 将时间指示器移动到想要设置为出点的位置，在“源”监视器面板中单击“标记出点”

按钮▮，为素材设置出点，如图 10-6 所示。

图 10-6

05 选择“文件 > 新建 > 序列”命令，打开“新建序列”对话框，新建一个序列，如图 10-7 所示。

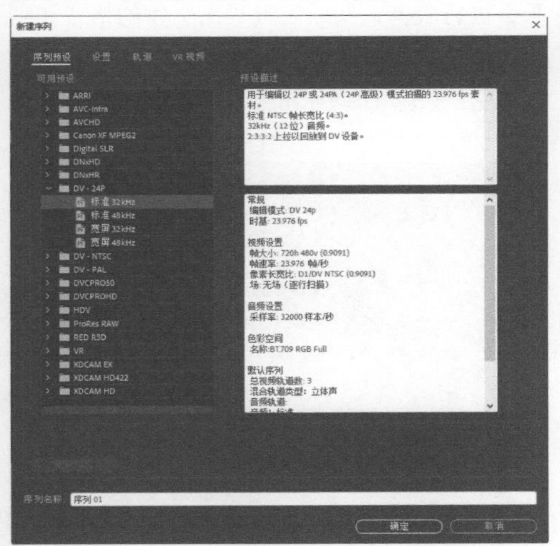

图 10-7

06 从“源”监视器面板中将设置好出点的“撞墙 .mp4”视频素材拖曳到“时间轴”面板的 V1 轨道中，如图 10-8 所示。在打开的“剪辑不匹配警告”对话框中单击“更改序列设置”按钮，如图 10-9 所示。

07 在“项目”面板中双击导入的“扔衣服 .mp4”素材，在“源”监视器面板中预览该素材，将时间指示器移动到想要设置为入点的位置，然后单击“标记入点”按钮▮，为素材设置入点，如图 10-10 所示。

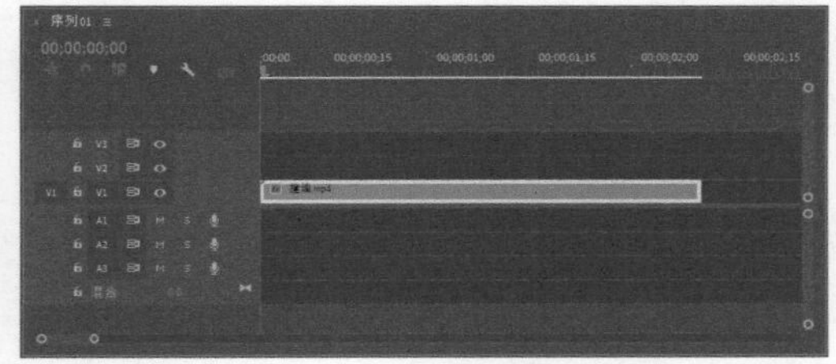

图 10-8

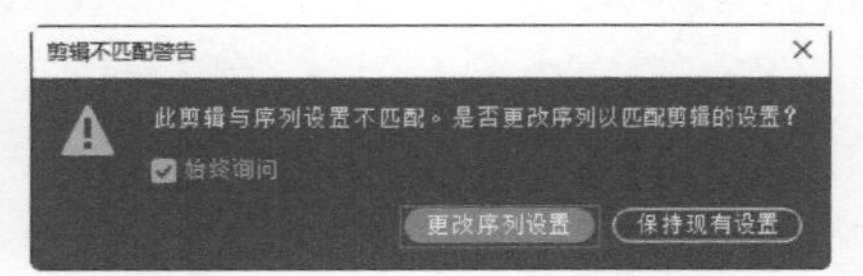

图 10-9

图 10-10

08 从“源”监视器面板中将设置好入点的“扔衣服 .mp4”视频素材拖曳到“时间轴”面板的 V2 轨道中，设置其入点与 V1 轨道中素材的出点对齐，如图 10-11 所示。

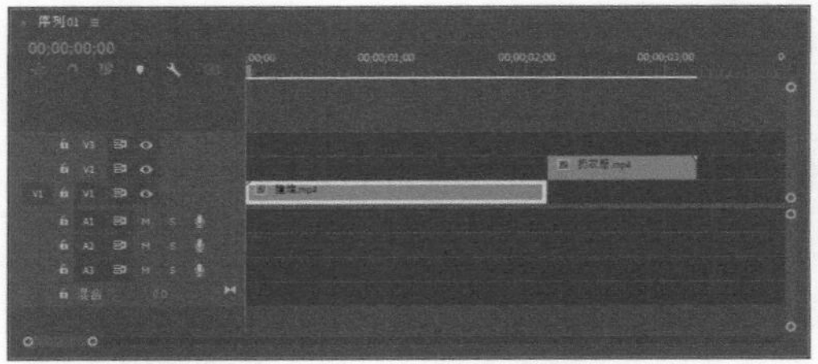

图 10-11

09 在“时间轴”面板中选择“扔衣服 .mp4”视频素材，打开“效果控件”面板，适当调整该素材的位置和大小，使其画面位置、大小与“撞墙 .mp4”素材一致，如图 10-12 所示。

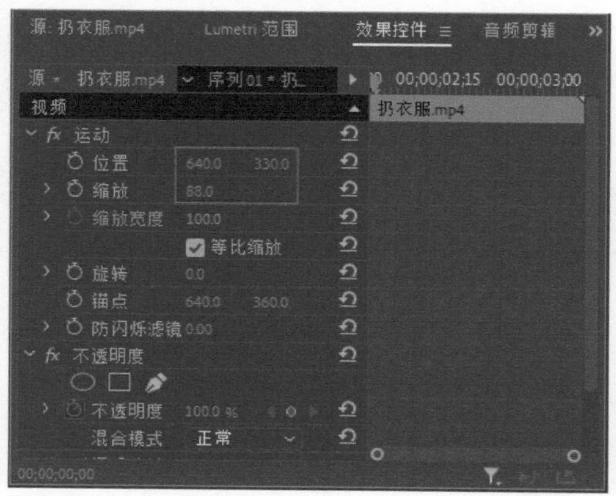

图10-12

> 小提示
>
> 在调整素材画面时，可以将 V2 轨道的“扔衣服 .mp4”素材向左移动，使之与 V1 轨道的“撞墙 .mp4”素材重合一点，再降低“扔衣服 .mp4”素材的不透明度，以便查看当前素材与参照素材的差异，方便进行调整。调整好之后再将“扔衣服 .mp4”素材复原。

10 将“惊讶 .wav”音频素材拖曳到“时间轴”面板的 A1 轨道中，设置其入点与 V2 轨道中素材的入点对齐，如图 10-13 所示。

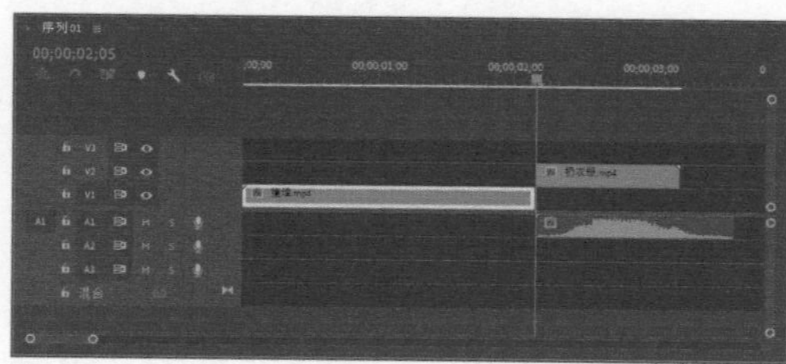
图10-13

11 在“时间轴”面板中调整“惊讶 .wav”音频素材的出点，设置其出点与 V2 轨道中素材的出点对齐，如图 10-14 所示。

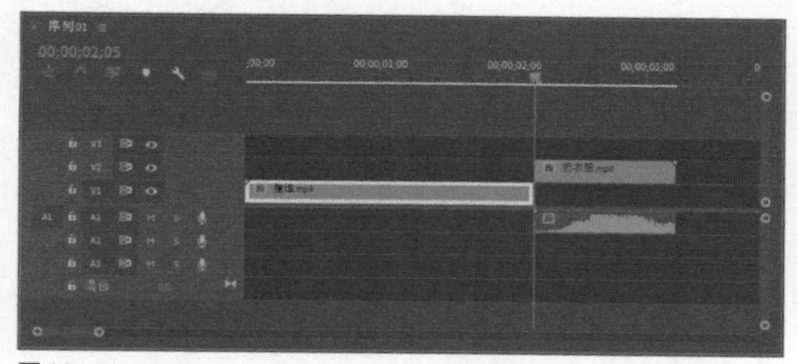
图10-14

12 在“节目”监视器面板中单击“播放 - 停止切换”按钮，可以预览编辑后的视频效果，如图 10-15 所示。

图10-15

13 选择“文件 > 导出 > 媒体”命令，打开“导出设置”对话框，选择“源”选项卡，对导出画面进行裁剪，然后设置导出文件的格式和名称，单击“导出”按钮，将编辑好的视频导出，如图 10-16 和图 10-17 所示。

图10-16

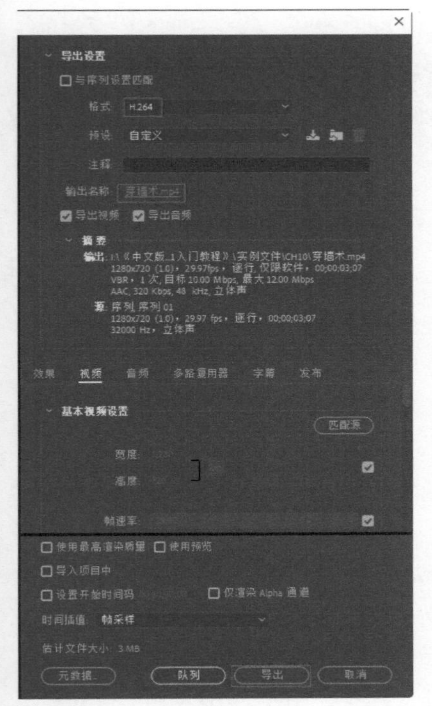

图10-17

14 使用播放软件播放导出的视频文件，最终效果如图10-18所示。

图10-18

10.2 综合案例：飞行的照片

实例位置	实例文件 >CH10> 飞行的照片 .prproj
素材位置	素材文件 >CH10> 飞行的照片
视频名称	飞行的照片 .mp4
技术掌握	动画的制作方法

本例将利用“边角定位”视频效果制作照片飞行的效果，最终效果如图10-19所示。

图10-19

01 选择“文件 > 新建 > 项目”命令，新建一个名为“飞行的照片”的项目，如图10-20所示。

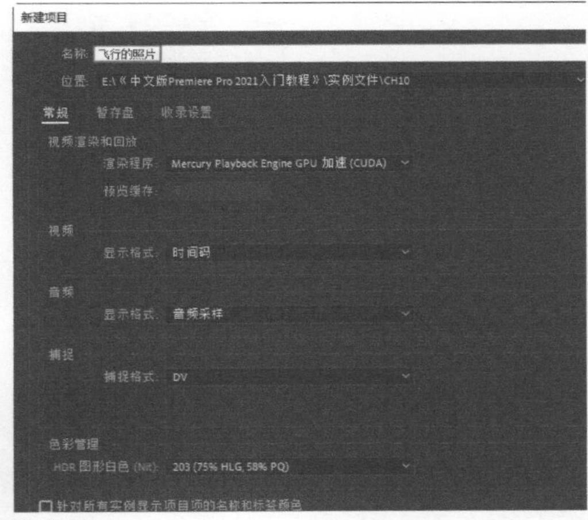

图10-20

02 选择“文件 > 导入”命令，打开“导入”对话框，选择需要的素材，单击“打开”按钮 打开(O)，如图10-21所示。将选择的素材导入“项目”面板中，如图10-22所示。

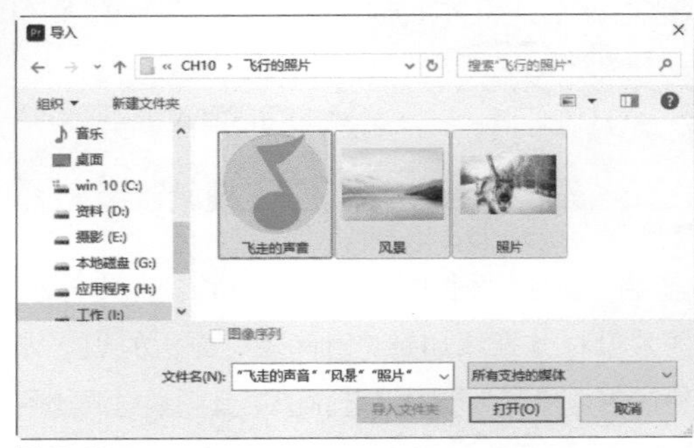

图10-21

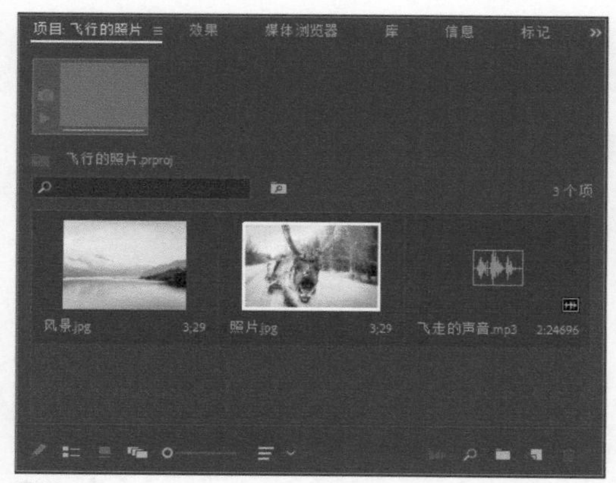

图 10-22

03 在“项目”面板中选择所有的素材，选择“剪辑 > 速度 / 持续时间”命令，在打开的“剪辑速度 / 持续时间”对话框中设置素材的“持续时间”为 4 秒，如图 10-23 所示。

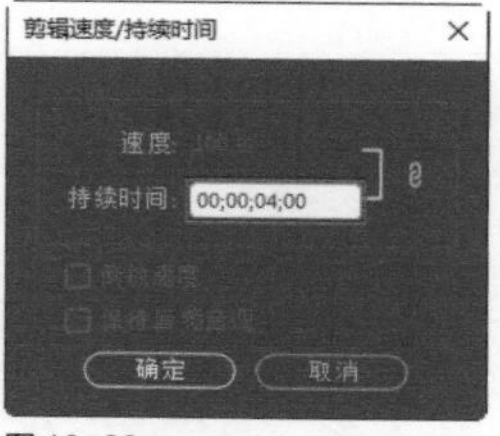

图 10-23

04 选择“文件 > 新建 > 序列”命令，新建一个序列，如图 10-24 所示。

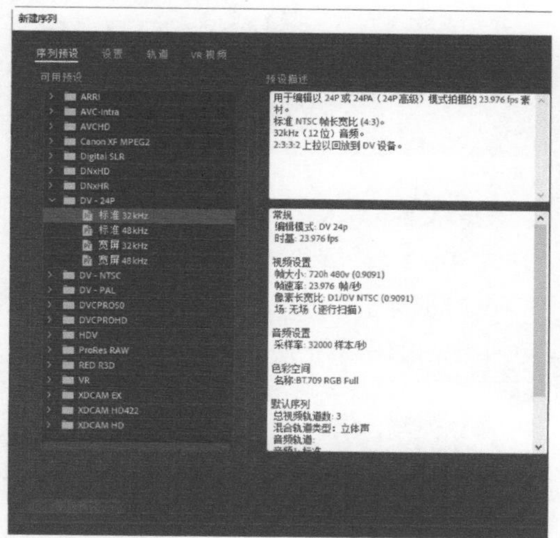

图 10-24

05 将“项目”面板中的“风景 .jpg”“照片 .jpg”图片素材分别添加到“时间轴”面板的 V1、V2 轨道中，将“飞走的声音 .mp3”音频素材添加到“时间轴”面板的 A1 轨道中，如图 10-25 所示。

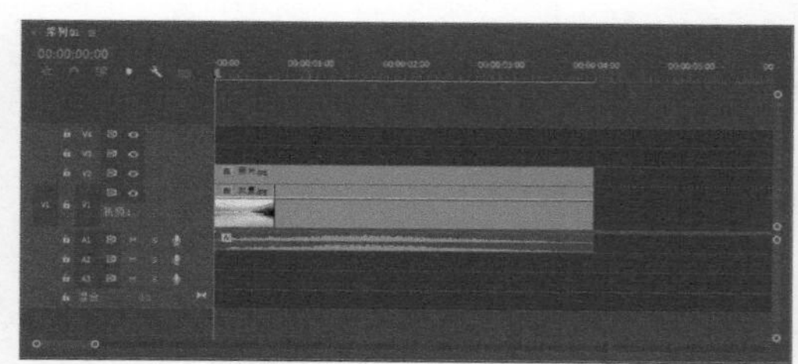

图 10-25

06 打开“效果”面板，选择“视频效果 > 扭曲 > 边角定位”视频效果，如图 10-26 所示。将“边角定位”效果添加到 V2 轨道中的“照片 .jpg”素材上。

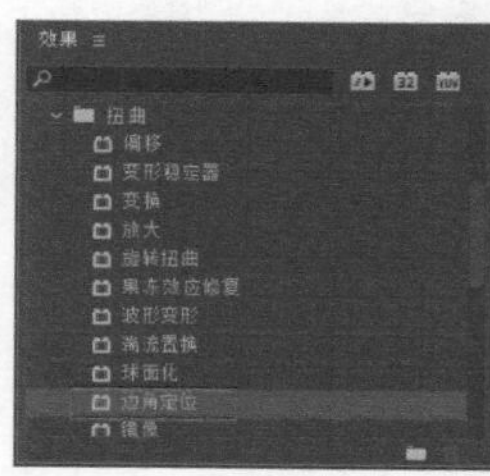

图 10-26

07 选择 V2 轨道中的“照片 .jpg”素材，打开“效果控件”面板，展开“边角定位”选项组，将时间指示器移动到第 0 秒的位置，单击“左下”和“右下”选项前面的“切换动画”按钮，开启动画功能，设置“左下”的坐标为（360，960），“右下”的坐标为（1600，960），如图 10-27 所示。

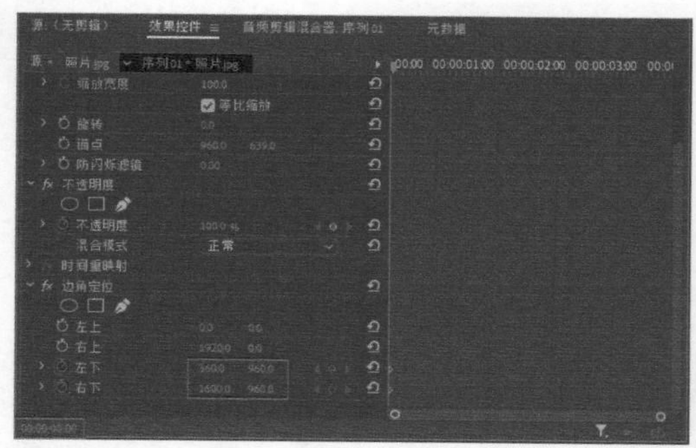

图 10-27

08 将时间指示器移动到第 1 秒，单击“左下”和“右下”选项后面的“添加 / 移除关键帧”按钮，设置“左下”的坐标为（360，960），“右下”的坐标为（1300，720），如图 10-28 所示。

09 将时间指示器移动到第 2 秒，单击“左下”和“右下”选项后面的“添加 / 移除关键帧”按钮，设置“左下”的坐标为（600，420），“右下”的坐标为（1300，720），如图 10-29 所示。

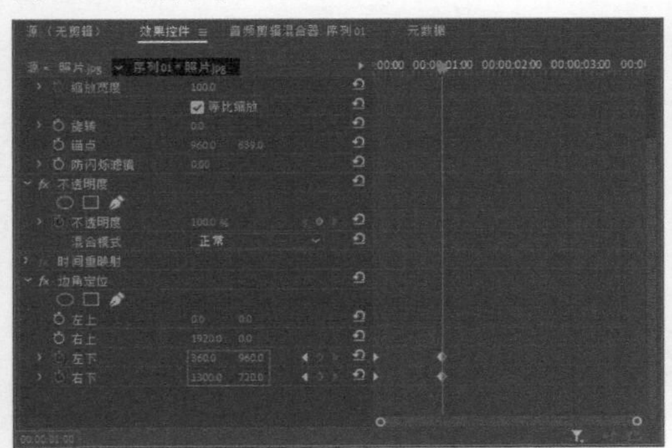

图 10-28

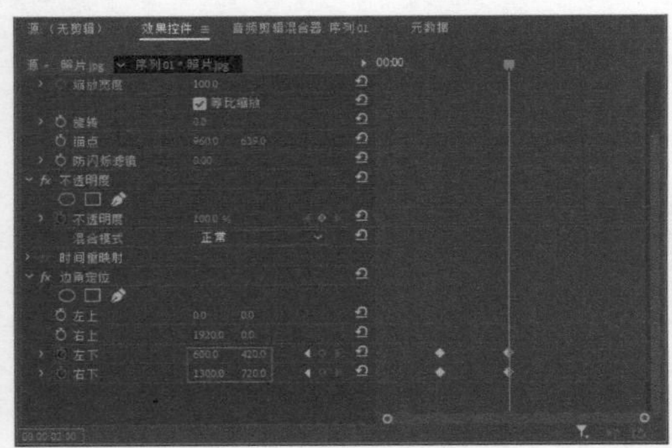

图 10-29

10 将时间指示器移动到第 3 秒，单击“左下”和“右下”选项后面的“添加 / 移除关键帧”按钮，设置“左下”的坐标为（600，420），“右下”的坐标为（1200，420），如图 10-30 所示。

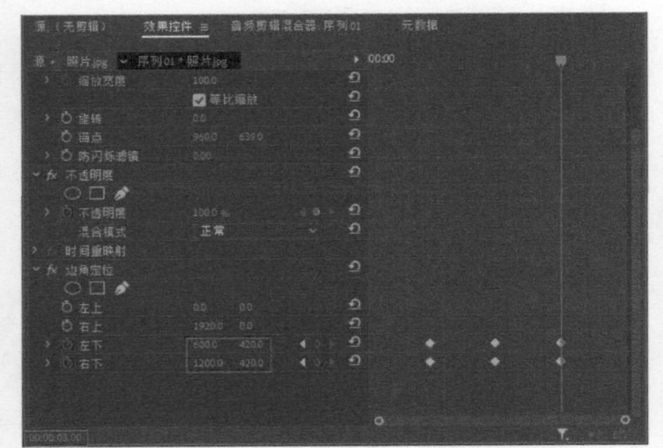

图 10-30

11 将时间指示器移动到第4秒，单击“左下”和“右下”选项后面的“添加 / 移除关键帧”按钮，设置“左下”的坐标为（560，300），“右下”的坐标为（1080，260），如图 10-31 所示。

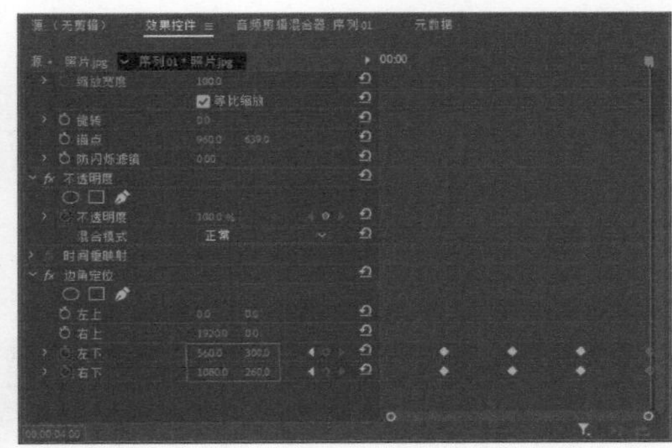

图 10-31

12 将时间指示器移动到第 0 秒，在“运动”选项组中单击“缩放”选项前面的“切换动画”按钮，开启缩放动画功能，设置“缩放”值为 60，如图 10-32 所示。

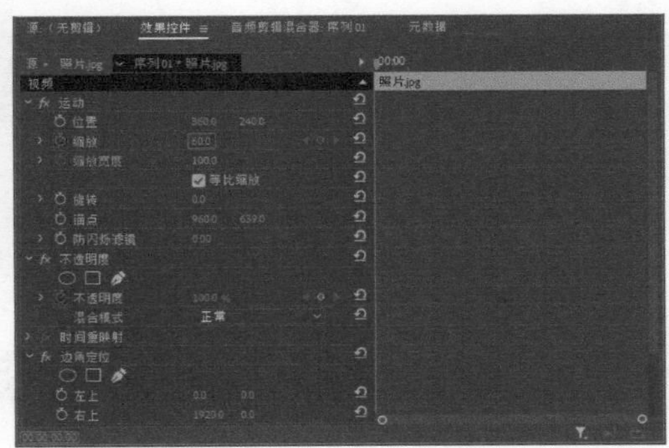

图 10-32

13 将时间指示器移动到第 4 秒，单击“缩放”选项后面的“添加 / 移除关键帧”按钮，设置“缩放”值为 0，如图 10-33 所示。

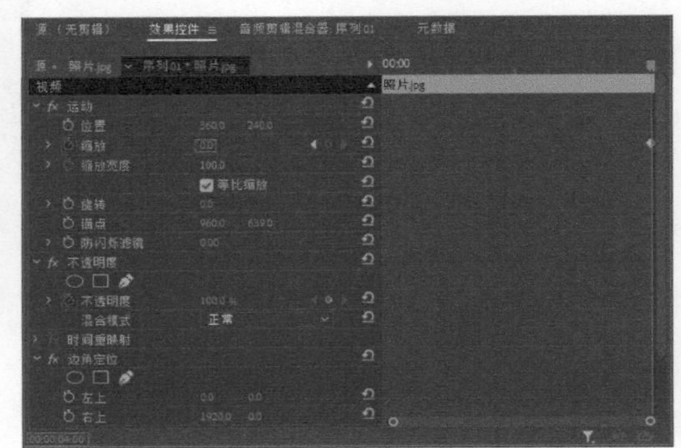

图 10-33

⑭ 在“节目”监视器面板中单击“播放 - 停止切换”按钮▶，对编辑后的视频进行预览，效果如图 10-34 所示。

⑮ 选择“文件 > 导出 > 媒体”命令，打开“导出设置”对话框，设置导出文件的格式和名称，单击“导出”按钮 导出 将其导出，如图 10-35 所示。

图 10-34

图 10-35

⑯ 使用播放软件播放导出的视频文件，最终效果如图 10-36 所示。

图 10-36

10.3 综合案例：天使的翅膀

实例位置	实例文件 >CH10> 天使的翅膀 .prproj
素材位置	素材文件 >CH10> 天使的翅膀
视频名称	天使的翅膀 .mp4
技术掌握	视频合成的方法

本例将应用“亮度键”视频效果对两个视频轨道中的视频素材进行合成，制作出新的视频效果，最终效果如图 10-37 所示。

图 10-37

01 选择“文件 > 新建 > 项目”命令，新建一个名为“天使的翅膀”的项目，如图 10-38 所示。

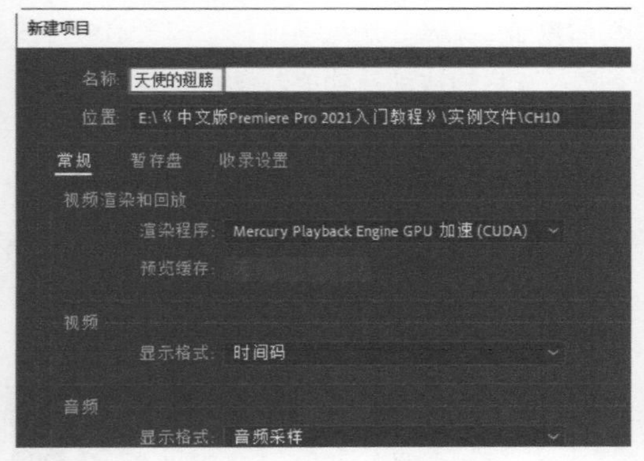

图 10-38

02 选择“文件 > 导入”命令，打开“导入”对话框，选择需要的素材，单击“打开”按钮，如图 10-39 所示。将选择的素材导入“项目”面板中，如图 10-40 所示。

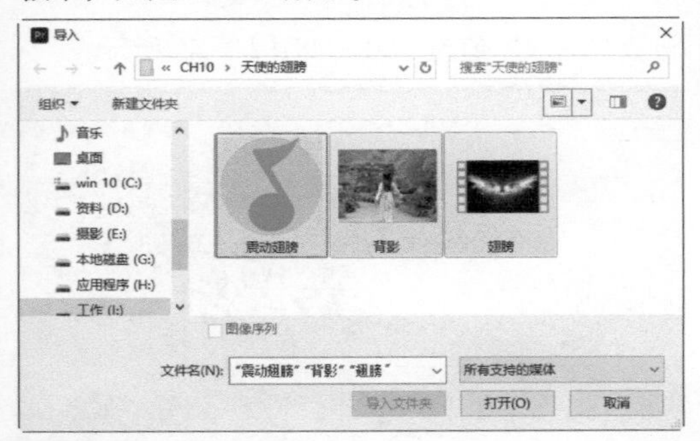

图 10-39

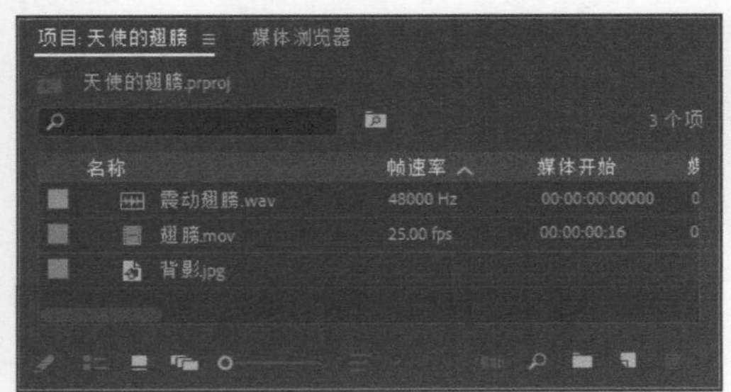

图 10-40

03 选择“文件 > 新建 > 序列”命令，新建一个序列，如图 10-41 所示。

04 将“项目”面板中的“背影 .jpg”素材添加到“时间轴”面板的 V1 轨道中，将“翅膀 .mov”素材添加到 V2 轨道中，如图 10-42 所示。

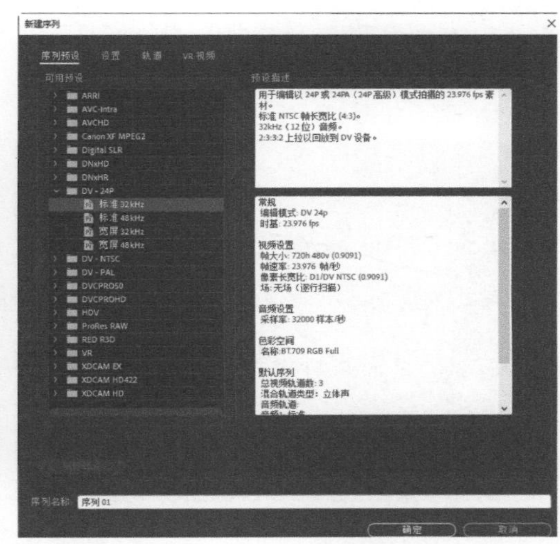

图 10-41

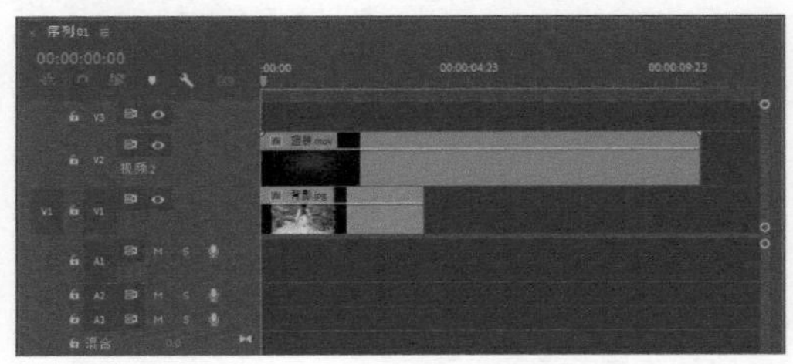

图 10-42

05 在 V1 轨道中调整“背影 .jpg”素材的出点，将出点与 V2 轨道中素材的出点对齐，如图 10-43 所示。

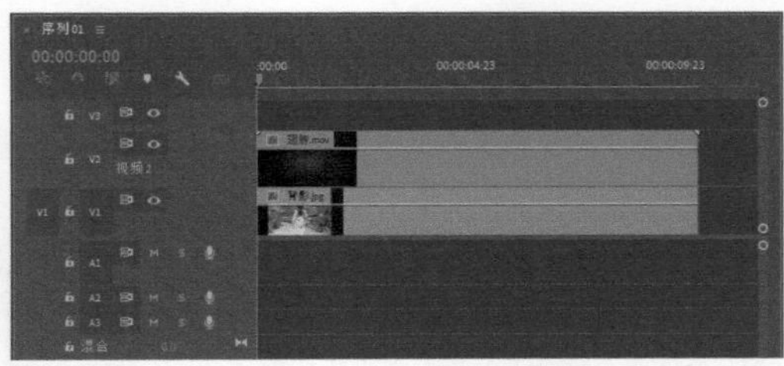

图 10-43

06 打开“效果”面板，选择“视频效果 > 键控 > 亮度键”视频效果，如图 10-44 所示。将“亮度键”效果添加到 V2 轨道中的“翅膀 .mov”素材上。

图 10-44

07 选择 V2 轨道中的“翅膀.mov”素材，打开“效果控件”面板，展开“亮度键”选项组，设置“阈值”为 50%，如图 10-45 所示。

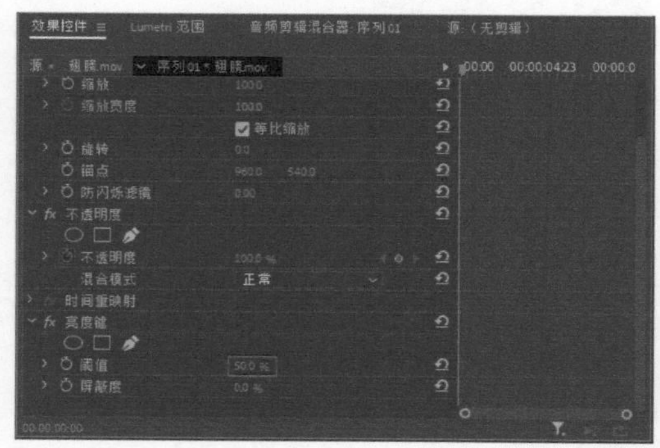

图 10-45

08 在“效果”面板中选择“视频效果 > 颜色校正 > 颜色平衡”视频效果，如图 10-46 所示。将“颜色平衡”效果添加到 V1 轨道中的“背影.jpg”素材上。

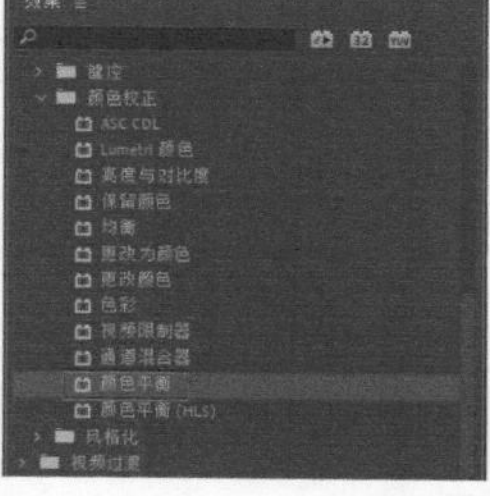

图 10-46

09 选择 V1 轨道中的“背影.jpg”素材，打开“效果控件”面板，展开“颜色平衡”选项组，将“阴影红色平衡”设为 46.2，“中间调红色平衡”设为 20，“高光红色平衡”设为 22.3，“高光蓝色平衡”设为 -17.7，使背影和翅膀素材色调一致，如图 10-47 所示。

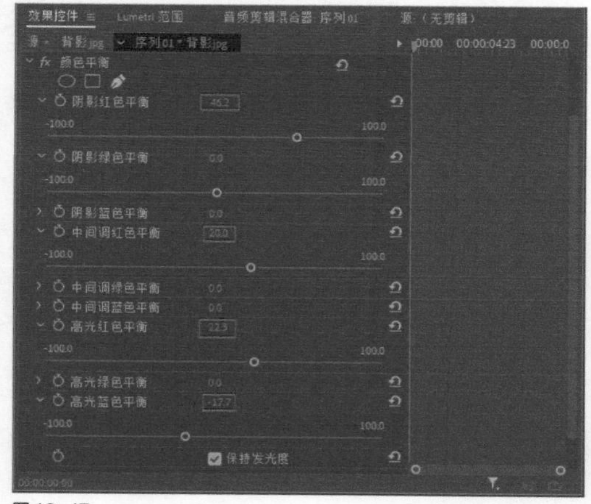

图 10-47

10 将时间指示器移动到第 0 秒，在“运动”选项组中设置“位置”的坐标为（945，521），然后单击“缩放”选项前面的“切换动画”按钮，开启缩放动画功能，设置“缩放”值为 1000，如图 10-48 所示。

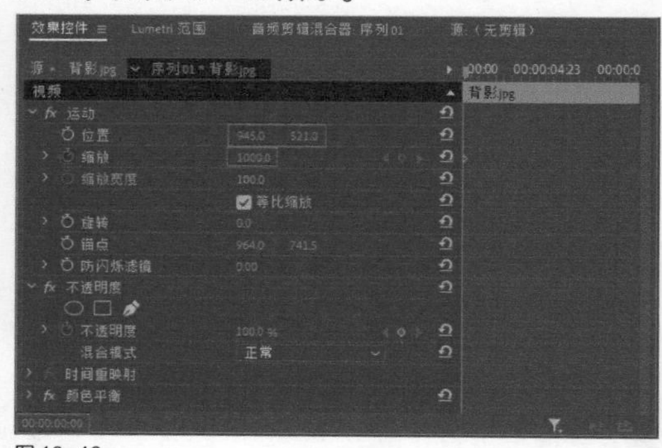

图 10-48

11 将时间指示器移动到第 0 秒 10 帧，单击“缩放”选项后面的“添加 / 移除关键帧”按钮，设置“缩放”值为 100，如图 10-49 所示。

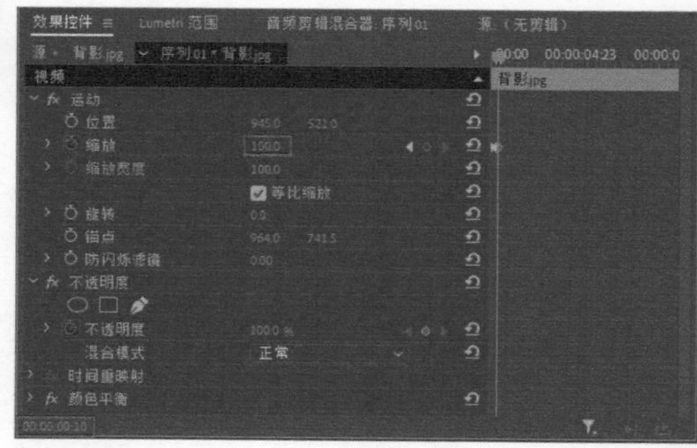

图 10-49

12 将时间指示器移动到第 9 秒 23 帧，单击“缩放”选项后面的“添加 / 移除关键帧”按钮，设置“缩放”值为 100，如图 10-50 所示。

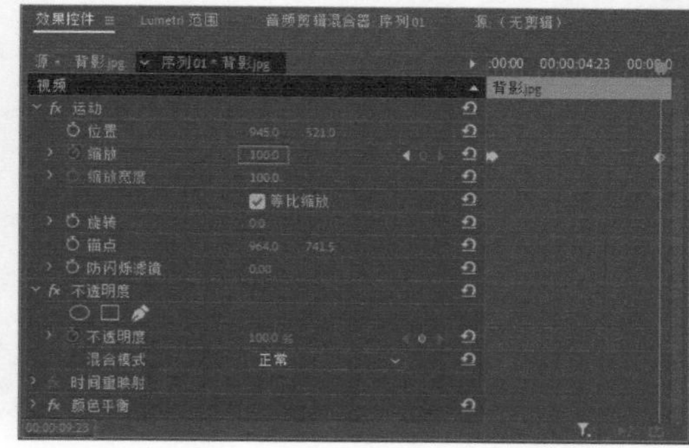

图 10-50

⑬ 将时间指示器移动到第 10 秒 13 帧，单击“缩放”选项后面的“添加 / 移除关键帧”按钮，设置“缩放”值为 1000，如图 10-51 所示。

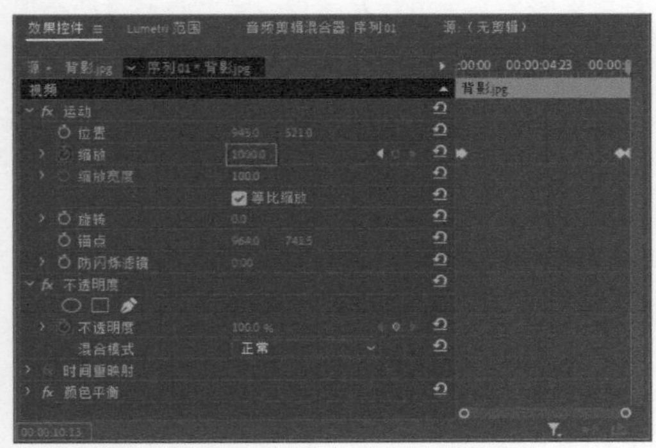

图 10-51

⑭ 将时间指示器移动到第 0 秒，然后单击“不透明度”选项前面的“切换动画”按钮，开启动画功能，设置“不透明度”值为 0%，如图 10-52 所示。

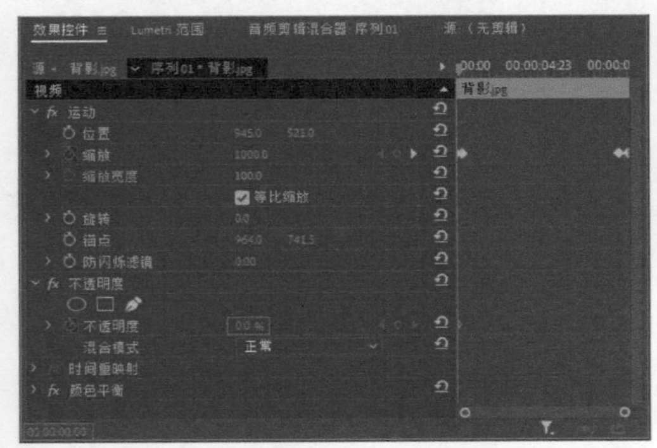

图 10-52

⑮ 将时间指示器移动到第 0 秒 10 帧，单击“不透明度”选项后面的“添加 / 移除关键帧”按钮，设置“不透明度”值为 100%，如图 10-53 所示。

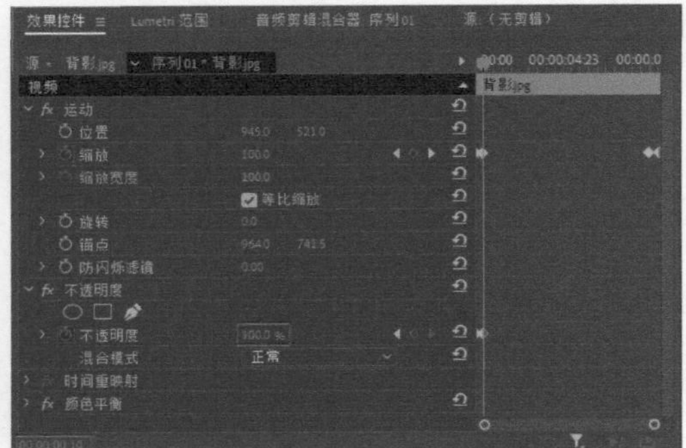

图 10-53

⑯ 将时间指示器移动到第 0 秒，将“项目”面板中的“震动翅膀 .wav”素材添加到“时间轴”面板的 A1 轨道中，如图 10-54 所示。

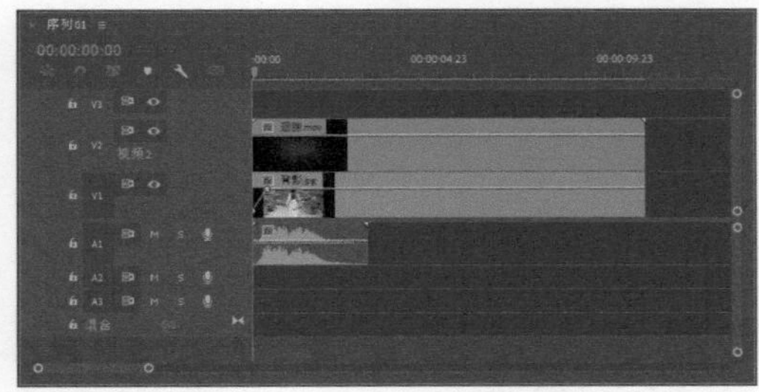

图 10-54

⑰ 继续将“项目”面板中的“震动翅膀 .wav”音频素材添加到“时间轴”面板的 A1 轨道中，设置其入点在第 6 秒 5 帧的位置，如图 10-55 所示。

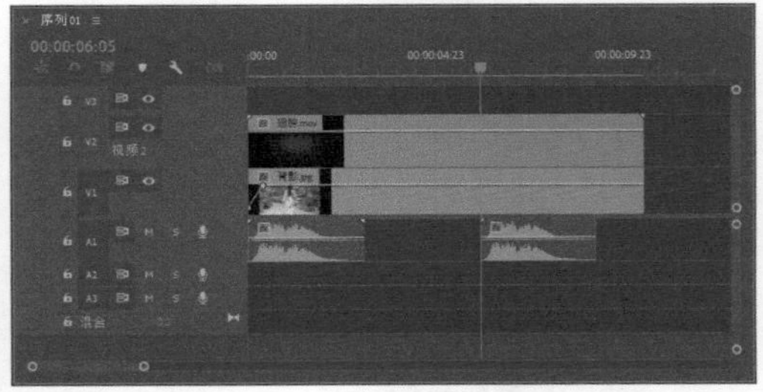

图 10-55

⑱ 在“节目”监视器面板中单击“播放 - 停止切换”按钮，对编辑后的视频进行预览，效果如图 10-56 所示。

图 10-56

⑲ 选择“文件 > 导出 > 媒体”命令，打开“导出设置”对话框，设置导出文件的格式和名称，单击“导出”按钮将其导出，如图 10-57 和图 10-58 所示。

⑳ 使用播放软件播放导出的视频文件，最终效果如图 10-59 所示。

图 10-57

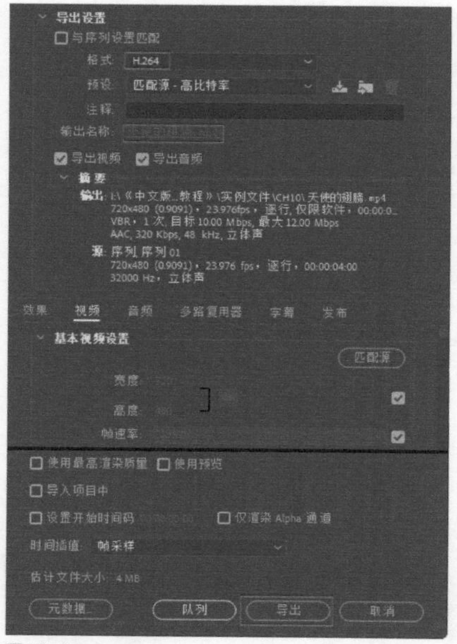
图 10-58

图 10-59

10.4 课后习题

通过对本章的学习，相信大家已经掌握了视频编辑的基本方法和流程，本节将通过两个课后习题，巩固使用Premiere编辑视频的方法。

课后习题：电闪雷鸣

实例位置	实例文件 >CH10> 电闪雷鸣 .prproj
素材位置	素材文件 >CH10> 电闪雷鸣
视频名称	电闪雷鸣 .mp4
技术掌握	Premiere 视频效果的应用方法

本例将通过对视频素材应用“闪电”效果，制作出电闪雷鸣的视频效果，最终效果如图10-60所示。

图 10-60

01 新建一个项目，在“项目”面板中导入“夜景.mp4”和“雷鸣.wav”素材，如图 10-61 所示。

图 10-61

02 将“夜景.mp4”素材添加到“时间轴”面板的 V1 轨道中，然后在第 0 秒 20 帧、第 4 秒和第 4 秒 20 帧的位置对该视频素材进行切割，将视频素材分为 4 段，如图 10-62 所示。

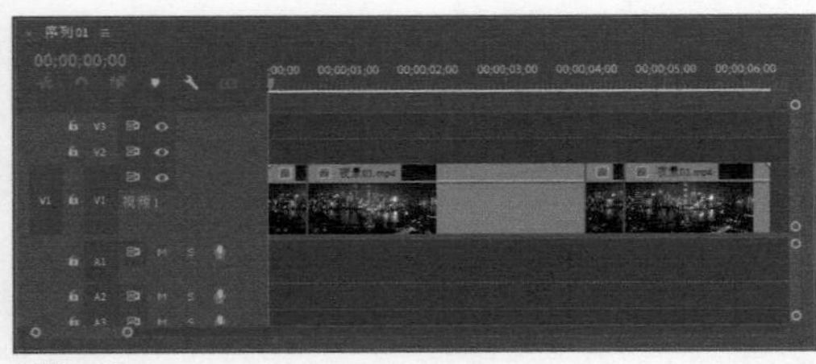

图 10-62

小提示

这里将视频素材切割为几段的目的是在不同时间、不同位置给视频添加闪电效果，这样闪电效果会更自然。

03 在“效果”面板中展开“视频效果”中的“生成”素材箱，选择“闪电”效果，如图 10-63 所示。将“闪电”效果添加到 V1 轨道中的第一段视频素材上。

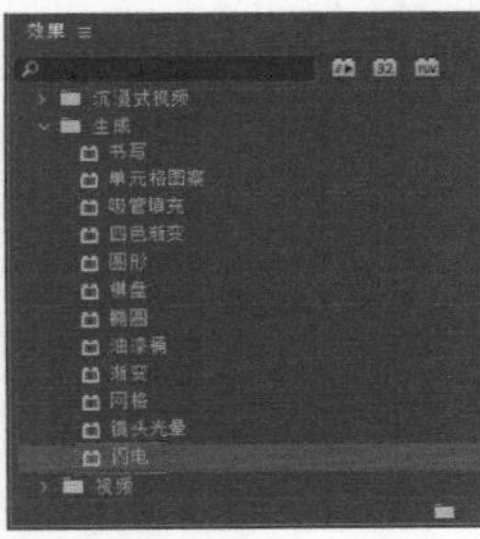

图 10-63

04 选择 V1 轨道中的第一段视频素材，在“效果控件”面板中展开“闪电”选项组，设置闪电的各个参数，如图 10-64 所示。

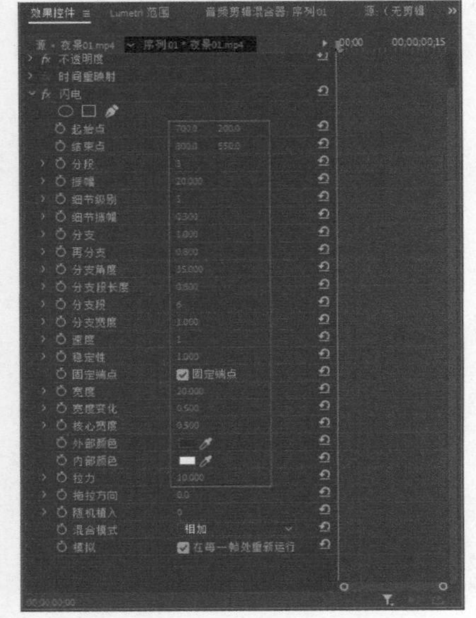

图 10-64

05 继续将“闪电”效果添加到 V1 轨道中的第三段视频素材上，选择第三段视频素材，在“效果控件”面板中设置闪电的各个参数，如图 10-65 所示。

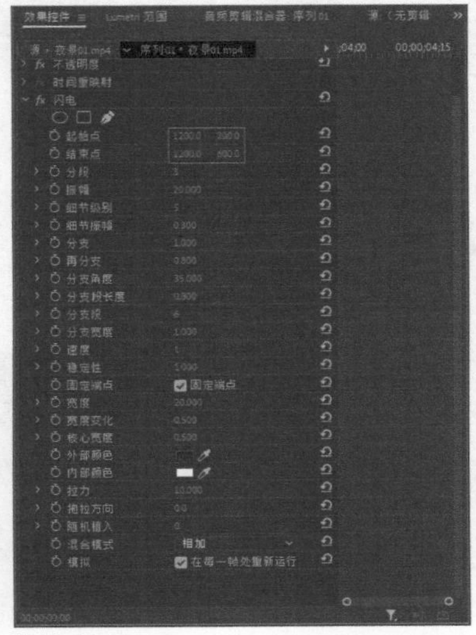

图 10-65

06 将音频素材添加到 A1 轨道中，并适当调整音频素材，制作声音淡出效果，如 10-66 所示。

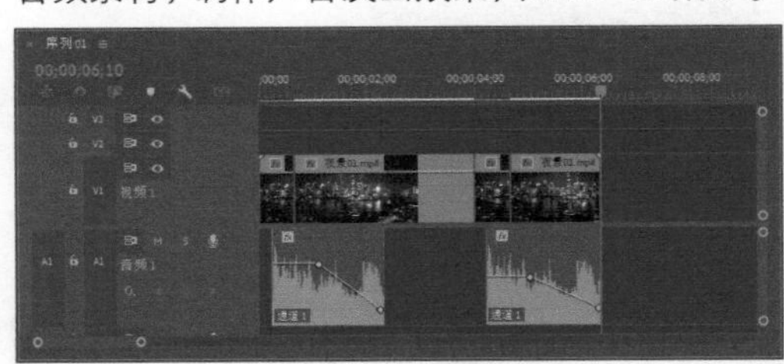

图 10-66

小提示

添加音频素材时，可以让其出现的时间略晚于闪电出现的时间。

07 将编辑好的项目导出为视频文件，使用播放软件播放，效果如图 10-67 所示。

图 10-67

课后习题：去除影片中的水印

实例位置	实例文件 >CH10> 去除影片中的水印 .prproj
素材位置	素材文件 >CH10> 去除影片中的水印
视频名称	去除影片中的水印 .mp4
技术掌握	Premiere 视频效果的应用方法

本例将通过对视频素材应用“中间值（旧版）”视频效果，去除视频素材中的水印，去除水印前后的效果对比如图10-68所示。

图 10-68

01 新建一个项目，在“项目”面板中导入视频，并将其添加到“时间轴”面板中的 V1 轨道中，如图 10-69 所示。

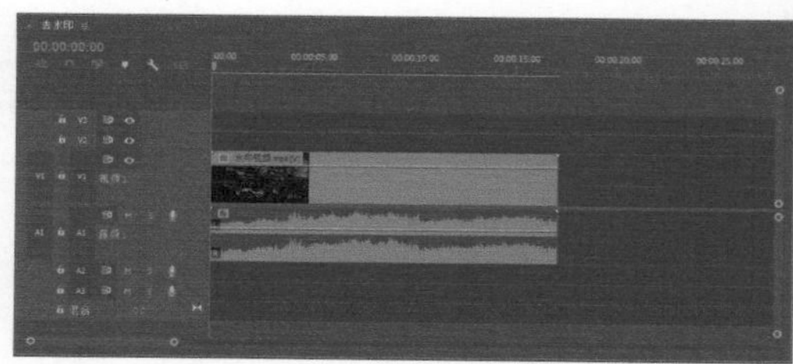
图 10-69

02 在“效果”面板中展开“视频效果”中的“杂色与颗粒”素材箱，选择“中间值(旧版)”效果，如图 10-70 所示，将其添加到 V1 轨道中的视频素材上。

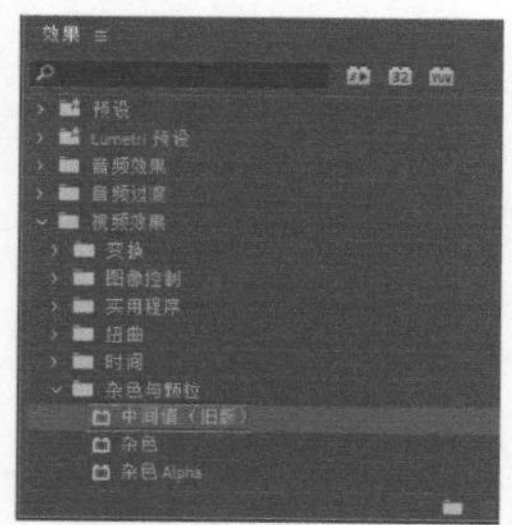

图 10-70

03 在“效果控件”面板中展开“中间值(旧版)”选项组，单击“创建椭圆形蒙版”按钮，如图 10-71 所示。然后在“节目”监视器面板中绘制一个椭圆形蒙版，如图 10-72 所示。

04 在“中间值(旧版)”选项组中设置“蒙版羽化”的值为 10，“半径”为 18，如图 10-73 所示，然后将编辑好的项目导出为视频文件。

图 10-72

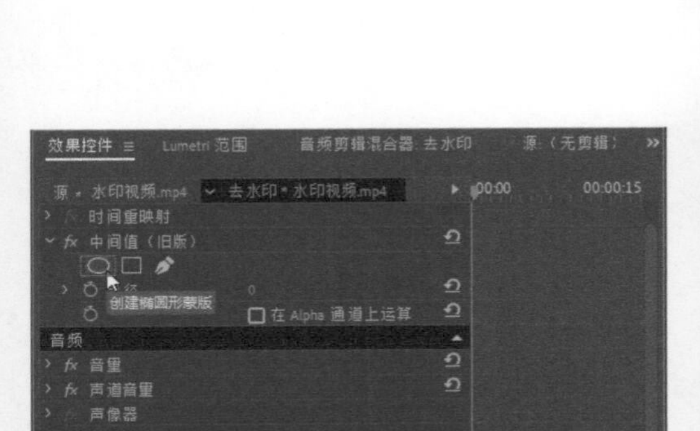

图 10-71

图 10-73

05 使用播放软件播放视频文件，效果如图 10-74 所示。

图 10-74